国家级实验教学示范中心联席会计算机学科规划教材
教育部高等学校计算机类专业教学指导委员会推荐教材
面向“工程教育认证”计算机系列课程规划教材

Java
程序设计与应用开发

◎ 郭克华 刘小翠 唐雅媛 编著

清華大学出版社
北京

内容简介

本书分为10个部分，共30章，涵盖了Java入门、程序设计基础、面向对象编程、API、GUI开发、图形开发、网络编程、密码编程、反射和综合案例。本书基于JDK 1.8＋Eclipse 4.6.0开发环境，逐步引领读者从基础到各个知识点的学习。全书内容由浅入深，并辅以大量的实例说明，还阶段性地提供了一些实践指导。

本书提供了所有实例的源代码以及开发过程中用到的软件，供读者学习参考。

本书为学校教学量身定做，可供高校Java开发相关课程使用，也可作为没有Java开发基础的程序员的入门用书，更可作为Java培训班的培训教材，还可以帮助缺乏项目实战经验的程序员快速积累项目开发经验。

图书在版编目(CIP)数据

Java程序设计与应用开发/郭克华，刘小翠，唐雅媛编著. —北京：清华大学出版社，2018(2019.7重印)
(面向"工程教育认证"计算机系列课程规划教材)
ISBN 978-7-302-47215-5

Ⅰ. ①J…　Ⅱ. ①郭… ②刘… ③唐…　Ⅲ. ①JAVA语言－程序设计　Ⅳ. ①TP312

中国版本图书馆CIP数据核字(2017)第125797号

责任编辑： 魏江江　王冰飞
封面设计： 刘　键
责任校对： 时翠兰
责任印制： 刘海龙

出版发行： 清华大学出版社
网　　址： http://www.tup.com.cn，http://www.wqbook.com
地　　址： 北京清华大学学研大厦A座　　**邮　　编：** 100084
社 总 机： 010-62770175　　**邮　　购：** 010-62786544
投稿与读者服务： 010-62776969，c-service@tup.tsinghua.edu.cn
质量反馈： 010-62772015，zhiliang@tup.tsinghua.edu.cn
课件下载： http://www.tup.com.cn，010-62795954
印 装 者： 北京密云胶印厂
经　　销： 全国新华书店
开　　本： 185mm×260mm　　**印　　张：** 30.5　　**字　　数：** 741千字
版　　次： 2018年3月第1版　　**印　　次：** 2019年7月第3次印刷
印　　数： 4001～6000
定　　价： 69.50元

产品编号：075268-01

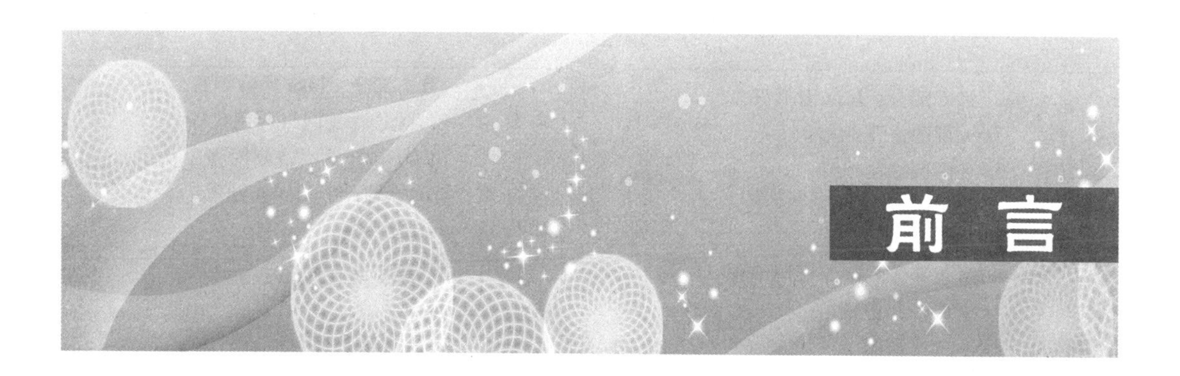

本书针对Java技术标准编程进行了详细的讲解，以简单、通俗易懂的案例逐步引领读者从基础到各个知识点进行学习。本书涵盖了Java入门、程序设计基础、面向对象编程、API、GUI开发、图形开发、网络编程、密码编程、反射和综合案例。在本书的每个章节中穿插了上机习题，用于对该章内容进行阶段性总结演练。

本书作者长期从事教学工作，积累了丰富的经验，其"实战教学法"取得了很好的效果。

本书的特点如下。

(1) 实战性：所有内容都用案例引入，通俗易懂。

(2) 流行性：书中所讲解的都是Java开发过程中流行的方法、框架、模式等，紧扣学生的就业。

(3) 适合教学：书中的每一个章节安排适当，将习题融于讲解的过程中，教师可以根据情况选用，也可以进行适当增减。

一、本书的知识体系

学习Java应用开发最好有计算机操作的基本技能以及基本的逻辑思维。本书的知识体系结构遵循循序渐进的原则，逐步引领读者从基础到各个知识点的学习，具体如下所示。

第1部分：入门

第1章　Java入门

第2部分：程序设计基础

第2章　程序设计基础之变量及其运算

第3章　程序设计基础之流程控制和数组

第4章　实践指导1

第3部分：面向对象编程

第5章　面向对象编程(一)

第6章　面向对象编程(二)

第7章　面向对象编程(三)

第8章　实践指导2

第4部分：API

第9章　Java异常处理

第10章　Java常用API(一)

第11章　Java常用API(二)

第12章　Java多线程开发

第13章　Java IO操作

第14章　实践指导3

第5部分：GUI开发

第15章　用Swing开发GUI程序

第16章　Java界面布局管理

第17章　Java事件处理

第18章　实践指导4

续表

第6部分：Java图形开发	第7部分：Java网络编程
第19章　Java画图之基础知识 第20章　Java画图之高级知识 第21章　实践指导5	第22章　用TCP开发网络应用程序 第23章　用UDP开发网络应用程序 第24章　URL编程和Applet开发 第25章　实践指导6
第8部分：Java密码编程	**第9部分：Java反射**
第26章　Java加密和解密 第27章　Java数字签名	第28章　Java反射技术 第29章　用反射技术编写简单的框架
第10部分：综合案例	
第30章　综合案例：用TCP技术开发即时通信软件	

二、本书内容介绍

全书共分为10个部分。

第1部分为入门部分，包括1章。

第1章为Java入门，介绍Java的发展历史和运行机制，以及进行Java程序开发需要的准备工作。

第2部分为程序设计基础部分，包括3章。

第2章为程序设计基础之变量及其运算，首先介绍变量的原理以及变量的数据类型，然后详细介绍各种变量数据类型及其转换，之后讲解Java中的各种运算，最后介绍运算符的优先级。

第3章为程序设计基础之流程控制和数组，首先介绍3种结构的用法，并讲解break和continue语句，然后讲解数组的作用、定义、性质和用法，以及二维数组的使用。

第4章为实践指导1，利用几个案例对程序设计基础进行复习。

第3部分为面向对象编程部分，包括4章。

第5章为面向对象编程(一)，主要介绍面向对象的基本原理和基本概念，包括类、对象、成员变量、成员函数、构造函数以及函数的重载。

第6章为面向对象编程(二)，针对面向对象的应用，详细讲解一些比较高级的概念。首先讲解静态变量、静态函数、静态代码块，然后讲解封装、包和访问控制修饰符，最后简单介绍类中类的使用。

第7章为面向对象编程(三)，首先讲解继承和覆盖，然后讲解多态性、抽象类和接口的应用，最后讲解几个其他问题，包括final关键字、Object类、jar命令以及Java文档的使用。

第8章为实践指导2，利用几个案例对面向对象内容进行复习。

第4部分为API部分，包括6章。

第9章为Java异常处理，讲解异常处理的原理以及需要注意的问题。

第10章为Java常用API(一)，讲解数值运算、字符串处理、数据类型转换和常用系统类。

第11章为Java常用API(二)，讲解Java编程中重要的工具类，重点讲解集合和日期操作。

第 12 章为 Java 多线程开发，对多线程的开发、线程的控制以及线程的安全性进行讲解。

第 13 章为 Java IO 操作，对文件的操作、字节流的读写和字符流的读写进行讲解，并对 RandomAccessFile 类和 Properties 类进行介绍。

第 14 章为实践指导 3，利用几个案例对 API 进行复习。

第 5 部分为 GUI 开发部分，包括 4 章。

第 15 章为用 Swing 开发 GUI 程序，首先讲解 javax. swing 中的一些 API，主要涉及窗口开发、控件开发、颜色、字体和图片开发，然后讲解一些常见的其他功能。

第 16 章为 Java 界面布局管理，首先讲解几种最常见的布局，即 FlowLayout、GridLayout、BorderLayout、空布局，以及其他一些比较复杂的布局方式，然后用一个计算器程序对其进行了总结。

第 17 章为 Java 事件处理，首先讲解事件的基本原理、开发流程，然后讲解几种常见事件的处理，最后讲解用 Adapter 简化事件的开发。

第 18 章为实践指导 4，利用一个用户管理系统案例对 Java 事件处理的内容进行复习。

第 6 部分为 Java 图形开发部分，包括 3 章。

第 19 章为 Java 画图之基础知识，首先讲解画图的原理以及画图的方法，然后讲解如何画字符串，最后讲解如何画图片，以及图片的缩放、裁剪和旋转。

第 20 章为 Java 画图之高级知识，首先重点围绕用键盘和鼠标操作画图进行讲解，然后讲解动画的原理和实现，以及双缓冲和图片的保存问题。

第 21 章为实践指导 5，利用两个小软件的开发对 Java 画图的内容进行复习。

第 7 部分为 Java 网络编程部分，包括 4 章。

第 22 章为用 TCP 开发网络应用程序，利用 TCP 编程实现一个简单的聊天室。

第 23 章为用 UDP 开发网络应用程序，介绍基于 UDP 的客户端和服务器端之间的通信。

第 24 章为 URL 编程和 Applet 开发，针对网络编程中的另外两个比较常见的内容——URL 编程和 Applet 开发进行讲解。

第 25 章为实践指导 6，利用一个网络打字游戏对网络编程内容进行复习。

第 8 部分为 Java 密码编程部分，包括 2 章。

第 26 章为 Java 加密和解密，以 Java 语言为例实现了一些常见的加密和解密算法。

第 27 章为 Java 数字签名，讲解了数字签名的原理，以 Java 语言为例实现了数字签名算法。

第 9 部分为 Java 反射部分，包括 2 章。

第 28 章为 Java 反射技术，对反射技术进行了讲解。

第 29 章为用反射技术编写简单的框架，通过两个小框架进行讲解。

第 10 部分为综合案例部分，包括 1 章。

第 30 章为综合案例：用 TCP 技术开发即时通信软件，用一个即时通信软件案例对本书的大部分内容进行复习。

本书为学校教学量身定做，可供高校 Java 应用开发相关课程使用，也可作为没有 Java 应用开发基础的程序员入门用书，更可作为 Java 技术培训班的培训教材，还可以帮助缺乏项目实战经验的程序员快速积累项目开发经验。

本书提供了全书所有实例的源代码，供读者学习参考，所有程序均经过了作者精心的调试。

由于时间仓促和作者的水平有限，书中的不妥之处在所难免，敬请读者批评指正。

有关本书的意见反馈和咨询，读者可在清华大学出版社网站的相关版块中与作者进行交流。

郭克华

2017 年 10 月

目 录

第1章 Java入门

本章首先介绍Java的发展历史和Java的运行机制，以及Java程序开发需要的准备工作，然后通过一个简单的例子介绍在控制台上编写Java程序的方法，最后介绍使用Eclipse开发Java程序。

本章术语

Sun公司______

跨平台______

JVM______

JRE______

JDK______

javac命令______

java命令______

Eclipse______

1.1 认识Java

1.1.1 认识编程语言

本书学习的Java是一种编程语言，并且是一种很流行的编程语言，在TIOBE发布的2016年9月的编程语言排行榜中排第1位，如图1-1所示。

Sep 2016	Sep 2015	Change	Programming Language	Ratings	Change
1	1		Java	18.236%	-1.33%
2	2		C	10.955%	-4.67%
3	3		C++	6.657%	-0.13%
4	4		C#	5.493%	+0.58%
5	5		Python	4.302%	+0.64%
6	7	^	JavaScript	2.929%	+0.59%
7	6	˅	PHP	2.847%	+0.32%
8	11	^	Assembly language	2.417%	+0.61%
9	8	˅	Visual Basic .NET	2.343%	+0.28%

图1-1 编程语言排行榜

编程语言有什么作用呢?

众所周知,计算机已经成为人们日常生活中非常重要的工具。很显然,从商场直接买来的硬件是不能直接工作的,还必须安装相应的软件,这几乎是一个常识。

软件能帮我们完成很多丰富多彩的功能,例如腾讯的即时聊天工具 QQ 能够让我们不用出门就能通信;Windows 音乐播放软件能够让我们不用到剧院就能听音乐;支付宝网上交易系统能够让我们坐在家里就能买东西,然后等待物品送到我们跟前,等等。图 1-2 展示了这些软件的界面。

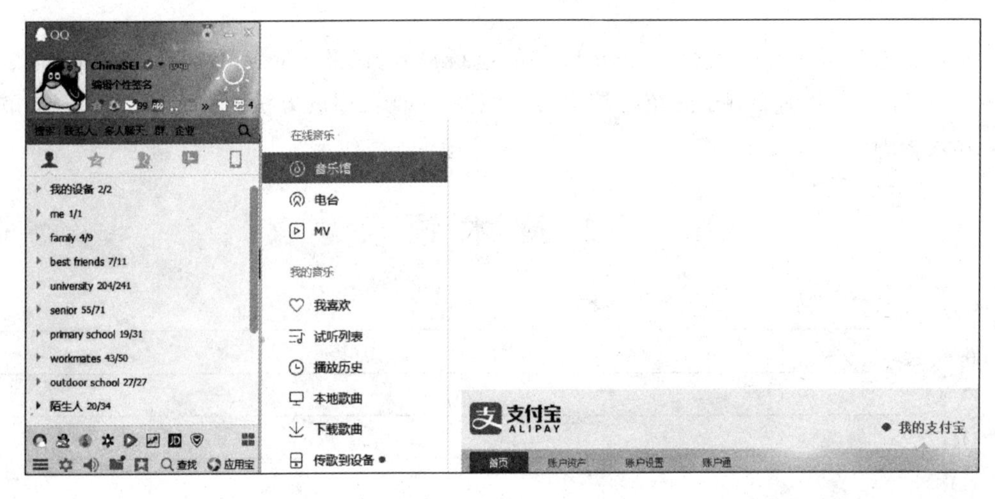

图 1-2 几个软件的界面

软件是由软件工程师开发出来的在计算机硬件中运行的一些程序。软件工程师用什么工具来开发这些程序呢?答案就是编程语言。

编程语言的种类很多,Java 是这个大家族中优秀的一员。

问答

问:为什么会有那么多编程语言?为什么大家不用同一种语言呢?

答:不同的语言由不同的团队或公司推出,具有一定的历史原因。统一编程语言就像让全世界的人都说汉语一样难,更何况不同语言的设计初衷就是为了适应不同的软件开发,例如 C 语言适合写底层、Java 语言适合写中间件,各有优势。

问:面临多种语言如何选择学习?

答:首先精通一门流行语言,然后去学新的语言就容易上手了。实际上,软件的技术含量并不在语言本身,而是在软件的设计和算法上。

1.1.2 Java 的来历

Java 语言的流行并不是因为它历史悠久,Java 语言是由一家名叫 Sun 的小公司开发的,出现也比较偶然。Sun 公司的图标如图 1-3 所示。

在 20 世纪 80 年代初,美国斯坦福大学的几位学生合伙创办了斯坦福大学网络公司(Stanford University Network),即 Sun。这家公司刚开始并不大,以销售硬件为主,也研发一些软件,比较著名的有 Solaris 操作系统等。

Sun 公司在 20 世纪 90 年代初启动了一个项目，主要目标是为嵌入式设备开发一种新的基础平台技术，最初使用了较为复杂的 C++ 开发语言，由此也在一定程度上导致了项目进展始终未能达到预期效果。

在这个关键时刻，Java 之父——James Gosling(见图 1-4)使情况发生了转机。

图 1-3　Sun 公司的图标

图 1-4　Java 之父

在 James Gosling 的领导下，研究者毅然决定设计一种更适合项目要求的新型编程语言，名为 Oak。到了 1992 年，Oak 语言受到了人们的关注，不过此时的 Sun 公司仍然不是一家大公司。

然而，在 20 世纪 90 年代中叶，一种新的事物产生了，并且彻底地改变了计算机工业的发展面貌和人们的生活方式，这就是互联网。在软件方面，大量需要和互联网相配合的软件被开发出来；在计算机语言方面，迫切需要一门适合网络编程和跨平台编程的新型语言。非常幸运的是，Sun 公司的 Oak 最初实现的功能中就已经包含了较强的网络通信能力和多设备平台编程的特点。

1994 年，Sun 公司为了进一步推广 Oak 语言在互联网程序开发方面的影响力，正式将其更名为 Java。

**提示**

据说，在小组成员喝咖啡时议论给新语言起个什么名字，有人提议用 Java。Java 是印度尼西亚盛产咖啡的一个岛屿，该提议得到了赞同，因此大家看到的 Java 图标上都有一杯热气腾腾的咖啡，如图 1-5 所示。

图 1-5　Java 的图标

1.1.3　Java 为什么流行

应该说当时也有很多其他语言具有网络编程能力，那么为什么 Java 能够如此流行呢？Java 的流行得益于它在很多方面都体现出一种崭新的模式，例如：

(1) 使用了纯粹的面向对象编程方法，不再允许基于函数的纯粹结构化编程。

(2) 简单易用，如默认不再允许数组元素越界访问，不再支持指针等，去除了传统语言中很多灵活但是易带来危险的操作功能。

(3) 支持跨平台运行，满足网络开发的要求，不依赖于客户端的软/硬件环境。

(4) 免费，所有的相关程序、文档、类库源码和开发工具都可以在 Sun 公司的网站自由下载，极大地适应了网络共享自由的文化要求，这在此以前的各种语言中难以见到。

应该说，面向对象编程方法用其他语言也可以实现，简单易用只是个口号而已。在这里应该特别提到跨平台运行和免费策略，这是 Java 生命力的源头。

1. 跨平台

在不同的系统下要完成一个相同的功能，实现方法是不一样的。例如，在 Unix 中出现一个对话框和在 Windows 下出现一个对话框，底层实现方法不一样。如果程序直接访问操作系统，出现对话框，那么程序中的指令代码也不一样。因此，用 C++ 编写代码生成的 exe 文件可以在 Windows 下运行，却无法放在 Unix 下运行。如果要在 Unix 下运行，必须重新生成一个不同的文件，对代码可能还要做一些修改。

注意

修改代码是一件令人头疼的事情，要读懂代码不说，还有可能修改不到位，造成整个程序不能运行。

这就好比一个外星人从火星上来到地球，刚开始只会说火星话，好不容易学会了中文，可以和中国人聊天，但是他去美国旅游，又要学会英语才能和美国人聊天，因此他说话的技能不能“跨平台”，每当到达一个新的平台就需要重新学习语言。

能否让他不需要学习任何语言就可以来到地球畅通无阻呢？很简单，到中国时让他带上一个翻译器，这个翻译器负责将火星话翻译成中文；到美国时带上另一个翻译器，这个翻译器负责将火星话翻译成英语。这样就可以了。

这样带来的好处是外星人不需要学语言；代价是必须配备不同的翻译器，交流速度可能稍微慢些。

这也是 Java 跨平台的原理。用 Java 语言编写的源代码是. java 文件，经过编译后能够运行的是. class 文件。这些. class 文件不能直接在操作系统中运行，就好像火星人不能直接在地球上和人交流一样。

怎么办呢？这时候需要在不同的操作系统中安装相应的 Java 运行环境(Java Runtime Environment，JRE)，这个 Java 运行环境中包含了 Java 虚拟机(Java Virtual Machine，JVM)，. class 文件在不同的 Java 虚拟机上运行即可。

这样带来的好处是 Java 源代码不需要重新编写编译；代价是不同的系统必须配备不同的 Java 虚拟机，运行速度可能稍微慢些。

因此，要运行 Java 源代码编译成的. class 文件，必须在相应的系统上安装 Java 运行环境。

2. 免费

如果你开发了一个软件，你愿意免费给人使用并公布源代码，还是愿意卖给别人？

如果从盈利的角度而言当然愿意卖，但是从推广的角度和延续这个软件生命力的角度而言免费似乎更有优势。

比如，公布了源代码，就有人修改源代码，让该软件的功能更加强大；就有人发起讨论，让更多的人知道该软件；或者有公司将该软件中的某项技术制定为标准，为更多的人服务。正是因为这个策略，使得 Java 的爱好者和使用者在短短的时间内赶上了传统 C 语言的爱好者和使用者。

因此我们发现，虽然 Sun 公司目前已经被 Oracle 收购，但是 Java 的生命力丝毫没有减弱。

注意

实际上，从底层讲，Java 还有一个特点——垃圾收集。对于不用的对象，系统能够自动将内存回收。该机制解除了程序员管理内存空间的责任，可以避免因内存使用不当(如忘记回收无用内存空间)而导致内存泄露等问题，和 C++ 等语言相比，其安全性较好。

1.1.4　Java 的 3 个版本

在多年的发展中，Java 的应用产生了 3 个开发版本。

(1) JavaSE：Java Standard Edition，Java 技术标准版，以界面程序、Java 小程序和其他一些典型的应用为目标。

(2) JavaEE：Java Enterprise Edition，Java 技术企业版，以服务器端程序和企业软件的开发为目标。

(3) JavaME：Java Micro Edition，Java 技术微型版，是为小型设备、独立设备、互联移动设备、嵌入式设备的程序开发而设计的。

本书讲解的是 JavaSE。

问答

问：JavaSE、JavaEE、JavaME 三者之间有什么关系？对于初学者来说，应该怎样学习呢？

答：JavaSE 是 JavaEE 和 JavaME 学习的基础，一般推荐首先学习 JavaSE，然后在 JavaEE 和 JavaME 中选取一个方向。

问：很多文献上出现 J2SE、J2EE、J2ME，和本章讲解的 JavaSE、JavaEE、JavaME 有何区别？

答：实际上这和 Java 的发展历史有关。在 Java 发展的过程中，Java1.2 版本对于以前的版本做了很多革命性的改进，因此一般将 Java1.2 及以后的版本统称为 Java2。但是，在推出 Java1.5 之后去掉了 Java2 的说法，将 Java1.5 称为 JavaSE5。现在人们常说的 JavaSE8 实际上是 Java1.8。

1.1.5　编程前的准备工作

要用 Java 开发必须进行一些准备。首先，Java 源代码(.java 文件)必须能够被编译成(.class)文件，这需要 Java 编译器。其次，编译好的.class 文件必须能够运行，因此还必须安装 Java 运行环境(JRE，内含 Java 虚拟机)。

在 Java 技术体系中，将 Java 编译器和 Java 运行环境全部打包放在一个文件中供用户下载，这就是 Java 开发工具包(Java Development Toolkit，JDK)。

本书使用的是 JDK8.0 版本。

1.2　获取和安装 JDK

1.2.1　获取 JDK

在浏览器的地址栏中输入“http://java.sun.com/javase/downloads/index.jsp”，可以看到 JDK 的可下载版本，目前最流行的版本是 JavaSE8；单击 DOWNLOAD 按钮，可以根据提示下载，如图 1-6 所示。

如果是在 Windows 平台下进行开发，请务必下载 Windows 版本。下载之后会得到一个可执行文件，在本章中为 jdk-8u121-windows-x64.exe，如图 1-7 所示。

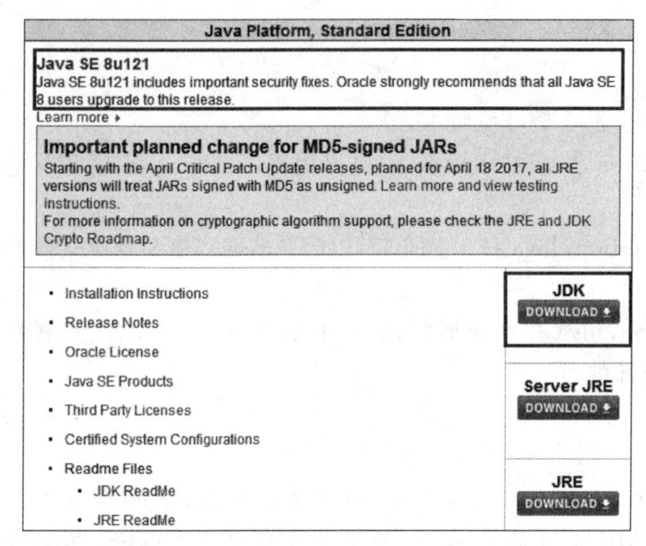

图 1-6　下载 JDK

图 1-7　得到的可执行文件

注意

(1) 如果是在 Linux 下开发，需要下载 Linux 版本。

(2) 在访问此页面时显示的界面可能会稍有不同，读者可自行下载最新的版本应用。

1.2.2　安装 JDK

双击下载后的安装文件，可得到如图 1-8 所示的安装界面。

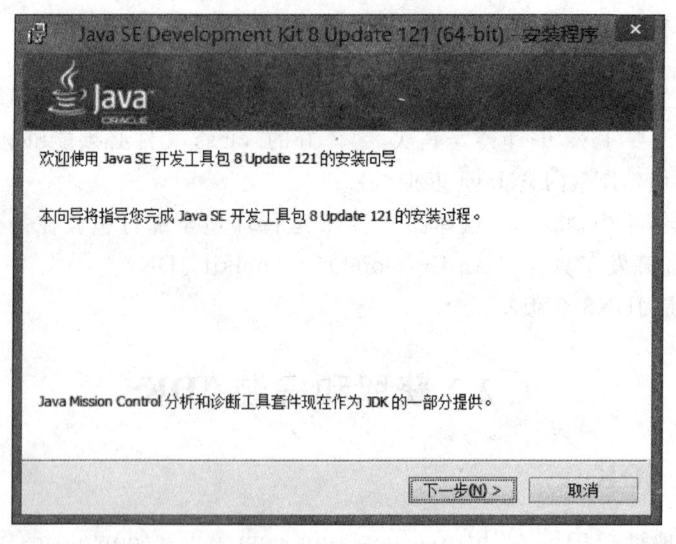

图 1-8　安装界面

单击下一步按钮，得到如图 1-9 所示的界面。

在该界面中需要选择安装的组件，一般情况下只需要选择“开发工具”，如果需要安装额外功能，可以选择后面几个选项。本章中使用默认选项，单击“下一步”按钮，程序即进行安装。注意，在安装过程中可能会有一些需要选择的选项，使用默认即可。

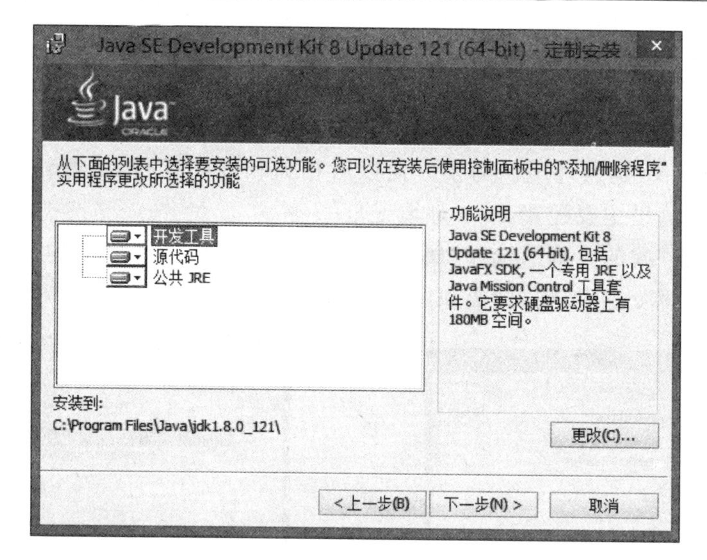

图 1-9　定制安装

1.2.3　安装目录的介绍

在 JDK 安装完毕之后，在"C:\Program Files\Java\jdk1.8.0_121"下可以找到安装目录，如图 1-10 所示。

这台电脑 ▸ Windows (C:) ▸ Program Files ▸ Java ▸ jdk1.8.0_121

名称	修改日期	类型	大小
bin	2017/2/18 14:43	文件夹	
db	2017/2/18 14:43	文件夹	
include	2017/2/18 14:43	文件夹	
jre	2017/2/18 14:43	文件夹	
lib	2017/2/18 14:44	文件夹	
COPYRIGHT	2016/12/12 18:45	文件	4 KB
javafx-src.zip	2017/2/18 14:43	好压 ZIP 压缩文件	4,975 KB
LICENSE	2017/2/18 14:43	文件	1 KB
README.html	2017/2/18 14:43	HTML 文件	1 KB
release	2017/2/18 14:44	文件	1 KB
src.zip	2016/12/12 18:45	好压 ZIP 压缩文件	20,761 KB
THIRDPARTYLICENSEREADME.txt	2017/2/18 14:43	文本文档	173 KB
THIRDPARTYLICENSEREADME-JAVAF...	2017/2/18 14:43	文本文档	108 KB

图 1-10　安装目录

在 JDK 安装目录中，比较重要的文件夹或文件的内容详见表 1-1。

表 1-1　JDK 安装目录中文件或文件夹的内容

文件夹/文件名称	文件夹内容
bin	支持 Java 应用程序运行的常见的 exe 文件
demo	系统自带的一些示例程序，包含源代码
jre	Java 运行环境的一些支持核心库
src	源代码

1.2.4 环境变量的设置

在本书后面将会直接用命令编译和运行 Java 程序，或者使用 Eclipse 进行开发，它们的运行必须依赖于 Java 运行环境。为了方便以后相关软件的运行，最好将 JDK 的常用环境变量进行配置，在这里主要配置 Path 环境变量。

在桌面上右击“我的电脑”，选择“属性”命令，弹出如图 1-11 所示的对话框；在“高级”选项卡中单击“环境变量”按钮，弹出如图 1-12 所示的对话框。

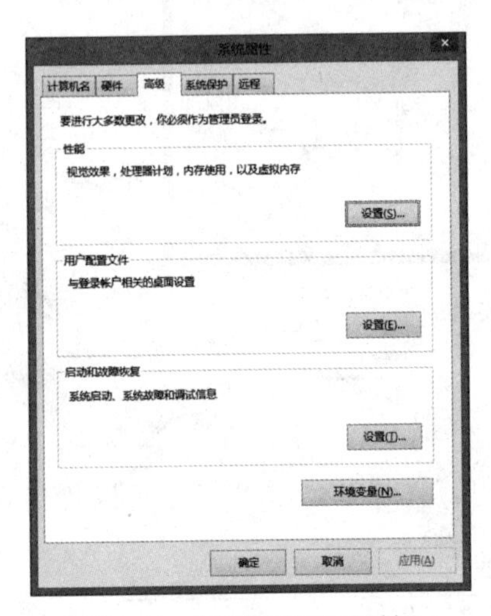

图 1-11 “系统属性”对话框

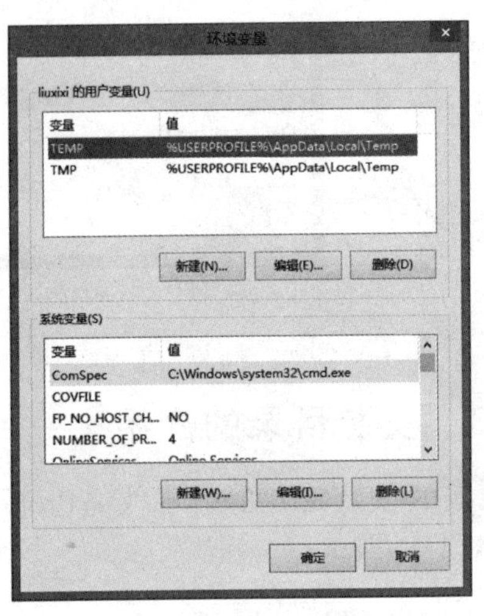

图 1-12 “环境变量”对话框

在“系统变量”列表框中找到 Path，单击“编辑”按钮，将“C:\Program Files\Java\jdk1.8.0_121\bin”目录添加到变量内容的最后。注意，该路径和前面的一些路径要用分号隔开，如图 1-13 所示。

单击“确定”按钮完成设置。

用户可以利用命令提示符来测试环境变量设置的正确性。在“开始”菜单中右击选择“命令提示符”命令，如图 1-14 所示；或单击“开始”按钮，选择“程序”→“附件”→“命令提示符”命令。

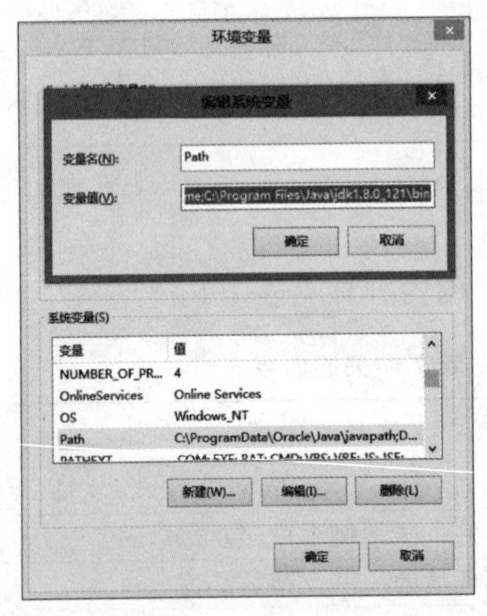

图 1-13 “编辑系统变量”对话框

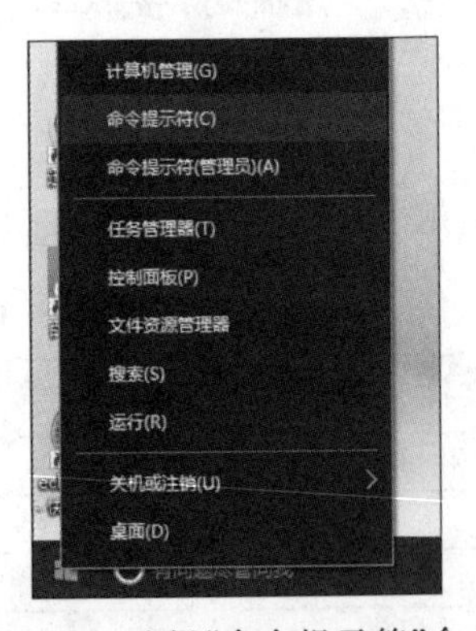

图 1-14 选择“命令提示符”命令

在命令提示符下输入以下命令：

```
java - version
```

按回车键，如图 1-15 所示。

```
命令提示符
Microsoft Windows [版本 6.3.9600]
(c) 2013 Microsoft Corporation。保留所有权利。

C:\Users\liuxixi>java -version
java version "1.8.0_121"
Java(TM) SE Runtime Environment (build 1.8.0_121-b13)
Java HotSpot(TM) 64-Bit Server VM (build 25.121-b13, mixed mode)
```

图 1-15 输入命令

如果输入命令之后系统显示当前 JDK 的版本，说明环境变量设置成功。

阶段性作业

下载、安装 JDK，并配置环境变量。

1.3 开发第一个 Java 程序

根据前面的讲解知道，开发 Java 程序需要以下步骤：

(1) 编写源代码(.java 文件)，一般用文本编辑工具；

(2) 编译源代码，生成.class 文件；

(3) 在命令行中运行.class 文件。

1.3.1 如何编写源代码

编写源代码很简单，只需要打开文本编辑器编写程序即可。注意，Java 源代码的扩展名必须是.java。图 1-16 所示为 Java 源代码的例子。

```
FirstApp.java - 记事本
文件(F) 编辑(E) 格式(O) 查看(V) 帮助(H)
class FirstApp{
      public static void main(String [] args){
        System.out.println("这是一个Java程序");
     }
}
```

图 1-16 Java 源代码的例子

文件名为 FirstApp.java，该文件向控制台打印出一条语句——“这是一个 Java 程序”。将该文件任意存放在一个地方，如 C 盘的根目录下。

注意

(1) 在本代码中定义了类 FirstApp，类名可以随意取。

(2) class、public、static、void 等都是 Java 中的关键字，大小写是敏感的，例如不能写成如图 1-17 所示，否则编译时出错。

FirstApp.java - 记事本

文件(F) 编辑(E) 格式(O) 查看(V) 帮助(H)

```
Class FirstApp{
        public static void main(String [] args){
              System.out.println("这是一个Java程序");
    }
}
```

图 1-17 大小写错误

(3) “public static void main(String[] args)”是定义程序的主函数，也是程序的入口。

(4) “System. out. println("这是一个 Java 程序");”表示将字符串"这是一个 Java 程序"打印在控制台上，其中 System、out 等是系统定义的，不能随便写，其大小写也是敏感的。

(5) 字符串的两端用双引号包围，是半角双引号，不要写成全角，如图 1-18 所示，否则编译时出错。

Java 语句后面都有一个分号，也不能写成全角，如图 1-19 所示，否则编译时出错。

```
System.out.println( “这是一个Java程序 ”);
```

图 1-18 双引号错误

```
System.out.println("这是一个Java程序")；
```

图 1-19 分号错误

(6) 在 Java 中，一条语句可以写在若干行上，最后必须用分号(;)结束，可以按自己的意愿任意编排，比如上面的代码也可以如图 1-20 所示排布。

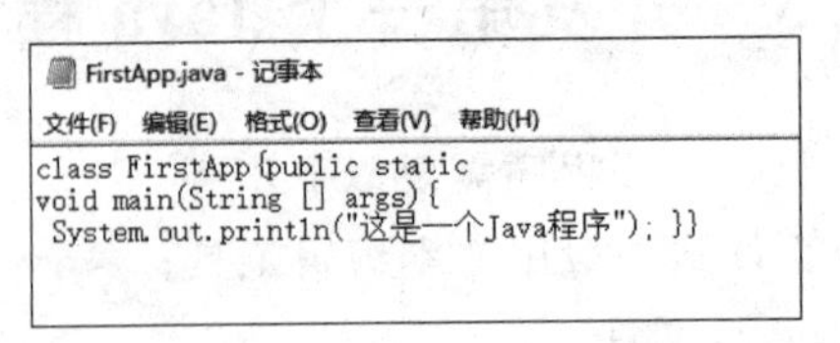

图 1-20 编排代码

但是，由于其可读性不好，不建议这样用。

1.3.2 如何将源代码编译成.class 文件

将上述程序内容保存为一个扩展名为.java 的文件——FirstApp.java，保存在 C 盘的根目录下。

打开命令提示符，进入到 Java 源文件的保存目录，通过如图 1-21 所示的指令来编译这个.java 文件。

如果没有报错，说明编译成功，如图 1-22 所示。

图 1-21 编译.java 文件

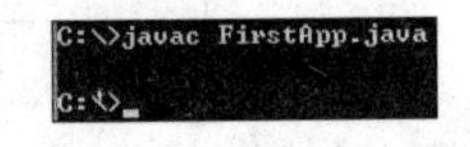

图 1-22 编译成功

注意

(1) 命令“cd\”表示到达当前所在盘的根目录。

(2) 在编译时一定要将文件的扩展名带进去，不能写成 javac FirstApp(见图 1-23)，否则会报错。

(3) 在 Windows 中文件名大小写不敏感，例如此处的命令可以写成如图 1-24 所示。

```
C:\>javac FirstApp
错误：仅当显式请求注释处理时才接受类名称“FirstApp”
1 错误
```

图 1-23　缺扩展名错误

```
C:\>javac FIRSTAPP.java
```

图 1-24　文件名大小写不敏感

但是，在 Unix 系统中文件名大小写敏感，该命令会报错。

给大家的建议是在用 Java 语言时不管在什么环境下都按照“大小写敏感”来要求自己，严格一些，养成习惯，这样编出来的程序就会少一些错误。因此，虽然 javac FIRSTAPP. java 可以通过，但是不要使用。

1.3.3　如何执行. class 文件

编译完毕后，可以看见在 C 盘的根目录下多了一个. class 文件，如图 1-25 所示。

FirstApp.class	2017/2/16 20:11	CLASS 文件	1 KB

图 1-25　生成. class 文件

问答

问：这里生成的是 FirstApp. class，文件名是如何确定的呢？

答：. class 文件的文件名并不是由源代码文件确定的，而是由源代码中的类名确定的，在源代码 FirstApp. java 中定义了 class FirstApp，说明定义了一个名为 FirstApp 的类，因此才生成了 FirstApp. class。如果定义的是其他类名，如图 1-26 所示，则编译后得到的将是 AAAA. class。

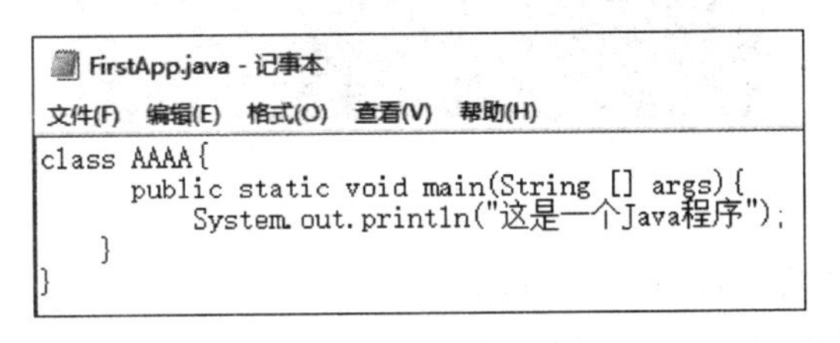

图 1-26　以其他名保存文件

本文还是以 FirstApp. class 为例进行讲解，接下来需要执行这个文件。

在命令提示符下通过图 1-27 所示的指令来执行这个. class 文件。

在正常情况下打印如图 1-28 所示。

```
C:\>java FirstApp
```

图 1-27　执行文件

```
C:\>java FirstApp
这是一个Java程序
```

图 1-28　执行效果

注意

(1) 在运行时不要将. class 文件的扩展名带进去，不能写成 java FirstApp. class，如图 1-29 所示，否则会报错。

```
C:\>java FirstApp.class
Exception in thread "main" java.lang.NoClassDefFoundError: FirstApp/class
```

图 1-29　因带扩展名报错

(2) 不管在什么系统中，类名大小写都是敏感的，不能写成 java FIRSTAPP，否则会报错。

1.3.4 新手常见错误

在开始编写 Java 程序的时候新手容易碰到一些问题，有些是在编译的时候出现的，有些是在运行的时候出现的。

1. 关键字写错

例如将 class 写成 CLASS，如图 1-30 所示。

```
FirstApp.java - 记事本
文件(F) 编辑(E) 格式(O) 查看(V) 帮助(H)
CLASS FirstApp{
      public static void main(String [] args){
          System.out.println("这是一个Java程序");
    }
}
```

图 1-30 关键字写错

在这种情况下编译出错，如图 1-31 所示。

```
C:\>javac FirstApp.java
FirstApp.java:1: 需要为 class、interface 或 enum
CLASS FirstApp {
^
FirstApp.java:2: 需要为 class、interface 或 enum
    public static void main(String[] args){
          ^
FirstApp.java:4: 需要为 class、interface 或 enum
    }
    ^
3 错误
```

图 1-31 因关键字写错而出错

2. 代码中关键标点符号的全角、半角写错

例如在代码中用了全角分号，如图 1-32 所示。

```
FirstApp.java - 记事本
文件(F) 编辑(E) 格式(O) 查看(V) 帮助(H)
CLASS FirstApp{
      public static void main(String [] args){
          System.out.println("这是一个Java程序")；
    }
}
```

图 1-32 全角分号错误

编译时报错，如图 1-33 所示。

```
C:\>javac FirstApp.java
FirstApp.java:3: 非法字符： \65307
        System.out.println("这是一个Java程序")；
                                              ^
1 错误
```

图 1-33 因全角分号错误而出错

3. 主函数写错导致系统认为找不到主函数

例如主函数的格式写错了，如图 1-34 所示。

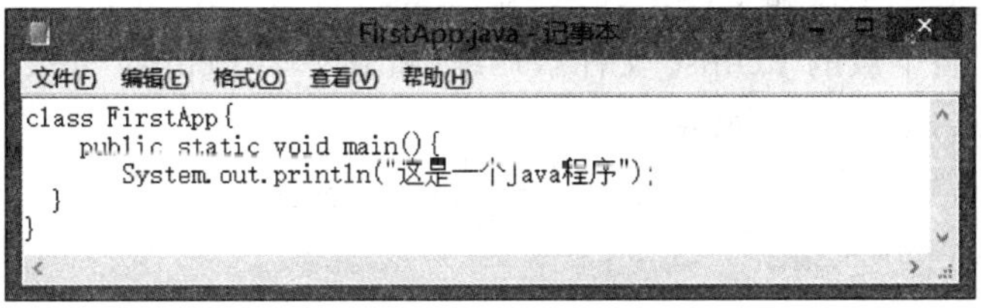
FirstApp.java - 记事本
文件(F) 编辑(E) 格式(O) 查看(V) 帮助(H)
class FirstApp{
public static void main(){
System.out.println("这是一个Java程序");
}
}

图 1-34　主函数写错

在这种情况下编译不出错，但是运行出错，如图 1-35 所示。

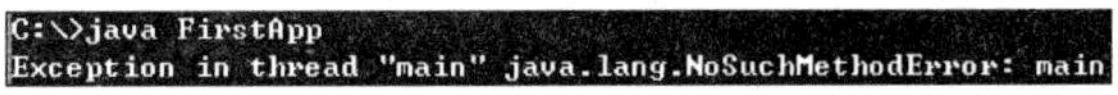
C:\>java FirstApp
Exception in thread "main" java.lang.NoSuchMethodError: main

图 1-35　因主函数写错而出错

总之需要培养好的编程习惯，特别是对于初学者来说，刚开始严格可能会给后面的学习带来很大的好处，在后面编写代码时出现的错误会越来越少。

阶段性作业

编写一个 Java 程序，在控制台上打印“你好，Java”。

1.4　用 Eclipse 开发 Java 程序

1.4.1　什么是 Eclipse

前面讲述的方法是用记事本开发 Java，用命令行编译运行。但是，在真实的项目开发中，为了提高开发效率，需要用一些简便、快捷的集成开发环境（Integrated Development Environment，IDE）提供支持。目前流行的 IDE 是 Eclipse，同时它也是免费的。另外还有一个收费的 IDE——JBuilder，本书中程序的开发暂不采用，读者可以自学。

小知识

Eclipse 是目前最流行的一款 JavaIDE，由 IBM 公司创立。该工具之所以流行，主要原因在于任何人都可下载并修改开发插件，增强 Eclipse 的功能，并且是完全开源和免费的。

在浏览器的地址栏中输入“http://www.eclipse.org/downloads/”，能够看到 Eclipse 的可下载版本，选择相应版本即可根据提示下载。本书使用的版本是 Eclipse Classic 4.6.0 for Windows。

注意

(1) 如果是在 Windows 平台下进行开发，请务必下载 Windows 版本。

(2) 同样，读者访问此页面时显示的界面可能会稍有不同，读者可自行下载最新的版本应用。

1.4.2 安装 Eclipse

在下载之后得到一个压缩文件，本章中为 eclipse-jee-neon-2-win32-x86_64.zip。

用户可以直接将下载的 Eclipse 文件解压缩，得到一个 Eclipse 目录；之后进入这个目录，双击 eclipse.exe，如图 1-36 所示。

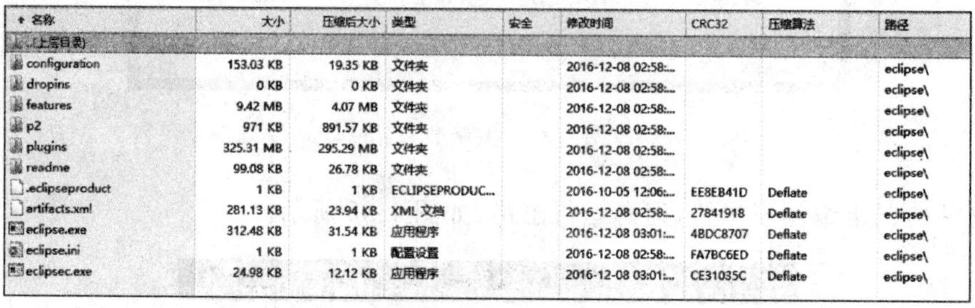

名称	大小	压缩后大小	类型	安全	修改时间	CRC32	压缩算法	路径
..(上层目录)								
configuration	153.03 KB	19.35 KB	文件夹		2016-12-08 02:58:...			eclipse\
dropins	0 KB	0 KB	文件夹		2016-12-08 02:58:...			eclipse\
features	9.42 MB	4.07 MB	文件夹		2016-12-08 02:58:...			eclipse\
p2	971 KB	891.57 KB	文件夹		2016-12-08 02:58:...			eclipse\
plugins	325.31 MB	295.29 MB	文件夹		2016-12-08 02:58:...			eclipse\
readme	99.08 KB	26.78 KB	文件夹		2016-12-08 02:58:...			eclipse\
.eclipseproduct	1 KB	1 KB	ECLIPSEPRODUC...		2016-10-05 12:06:...	EE8EB41D	Deflate	eclipse\
artifacts.xml	281.13 KB	23.94 KB	XML 文档		2016-12-08 02:58:...	27841918	Deflate	eclipse\
eclipse.exe	312.48 KB	31.54 KB	应用程序		2016-12-08 03:01:...	4BDC8707	Deflate	eclipse\
eclipse.ini	1 KB	1 KB	配置设置		2016-12-08 02:58:...	FA7BC6ED	Deflate	eclipse\
eclipsec.exe	24.98 KB	12.12 KB	应用程序		2016-12-08 03:01:...	CE31035C	Deflate	eclipse\

图 1-36　Eclipse 目录

打开 Eclipse，如图 1-37 所示。

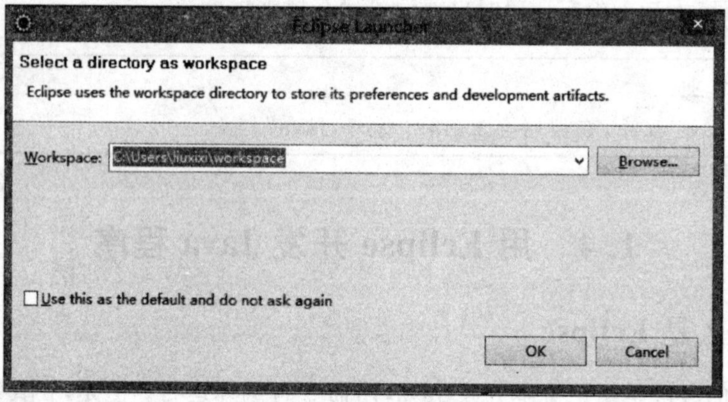

Eclipse Launcher

Select a directory as workspace

Eclipse uses the workspace directory to store its preferences and development artifacts.

Workspace: C:\Users\liuxixi\workspace　Browse...

Use this as the default and do not ask again

OK　Cancel

图 1-37　打开 Eclipse

在打开的过程中程序可能需要进行路径的选择，也就是选择以后程序存放的默认路径，可以通过 Browse 按钮改变路径，也可以用默认路径，此处使用默认路径。

单击 OK 按钮，打开的结果如图 1-38 所示。

注意

在打开之前请确保系统中已经安装了 JDK，并且配置了环境变量，否则 Eclipse 将无法打开。另外，在打开界面时有时会出现一个欢迎标签，直接关掉这个标签也会得到如图 1-38 所示的界面。

1.4.3 如何建立项目

用 Eclipse 开发 Java 程序，Java 文件不是单独建立的，而是应该存放在一个项目中，因此首先要在 Eclipse 中建立一个 Java 项目。

打开 Eclipse，选择 File→New→Java Project 命令，如图 1-39 所示。

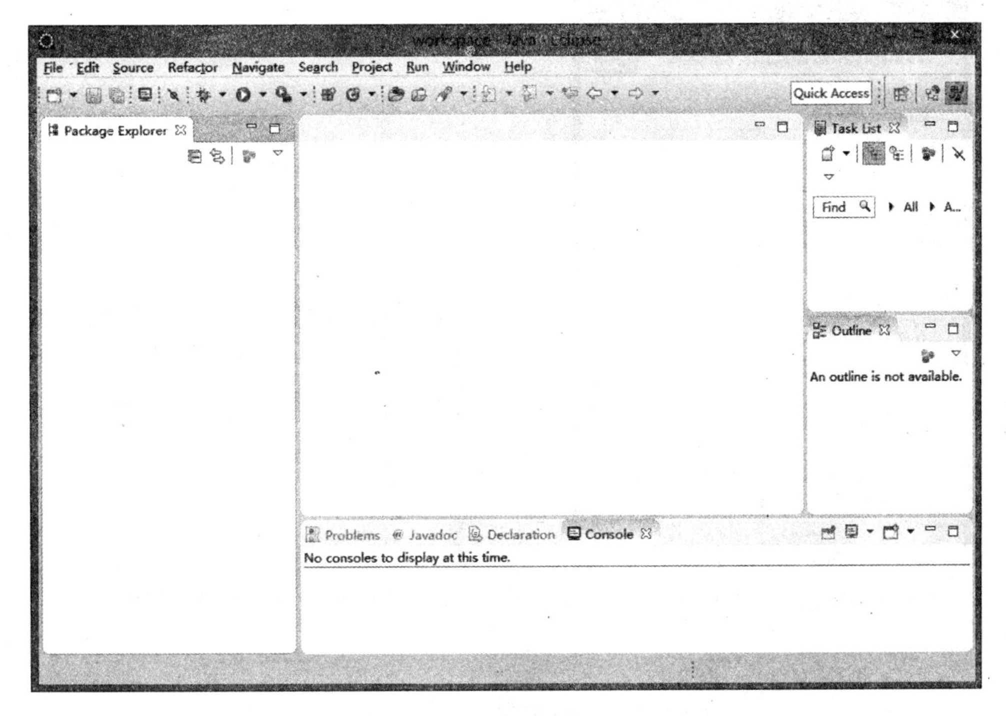

图 1-38　打开的结果

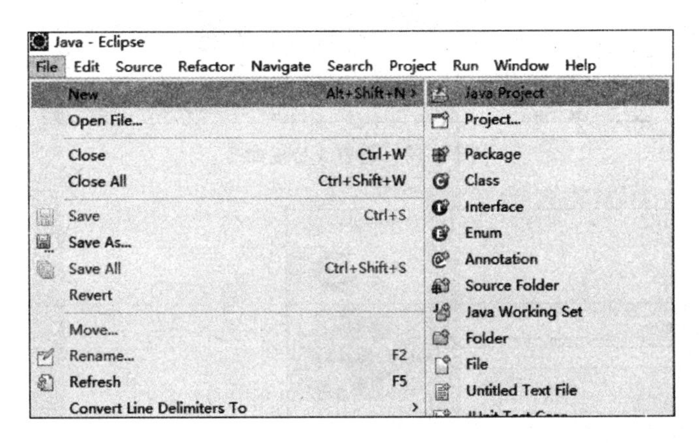

图 1-39　选择 Java Project 命令

此时弹出如图 1-40 所示的对话框。

输入项目名称，例如 Prj01，单击 Next 按钮，后面使用默认，最后完成即可，得到的项目结构如图 1-41 所示。

1.4.4　如何开发 Java 程序

右击项目中的 src 结点，选择 New→Class 命令，如图 1-42 所示。

此时弹出如图 1-43 所示的对话框。

在 Name 文本框中输入类名，例如 FirstApp，在下方将 public static void main(String[] args) 选中，表示生成主函数，然后单击 Finish 按钮，系统中的项目结构如图 1-44 所示。

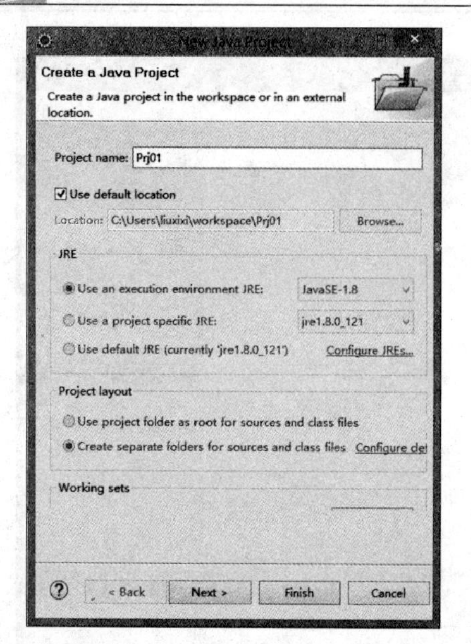

图 1-40 New Java Project 对话框

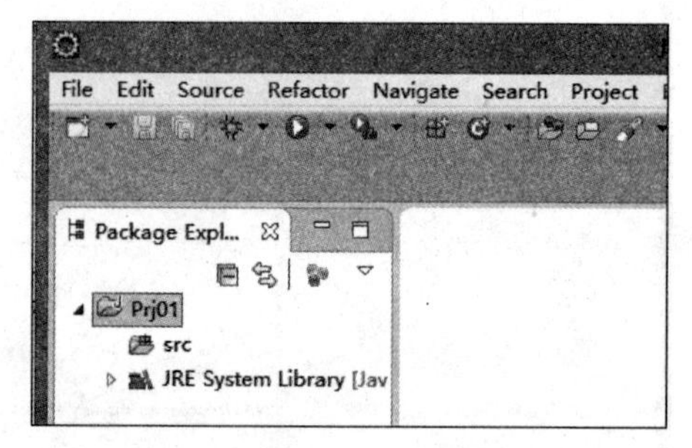

图 1-41 得到的项目结构

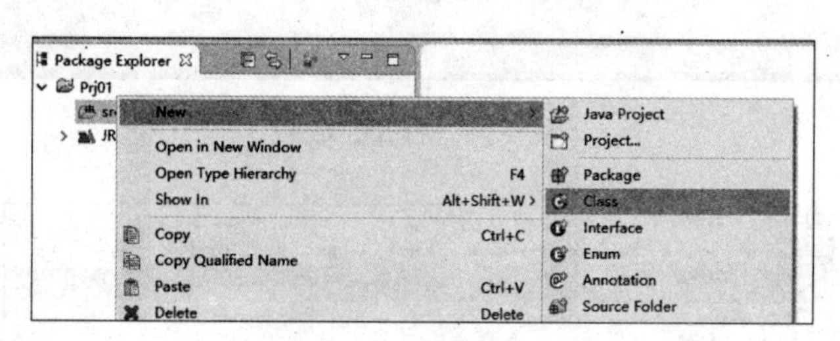

图 1-42 选择 Class 命令

图 1-43 弹出的对话框

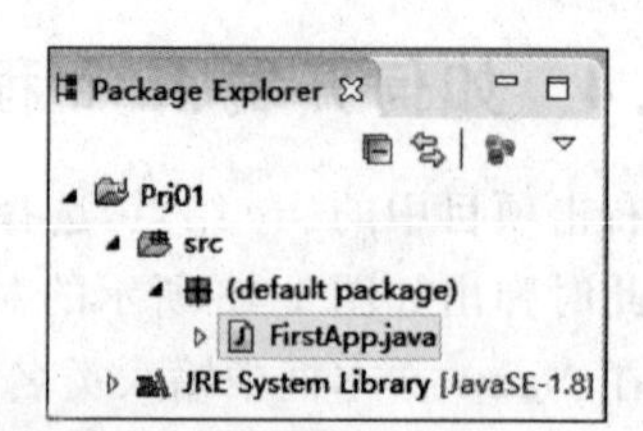

图 1-44 项目结构

在 FirstApp. java 中产生了一些代码，我们去掉一些注释，可以将其整理如下：

FirstApp. java

```
public class FirstApp {
    public static void main(String[ ] args) {
        System.out.println("这是一个 Java 程序");
    }
}
```

注意

(1) 在默认情况下系统自动编译该 Java 程序，如果语法写错，系统会报错，如图 1-45 所示。

```
*FirstApp.java
1
2 public CLASS FirstApp {
3       public static void main(String[] args) {
4           System.out.println("这是一个Java程序");
5       }
6 }
7
```

图 1-45　系统报错

(2) 在自动生成的代码中，class 前面自动增加了 public 关键字，在这种情况下类名和文件名必须相同，后面会详细讲解。如果去掉 public 关键字，类名可以任意。

接下来运行应用程序。右击应用程序名称，选择 Run As→Java Application 命令，如图 1-46 所示。

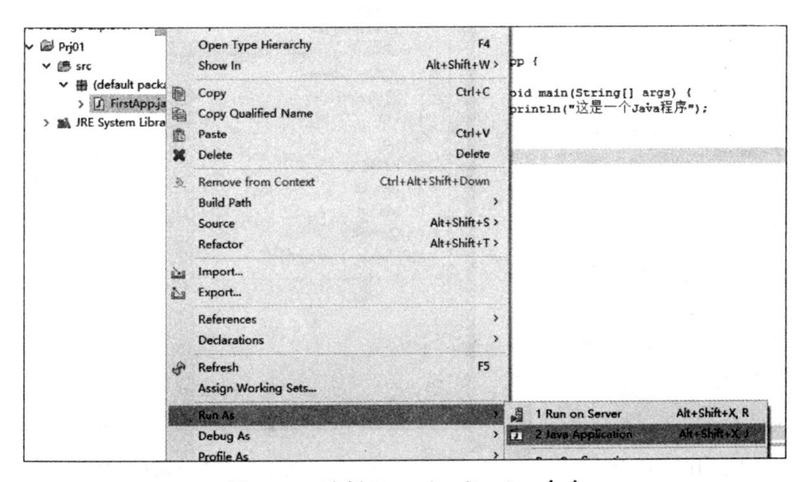

图 1-46　选择 Java Application 命令

此时在界面下方可以显示相应结果，如图 1-47 所示。

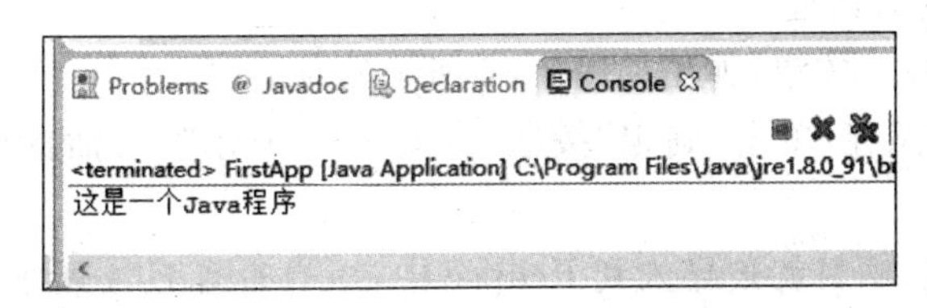

图 1-47　显示相应结果

1.4.5 如何维护项目

Eclipse 项目支持复制、剪切和移动。单击项目结点，可以通过 Ctrl＋C 和 Ctrl＋V 键将项目复制到其他地方。项目结构如图 1-48 所示。

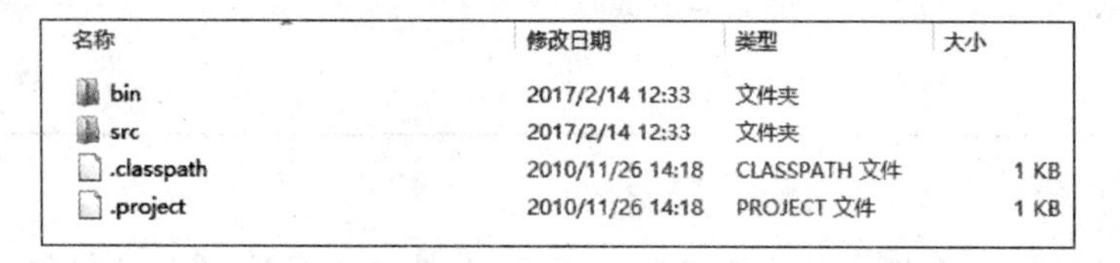

名称	修改日期	类型	大小
bin	2017/2/14 12:33	文件夹	
src	2017/2/14 12:33	文件夹	
.classpath	2010/11/26 14:18	CLASSPATH 文件	1 KB
.project	2010/11/26 14:18	PROJECT 文件	1 KB

图 1-48　项目结构

在 src 目录下保存了源文件，在 bin 目录下保存了编译的. class 文件。

那么如何将一个项目导入到 Eclipse 中呢？可以在 Eclipse 界面中选择 File→Import 命令，如图 1-49 所示。

此时弹出如图 1-50 所示的对话框。

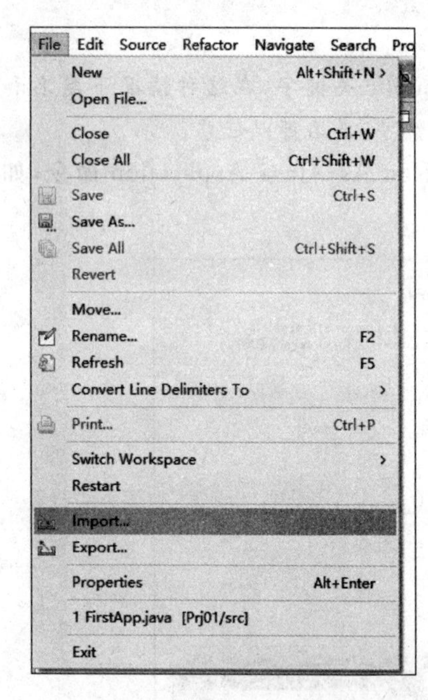

图 1-49　选择 Import 命令

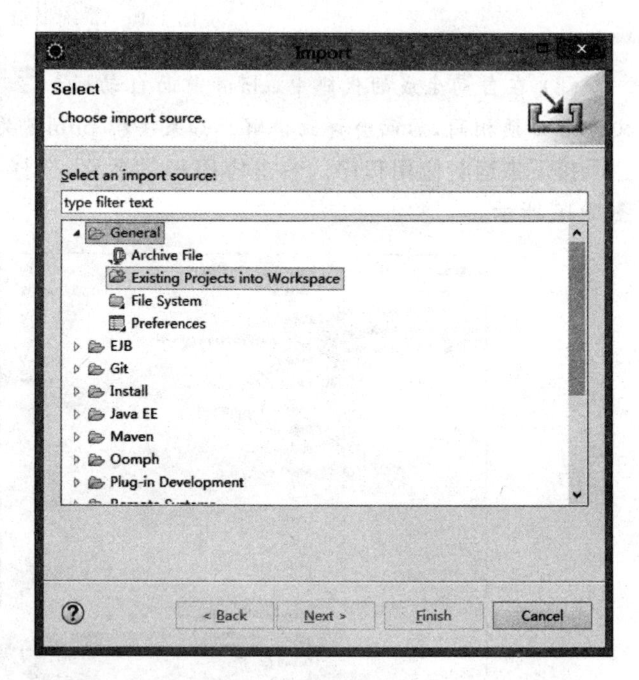

图 1-50　Import 对话框

在图 1-50 中选择 General 下的 Existing Projects into Workspace，然后单击 Next 按钮，得到如图 1-51 所示的对话框。

在其中单击 Browse 按钮，弹出如图 1-52 所示的对话框。

选择项目所在的路径，单击“确定”按钮，则图 1-51 所示的对话框中显示了被选中的项目，如图 1-53 所示：

单击 Finish 按钮，项目就被导入到 Eclipse 中，结构如图 1-54 所示。

图 1-51　Import Projects 对话框

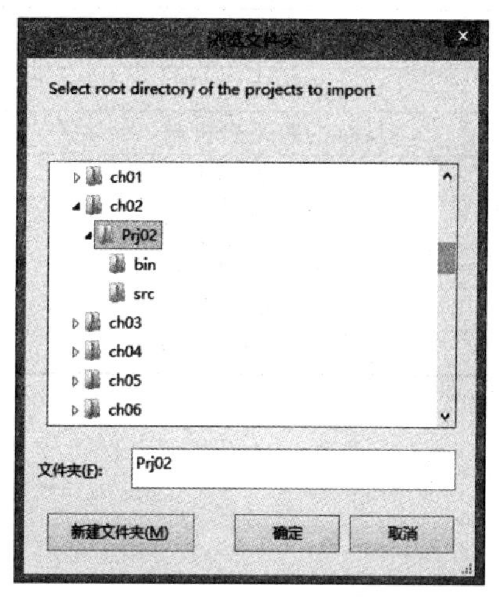

图 1-52　“浏览文件夹”对话框

图 1-53　显示被选中的项目

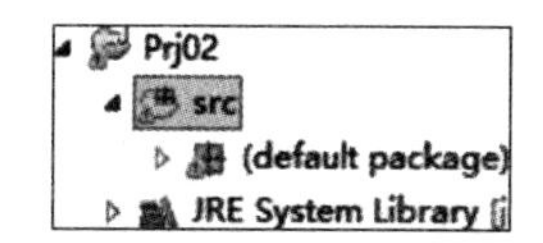

图 1-54　导入项目后的结构

阶段性作业

用 Eclipse 编写一个 Java 程序，在控制台上打印“你好，Java”。

本章知识体系

知　识　点	重要等级	难度等级
Java 的历史	★★★	★★
Java 的跨平台机制	★★★	★★
JDK 的安装和配置	★★★★	★★
Java 源代码的编写	★★★★	★★
编译 Java 源代码	★★★★	★★
执行.class 文件	★★★★	★★
用 Eclipse 进行开发	★★★	★★

第2章

程序设计基础之变量及其运算

本章首先介绍变量的原理以及变量的数据类型，然后详细介绍各种变量数据类型及其转换，之后讲解 Java 中的各种运算，最后介绍运算符的优先级。

本章术语

变量______________________________

标识符______________________________

整型______________________________

浮点型______________________________

字符型______________________________

布尔型______________________________

算术运算______________________________

关系运算______________________________

逻辑运算______________________________

2.1 认识变量

2.1.1 什么是变量

软件最终在内存中运行，内存中存放的是一些数据。例如可以将一个客户的年龄（如25）存放在内存中（如图 2-1 所示），就好像将一个人放在一个房间一样。

但是，在将 25 放入内存之后，如果要使用内存中的 25，靠什么来找到这个 25 呢？必须给该内存单元起一个名字，例如 age，此时 age 就是一个变量的名字，如图 2-2 所示。

图 2-1　将数据存入内存　　　图 2-2　给内存单元起名字

在进行程序设计时可以给很多变量起名字，就好像给人起名字一样，通过名字就可以找到相应的人。

注意

(1) 此处所说的变量概念可能不太严谨，但是初学者完全可以这样理解。我们不愿意为了抄袭学院派概念，把一个知识说得让人搞不懂。

(2) 变量可以随意命名吗？不可以。在Java中，变量名属于标识符范畴，标识符必须以字母、下画线或者$符号开头，后面可以接字母、数字、下画线和$符号。

Java中的关键字也不能作为变量名，以下是Java中的关键字：

abstract	boolean	break	byte	case	catch	char
class	continue	default	do	double	else	extends
false	final	finally	float	for	if	implements
import	instanceof	int	interface	long	native	new
null	package	private	protected	public	return	short
static	strictfp	super	switch	this	throw	throws
transient	true	try	void	volatile	while	synchronized

Java没有goto、const这些关键字，但也不能用goto、const作为变量名。

标识符可以表示Java中包、类、方法、参数和变量的名字，在后面大家遇到时命名方法必须遵循这些规定。不过，也不要死记硬背，一般使用有意义的名字(如age、size等)作为标识符名称，不要去刻意研究一些没有意义的名称是否符合规则。

在Java中，变量名的第一个字母一般小写，这是一个编程讲究，不是规定。

2.1.2 变量有哪些类型

既然变量中是存放数据的，不同的数据应该有不同的类型。例如25是一个整数，而邮政编码"100084"是一个字符串。在Java中，最基本的数据类型如下：

(1) 整数类型，包括byte、short、int、long；

(2) 浮点类型，包括float、double；

(3) 字符型，包括char；

(4) 布尔类型，包括boolean。

另外，还有一些复杂的数据类型，将在后面讲解。

在内存中定义一个变量的方法如下：

```
变量类型 变量名;
```

例如，"int age;"表示在内存中开辟一个变量存放一个整数，并命名为age。

用户可以通过"="将某个值存入变量，方法如下：

```
变量名 = 某个值;
```

例如，"age=25;"表示将整数25存入age变量。

当然还有更加复杂的，例如：

```
age = 2 * age + 3;
```

该代码需要从右边看到左边，表示先从内存中取出age(25)，乘以2，然后加3，将得到的结果放入age变量，结果age中的值变成了53。

阶段性作业

思考：如果变量 a 中有一个值，变量 b 中有一个值，怎样将两个变量中的值互换？

2.2　如何使用变量

2.2.1　如何使用整型变量

在 Java 中整型有 4 种变量类型，它们的名称和取值范围如表 2-1 所示。

表 2-1　整型变量及其取值范围

类型名	大小/位	取值范围
byte	8	−128～127
short	16	−32 768～32 767
int	32	−2 147 483 648～2 147 483 647
long	64	−9 223 372 036 854 775 808～9 223 372 036 854 775 807

在 Eclipse 中建立项目 Prj02，下面的例子中使用了 4 种整型数据：

IntegerTest1.java

```
public class IntegerTest1 {
    public static void main(String[] args) {
        byte b1 = 125;
        short s1 = 5275;
        int i1 = 428521546;
        long l1 = 5423453432424;
    }
}
```

但是主函数的第 4 句出了错，如图 2-3 所示。

5423453432424 并没有超出 long 的范围，为什么会报错呢？

这是因为如果一个整数写在源代码中，系统默认其为 int 类型，5423453432424 已经超出了 int 的范围。如果要解决这个问题，必须告诉系统该数是一个 long 类型。其方法是在该整数后面加一个“L”或“l”字母，如图 2-4 所示。

```
long l1 = 5423453432424;
The literal 5423453432424 of type int is out of range
```

图 2-3　主函数的第 4 句出了错

```
long l1 = 5423453432424L;
```

图 2-4　加“L”字母

代码变为：

IntegerTest1.java

```
public class IntegerTest1 {
    public static void main(String[] args) {
```

```
        byte b1 = 125;
        short s1 = 5275;
        int i1 = 428521546;
        long l1 = 5423453432424L;
        System.out.println("b1 的值是:" + b1);
        System.out.println("s1 的值是:" + s1);
        System.out.println("i1 的值是:" + i1);
        System.out.println("l1 的值是:" + l1);
    }
}
```

```
b1的值是:125
s1的值是:5275
i1的值是:428521546
l1的值是:5423453432424
```

图 2-5 IntegerTest1.java 的效果

运行,控制台打印效果如图 2-5 所示。

说明

(1) 不能将超出范围的值直接赋给一个变量,例如“byte b1=458;”是错的。

(2) 在“System.out.println("b1 的值是:"+b1);”中,内部字符串的+号表示连接,将前面的字符串和后面的整数值连起来,作为字符串打印。

(3) 在给变量赋值时也可以指定相应的进制,正常情况下是十进制,但是如果数值前面加了符号“0”,表示是八进制;加了符号“0x”或“0X”,表示是十六进制。例如以下代码:

IntegerTest2.java

```
public class IntegerTest2 {
    public static void main(String[] args) {
        int i1 = 12;
        int i2 = 012;
        int i3 = 0x12;
        System.out.println("i1 的值是:" + i1);
        System.out.println("i2 的值是:" + i2);
        System.out.println("i3 的值是:" + i3);
    }
}
```

运行,控制台打印效果如图 2-6 所示。

```
i1的值是:12
i2的值是:10
i3的值是:18
```

图 2-6 IntegerTest2.java 的效果

2.2.2 如何使用浮点型变量

在 Java 中浮点型有两种变量类型,它们的名称和取值范围如表 2-2 所示。

表 2-2 浮点型变量及其取值范围

类型名	大小/位	取值范围
float	32	1.4E～45～3.4E+38,-1.4E～45～-3.4E+38
double	64	4.9E～324～1.7E+308,-4.9E～324～-1.7E+308

在下面的例子中使用了两种浮点型数据：

FloatTest1. java

```
public class FloatTest1 {
    public static void main(String[] args) {
        float f1 = 12.5874;
        double d1 = 4578.568245;
    }
}
```

但是主函数的第 1 句出了错，如图 2-7 所示。

12.5874 并没有超出 float 的范围，为什么会报错呢？

这是因为如果一个小数写在源代码中，系统默认其为 double，double 的精度比 float 高，不能将高精度数直接赋给低精度变量。如果要解决这个问题，必须告诉系统该数是一个 float 类型。其方法是在该数后面加一个“F”或“f”字母，如图 2-8 所示。

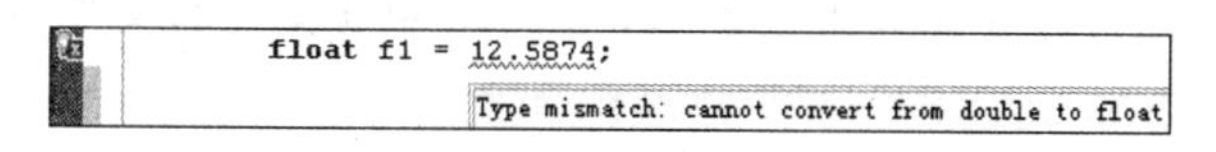

图 2-7 主函数的第 1 句出了错

float f1 = 12.5874F;

图 2-8 加“F”字母

代码变为：

FloatTest1. java

```
public class FloatTest1 {
    public static void main(String[] args) {
        float f1 = 12.5874F;
        double d1 = 4578.568245;
        System.out.println("f1 的值是：" + f1);
        System.out.println("d1 的值是：" + d1);
    }
}
```

运行，控制台打印效果如图 2-9 所示。

f1的值是:12.5874
d1的值是:4578.568245

图 2-9 FloatTest1. java 的效果

说明

Java 支持指数表示法，例如 1.078e+23f 表示 1.078×10^{23}。

2.2.3 如何使用字符型变量

在 Java 中字符数据用 char 表示，用来存储字母、数字、标点符号等字符。Java 的字符占两个字节，是 unicode 编码的，可以表示中文和英文。字符要用单引号包围，例如 'A'、'海' 等。

在下面的例子中使用了字符型数据。

CharTest1. java

```
public class CharTest1 {
    public static void main(String[] args) {
        char c1 = 'C';
        char c2 = '中';
```

```
        System.out.println("c1 的值是:" + c1);
        System.out.println("c2 的值是:" + c2);
    }
}
```

运行,控制台打印效果如图 2-10 所示。

注意

(1) 单引号不能写成全角中文的单引号,如图 2-11 所示的代码会报错。

(2) 很显然,在 Java 中有些字符是很特殊的,例如单引号。用户是不能直接使用单引号的,如图 2-12 所示的代码会报错。

```
c1的值是:C
c2的值是:中
```

图 2-10 CharTest1. java 的效果

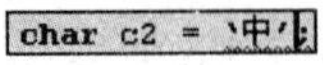

```
char c2 = '中';
```

图 2-11 中文单引号报错

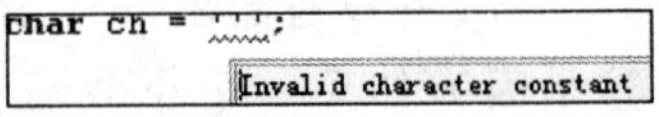

```
char ch = ''';
Invalid character constant
```

图 2-12 单引号报错

这种特殊字符称为转义字符,要用另一种方式来表示,在 Java 中常见的转义字符如下:

① \n,表示换行;

② \t,表示制表符,相当于 Table 键;

③ \',表示单引号;

④ \",表示双引号;

⑤ \\,表示一个斜杠"\"。

例如要表示一个单引号,应该写成如图 2-13 所示。

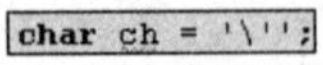

```
char ch = '\'';
```

图 2-13 表示一个单引号

在 Java 中,字符在底层是作为一个整数保存的,因此字符和整数是相通的,看下面的代码:

CharTest2. java

```
public class CharTest2 {
    public static void main(String[] args) {
        char c1 = 'C';
        int ic1 = c1;
        System.out.println("ic1 = " + ic1);
        int i1 = 65;
        char ci1 = (char)i1;
        System.out.println("ci1 = " + ci1);
    }
}
```

运行,控制台打印效果如图 2-14 所示。

"int ic1=c1;"说明可以将一个字符直接赋给整数。但是,"char ci1=(char)i1;"说明不能将一个整数直接赋给字符,需要强制转换,否则会报错,如图 2-15 所示。这是由于精度转换的问题,将在后面详细讲解。

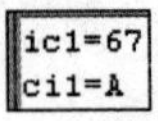

```
ic1=67
ci1=A
```

图 2-14 CharTest2. java 的效果

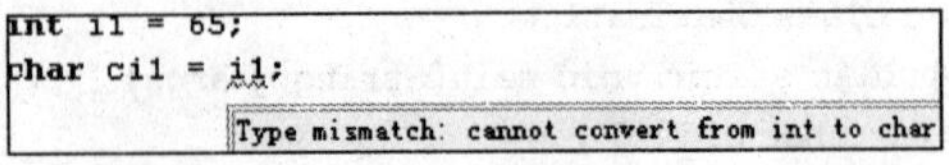

```
int i1 = 65;
char ci1 = i1;
Type mismatch: cannot convert from int to char
```

图 2-15 将整数直接赋给字符会报错

另外，在 Java 中多个字符可以组成字符串，字符串严格来讲不是基本数据类型，只是因为使用太多，所以在这里讲解。

字符串类型用 String 表示，字符串内容用一对双引号包围，里面可以含有转义字符，看下面的代码：

StringTest1. java

```
public class StringTest1 {
    public static void main(String[] args) {
        String str1 = "软工学苑\n郭克华";
        System.out.println("str1 = " + str1);
    }
}
```

运行，控制台打印效果如图 2-16 所示。

```
str1=软工学苑
郭克华
```

图 2-16　StringTest1. java 的效果

其中有换行，完全是因为\n 起到了作用。

阶段性作业

(1) 用字符串打印一个笑脸，即/^_^\。

(2) 汉字也对应一些数字，定义一个字符'华'，打印其对应的数字，然后将这个数字加1，打印字符，看看是什么。

2.2.4　如何使用布尔型变量

在 Java 中用 boolean 表示布尔类型，在 Java 中布尔值只有两个，要么是 true，要么是 false。下面的例子中使用了布尔型数据。

BooleanTest1. java

```
public class BooleanTest1 {
    public static void main(String[] args) {
        boolean b1 = true;
        boolean b2 = false;
        System.out.println("b1 的值是:" + b1);
        System.out.println("b2 的值是:" + b2);
    }
}
```

运行，控制台打印效果如图 2-17 所示。

```
b1的值是:true
b2的值是:false
```

图 2-17　BooleanTest1. java 的效果

注意

不能用 0 和 1 表示 false 和 true，这一点和 C 语言是不同的。

2.2.5 基本数据类型之间的类型转换

在编程过程中，我们经常会将一种数据类型的值赋给另一种不同数据类型的变量，有时候控制不好会出现莫名其妙的错误，因此有必要讲解变量类型的转换。

数据类型转换一般存在于整数、浮点数、字符之间，规则如下。

1. 低精度的值可以直接赋给高精度的变量，直接变成了高精度

注意

这里的精度高低一般认为 byte<short<char<int<long<float<double。

例如图 2-18 所示的代码，系统认为是正确的，因为将低精度的 l 赋给了高精度的 *f*。

2. 高精度的值不可以直接赋给低精度的变量

例如图 2-19 所示的代码会报错。

这是因为高精度的值 *f* 不可以直接赋给低精度的变量 *l*。

为了解决这个问题需要进行强制转换，方法如下：

```
目标类型  变量 =（目标类型）值
```

例如图 2-20 所示的代码没有问题。

```
float f  = 10.5F;
long l = 34;
f = l;
```

图 2-18 将低精度的 l 赋给高精度的 *f*

```
float f  = 10.5F;
long l = 34;
l = f;
```

图 2-19 将高精度的值 *f* 直接赋给低精度的变量 *l*

```
float f  = 10.5F;
long l = 34;
l = (long)f;
```

图 2-20 正确代码

注意

(1) 这样强制转换可能会丢失精度。

(2) 整型变量在赋值的时候有一些特殊情况。我们说过，一个整数在默认情况下是 int 类型，但是在代码“byte b1＝10;”中 10 默认为 int 类型，此时将 int 直接赋值给 byte 类型变量 b1 系统不会报错。为什么不报错呢？

可以这样理解，在给整型变量赋值时，系统隐含地做了一个从 int 转向 byte 并不丢失精度的操作，如果不丢失精度则不报错。例如“byte b1＝10;”，10 在 byte 范围内，转换时不丢失精度，所以不报错。

对于代码“byte b1＝1000;”，系统隐含地做从 int 转向 byte 的操作，但发现要丢失精度，于是报错。同理，对于“char a＝65;”，虽然 65 是 int 类型，但是系统隐含地做了强制转换，系统不会报错。

```
byte b1;
b1 = 3 + 3;
```

图 2-21 不会报错的情况

不过，上述说明仅局限于将常量赋值给变量的情况。例如，图 2-21 所示的情况不会报错：

但是，图 2-22 所示的情况又会报错：

这是因为在变量求值时 byte、short、char 类型的变量值被自动提升为 int 型，结果“b2＋3”也成了 int 型，必须强制转换才能解决，如图 2-23 所示。

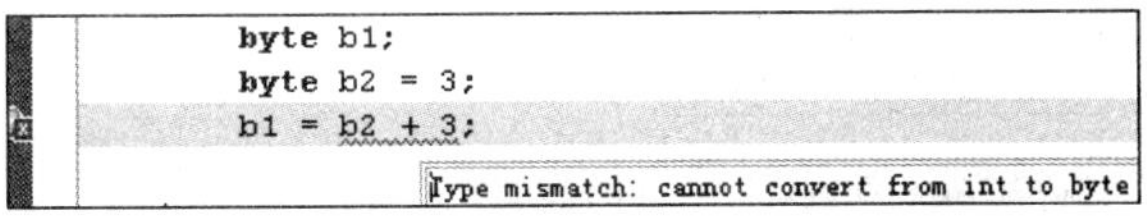

```
byte b1;
byte b2 = 3;
b1 = b2 + 3;
Type mismatch: cannot convert from int to byte
```

图 2-22　会报错的情况

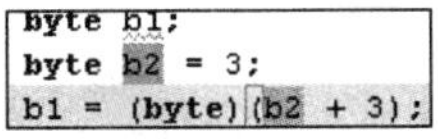

```
byte b1;
byte b2 = 3;
b1 = (byte)(b2 + 3);
```

图 2-23　强制转换解决问题

3. 不同类型变量混合运算之后得到的结果是精度最高的类型

我们来看图 2-24 所示的代码。

最后一句报错,为什么呢? 很简单,因为在“b1+c1+i1+12.5”中 12.5 是一个 double 类型,整个结果也就是 double 类型,比 float 的精度高,高精度不能赋值给低精度。如果要解决这个问题,只要将代码改为图 2-25 所示即可。

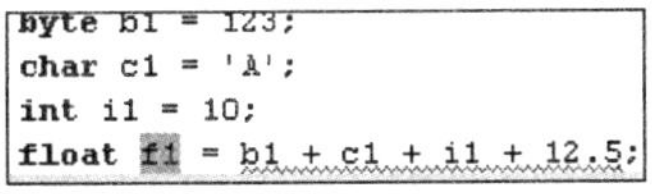

```
byte b1 = 123;
char c1 = 'A';
int i1 = 10;
float f1 = b1 + c1 + i1 + 12.5;
```

图 2-24　最后一句报错

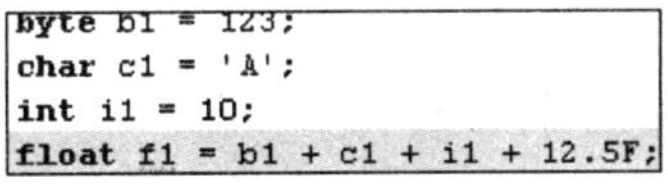

```
byte b1 = 123;
char c1 = 'A';
int i1 = 10;
float f1 = b1 + c1 + i1 + 12.5F;
```

图 2-25　更改代码

2.2.6　基本数据类型和字符串之间的转换

字符串虽然不属于基本类型,但是我们经常使用。有时候需要将字符串转换成数值,例如在网上银行转账时需要输入转账金额,这个金额在界面的文本框中是以字符串存在的,需要转换成数值; 反过来,如果要显示自己的余额,余额本来是数值,显示在界面上时可能要以字符串形式显示。下面讲解基本数据类型和字符串之间的转换。

注意

这里涉及一些 Java 基本 API,目前大家只要了解即可。

1. 基本数据类型转换为字符串

基本数据类型转换为字符串可以利用 String 类型提供的 valueOf 函数方法,格式如下:

```
String.valueOf(各种基本类型)
```

此时得到一个字符串。看下面的例子:

TypeConvertTest1.java

```
public class TypeConvertTest1 {
    public static void main(String[] args) {
        int age = 25;
        float money = 4524.8F;
        String strAge = String.valueOf(age);
        String strMoney = String.valueOf(money);
        System.out.println("strAge 的值是:" + strAge);
        System.out.println("strMoney 的值是:" + strMoney);
    }
}
```

运行,控制台打印效果如图 2-26 所示。

```
strAge的值是:25
strMoney的值是:4524.8
```

图 2-26 TypeConvertTest1.java 的效果

2. 字符串转换为基本数据类型

字符串转换为基本数据类型通常通过“基本类型封装类”进行，整型封装类是 Byte、Short、Integer、Long，浮点型封装类是 Float 和 Double，字符型封装类是 Character，布尔型封装类是 Boolean，它们都提供了将 String 类型转换为封装类所对应基本类型的函数。此处仅列举几个常见的情况。

(1) 将字符串转为 int 类型：

```
Integer.parseInt(字符串)
```

(2) 将字符串转为 float 类型：

```
Float.parseFloat(字符串)
```

(3) 将字符串转为 double 类型：

```
Double.parseDouble(字符串)
```

实际上，从命名可以看出还是有规律的。

看下面的例子：

TypeConvertTest2.java

```
public class TypeConvertTest2 {
    public static void main(String[] args) {
        String strAge = "25";
        String strMoney = "4524.8";
        int age = Integer.parseInt(strAge);
        float money = Float.parseFloat(strMoney);
        System.out.println("age 的值是:" + age);
        System.out.println("money 的值是:" + money);
    }
}
```

运行，控制台打印效果如图 2-27 所示。

```
age的值是:25
money的值是:4524.8
```

图 2-27 TypeConvertTest2.java 的效果

注意

代码“String strMoney="4524.8";”不需要写成“String strMoney="4524.8F";”，也就是一个小数后面写“F”，只需要在常量赋值给变量时遵循即可，例如“float money=4524.8F;”。

2.2.7 变量的作用范围

在 Java 语言中，理论上讲变量可以定义在类内部的任何位置，必须先定义后使用。变量有一个作用范围，其作用范围一般在定义它的大括弧内。看下面的代码：

ScopeTest1.java

```
public class ScopeTest1 {
    public static void main(String[] args) {
        {
            int age = 25;
        }
        System.out.println(age);
    }
}
```

在主函数的最后一句报错。

阶段性作业

(1) 定义一个 double 类型数据，将其转换为整型打印。

(2) 已知可以通过 Math.random()获取一个 0～1 的 double 型随机数；要求：

① 生成一个 0～100 的整型随机数。

② 生成一个 50～100 的 double 型随机数。

2.3　注释的书写

如果代码复杂，为程序添加注释可以提高程序的可读性。注释可以用来说明某段程序的作用和功能。

Java 中的注释根据不同用途分为 3 种类型。

2.3.1　单行注释

单行注释是在注释内容前面加“//”，且只能注释一行，例如：

CommentTest1.java

```
public class CommentTest1 {
    public static void main(String[] args) {
        int i = 23;                          //定义一个整数
    }
}
```

2.3.2　多行注释

多行注释可以注释多行，在注释内容前面以“/ * ”开头，并在注释内容末尾以“ * /”结束。例如：

CommentTest2.java

```
public class CommentTest2 {
    /* 以下是主函数
      主函数是程序的入口 */
```

```
    public static void main(String[ ] args) {
        int i = 23;                              //定义一个整数
    }
}
```

2.3.3 文档注释

文档注释以“/ ** ”开头、以“ * /”结束，可以用于生成文档，我们将在后面的章节中讲解。

注意

在软件开发的过程中，首先应该考虑代码的可读性。在代码中必须包含一些必要的注释，具体应该写哪些注释，请参考 Java 编程规范，由于篇幅限制这里不再罗列。好的程序，注释一般占到源代码的 30%左右。

阶段性作业

可以在注释里面嵌入注释吗？请测试。

2.4 Java 中的运算

变量只能存储数据，我们还需要能够操作变量，即对变量进行运算。Java 中的运算大概分以下几种：

(1) 算术运算；

(2) 赋值运算；

(3) 关系运算；

(4) 逻辑运算。

当然还有一些其他运算，例如移位运算，读者可以自行了解。

2.4.1 算术运算

算术运算是最常见的运算，遵循四则混合运算的规则，这里给出一个表（见表 2-3）供读者参考。

表 2-3 算术运算表

运算符	意　义	案例	结果
+	正号	+8	8
−	负号	i=9；−i；	−9
+	加	6+3	9
−	减	7−8	−1
*	乘	6 * 2	12
/	除	10/5	2
%	求余数（仅限整数）	8%3	2

注意

(1) 在进行算术运算时遵循四则混合运算法则，先求余数和乘除，后加减，有括号先算括号里面的。

(2) 整数相除将会自动去掉小数部分。例如 10/3，得到的结果为 3。

在算术运算中还有几个特殊的运算符。

1. ++和--

++用在变量的前面或者后面，表示将变量值加 1；--用在变量的前面或者后面，表示将变量值减 1。++和--的使用方法相同，这里仅以++来讲解。

++单独用于一个语句，不管放在变量前还是变量后，都是将变量值加 1。例如：

```
int age = 25;
age++;
```

运行完毕，age 的值为 26。而：

```
int age = 25;
++age;
```

运行完毕，age 的值也为 26。

如果++用于一个混合运算语句，情况比较复杂。当++用于变量后时，表示先将该变量进行其他运算，再加 1。例如：

```
int age = 25;
int newAge = age++;
```

运行完毕，newAge 的值为 25，因为首先将 age 赋值给 newAge，然后将 age 加 1；当然，运行完毕 age 的值是 26。

当++用于变量前时，表示先将该变量加 1，再进行其他运算。例如：

```
int age = 25;
int newAge = ++age;
```

运行完毕，newAge 的值为 26，因为首先将 age 加 1，再赋值给 newAge；当然，运行完毕 age 的值也是 26。

2. 字符串相连

字符串相连在 Java 中使用+号。例如"China"+"SEI"，得到的结果为"ChinaSEI"。值得一提的是，+号用于字符串，可以自动将非字符串转换成字符串。例如 "年龄:"+25，结果是"年龄:25"。

注意

有一个很有意思的情况，例如“ System. out. println(25+34);”打印结果是 59，而“System. out. println(""+25+34);”打印结果却是 2534。

这里用一个例子对以上问题进行总结：

ComputeTest1.java

```
public class ComputeTest1 {
    public static void main(String[] args) {
        int a = 10;
        int b = 3;
        System.out.println(a + b);
        System.out.println(a/b);
        System.out.println(a % b);
        System.out.println(a++);
        System.out.println(a);
        System.out.println("" + a + b);
    }
}
```

运行,控制台打印效果如图 2-28 所示。

```
13
3
1
10
11
113
```

图 2-28 ComputeTest1.java 的效果

读者可以自行分析。

阶段性作业

(1) 求余数有一个很有意思的功能,即能够将结果限制在某个范围之内。

如果用户不知道一个整数变量 a 的内容,那么如何通过运算得到一个结果,将该结果限制在 0～10? 很简单,可以用 a%10 表示。

那么,如果需要限制在 10～20 呢?

(2) 如果 a 的值为 1,运行以下代码将会打印什么?

```
System.out.println(a++);
System.out.println(a);
System.out.println(++a);
System.out.println(a);
```

2.4.2 赋值运算

赋值运算最常见的符号是=。例如“a=3;”,表示将值 3 放入 a 中。

注意

可以把赋值语句连在一起,例如“x=y=z=8;”,表示 3 个变量都为 8。

另外还有几个常见的赋值运算符,分别是+=、-=、*=、/=和%=,它们的使用方法类似,这里仅以+=进行讲解。

+=称为加等于,使用方法如下:

```
a += b;
```

效果等价于：

```
a = a + b;
```

例如：

```
int a = 3;
int b = 4;
a += b;
```

其中，“a+=b”相当于 a=a+b，结果 a 的值变为 7。

2.4.3　关系运算

关系运算是用来比较两个值的大小的，返回的结果是 boolean 类型。常见的关系运算如表 2-4 所示。

表 2-4　关系运算表

运算符	意　义	案例	结果
==	是否等于	5==4	false
!=	是否不等于	4!=4	false
<	是否小于	4<3	false
>	是否大于	4>3	true
<=	是否小于等于	4<=3	false
>=	是否大于等于	4>=3	true

注意

千万不要将“==”写成“=”，后者是赋值运算符。

这里用一个例子对以上问题进行总结：

ComputeTest2.java

```
public class ComputeTest2 {
    public static void main(String[ ] args) {
        int a = 10;
        int b = 3;
        System.out.println(a == b);
        System.out.println(a > b);
        System.out.println(a <= b);
        System.out.println(a!= b);
    }
}
```

运行，控制台打印效果如图 2-29 所示。

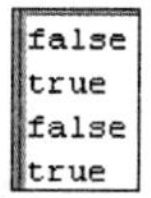

图 2-29　ComputeTest2.java 的效果

读者可以自行分析。

2.4.4 逻辑运算

逻辑运算用于对 boolean 型结果的表达式进行连接，运算的结果也是 boolean 型。常见的逻辑运算如表 2-5 所示。

表 2-5 逻辑运算表

运算符	意　义	案　例	结果
&&	两端为 true，结果为 true；否则为 false	(5>3)&&(4>6)	false
||	一端为 true，结果为 true；否则为 false	(5>3)||(4>6)	true
!	将 true 变为 false，false 变为 true	!(5>3)	false

这里用一个例子对以上问题进行总结：

ComputeTest3. java

```
public class ComputeTest3 {
    public static void main(String[] args) {
        System.out.println((5 > 3)&&(4 > 6));
        System.out.println((5 > 3)||(4 > 6));
        System.out.println(!(5 > 3));
    }
}
```

运行，控制台打印效果如图 2-30 所示。

```
false
true
false
```

图 2-30　ComputeTest3. java 的效果

读者可以自行分析。

注意

&& 和||都是短路运算符。对于运算 A&&B，如果 A 的值为 false，B 就不进行运算了，结果为 false；对于 A||B，如果 A 的值是 true，B 就不进行运算了，结果为 true。

阶段性作业

如果 a 的值为 3，b 的值为 4，运行以下代码将会打印什么？

```
System.out.println((a > b)&&(b++> 5));
System.out.println(a);
System.out.println(b);
```

2.4.5 运算符的优先级

实际上，在 Java 中，运算符远远不止以上讲解的几种，只是上面讲解的几种使用较多。在运算符进行混合运算时具有一定的优先级，表 2-6 所示为优先级顺序表，上一行中的运算符总是优先于下一行。

表 2-6　优先级顺序表

类　　型	运　算　符
点号、括号、分号、逗号	.、[]、()、{}、;、,
算术运算符	++、--
	%、*、/
	+、-
移位运算符	<<、>>、>>>(移位)
关系运算符	<、>、<=、>=
	==、!=
逻辑运算符	&&
	||
赋值运算符	?:
	=、%=、*=、/=、+=、-=

从表 2-6 可以看出：

(1) 算术运算符优先于关系运算符，关系运算符优先于逻辑运算符。

(2) 在某种运算符内部也有优先级区别，例如在逻辑运算符中 && 优先于||。

注意

用户要充分利用括号，而不要盲目追求所谓的运算符优先级带来的优先运算效果。例如“a=b+++c”，读者可能会问到底是“a=(b++)+c;”还是“a=b+(++c);”?

答案是“a=(b++)+c;”。

但是，如果你是程序员，为什么要写“a=b+++c”这样的代码呢？为什么不多花一点时间写成“a=(b++)+c;”呢？

本章知识体系

知　识　点	重要等级	难度等级
变量的定义	★★★★	★★
整型变量	★★★★	★★
浮点型变量	★★★★	★★
字符型变量	★★★★	★★
布尔型变量	★★★	★★
数据类型的转换	★★★	★★★★
算术运算	★★★	★★
赋值运算	★★★	★★
关系运算	★★★	★★
逻辑运算	★★★	★★
运算符的优先级	★★	★★★★

第3章

程序设计基础之流程控制和数组

从微观上看程序，程序有3种结构，即顺序结构、选择结构和循环结构。本章首先介绍3种结构的用法，并讲解了break和continue语句；然后讲解数组的作用、定义、性质和用法，以及二维数组的使用。

本章术语

if ____________________

switch ____________________

while ____________________

for ____________________

break ____________________

continue ____________________

array ____________________

引用 ____________________

3.1 判断结构

3.1.1 为什么需要判断结构

前面所列出的程序一般都是顺序结构，顺序结构就是程序从前到后一行一行执行，直到程序结束。

但是，计算机软件是个智能化产品，需要根据一定的情况进行判断。例如在聊天软件中，当客户收到聊天信息时必须进行提示，这就需要软件进行判断，因此要用判断结构来实现这个功能。

在Java中判断结构包括if和switch两种。

3.1.2 if结构

if是最常见的判断结构。

1. 最简单的if结构

if结构最简单的格式如下：

```
if (条件表达式){
```

```
    代码块 A;
}
```

以上结构表示如果条件成立执行代码块 A,否则不执行。

例:输入一个客户的年龄,如果在 0～100,打印年龄,否则不打印。

代码如下:

IfTest1.java

```
Public class IfTest1 {
    public static void main(String[ ] args) {
        String strAge =
            javax.swing.JOptionPane.showInputDialog("输入客户年龄");
        int age = Integer.parseInt(strAge);
        if((age >= 0)&&(age <= 100)){
            System.out.println("年龄为:" + age);
        }
    }
}
```

运行,效果如图 3-1 所示。

单击"确定"按钮,控制台打印效果如图 3-2 所示。

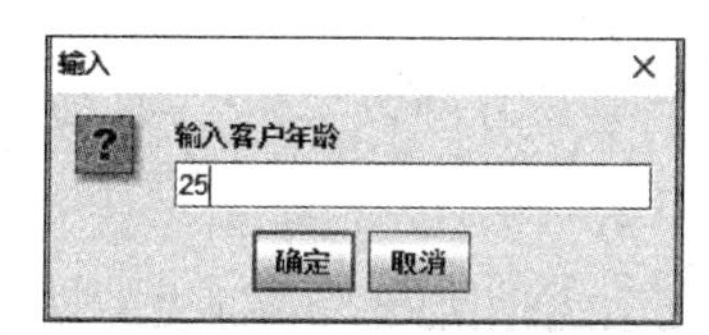

图 3-1 IfTest1.java 的效果

年龄为:25

图 3-2 控制台打印效果

注意

(1) 由于键盘输入比较复杂,在本代码中使用 javax.swing.JOptionPane.showInputDialog 函数进行输入,返回一个字符串。在后面将详细讲解,此处会用即可。

(2) 如果是一个 boolean 类型,例如 boolean b,若进行判断可写成 if(b==true)或者 if(b==false)。但是为了防止将"=="写成"=",一般用 if(b)代替 if(b==true),用 if(!b)代替 if(b==false)。

(3) 如果 if 后面只跟一条语句,大括弧可以省略。例如:

```
if((age >= 0)&&(age <= 100))
    System.out.println("年龄为:" + age);
```

但是当程序复杂时可能会降低程序的可读性,因此建议不管怎样都加上大括弧。

(4) 在 if 判断之后不要直接加分号,这是初学者容易犯的错误:

```
if((age >= 0)&&(age <= 100)); {//if 后加分号,if 判断在分号处结束
    System.out.println("年龄为:" + age);
}
```

2. if-else 结构

if-else 结构的格式如下：

```
if (条件表达式 1){
  代码块 A;
}else{
  代码块 B;
}
```

以上结构表示如果条件成立执行代码块 A，否则执行代码块 B。

例：输入一个客户的年龄，如果在 0～100，打印“正确”，否则打印“错误”。

代码如下：

IfTest2. java

```
public class IfTest2 {
    public static void main(String[ ] args) {
        String strAge =
javax.swing.JOptionPane.showInputDialog("输入客户年龄");
        int age = Integer.parseInt(strAge);
        if((age >= 0)&&(age <= 100)){
            System.out.println("正确");
        }else{
            System.out.println("错误");
        }
    }
}
```

正确

图 3-3 IfTest2. java 的效果

运行，输入一个值，例如 25，单击“确定”按钮，控制台打印效果如图 3-3 所示。

注意

另外还有一种和 if-else 类似但是更加紧凑的写法：

```
条件表达式?结果 1:结果 2
```

其意义是如果条件表达式成立，返回结果 1，否则返回结果 2。

在上面的例子中 if 语句也可以写成：

```
System.out.println((age >= 0)&&(age <= 100)?"正确":"错误");
```

效果相同。该结构有时候很有用处，例如：

```
x = x > 0?x: - x;
```

将 x 的值变为其绝对值。

3. if-else if-else 结构

if-else 结构只能判断“是否”的关系，if-else if-else 可以判断更加复杂的情况，格式如下：

```
if (条件表达式 1){
  代码块 1;
}else if(条件表达式 2){
  代码块 2;
}… 多个 else if
else{
  代码块 n;
}
```

以上结构表示如果条件 1 成立，执行代码块 1，否则判断条件 2；如果条件 2 成立，执行代码块 2……如果条件都不成立，执行代码块 n。

例：输入一个月份，打印该月份对应的天数。1、3、5、7、8、10、12 月为 31 天，2 月份为 28 天，其他月份为 30 天，如果输入的月份超出范围，打印“错误”。

代码如下：

IfTest3.java

```
public class IfTest3 {
    public static void main(String[] args) {
        String strMonth =
            javax.swing.JOptionPane.showInputDialog("输入月份");
        int month = Integer.parseInt(strMonth);
        if(month == 1||month == 3||month == 5||
         month == 7||month == 8||month == 10||month == 12){
            System.out.println(month + "月有 31 天");
        }else if(month == 2){
            System.out.println(month + "月有 28 天");
        }else if(month == 4||month == 6||month == 9||month == 11){
            System.out.println(month + "月有 30 天");
        }else{
            System.out.println("错误");
        }
    }
}
```

运行，输入一个值，例如 6，单击“确定”按钮，控制台打印效果如图 3-4 所示。

6月有30天

图 3-4　IfTest3.java 的效果

注意

if 后面可以接多个“else if”，可以不接“else”。

4. if 嵌套使用

很显然，程序是丰富多彩的，在 if 中也可以包含 if，例如：

```
if (age >= 25){
    if(money > 100){
        System.out.println("可以登录");
    }else{
        System.out.println("不可以登录");
    }
}
```

注意

大家要养成使用大括弧的好习惯,哪怕 if 成立后执行的只有一句代码,不要写成:

```
if (age>=25)
    if(money>100)
        System.out.println("可以登录");
else
       System.out.println("不可以登录");
```

实际上,最后一个 else 和最近的 if 配对,但是我们很难判断,影响了程序的可读性。

阶段性作业

(1) 输入一个应收金额,输入一个实收金额,显示找零的各种纸币的张数,优先考虑面额大的纸币,显示各种人民币要多少张。假如现有 100、50、20、10、5、1 元的面额,如果实收金额小于应收金额将报错。

(2) 输入一个整数,如果是正数就减去 10,如果是负数就加上 10,然后显示。

3.1.3 switch 结构

switch 结构也可以进行判断,效果和 if-else if-else 类似,但是使用范围稍窄一些。其格式如下:

```
switch (变量名){
  case 值 1:
    代码块 1;
    break;
  case 值 2:
    代码块 2;
    break;
  …
  default:
    代码块 n;
}
```

以上结构表示,如果变量等于值 1,执行代码块 1;如果等于值 2,执行代码块 2……如果都不等于,执行代码块 n。

例:输入一个月份,打印该月份对应的天数。1、3、5、7、8、10、12 月为 31 天,2 月份为 28 天,其他月份为 30 天,如果输入的月份超出范围,打印"错误"。

代码如下:

SwitchTest1.java

```
public class SwitchTest1 {
    public static void main(String[] args) {
        String strMonth =
            javax.swing.JOptionPane.showInputDialog("输入月份");
        int month = Integer.parseInt(strMonth);
        switch(month){
```

```
            case 1:
            case 3:
            case 5:
            case 7:
            case 8:
            case 10:
            case 12:
                System.out.println(month + "月有 31 天");
                break;
            case 2:
                System.out.println(month + "月有 28 天");
                break;
            case 4:
            case 6:
            case 9:
            case 11:
                System.out.println(month + "月有 30 天");
                break;
            default:
                System.out.println("错误");
        }
    }
}
```

运行，输入一个值，例如 6，单击“确定”按钮，控制台打印效果如图 3-5 所示。

6月有30天

图 3-5　SwitchTest1.java 的效果

注意

(1) default 语句是可选的。

(2) 在“switch(month)”中，被判断的变量只能是 byte、char、short、int 类型。

(3) “break;”表示跳出这个 switch。如果没有 break，程序会在 switch 内继续向下运行，所以 case 与 else if 还不是等价的。else if 是一旦条件成立就不执行后面的其他 else if 语句；在 switch 中碰到第一个匹配的 case 就会执行 switch 剩余的所有，而不管后面的 case 条件是否匹配，直到碰到 break 语句为止。

阶段性作业

(1) 删除上例中所有的 break，输入月份 6，看看打印什么。

(2) 输入一个年份和月份，打印该年该月的天数。规定平年 2 月 28 天，闰年 2 月 29 天；年份能被 4 整除却不能被 100 整除为闰年，能被 400 整除的年份也是闰年。

3.2　认识循环结构

3.2.1　为什么需要循环结构

计算机和人相比优势有两个，第一是精度高，第二是运算快，但是运算再快也是按照人编制的程序进行的。如果要完成一个庞大的工作，例如计算 1～1000 各个整数的和，程序就不能写成：

```
sum = 1 + 2 + 3 + 4 + 5 + … + 1000;
```

此时可以运用简单的分析设计简单的程序，让计算机通过重复工作帮我们完成复杂的计算。

如何进行分析呢？首先要让计算机进行重复工作代码一定要有重复性：

```
sum = 0, i = 1;
sum = sum + i; i++;
sum = sum + i; i++;
…
直到 i 加了 1000 次为止。
```

此时，“sum＝sum＋i; i＋＋;”就是重复代码。不过应该告诉程序重复1000次就应该结束，因此还必须指定结束的条件。

在Java中可以通过while、do-while和for结构来实现循环。

3.2.2 while 循环

while语句是常见的循环语句，结构如下：

```
while (条件表达式){
    循环体;
}
```

以上结构表示如果条件成立执行循环体，执行完毕后再判断条件是否成立；如果条件成立，执行循环体……周而复始，直到条件不成立为止。

例：计算1～1000各个整数的和。

代码如下：

WhileTest1.java

```
public class WhileTest1 {
    public static void main(String[ ] args) {
        int sum = 0, i = 1;
        while(i < = 1000){
            sum += i;
            i++;
        }
        System.out.println("结果为:" + sum);
    }
}
```

运行，控制台打印效果如图3-6所示。

```
结果为:500500
```

图3-6 WhileTest1.java的效果

注意

(1) 在该循环中，i称为控制变量，控制循环的运行。每循环一次，i加1，这个“1”也称为“步长”。

(2) 如果删掉“i++;”,每次循环时 i 的值均为 1,“i<=1000”永远成立,循环将不会终止,这称为死循环。

(3) while 判断之后不要直接加分号,这是初学者容易犯的错误。

```
while(i<= 1000);{                    //while 后加分号,while 在此处不断空循环,造成死循环
    sum += i;
    i++;
}
```

(4) 如果循环体中只有一条语句,大括弧可以省略。但是当程序复杂时可能会降低程序的可读性,因此建议不管怎样都加上大括弧。

阶段性作业

(1) 在 WhileTest1 例子中“i++”执行多少次? 循环结束时 i 的值是多少?“i<=1000”判断了多少次?

(2) 打印 0～127 各个数字对应的字符。

3.2.3 do-while 循环

do-while 也比较常见,其结构如下:

```
do{
  循环体;
} while (条件表达式);
```

以上结构表示首先执行循环体,然后判断条件,如果条件成立,执行循环体,执行完毕后再判断条件是否成立;如果条件成立,执行循环体……周而复始,直到条件不成立为止。

从这里可以看出,和 while 循环不同的是,do-while 将首先执行循环体,再判断,所以循环体至少执行一次。

例:计算 1～1000 各个整数的和。

代码如下:

DoWhileTest1.java

```
public class DoWhileTest1 {
    public static void main(String[] args) {
        int sum = 0, i = 1;
        do{
            sum += i;
            i++;
        }while(i <= 1000);
        System.out.println("结果为:" + sum);
    }
}
```

运行,控制台打印效果如图 3-7 所示。

```
结果为:500500
```

图 3-7　DoWhileTest1.java 的效果

注意

在 do-while 中,while 判断之后的分号不能丢:

```
do{
    sum += i;
    i++;
}while(i <= 1000)                                  //丢掉分号,出现语法错误
```

这是初学者容易犯的错误。

阶段性作业

在上面的例子中,i++执行多少次?循环结束时 i 的值是多少?i<=1000 判断了多少次?

3.2.4　for 循环

一个循环一般有以下要素:

(1) 控制变量初始化,例如上面的"int i=1;",表示 i 从 1 开始。

(2) 循环执行的条件,例如上面的"i<=1000",表示 i≤1000 才循环。

(3) 循环运行,控制变量应该变化,例如上面的"i++",表示每循环一次 i 加 1。

for 循环可以让用户将这 3 个语句写得更加紧凑,格式如下:

```
for (语句 1;语句 2;语句 3){
  循环体;
}
```

在以上结构中先运行初始化语句(语句 1),然后判断条件是否成立(语句 2),如果条件成立,执行循环体,执行完毕后运行语句 3,再判断条件是否成立(语句 2);如果条件成立,执行循环体……周而复始,直到条件不成立为止。

从这里可以看出 for 循环和 while 基本可以互相转换。

例:计算 1~1000 各个整数的和。

代码如下:

ForTest1.java

```
public class ForTest1 {
    public static void main(String[ ] args) {
        int sum = 0;
        for(int i = 1;i <= 1000;i++){
            sum += i;
        }
        System.out.println("结果为:" + sum);
    }
}
```

运行，控制台打印效果如图 3-8 所示。

```
结果为:500500
```

图 3-8　ForTest1.java 的效果

注意

（1）在 for 循环之后不要直接加分号，这是初学者容易犯的错误：

```
for(int i = 1;i <= 1000;i++);{            //逻辑错误,for 循环运行完毕,没有执行 sum += i
    sum += i;
}
```

（2）只要了解了 for 循环中各语句的执行顺序就可以非常灵活地使用 for 循环，例如：

```
for(int i = 1;i <= 1000; sum += i,i++);
```

效果和本例相同。

阶段性作业

在 for 循环中去掉语句 1、语句 2 或者语句 3 会有什么效果？请测试。

3.2.5　循环嵌套

很显然，程序是丰富多彩的，循环、if 可以嵌套，下面是一个嵌套的例子，用于打印一个九九乘法表：

NineX.java

```
public class NineX {
    public static void main(String[] args) {
        for(int r = 1;r <= 9;r++){
            for(int c = 1;c <= r;c++){
                System.out.print(r + " * " + c + " = " + r * c + " ");          //打印不换行
            }
            System.out.println();                //换行
        }
    }
}
```

运行，控制台打印效果如图 3-9 所示。

```
1*1=1
2*1=2 2*2=4
3*1=3 3*2=6 3*3=9
4*1=4 4*2=8 4*3=12 4*4=16
5*1=5 5*2=10 5*3=15 5*4=20 5*5=25
6*1=6 6*2=12 6*3=18 6*4=24 6*5=30 6*6=36
7*1=7 7*2=14 7*3=21 7*4=28 7*5=35 7*6=42 7*7=49
8*1=8 8*2=16 8*3=24 8*4=32 8*5=40 8*6=48 8*7=56 8*8=64
9*1=9 9*2=18 9*3=27 9*4=36 9*5=45 9*6=54 9*7=63 9*8=72 9*9=81
```

图 3-9　NineX.java 的效果

阶段性作业

用 for 循环实现，打印 0～127 各个数字对应的字符，每 8 个打印一行。

3.2.6 break 语句和 continue 语句

1. break 语句

有时候需要在某个时刻终止当前循环，此时可以使用 break 语句。看下面的例子：

BreakTest1.java

```
public class BreakTest1 {
    public static void main(String[] args) {
        for(int i = 1;i <= 1000;i++){
            System.out.println(i);
            if(i == 2){
                break;
            }
        }
    }
}
```

运行，控制台打印效果如图 3-10 所示。

这是因为 i 等于 2 时跳出了 for 循环。

```
1
2
```

图 3-10 BreakTest1.java 的效果

注意

(1) break 语句还可以跳出 switch 语句。

(2) 在嵌套情况下，break 默认只能跳出当前循环，不能跳出外层循环。例如：

```
for(…){
    for(…){
        break;
    }
}
```

该 break 只能跳出内层循环，而不是整个大的循环。如果要解决这一问题，可以利用标号：

```
label:for(…){
    for(…){
        break label;
    }
}
```

这样 break 就可以跳出外层循环。

经验

break 和死循环配合使用可以很好地解决"循环次数不确定"的问题。请看下面的例子：输入一个年龄，如果不在 0～100，反复出现输入框，直到输入正确显示该年龄。

代码如下：

BreakTest2.java

```
public class BreakTest2 {
    public static void main(String[] args) {
        while(true){
            String strAge =
                javax.swing.JOptionPane.showInputDialog("输入客户年龄");
            int age = Integer.parseInt(strAge);
            if((age >= 0)&&(age <= 100)){
                System.out.println("年龄为:" + age);
                break;
            }
        }
    }
}
```

将输入的工作放入死循环中，只有当输入正确格式时才会跳出死循环。

如果用 for 循环构造死循环，只需要写成"for(;;){循环体;}"即可。

2. continue 语句

和 break 语句相比，continue 语句的使用少一些。continue 语句的作用是跳过当前循环的剩余语句块，接着执行下一次循环。

例：打印 1～100 的各个数字，不打印 5 的倍数。

代码如下：

ContinueTest1.java

```
public class ContinueTest1 {
    public static void main(String[] args) {
        for(int i = 1;i <= 100;i++){
            if(i % 5 == 0){
                continue;
            }
            System.out.print(i + " ");
        }
    }
}
```

运行，控制台打印效果如图 3-11 所示。

1 2 3 4 6 7 8 9 11 12 13

图 3-11 ContinueTest1.java 的效果

阶段性作业

(1) 制作一个猜数字游戏：系统随机产生一个 1～100 的整数，要求用户用输入框输入一个整数，如果数字小于随机值，系统提示"小了"；如果数字大于随机值，则提示"大了"；如果猜中，提示"成功"。若 3 次未猜中，则提示"游戏失败"。

(2) 制作一个模拟银行操作的流程。系统运行，出现输入框，让用户选择"0:退出 1:存款2:取款3:查询余额:"。初始余额为0。

用户选择1,可以输入钱数,将款项存入余额;用户选择2,可以输入钱数,将款项从余额中减去,但要保证余额足够;用户选择3,可以打印当前余额;用户选择0,程序退出。注意,只要没有退出,用户操作后选择菜单重新显示。

(3) 百鸡问题:公鸡一,值钱3;母鸡一,值钱2;小鸡三,值钱1。今有百鸡百钱,问公鸡、母鸡、小鸡各多少只?

3.3 数 组

3.3.1 为什么需要数组

前面学习了变量,我们知道变量是在内存中存储数据的。如果要定义100个整数,保存100个用户的年龄,传统方法应该写成:

```
int age1,age2,age3,…,age100;
```

可见非常麻烦。如果定义的是1000个变量,将是几乎无法实现的事情。那么能否一次性定义100个变量呢?数组(Array)可以帮助用户完成。

3.3.2 如何定义数组

这里首先讲解最简单的数组——一维数组。一维数组的定义如下:

```
数据类型[]数组名 = new 数组类型[数组大小];
```

例如:

```
int[] age = new int[100];
```

上述语句定义了100个int变量,变量的名称分别为age[0]、age[1]、…、age[98]、age[99]。

说明

(1) 变量名是age[0]~age[99],而不是age[1]~age[100]。数组被定义之后,数组中的每一个变量叫数组的一个元素。

(2) 数组的大小也可以是整数变量,例如:

```
int size = 100;
int[] age = new int[size]
```

(3) 数组的定义方法还可以写成:

```
int []age = new int[100];
和
int age[] = new int[100];
```

但这种情况使用相对较少。

(4) “int[] age=new int[100];”实际上可以看成两句：

```
int[] age
age = new int[100];
```

第一句相当于定义了一个变量名age，是一个数组类型，或者称为数组引用，但是还没有给数组分配内存。第二句给数组分配了100个整数大小的内存。如果不分配内存，数组元素将无法访问。

(5) “int[] age=new int[100];”定义之后，数组中各元素的默认值为0。例如：

```
int[] age = new int[100];
System.out.println(age[5]);
```

将打印0。

(6) 在定义时，也可以给数组进行初始化，有以下两种方法：

```
int[] age1 = new int[]{1,2,3};
```

和

```
int[] age2 = {1,2,3};
```

不管采用哪一种方法，在定义时都不能给数组指定大小，大小由赋值个数决定。

阶段性作业

定义一个char数组、float数组、double数组、boolean数组、String数组，不给值，看看里面各个元素的默认值是多少？

3.3.3 如何使用数组

用户可以像使用变量一样来使用数组中的元素。例如：

```
int[] age = new int[100];
age[20] = 25;
System.out.println(age[20]);
```

将会打印age[20]的值。

为了方便对数组的访问，可以通过“数组名称.length”来获取数组长度。

例：将1～1000的各个整数放入数组中，然后打印它们的和。

代码如下：

ArrayTest1. java

```
public class ArrayTest1 {
    public static void main(String[ ] args) {
        int[ ] arr = new int[1000];
        int sum = 0;
        for(int i = 0;i < arr.length;i++){
            arr[i] = i + 1;
        }
        for(int i = 0;i < arr.length;i++){
            sum += arr[i];
        }
        System.out.println("sum = " + sum);
    }
}
```

运行，控制台打印效果如图 3-12 所示。

```
sum=500500
```

图 3-12　ArrayTest1. java 的效果

注意

(1) 代码：

```
for(int i = 0;i < arr.length;i++){
    arr[i] = i + 1;
}
```

在运行时每次循环都要求 arr. length，可以对其进行优化：

```
int length = arr.length;
for(int i = 0;i < length;i++){
    arr[i] = i + 1;
}
```

这样，arr. length 就只需要求一次了。

(2) 在高版本的 JDK 中，对数组(乃至集合)进行循环还有一种简化写法：

```
for(数组元素类型 变量名:数组名称){
    //使用变量
}
```

在循环时，数组中的元素依次放在变量中，变量类型必须和数组元素类型相同。例如，ArrayTest1 的代码可以改为：

ArrayTest1. java

```
public class ArrayTest1 {
    public static void main(String[ ] args) {
        int[ ] arr = new int[1000];
        int sum = 0;
        for(int i = 0;i < arr.length;i++){
            arr[i] = i + 1;
        }
        for(int e:arr){
```

```
            sum += e;
        }
        System.out.println("sum = " + sum);
    }
}
```

3.3.4 数组的引用性质

简单数据类型变量名表示一个个的内存单元。例如：

```
int a = 5;
int b = 6;
a = b;
```

a 和 b 在内存中代表不同的整数空间。如果执行“a=b;”，相当于将变量 b 内存中的值赋给 a。

但是，数组名称赋值却不是将数组中的内容进行赋值，只是将引用赋值。看下面的代码：

ArrayTest2. java

```
public class ArrayTest2 {
    public static void main(String[] args) {
        int[] arr1 = new int[]{1,2,3};
        int[] arr2 = new int[]{100,200,300};
        arr1 = arr2;
        arr1[0] = 5;
        System.out.println("arr2[0] = " + arr2[0]);
        System.out.println("arr2[1] = " + arr2[1]);
        System.out.println("arr2[2] = " + arr2[2]);
    }
}
```

运行，控制台打印效果如图 3-13 所示。

下面分析一下运行过程：

(1) “int[] arr1=new int[]{1,2,3};”表示在内存中开辟一片空间，保存一个数组，如图 3-14 所示。

```
arr2[0]=5
arr2[1]=200
arr2[2]=300
```

图 3-13　ArrayTest2. java 的效果

arr1→ 1 2 3

图 3-14　保存 arr1

(2) “int[] arr2=new int[]{100,200,300};”表示在内存中开辟一片空间，保存一个数组，如图 3-15 所示。

(3) “arr1=arr2;”表示将 arr2 引用赋值给 arr1，内存变成如图 3-16 所示的状态。

图 3-15　保存 arr2　　　图 3-16　将 arr2 引用赋值给 arr1

此时 arr1 和 arr2 表示同一个数组，因此 arr1[0]变成了 5，arr2[0]也变成了 5。这就是数组的引用性质。

问答

问：arr1 原先指向的{1,2,3}到哪里去了？

答：arr1 原先指向的{1,2,3}在内存中成了“散兵游勇”，最后被当成垃圾搜集。

3.3.5 数组的应用

1. 使用命令行参数

主函数的定义如下：

```
public static void main(String[ ] args)
```

其中的“String[] args”是什么意思呢？

实际上这是一个数组，表示在运行命令提示符时可以通过命令提示符给主函数一些参数。

如果编写了以下代码：

ArrayTest3. java

```
public class ArrayTest3 {
    public static void main(String[ ] args) {
        for(String arg:args){
            System.out.println(arg);
        }
    }
}
```

在命令行下编译、运行该程序，如图 3-17 所示。

可见，系统将“AAA”和“BBB”放入了 args 数组中。

这有什么用呢？有时候，我们需要让程序运行时还进行一些参数输入，例如编写一个复制文件的类(如 FileCopy)，将源文件复制到目的地，运行时就可以写成如图 3-18 所示。

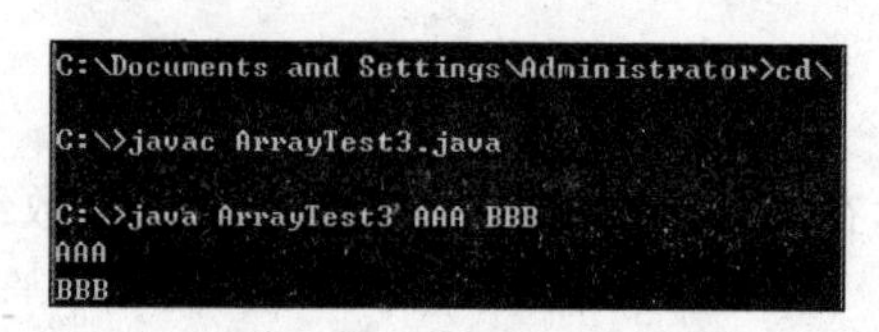

图 3-17　编译、运行程序

```
C:\>java FileCopy file1.txt file2.txt
```

图 3-18　复制文件

系统能根据参数来读写文件，让程序更加灵活。

2. 数组中元素的排序

用户可以用“java. util. Arrays. sort”对数组进行排序(此处只需要了解即可)，其代码如下：

ArrayTest4. java

```
public class ArrayTest4 {
    public static void main(String[ ] args) {
        int[ ] arr = new int[ ]{5,3,7,2,8,3};
        java.util.Arrays.sort(arr);
        for(int a:arr){
            System.out.print(a + " ");
        }
```

```
    }
}
```

运行，控制台打印效果如图 3-19 所示。

2 3 3 5 7 8

图 3-19　ArrayTest4.java 的效果

3.3.6　多维数组

以上讲解的是一维数组，是线性的。在 Java 中其实没有多维数组，所谓的多维数组实际上是一维数组中的各个元素又是数组。看下面的代码：

ArrayTest5.java

```
public class ArrayTest5 {
    public static void main(String[] args) {
        int[][] arr = new int[][]{{1,2,3},
                                  {100},
                                  {15,26}};
    }
}
```

代码“int[][] arr”实际上定义了一个一维数组 arr，只不过其中的每个元素是“int[]”类型，是一个个小的一维数组。第一个一维数组名为 arr[0]，第二个为 arr[1]，第三个为 arr[2]。如果要访问 arr[0]中的第一个元素，当然就是 arr[0][0]了。

示例如图 3-20 所示。

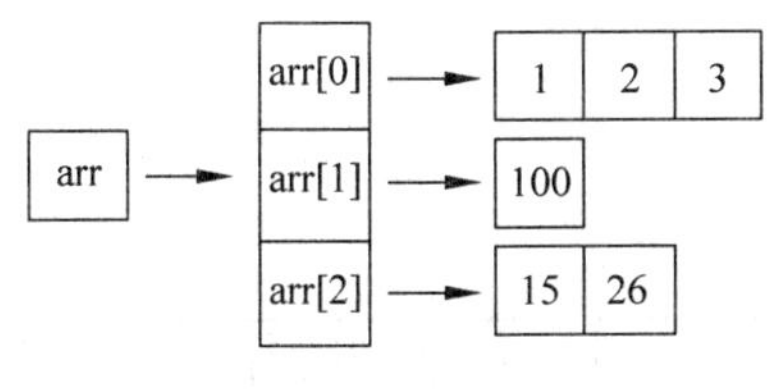

图 3-20　多维数组示例

下面的代码是打印各个元素：

ArrayTest5.java

```
public class ArrayTest5 {
    public static void main(String[] args) {
        int[][] arr = new int[][]{{1,2,3},
                                  {100},
                                   {15,26}};
        for(int i = 0;i < arr.length;i++){
            for(int j = 0;j < arr[i].length;j++){
                System.out.print(arr[i][j] + " ");
            }
            System.out.println();
        }
    }
}
```

运行，控制台打印效果如图 3-21 所示。

1 2 3
100
15 26

图 3-21　ArrayTest5.java 的效果

注意

(1) 以上二维数组的定义方法还可以写成：

```
int[][] arr = new int[3][];
arr[0] = new int[]{1,2,3};
```

```
arr[1] = new int[]{100};
arr[2] = new int[]{15,26};
```

其中的第一句还可以写成“int [][]arr＝new int[3][]；”“int []arr[]＝new int[3][]；”“int arr[][]＝new int[3][]；”等。

(2) 用户也可以确定二维数组中每个一维数组的大小相同。例如：

```
int[][] arr = new int[3][5];
```

表示定义一个二维数组,其中 3 个一维数组,每个一维数组中含有 5 个元素,实际上就是一个 3 行 5 列的方阵。

阶段性作业

(1) 定义一个一维数组,不排序,求出里面所有元素的最大值和最小值。

(2) 定义一个二维数组,将每一行进行排序,然后输出所有元素。

(3) 判断一个整型数组中是否存在负数,如果存在,打印相应消息。

本章知识体系

知 识 点	重要等级	难度等级
if 结构	★★★★	★★★
switch 结构	★★	★★
while 结构	★★★★	★★★
do-while 结构	★★★	★★
for 结构	★★★★	★★★
break 和 continue	★★★	★★★
数组的定义	★★★	★★★
数组的性质	★★★	★★
数组的使用	★★★	★★★
二维数组	★★	★★★★

第4章

实践指导1

前面学习了Java的起源、编程原理以及开发工具,还学习了变量、数据类型及其运算,以及如何判断结构、循环结构和数组。这些内容是程序设计中最基础的内容。本章将利用几个案例对这些内容进行复习,其素材主要来自各章的阶段性作业。

本章术语

JDK、JRE、JVM ______

变量 ______

数据类型 ______

算术运算 ______

逻辑运算 ______

判断结构 ______

循环结构 ______

数组 ______

引用 ______

4.1 关于变量和数据类型的实践

(1) 如果变量a中有一个值,变量b中有一个值,怎样将两个变量中的值互换?

分析:可以使用第3个变量作为中间存储,代码如下:

ASS01.java

```
public class ASS01 {
    public static void main(String[] args) {
        int a = 10;
        int b = 20;
        int temp;
        temp = a;
        a = b;
        b = temp;
        System.out.println("a = " + a);
        System.out.println("b = " + b);
    }
}
```

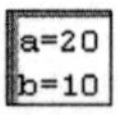

a=20
b=10

图 4-1 ASS01.java 的效果

运行，控制台打印效果如图 4-1 所示。

思考

能否不用第 3 个变量(temp)通过简单运算实现互换？

(2) 用字符串打印一个笑脸，即/^_^\。

分析：此处要用到一些转义字符，代码如下：

ASS02.java

```
public class ASS02 {
    public static void main(String[ ] args) {
        System.out.println("/^_^\\");
    }
}
```

运行，控制台打印效果如图 4-2 所示。

(3) 定义一个字符'华'，打印其对应的数字，然后将这个数字加 1，打印字符，看看是什么。代码如下：

ASS03.java

```
public class ASS03 {
    public static void main(String[ ] args) {
        char ch = '华';
        System.out.println("华对应的整数是:" + (int)ch);
        ch = (char)(ch + 1);
        System.out.println("华 + 1 对应的字符是:" + ch);
    }
}
```

运行，控制台打印效果如图 4-3 所示。

图 4-2 ASS02.java 的效果

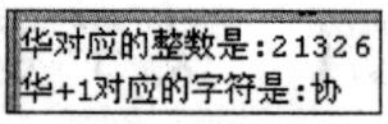

华对应的整数是:21326
华+1对应的字符是:协

图 4-3 ASS03.java 的效果

(4) 已知可以通过 Math.random()获取一个 0～1 的 double 型随机数。要求：

① 生成一个 0～100 的整型随机数；

② 生成一个 50～100 的 double 型随机数。

代码如下：

ASS04.java

```
public class ASS04 {
    public static void main(String[ ] args) {
        int i1 = (int)(Math.random() * 100);
        double i2 = Math.random() * 50 + 50;
        System.out.println("0 - 100 之间的随机数是:" + i1);
        System.out.println("50 - 100 之间的随机数是:" + i2);
    }
}
```

运行，控制台打印效果如图 4-4 所示。

```
0~100之间的随机数是:92
50~100之间的随机数是:64.86452523152077
```

图 4-4　ASS04.java 的效果

注意

千万不要写成“(int)Math.random() * 100”，否则结果为 0。读者可以分析其中的原因。

4.2　流程控制和数组的综合实践

(1) 输入一个应收金额，输入一个实收金额，显示找零的各种面额纸币的张数，优先考虑面额大的纸币。假如现有 100、50、20、10、5、1 元的面额，如果实收金额小于应收金额则报错。

分析：本题实际上要进行反复的整除和求余数的运算，代码如下：

ASS05.java

```java
public class ASS05 {
    public static void main(String[] args) {
        String str1 = javax.swing.JOptionPane.showInputDialog("输入应收金额");
        String str2 = javax.swing.JOptionPane.showInputDialog("输入实收金额");
        int money1 = Integer.parseInt(str1);
        int money2 = Integer.parseInt(str2);
        if(money2 < money1){
            javax.swing.JOptionPane.showMessageDialog(null, "钱不够");
            return;                              //return 表示跳出主函数
        }
        int cash = money2 - money1;
        System.out.println("应找钱" + cash + "元");
        int[] values = new int[]{100,50,20,10,5,1};
        for(int value:values){
            int number = cash/value;
            System.out.println("面额为" + value + "的纸币" + number + "张");
            cash = cash - value * number;
        }
    }
}
```

运行，这里输入应收金额 59、实收金额 100，如图 4-5 和图 4-6 所示。

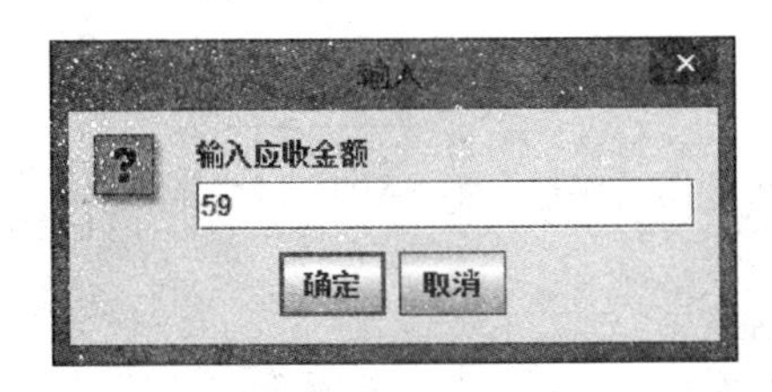

图 4-5　输入应收金额

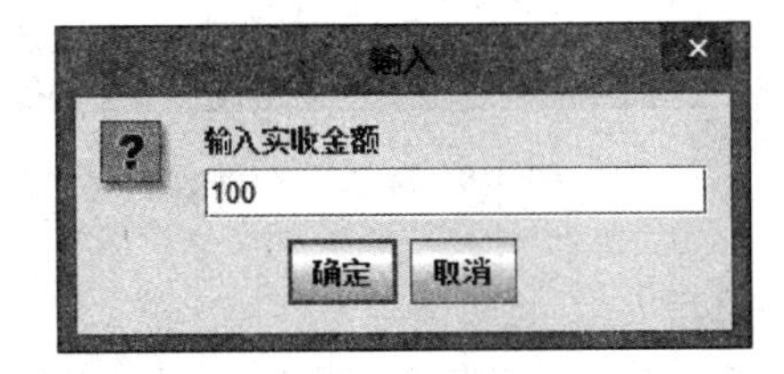

图 4-6　输入实收金额

单击“确定”按钮，控制台打印效果如图 4-7 所示。

如果输入实收金额小于应收金额，控制台显示如图 4-8 所示。

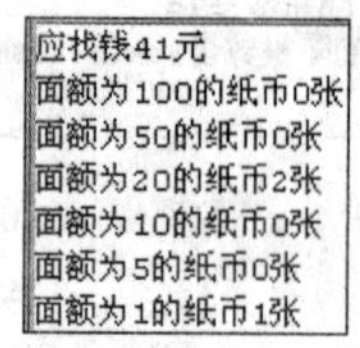

图 4-7　ASS05.java 的效果

图 4-8　实收金额小于应收金额时的显示

注意

“javax.swing.JOptionPane.showMessageDialog(null,"钱不够");”表示显示一个消息框，在此了解即可，后面将会详细讲解。

“return”表示跳出当前函数(主函数)，使用 return 的好处在于如果 return 放在 if 中，if 不成立时需要执行的代码不需要用 else 包围。

(2) 输入一个整数，如果是正数就减去 10，如果是负数就加上 10，然后显示。

代码如下：

ASS06.java

```
public class ASS06 {
    public static void main(String[ ] args) {
        String str = javax.swing.JOptionPane.showInputDialog("输入整数");
        int number = Integer.parseInt(str);
        if(number > 0){
            number -= 10;
        }else if(number < 0){
            number += 10;
        }
        System.out.println("number = " + number);
    }
}
```

运行，输入一个整数，如图 4-9 所示。

单击“确定”按钮，控制台打印效果如图 4-10 所示。

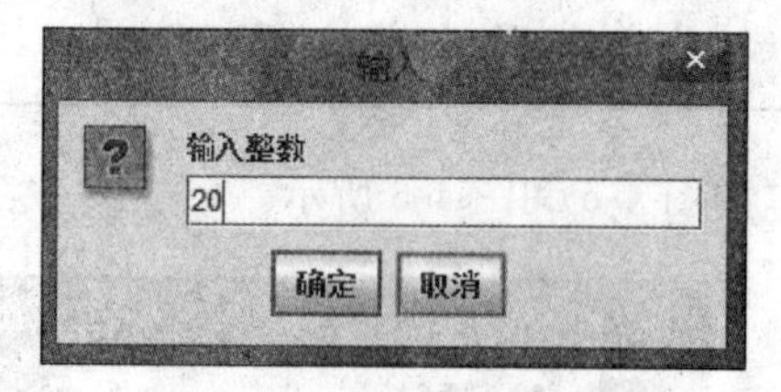

图 4-9　输入一个整数

number=10

图 4-10　ASS06.java 的效果

思考

对于本题，以下代码使用的是 if 结构，但结果是错的，想想看错在哪里？

```
…
if(number > 0){
    number -= 10;
```

```
    }
    if(number < 0){
        number += 10;
    }
    System.out.println("number = " + number);
    ...
```

(3) 输入一个年份和月份，打印该年该月的天数。规定平年 2 月 28 天，闰年 2 月 29 天；年份能被 4 整除却不能被 100 整除为闰年，能被 400 整除的年份也是闰年。

代码如下：

ASS07.java

```
public class ASS07 {
    public static void main(String[] args) {
        String strYear = javax.swing.JOptionPane.showInputDialog("输入年份");
        String strMonth = javax.swing.JOptionPane.showInputDialog("输入月份");
        int year = Integer.parseInt(strYear);
        int month = Integer.parseInt(strMonth);
        if(month <= 0||month > 12){
            javax.swing.JOptionPane.showMessageDialog(null, "月份格式错误");
            return;
        }
        int day;
        if(month == 1||month == 3||month == 5||
           month == 7||month == 8||month == 10||month == 12){
            day = 31;
        }else if(month == 4||month == 6||month == 9||month == 11){
            day = 30;
        }else{
            day = ((year % 4 == 0&&year % 100!= 0)||year % 400 == 0)?29:28;
        }
        System.out.println(year + "年" + month + "月有" + day + "天");
    }
}
```

运行，任意输入数值，如图 4-11 和图 4-12 所示。

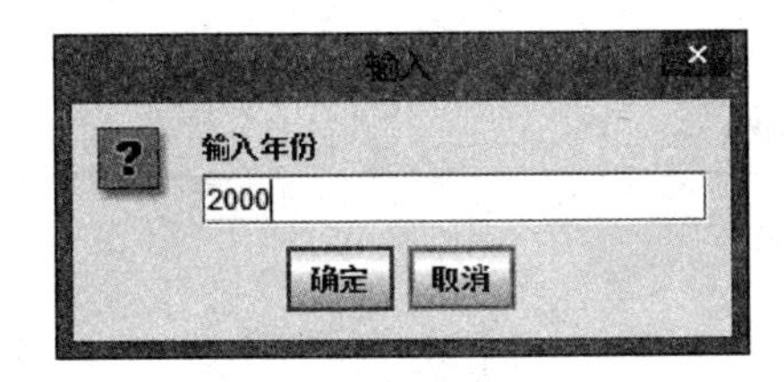

图 4-11　输入年份

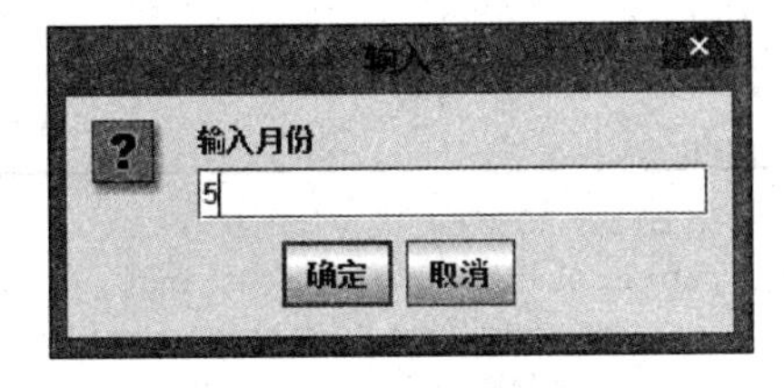

图 4-12　输入月份

控制台打印效果如图 4-13 所示。

2000年5月有31天

图 4-13　ASS07.java 的效果

如果输入的月份不是 1～12，如图 4-14 所示，则显示如图 4-15 所示。

(4) 打印 0～127 各个数字对应的字符，每 32 个打印 1 行。

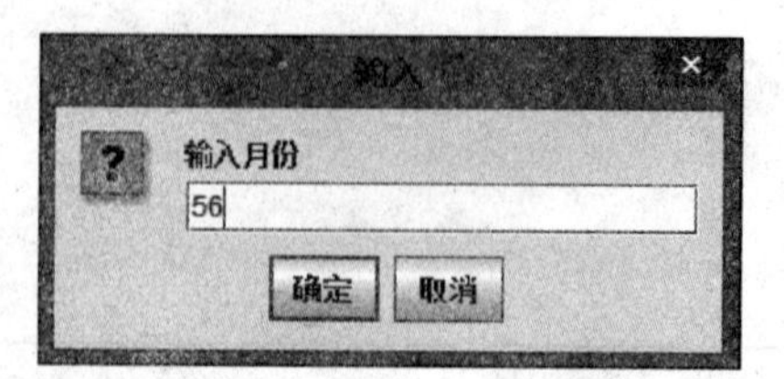

图 4-14　月份不在范围内

图 4-15　重新输入

代码如下：

ASS08. java

```
public class ASS08 {
    public static void main(String[ ] args) {
        for(int i = 0;i< = 127;i++){
            System.out.print((char)i + " ");
            if((i + 1) % 32 == 0){
                System.out.println();
            }
        }
    }
}
```

运行，控制台打印效果如图 4-16 所示。

```
□□□□□□□□□
 □□
 □□□□□□□□□□□□□□
  ! " # $ % & ' ( ) * + , - . / 0 1 2 3 4 5 6 7 8 9 : ; < = > ?
@ A B C D E F G H I J K L M N O P Q R S T U V W X Y Z [ \ ] ^ _
` a b c d e f g h i j k l m n o p q r s t u v w x y z { | } ~
```

图 4-16　ASS08. java 的效果

(5) 制作一个猜数字游戏：系统随机产生一个 1～100 的整数，要求用户用输入框输入一个整数，如果数字小于随机值，系统提示“太小了”；如果数字大于随机值，则提示“太大了”；如果猜中，提示“成功！”。若 5 次未猜中，提示“游戏失败！”。

代码如下：

ASS09. java

```
public class ASS09 {
    public static void main(String[ ] args) {
        int rnd = (int) (Math.random() * 100);
        int time = 0;
        while (true) {
            String str =
                javax.swing.JOptionPane.showInputDialog("请输入数字");
            int number = Integer.parseInt(str);
            if (number < rnd)
                javax.swing.JOptionPane.showMessageDialog(null, "太小了");
            else if (number > rnd)
                javax.swing.JOptionPane.showMessageDialog(null, "太大了");
```

```
            else {
                javax.swing.JOptionPane.showMessageDialog(null, "成功!");
                break;
            }
            time++;
            if(time == 5){
                javax.swing.JOptionPane.showMessageDialog(null,"游戏失败!");
                break;
            }
        }
    }
}
```

运行,即可进行操作,如图 4-17～图 4-27 所示。

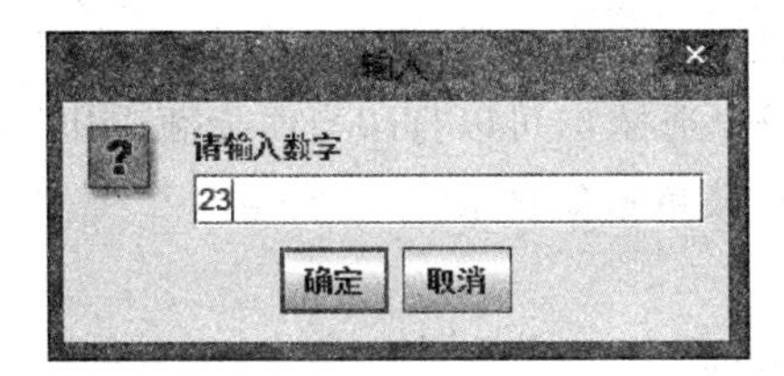

图 4-17　输入 23

图 4-18　输入 23 时的提示

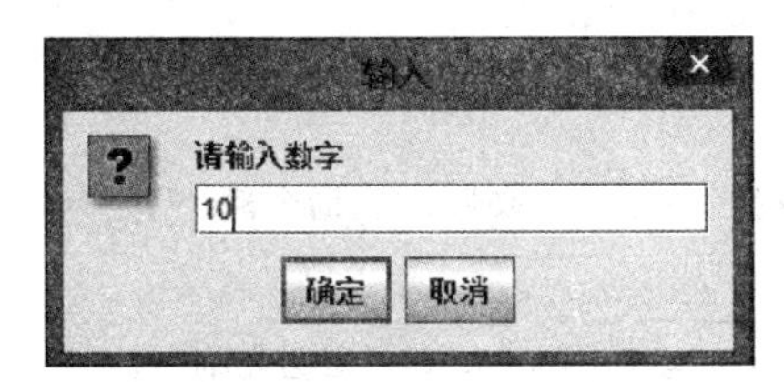

图 4-19　输入 10

图 4-20　输入 10 时的提示

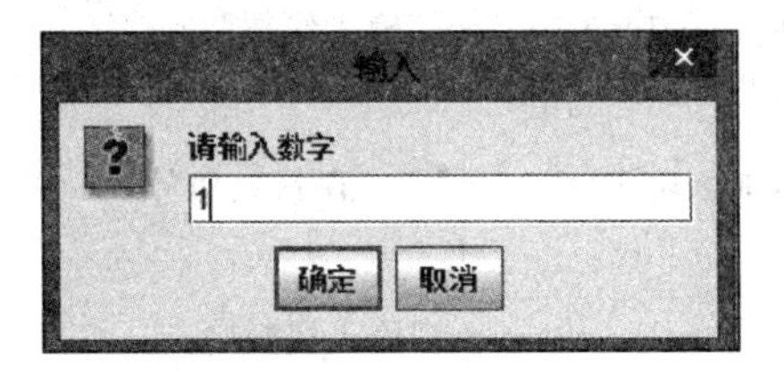

图 4-21　输入 1

图 4-22　输入 1 时的提示

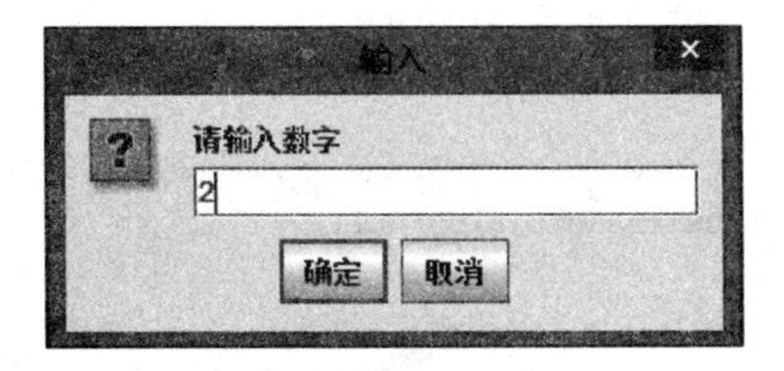

图 4-23　输入 2

图 4-24　输入 2 时的提示

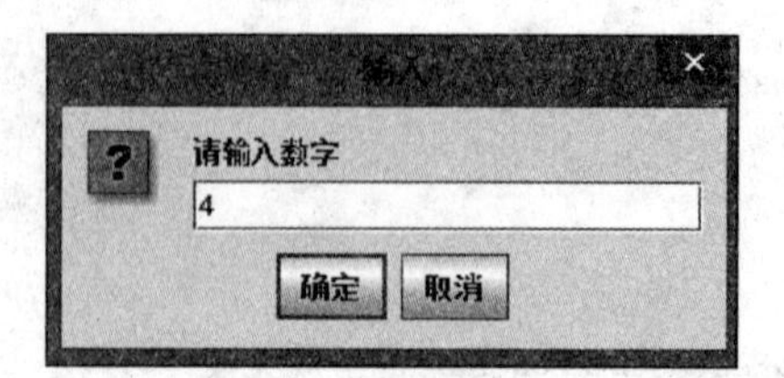

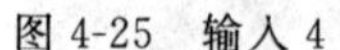
图 4-25　输入 4

图 4-26　输入 4 时的提示

图 4-27　输错 5 次时的提示

(6) 制作一个模拟银行操作的流程。系统运行，出现输入框，让用户选择“0:退出 1:存款 2:取款 3:查询余额：”。初始余额为 0。

用户选择 1，可以输入钱数，将款项存入余额；用户选择 2，可以输入钱数，将款项从余额中减去，但要保证余额足够；用户选择 3，可以打印当前余额；用户选择 0，程序退出。注意，只要没有退出，用户操作后选择菜单重新显示。

代码如下：

ASS10.java

```
public class ASS10 {
    public static void main(String[ ] args){
        double balance = 0;
        while(true){
            String str =
javax.swing.JOptionPane.showInputDialog("0:退出 1:存款 2:取款 3:查询余额: ");
            int ch = Integer.parseInt(str);
            if(ch == 0){
                javax.swing.JOptionPane.showMessageDialog(null, "谢谢光临");
                break;
            }
            else if(ch == 1){
                str = javax.swing.JOptionPane.showInputDialog("输入钱数");
                double money = Double.parseDouble(str);
                balance += money;
                javax.swing.JOptionPane.showMessageDialog(null, "存款成功");
            }
            else if(ch == 2){
                str = javax.swing.JOptionPane.showInputDialog("输入钱数");
                double money = Double.parseDouble(str);
                if(balance >= money){
                    balance -= money;
                    javax.swing.JOptionPane.showMessageDialog(null,
                        "取款成功");
                }
                else{
                    javax.swing.JOptionPane.showMessageDialog(null,
                        "取款失败");
                }
            }
            else if(ch == 3){
                javax.swing.JOptionPane.showMessageDialog(null,
```

```
                                   "余额是: " + balance);
                    }
                }
            }
        }
```

运行,即可进行操作,如图 4-28～图 4-38 所示。

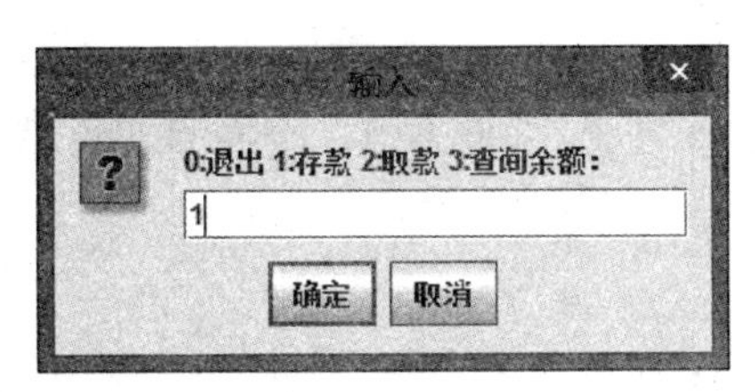

图 4-28　选择 1

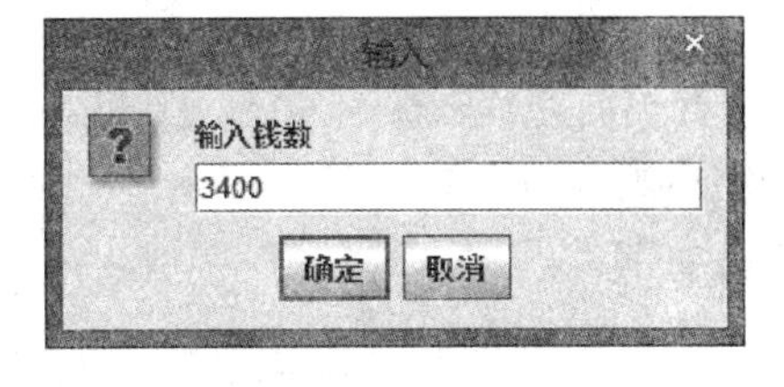

图 4-29　输入钱数

图 4-30　存款成功

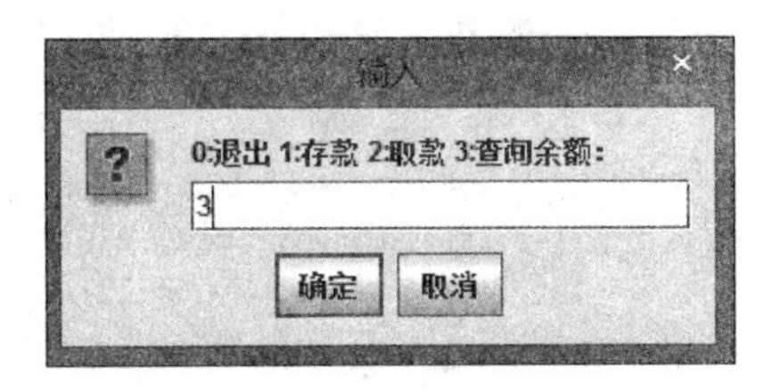

图 4-31　选择 3

图 4-32　显示余额

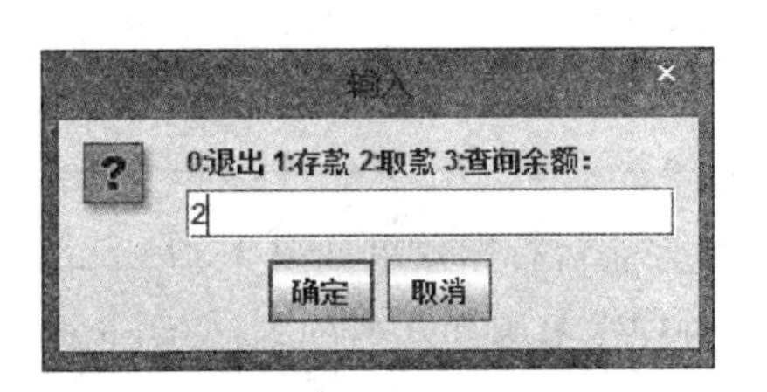

图 4-33　选择 2

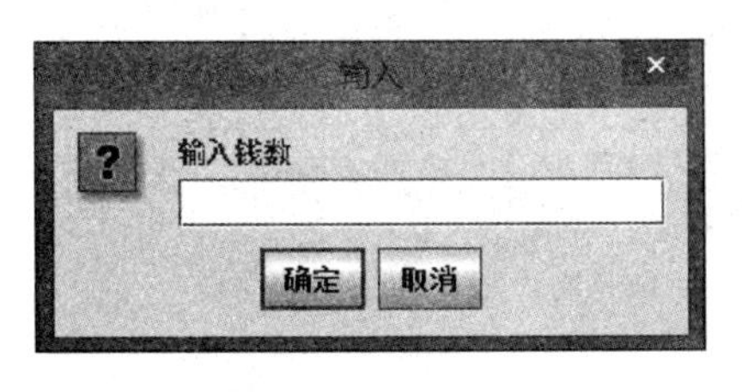

图 4-34　输入界面

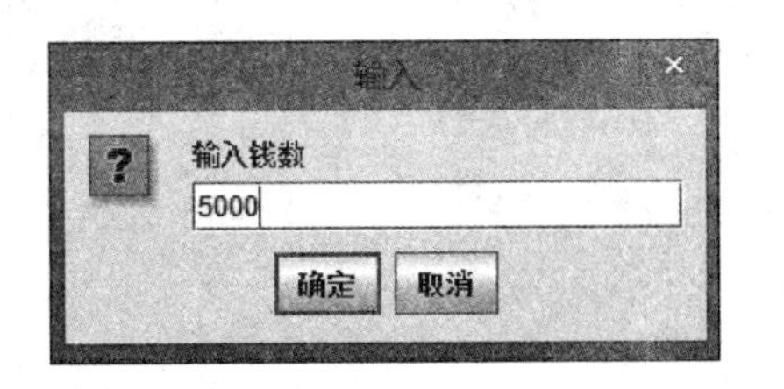

图 4-35　输入 5000

消息

取款失败

确定

图 4-36　取款失败

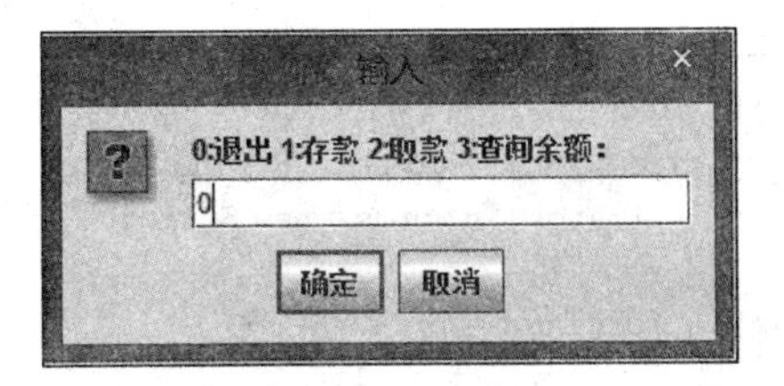

图 4-37　选择 0

图 4-38　退出程序

(7) 百鸡问题：公鸡一，值钱 3；母鸡一，值钱 2；小鸡三，值钱 1。今有百鸡百钱，问公鸡、母鸡、小鸡各多少只？

代码如下：

ASS11. java

```
public class ASS11 {
    public static void main(String[ ] args){
        for(int cock = 0;cock <= 100/3;cock++ ){
            for(int hen = 0;hen <= 100/2;hen++ ){
                int chicken = 100 - cock - hen;
                if((cock * 3 + hen * 2 + chicken/3) == 100&&chicken % 3 == 0){
                    System.out.println("公鸡:" + cock +
                        ";母鸡" + hen + ";小鸡" + chicken);
                }
            }
        }
    }
}
```

运行，控制台打印效果如图 4-39 所示。

(8) 打印汉语版九九乘法表，如图 4-40 所示：

```
公鸡:0;母鸡40;小鸡60
公鸡:5;母鸡32;小鸡63
公鸡:10;母鸡24;小鸡66
公鸡:15;母鸡16;小鸡69
公鸡:20;母鸡8;小鸡72
公鸡:25;母鸡0;小鸡75
```

图 4-39　ASS11. java 的效果

```
一一得一
一二得二 二二得四
一三得三 二三得六 三三得九
一四得四 二四得八 三四一十二 四四一十六
一五得五 二五得十 三五一十五 四五二十 五五二十五
一六得六 二六一十二 三六一十八 四六二十四 五六三十 六六三十六
一七得七 二七一十四 三七二十一 四七二十八 五七三十五 六七四十二 七七四十九
一八得八 二八一十六 三八二十四 四八三十二 五八四十 六八四十八 七八五十六 八八六十四
一九得九 二九一十八 三九二十七 四九三十六 五九四十五 六九五十四 七九六十三 八九七十二 九九八十一
```

图 4-40　汉语版九九乘法表

本题的难度在于将数值翻译成汉字，代码如下：

ASS12. java

```
public class ASS12 {
    public static void main(String[ ] args){
        String[ ] cnwords = new String[ ]{"","一","二","三","四","五",
                                          "六","七","八","九","十"};
        for(int r = 1;r <= 9;r++ ){
            for(int c = 1;c <= r;c++ ){
                String strR = cnwords[r];
                String strC = cnwords[c];
```

```
                int result = r * c;
                String strResult = "";
                if(result <= 10){
                    strResult = "得" + cnwords[result];
                }else{
                    strResult = cnwords[result/10] + "十" + cnwords[result % 10];
                }
                System.out.print(strC + strR + strResult + " ");
            }
            System.out.println();
        }
    }
}
```

运行,在控制台上即可打印。

(9) 判断一个数组内的元素是否都是正数。

代码如下:

ASS13.java

```
public class ASS13 {
    public static void main(String[] args){
        int[] arr = new int[]{1,2,3,45,6, -5};
        boolean flag = true;
        for(int i:arr){
            if(i <= 0){
                flag = false;
            }
        }
        System.out.println(flag?"都是正数":"含有非正数");
    }
}
```

运行,控制台打印效果如图 4-41 所示。

含有非正数

图 4-41　ASS13.java 的效果

第5章

面向对象编程(一)

本章主要介绍面向对象的基本原理和基本概念,包括类、对象、成员变量、成员函数、构造函数以及函数的重载。

本章术语

Object Oriented ______

class ______

Object ______

实例化 ______

成员变量 ______

成员函数 ______

参数的值传递 ______

参数的引用传递 ______

Constructor ______

Overload ______

5.1 认识类和对象

面向对象(Object Oriented)是一个编程理念,其发明者曾经获得图灵奖。可以说没有几本书能够把面向对象的概念说得非常清楚,但是对于初学者,应该从最直观的角度来理解什么是面向对象,因此本着负责的态度,我们将从最原始、最直观的角度来理解面向对象。从学院派的角度来评价不一定是完全严谨的,但是对于初学者来说,这样理解能够快速进入面向对象的世界。

在面向对象中,最重要的概念是类(class)和对象(Object)。

5.1.1 为什么需要类

前面学习了变量,知道变量是在内存中存储数据的。例如要定义一个变量来保存客户的年龄,方法如下:

```
int age;
```

其中,int 是一个数据类型。

但是,实际的项目比我们想象得复杂,简单的数据类型根本无法满足需要。例如要定义一些变量保存顾客的信息,包含姓名、性别、年龄,怎么做呢?

传统方法应该写成:

```
String name;
String sex;
int age;
```

但是每次定义顾客,都要手工定义 3 个变量,非常麻烦,并且这 3 个变量在定义时并不能表达它们之间的关系,也就是说看不出它们是为了保存顾客的信息。

那么能否“自创”一个数据类型(Customer)像 int 一样使用,例如:

```
Customer cus;
```

这样是否自动定义了 3 个变量呢?

答案是可以的,面向对象中的类(class)就可以帮用户完成。

5.1.2 如何定义类

首先讲解最简单的类的定义,定义一个类的语法如下:

```
class 类名{
   所含变量定义;
}
```

例如:

```
class Customer{
   String name;
   String sex;
   int age;
}
```

上述语句定义了一个新的数据类型 Customer,包含 3 个变量,此后就可以类似于使用简单数据类型来使用 Customer 类型。

其中,name、sex 和 age 叫类的成员变量。

5.1.3 如何使用类实例化对象

以简单的数据类型为例,有了 int 类型,用户还无法使用,能使用的是 int 类型的变量;同样,在定义了类之后只是定义了数据类型,要想使用,还必须用该类型定义相应的“变量”。

一般情况下,由类定义“变量”不叫“定义变量”,而叫“实例化对象(Object)”。通过类实例化对象的最简单的语法如下:

```
类名 对象名 = new 类名();
```

例如：

```
Customer zhangsan = new Customer();
```

上述语句通过 Customer 类型定义了一个名为 zhangsan 的对象，就好像“int i”一样，只不过 zhangsan 中包含 name、sex 和 age 几个变量。

说明

(1) 对象的实例化还可以写成两句：

```
Customer zhangsan;
zhangsan = new Customer();
```

第一句相当于定义了对象 age，它是一个 Customer 类型，这称为对象引用，但是还没有给数组分配内存，该引用指向空值(null)，如图 5-1 所示。

第二句让 zhangsan 引用指向一个实际的对象，为其分配了相应内存，如图 5-2 所示。

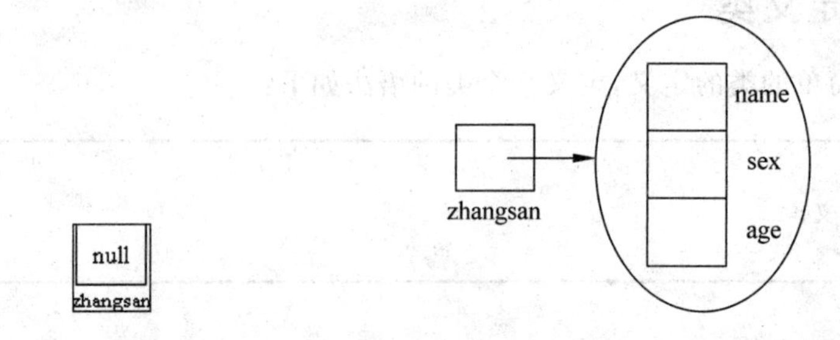

图 5-1 引用指向空值　　　图 5-2 引用指向一个实际的对象

如果不用 new 关键字分配内存，该对象为空值(null)，不能使用。

(2) 在一些文献中成员变量也叫字段(Field)、属性(Property)等。

阶段性作业

(1) 现实世界中的物体是一个个类还是对象？

(2) 从软件开发者的角度讲是先有类还是先有对象？

5.1.4 如何访问对象中的成员变量

通过类实例化对象之后，例如使用了“Customer zhangsan＝new Customer();”之后，如何通过对象名 zhangsan 来使用其中的成员变量 name、sex 和 age?

方法很简单，通过对象名使用成员变量的最基本的方法如下：

```
对象名.成员变量名
```

例如，“zhangsan. age”表示访问对象 zhangsan 的成员变量 age。

下面用一个例子来解释这些问题：

ObjectTest1. java

```
class Customer {
    String name;
    String sex;
    int age;
}

public class ObjectTest1 {
    public static void main(String[ ] args) {
        Customer zhangsan = null;
        System.out.println("zhangsan = " + zhangsan);
        zhangsan = new Customer();
        System.out.println("zhangsan.name = " + zhangsan.name);
        System.out.println("zhangsan.sex = " + zhangsan.sex);
        System.out.println("zhangsan.age = " + zhangsan.age);
        zhangsan.name = "张三";
        zhangsan.sex = "男";
        zhangsan.age = 25;
        System.out.println("zhangsan.name = " + zhangsan.name);
        System.out.println("zhangsan.sex = " + zhangsan.sex);
        System.out.println("zhangsan.age = " + zhangsan.age);
    }
}
```

运行，控制台打印效果如图 5-3 所示。

```
zhangsan=null
zhangsan.name=null
zhangsan.sex=null
zhangsan.age=0
zhangsan.name=张三
zhangsan.sex=男
zhangsan.age=25
```

图 5-3　ObjectTest1. java 的效果

可见，在没有赋值时对象的成员变量中字符串型为空值(null)、int 型为 0。

注意

(1) 本例在 ObjectTest1. java 中定义了两个类 Customer 和 ObjectTest1，编译之后将会生成两个. class 文件，即 Customer. class 和 ObjectTest1. class。

(2) 用户也可以将两个类分别放在不同的文件中。

阶段性作业

定义一个类，包含 char 类型、float 类型、double 类型、boolean 类型的成员变量，实例化一个对象，不给成员变量赋值，看看里面各个成员变量的默认值是多少？

5.1.5　对象的引用性质

和数组名一样，对象名也是表示一个引用。对象名赋值并不是将对象中的内容进行赋值，只是将引用赋值。看下面的代码：

ObjectTest2. java

```
class Customer {
    String name;
```

```
    String sex;
    int age;
}

public class ObjectTest2 {
    public static void main(String[] args) {
        Customer zhangsan = new Customer();
        zhangsan.age = 25;
        Customer lisi = zhangsan;
        System.out.println("lisi.age = " + lisi.age);
        zhangsan.age = 35;
        System.out.println("lisi.age = " + lisi.age);
    }
}
```

```
lisi.age=25
lisi.age=35
```

图 5-4 ObjectTest2.java 的效果

运行，控制台打印效果如图 5-4 所示。

下面分析一下运行过程：

(1) 程序实例化了对象 zhangsan 和 lisi，如图 5-5 所示。

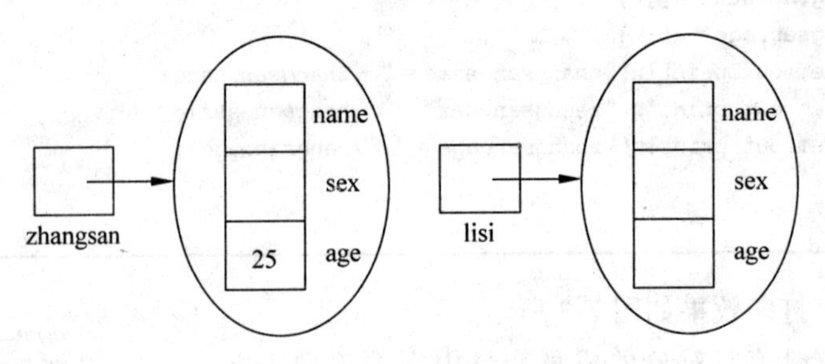

图 5-5 实例化对象

(2) “Customer lisi＝zhangsan;”表示将 zhangsan 引用赋值给 lisi，实际上是让引用 lisi 和 zhangsan 指向同一个对象，内存变成如图 5-6 所示的状态。

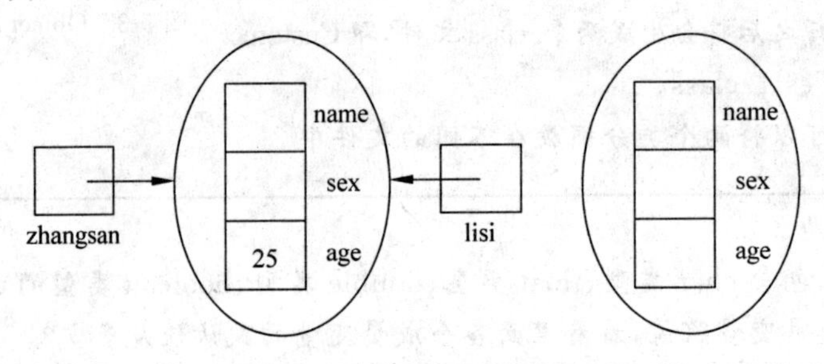

图 5-6 赋值后的内存状态

此时 zhangsan 和 lisi 表示同一个对象，因此 zhangsan.age 变成了 35，lisi.age 也变成了 35，这就是对象的引用性质。

问答

问： lisi 原先指向的对象到哪里去了呢？

答： 在内存中成了“散兵游勇”，最后被当成垃圾搜集。

5.2　认识成员函数

5.2.1　为什么需要函数

这里来看前面的一段代码:

```
class Customer {
    String name;
    String sex;
    int age;
}

public class ObjectTest1 {
    public static void main(String[] args) {
        Customer zhangsan = new Customer();
        System.out.println("zhangsan.name = " + zhangsan.name);
        System.out.println("zhangsan.sex = " + zhangsan.sex);
        System.out.println("zhangsan.age = " + zhangsan.age);
        zhangsan.name = "张三";
        zhangsan.sex = "男";
        zhangsan.age = 25;
        System.out.println("zhangsan.name = " + zhangsan.name);
        System.out.println("zhangsan.sex = " + zhangsan.sex);
        System.out.println("zhangsan.age = " + zhangsan.age);
    }
}
```

在代码中,以下语句的功能类似,但是却写了两次:

```
System.out.println("zhangsan.name = " + zhangsan.name);
System.out.println("zhangsan.sex = " + zhangsan.sex);
System.out.println("zhangsan.age = " + zhangsan.age);
```

如果以后再使用,再重复编写,那将是很麻烦的事情。并且,如果想改变打印格式,必须修改每段重复的这 3 句代码,万一修改错误或遗漏将造成错误。

能否将代码只编写一遍就可以多次使用呢? 当然能,此时可以使用函数。

Java 中的函数编写在类中,一般称为成员函数。

5.2.2　如何定义和使用成员函数

1. 最简单的成员函数

最简单的成员函数的格式如下:

```
void 函数名称(){
    函数内容;
}
```

如何使用这个成员函数呢？调用方法为“对象名.函数名();”。例如，上面的代码可以写成：

ObjectTest3.java

```
class Customer {
    String name;
    String sex;
    int age;
    void display(){
        System.out.println("name = " + name);
        System.out.println("sex = " + sex);
        System.out.println("age = " + age);
    }
}

public class ObjectTest3 {
    public static void main(String[] args) {
        Customer zhangsan = new Customer();
        zhangsan.display();
        zhangsan.name = "张三";
        zhangsan.sex = "男";
        zhangsan.age = 25;
        zhangsan.display();
    }
}
```

运行，控制台打印效果如图 5-7 所示。

```
name=null
sex=null
age=0
name=张三
sex=男
age=25
```

图 5-7　ObjectTest3.java 的效果

可见，在“zhangsan.display();”中是通过对象 zhangsan 来调用 display 函数。

注意

(1) 在类的内部，普通的成员函数可以直接使用同一个类中的成员变量，不需要加对象名，例如“System.out.println("name="+name);”。

(2) 从原理上讲，当程序执行到“zhangsan.display();”时，程序会跳转到 display()函数的内部去执行，执行完毕后回到 main 函数，继续执行 main 函数中后面的代码。

2. 带参数的成员函数

最简单的成员函数只能完成一些事情，在实际操作中还可以给函数一些参数，让其根据参数来完成一些工作。带参数的成员函数的格式如下：

```
void 函数名称(类型 1 参数名 1, 类型 2 参数名 2, …,类型 n 参数名 n){
    函数内容;
}
```

如何使用这个成员函数呢？调用方法为“对象名.函数名(参数值列表);”。看下面的代码：

ObjectTest4.java

```
class Customer {
    String name;
    String sex;
```

```
    int age;
    void init(String n,String s,int a){
        name = n;
        sex = s;
        age = a;
    }
    void display(){
        System.out.println("name = " + name);
        System.out.println("sex = " + sex);
        System.out.println("age = " + age);
    }
}

public class ObjectTest4 {
    public static void main(String[ ] args) {
        Customer zhangsan = new Customer();
        zhangsan.display();
        zhangsan.init("张三", "男", 25);
        zhangsan.display();
    }
}
```

运行,控制台打印效果如图 5-8 所示。

```
name=null
sex=null
age=0
name=张三
sex=男
age=25
```

图 5-8　ObjectTest4.java 的效果

注意

(1) “void init(String n,String s,int a)”定义了函数 init,传入 3 个参数。这些参数只能在函数内部使用,属于局部变量,其中 n、s、a 又叫形参(形式参数)。

(2) “zhangsan.init("张三","男",25);”调用此成员函数,传入 3 个值给 n、s、a,其中"张三"、"男"、25 又叫实参(实际参数)。

(3) 如果 init 函数写成:

```
...
void init(String name,String sex,int age){
    name = name;
    sex = sex;
    age = age;
}
...
```

由于函数内部的变量和类中的成员变量重名,因此成员变量被屏蔽,得不到正常效果。此时可以用“this.”来标识该变量属于类中的成员,而不是局部变量。

```
...
void init(String name,String sex,int age){
    this.name = name;
    this.sex = sex;
    this.age = age;
}
...
```

实际上，this 表示本对象的引用，可以理解为“本对象自己”。

3. 带返回类型的成员函数

有些函数完成工作之后还可以得到一个结果，这就是带返回类型的函数。该函数的格式如下：

```
返回类型 函数名称(类型 1 参数名 1, 类型 2 参数名 2, …,类型 n 参数名 n){
    函数内容;
    return 和函数返回类型一致的某个变量或对象;
}
```

调用该函数之后，其返回值可以进行下一步使用。例如编写一个计算器类，传入一个整数，返回其绝对值：

ObjectTest5. java

```
class Calc {
    int abs(int a){
        return a > 0?a: - a;
    }
}

public class ObjectTest5 {
    public static void main(String[ ] args) {
        Calc c = new Calc();
        int result = c.abs( - 10);
        System.out.println("result = " + result);
    }
}
```

```
result=10
```

图 5-9 ObjectTest5. java 的效果

运行，控制台打印效果如图 5-9 所示。

注意

(1) “int abs(int a)”定义了函数 abs，返回一个整数类型的值。

(2) “int result＝c. abs(－10);”表示调用该函数，将返回值存入 result 变量。

(3) 如果函数中途遇到了 return，则跳出，例如：

```
class Calc {
    int abs(int a){
        if(a > 0){
            return a;
}
return - a;
    }
}
```

(4) 没有返回类型的函数也可以 return，表示跳出该函数，但是不能 return 一个具体的值。例如：

```
void fun(int a){
    …
    return;                                //跳出该函数
    …
}
```

(5) 在有些文献中,成员函数也叫成员方法(Method),成员函数和成员变量等统称为成员。

5.2.3　函数参数的传递

当将实际参数传递到函数中时,根据参数的类别情况各不相同。

1. 简单数据类型采用值传递

先看下面的代码:

ObjectTest6.java

```
class Calc {
    void fun(int a){
        a = a + 1;
    }
}

public class ObjectTest6 {
    public static void main(String[] args) {
        int a = 10;
        Calc c = new Calc();
        c.fun(a);
        System.out.println("a = " + a);
    }
}
```

运行,控制台打印效果如图 5-10 所示。

```
a=10
```

图 5-10　ObjectTest6.java 的效果

明明执行了“a=a+1;”,为什么 a 还是保持原值“10”呢?

这是因为整数属于简单数据类型,当调用“c.fun(a);”时 a 和函数 fun 形参中的 a 不是同一个内存单元,相当于将 main 函数中的 a 值复制一份放到了 fun 函数的参数 a 中。这叫值传递。

2. 引用数据类型采用引用传递

先看下面的代码:

ObjectTest7.java

```
class Calc {
    void fun(int[] arr){
        arr[0] = arr[0] + 1;
    }
}

public class ObjectTest7 {
```

```
    public static void main(String[ ] args) {
        int[ ] arr = {10};
        Calc c = new Calc();
        c.fun(arr);
        System.out.println("arr[0] = " + arr[0]);
    }
}
```

arr[0]=11

图 5-11 ObjectTest7.java 效果

运行，控制台打印效果如图 5-11 所示。

为什么 arr[0]变成了 11 呢？

这是因为数组属于引用类型，当调用“c.fun(arr);”时 arr 和函数 fun 形参中的 arr 虽然不是同一个内存单元，但却指向同一片数组内存空间，因此执行了“arr[0]=arr[0]+1;”，实参 arr 中的 arr[0]也变了。

同样，这个规律对象也适用，例如下面的代码：

ObjectTest8.java

```
class Number{
    int a;
}
class Calc {
    void fun(Number num){
        num.a = num.a + 1;
    }
}
public class ObjectTest8 {
    public static void main(String[ ] args) {
        Number num = new Number();
        num.a = 10;
        Calc c = new Calc();
        c.fun(num);
        System.out.println("num.a = " + num.a);
    }
}
```

运行，控制台打印效果如图 5-12 所示。

为什么 num.a 变成了 11 呢？请读者自行分析。

num.a=11

图 5-12 ObjectTest8.java 的效果

阶段性作业

在某个类中编写函数 calc，传入一个整数数组，使其能够计算出该数组中的最大值、最小值、平均值，让主函数调用这个函数并获得这些求出的值。

5.2.4 认识函数重载

函数重载(overload)，是一个常见的功能。

这里用一个案例引入，在计算器类中需要求各种数值的绝对值，例如求整数和 double 型数据的绝对值，此时必须编写两个函数：

```
class Calc {
    int absInt(int a){
        return a > 0?a: - a;
    }
    double absDouble(double a){
        return a > 0?a: - a;
    }
}
```

给函数不同的名字,让使用函数的人能够区别,那么能否给它们起相同的名字?

可以,看下面的代码:

ObjectTest9.java

```
class Calc {
    int abs(int a){
        return a > 0?a: - a;
    }
    double abs(double a){
        return a > 0?a: - a;
    }
}

public class ObjectTest9 {
    public static void main(String[ ] args) {
        Calc c = new Calc();
        System.out.println(c.abs(12.5));
        System.out.println(c.abs( - 10));
    }
}
```

运行,控制台打印效果如图5-13所示。

```
12.5
10
```

图5-13　ObjectTest9.java的效果

实际上,在代码中定义了两个名为abs的函数,在调用时系统能根据参数的不同来决定调用相应的函数。

但是不能盲目地将函数名定义为一样,必须满足以下条件之一:

(1) 函数参数的个数不同;

(2) 函数参数的个数相同,类型不同;

(3) 函数参数的个数相同,类型相同,但是在参数列表中出现的顺序不同。

注意

函数重载也叫静态多态。

多态(Polymorphism)是面向对象编程的特征之一。多态,通俗来讲就是一个东西在不同情况下呈现不同形态。例如,函数abs在不同参数的情况下可以执行不同的代码,而调用者只需要记住一个函数名称。

为什么是静态的呢?这是因为虽然函数名只有一个,但是源代码中还得根据不同参数编写多个函数。

阶段性作业

定义一个计算器类：

(1) 编写若干个 max 函数，负责计算两个 int、两个 float、两个 double 类型数据中的较大值。

(2) 编写若干个求和函数，分别传入 int 型数组、float 型数组、double 型数组，返回数组中所有元素的和。

5.3 认识构造函数

5.3.1 为什么需要构造函数

先来看一个案例：

ConstructorTest1.java

```
class Customer {
    String name;
    String sex;
    int age;
    void init(String name,String sex,int age){
        this.name = name;
        this.sex = sex;
        this.age = age;
    }
    void display(){
        System.out.println("name = " + name);
        System.out.println("sex = " + sex);
        System.out.println("age = " + age);
    }
}

public class ConstructorTest1 {
    public static void main(String[] args) {
        Customer zhangsan = new Customer();
        zhangsan.init("张三", "男", 25);
        zhangsan.display();
    }
}
```

运行，控制台打印效果如图 5-14 所示。

很显然，在 main 函数中"zhangsan.init("张三","男",25);"对 zhangsan 进行了初始化。但是，如果这句代码被忘记写了，程序打印将会如图 5-15 所示。

```
name=张三
sex=男
age=25
```

图 5-14 ConstructorTest1.java 的效果

```
name=null
sex=null
age=0
```

图 5-15 没初始化的效果

有些对象的初始化是非常重要的工作，那么能否规定初始化工作必须做，否则就报错呢？

可以，只需将初始化工作写在构造函数中即可。

5.3.2　如何定义和使用构造函数

构造函数也是一种函数，但是定义时必须遵循以下原则：

(1) 函数名称与类的名称相同；

(2) 不含返回类型。

定义了构造函数之后，在实例化对象时必须传入相应的参数列表，否则会报错。其使用方法如下：

```
类名　对象名 = new 类名(传给构造函数的参数列表);
```

例如，上面的代码可以改成：

ConstructorTest2.java

```java
class Customer {
    String name;
    String sex;
    int age;
    Customer(String name,String sex,int age){
        this.name = name;
        this.sex = sex;
        this.age = age;
    }
    void display(){
        System.out.println("name = " + name);
        System.out.println("sex = " + sex);
        System.out.println("age = " + age);
    }
}

public class ConstructorTest2 {
    public static void main(String[ ] args) {
        Customer zhangsan = new Customer("张三", "男", 25);
        zhangsan.display();
    }
}
```

运行，控制台打印效果如图 5-16 所示。

语句“Customer zhangsan = new Customer("张三","男",25);”，实际调用了构造函数。

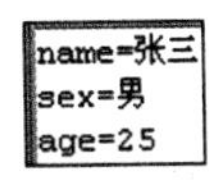

图 5-16　ConstructorTest2.java 的效果

注意

(1) 当一个类的对象被创建时构造函数就会被自动调用，可以在这个函数中加入初始化工作的代码。在对象的生命周期中，构造函数只会被调用一次。

(2) 构造函数可以被重载，也就是说在一个类中可以定义多个构造函数。在实例化对象时，系统根据参数的不同调用不同的构造函数。

(3) 在一个类中如果没有定义构造函数，系统会自动为这个类产生一个默认的构造函数，该函数没有参数，也不做任何事情。因此，只有在没有定义构造函数时才可以通过"类名 对象名=new 类名();"实例化对象。

但是，如果用户自己定义了含有参数的构造函数，系统将不提供默认的构造函数。

因此，在上面的例子中写"Customer zhangsan=new Customer();"，系统将会报错。

阶段性作业

(1) 给上例中的 Customer 类增加两个构造函数，一个初始化 name，另一个初始化 name 和 age。

(2) 构造函数只会运行一次，是为了将对象进行初始化。但是，只运行一次限制太严，那么如何设计让初始化工作在对象生成时运行一次以后还可以调用呢？

本章知识体系

知　识　点	重要等级	难度等级
类和对象	★★★★	★★
类的定义	★★★★	★★
实例化对象	★★★★	★★
对象的引用性质	★★★	★★★
成员变量	★★★	★★
成员函数	★★★	★★★★
函数重载	★★★★	★★
构造函数	★★★	★★

第6章

面向对象编程(二)

第5章讲解了面向对象的一些基本概念。本章将针对面向对象的应用,详细讲解一些比较高级的概念。首先讲解静态变量、静态函数、静态代码块,然后讲解封装、包和访问控制修饰符,最后简单介绍类中类的使用。

本章术语

静态变量______

静态函数______

静态代码块______

Encapsulation______

private______

public______

package______

import______

类中类______

6.1 静态变量和静态函数

6.1.1 为什么需要静态变量

一个类可以实例化很多对象,各个对象分别占据自己的内存。例如下面的代码:

StaticTest1.java

```
class Customer{
    String name;
}

public class StaticTest1 {
    public static void main(String[] args) {
        Customer zhangsan = new Customer();
        zhangsan.name = "张三";
        Customer lisi = new Customer();
        lisi.name = "李四";
    }
}
```

在 main 函数中定义了 zhangsan、lisi 两个对象，这两个对象具有不同的成员变量——name，内存示意图如图 6-1 所示。

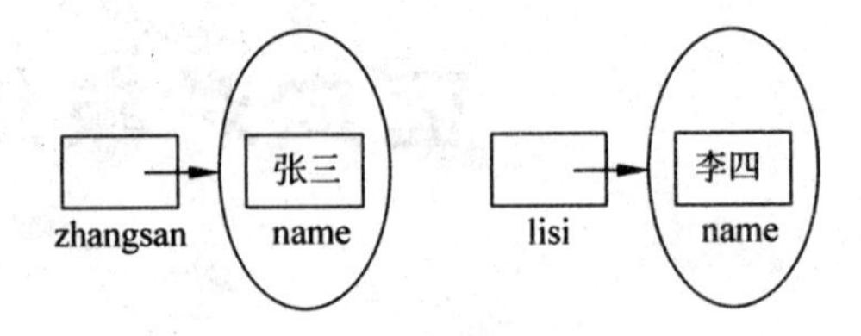

图 6-1 两个对象具有不同的成员变量

但是，如果要保存 zhangsan 和 lisi 乃至 Customer 类中所有对象共有的信息，比如该类用在某个银行系统中，要保存其所在的银行名称（比如香港银行），而每个对象的银行名称都一样，应如何实现？

此时，如果代码写成：

StaticTest2. java

```
class Customer{
    String name;
    String bankName;
}

public class StaticTest2 {
    public static void main(String[ ] args) {
        Customer zhangsan = new Customer();
        zhangsan.name = "张三";
        zhangsan.bankName = "香港银行";
        Customer lisi = new Customer();
        lisi.name = "李四";
        lisi.bankName = "香港银行";
    }
}
```

内存情况如图 6-2 所示。

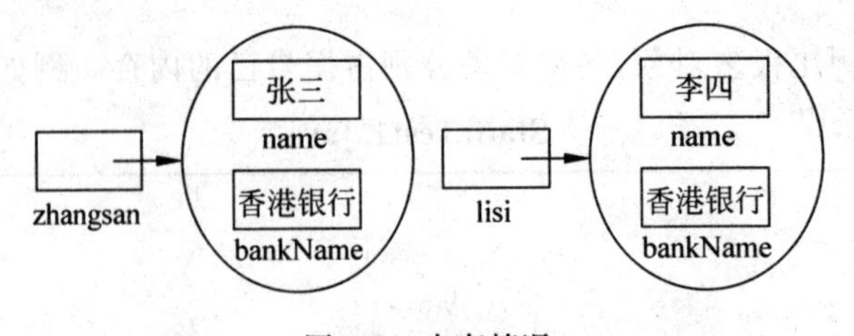

图 6-2 内存情况

这样，同样的信息就存了两次，浪费空间。如果以后要改银行名称，需要一个一个地改，很麻烦。

在本例中能否让各对象共有的内容只用一个空间保存呢？可以，只要将 bankName 定义成静态变量即可，方法是在其定义前加上“static”关键字。

StaticTest2.java

```
class Customer{
    String name;
    static String bankName;
}

public class StaticTest2 {
    public static void main(String[] args) {
        Customer zhangsan = new Customer();
        zhangsan.name = "张三";
        zhangsan.bankName = "香港银行";
        Customer lisi = new Customer();
        lisi.name = "李四";
        System.out.println("lisi.bankName = " + lisi.bankName);
    }
}
```

运行,控制台打印效果如图 6-3 所示。

在以上代码中,main 函数调用之后的内存情况如图 6-4 所示。

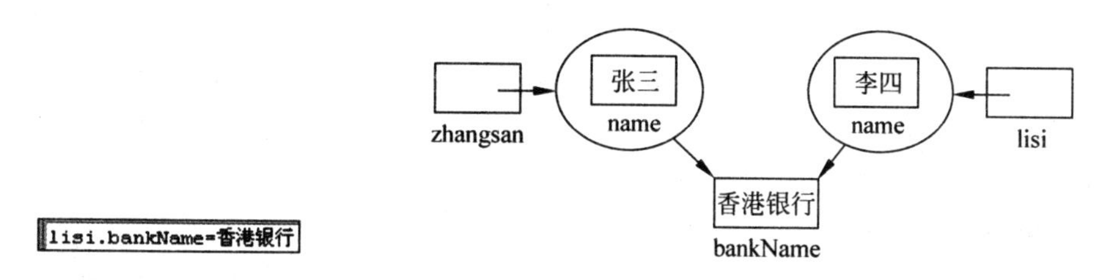

图 6-3 StaticTest2.java 的效果

图 6-4 main 函数调用后的内存情况

注意

(1) 静态变量可以通过"对象名.变量名"来访问,例如"zhangsan.bankName",也可以通过"类名.变量名"来访问,例如"Customer.bankName"。一般情况下推荐用"类名.变量名"的方法访问,而非静态变量是不能用"类名.变量名"的方法访问的。

(2) 从底层讲,静态变量在类被载入时创建,只要类存在,静态变量就存在,不管对象是否被实例化。

6.1.2 静态变量的常见应用

下面讲解静态变量的几个应用。

1. 保存跨对象信息

对象的通信是比较复杂的,例如登录 QQ 时在登录界面中输入账号、密码,然后单击"登录"按钮,若登录成功到达聊天界面,如图 6-5 所示,那么聊天界面如何知道登录界面中输入的账号呢?

有很多方法可以解决这个问题,其中有一种比较简单的方法,可以定义一个类,用静态变量保存登录账号:

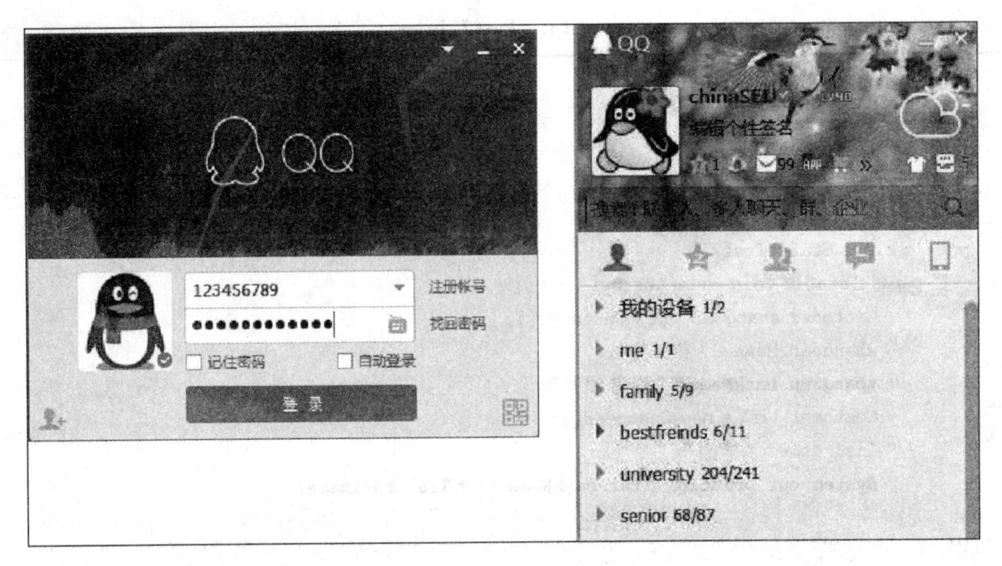

图 6-5　登录 QQ

```
class Conf{
    static String loginAccount;
}
```

在登录界面中，如果登录成功，就将账号存入 Conf.loginAccount；在聊天界面中，访问 Conf.loginAccount 即可得到登录的账号。

2. 存储对象个数

有时候需要保存一个类已经实例化的对象个数。例如，某游戏是多人探险的游戏，在游戏的过程中有人会阵亡，当存活的人数不足 3 人时屏幕上要进行报警提示。那么如何让系统知道当前存活几个人呢？此时可以将当前存活的人数定义为静态变量：

StaticTest3.java

```
class Person{
    String name;
    static int number = 0;
    Person(String name){
        this.name = name;
        System.out.println("创建了" + name);
        number++;
    }
    void die(){
        System.out.println(name + "阵亡");
        number--;
        if(number < 3){
            System.out.println("警告!不足 3 人");
        }
    }
}
public class StaticTest3 {
    public static void main(String[] args) {
```

```
        Person p1 = new Person("张三");
        Person p2 = new Person("李四");
        Person p3 = new Person("王强");
        Person p4 = new Person("赵海");
        p3.die();
        p1.die();
    }
}
```

运行，控制台打印效果如图 6-6 所示。

```
创建了张三
创建了李四
创建了王强
创建了赵海
王强阵亡
张三阵亡
警告！不足3人
```

图 6-6　StaticTest3.java 的效果

阶段性作业

(1) 编写一个 Customer 类，其中有一个名为“编号”的成员变量，要求每实例化一个对象，对象的编号从 1 自动递增。如何实现？

(2) 用户经常使用 System.out.println()，估计一下 System 是什么？out 是什么？println 是什么？

6.1.3　认识静态函数

有静态变量就有静态函数，静态变量和静态函数统称为静态成员。静态函数就是在普通函数的定义前加上 static 关键字。看下面的例子：

StaticTest4.java

```
class Customer{
    String name;
    static String bankName;
    static void setBankName(String bankName){
        Customer.bankName = bankName;
    }
}

public class StaticTest4 {
    public static void main(String[ ] args) {
        Customer zhangsan = new Customer();
        zhangsan.name = "张三";
        Customer.setBankName("香港银行");
        Customer lisi = new Customer();
        lisi.name = "李四";
        System.out.println("lisi.bankName = " + lisi.bankName);
    }
}
```

lisi.bankName=香港银行

图 6-7 StaticTest4.java 的效果

运行,控制台打印效果如图 6-7 所示。

可见,静态函数可以通过“类名.函数名”来访问,当然也可以通过“对象名.函数名”来访问,推荐用“类名.函数名”来访问。

注意

在静态函数调用时对象还没有创建,因此在静态函数中不能直接访问类中的非静态成员变量和成员函数,当然也不能使用 this 关键字。例如,下面的代码报错(Cannot make a static reference to the non-static field name):

```
class Customer{
    String name;
    static String bankName;
    static void setBankName(String bankName){
        Customer.bankName = bankName;
        System.out.println(name);                //报错
    }
}
```

6.1.4 静态代码块

构造函数对于每个对象执行一次,对每个对象进行初始化。那么有没有对所有对象的共同信息进行初始化,并对所有对象只执行一次的机制呢? 有,它就是静态代码块(static block)。看下面的代码:

StaticTest5.java

```
class Customer{
    String name;
    static String bankName;
    static{
        bankName = "香港银行";
        System.out.println("静态代码块执行");
    }
}

public class StaticTest5 {
    public static void main(String[] args) {
        Customer zhangsan = new Customer();
        Customer lisi = new Customer();
    }
}
```

运行,控制台打印效果如图 6-8 所示。

静态代码块执行

图 6-8 StaticTest5.java 的效果

这说明当类被载入时静态代码块被执行,且只被执行一次,静态代码块经常用来进行类属性的初始化。

6.2 使用封装

6.2.1 为什么需要封装

封装(Encapsulation)是面向对象的基本特征之一。为了理解封装，先看一个案例，代码如下：

EncTest1.java

```
class Customer {
    String name;
    String sex;
    int age;
}
public class EncTest1 {
    public static void main(String[ ] args) {
        Customer zhangsan = new Customer();
        zhangsan.age = 25;
        System.out.println("zhangsan.age = " + zhangsan.age);
    }
}
```

运行，控制台打印效果如图6-9所示。

在主函数中利用“zhangsan.age=25;”进行了赋值。

但是这样有一个问题，Customer类被使用，其对象中的age成员可以被任意赋值，例如将“zhangsan.age=25;”改为“zhangsan.age=－100;”，运行，控制台打印效果如图6-10所示。

zhangsan.age=25

图6-9　EncTest1.java的效果

zhangsan.age=-100

图6-10　更改值后的效果

显然不符合实际情况。

因此需要在赋值时进行判断，只有符合常识的age才能被赋值，否则会报错，或者赋默认值(如0)。

问题的关键是这个判断工作由谁来做呢？很明显，age是Customer的一个成员，在给age赋值时应该在Customer内进行判断。这就如同我们使用手机发短信，短信是否已经成功发出是由手机来判断的，我们只需要知道结果就可以了。

此时可以使用封装来完善对象的使用。

6.2.2 如何实现封装

实现封装有以下两个步骤：

(1) 将不能暴露的成员隐藏起来，例如Customer类中的age，就不能让其在类的外部被直接赋值。其实现方法是将该成员定义为私有的，在成员定义前加上private修饰符。

(2) 用公共方法来暴露对该隐藏成员的访问，可以给函数加上public修饰符，将该方法定义为公共的。

修改之后的代码如下：

EncTest2. java

```
class Customer {
    String name;
    String sex;
    private int age;
    public void setAge(int age){
        if(age < 0||age > 100){
            System.out.println("age 无法赋值");
            return;
        }
        this.age = age;
    }
    public int getAge(){
        return this.age;
    }
}

public class EncTest2 {
    public static void main(String[ ] args) {
        Customer zhangsan = new Customer();
        zhangsan.setAge(25);
        System.out.println("zhangsan.age = " + zhangsan.getAge());
    }
}
```

运行，控制台打印效果如图 6-11 所示。

如果将“zhangsan. setAge(25)；”改为“zhangsan. setAge(－100)；”，控制台打印效果如图 6-12 所示。

```
zhangsan.age=25
```

图 6-11　EncTest2. java 的效果

```
age无法赋值
zhangsan.age=0
```

图 6-12　更改值后的效果

注意

(1) 私有成员只能在定义它的类的内部被访问，在类的外部不能被访问。例如，如果在主函数中调用“zhangsan. age＝－100；”将会报错，如图 6-13 所示。

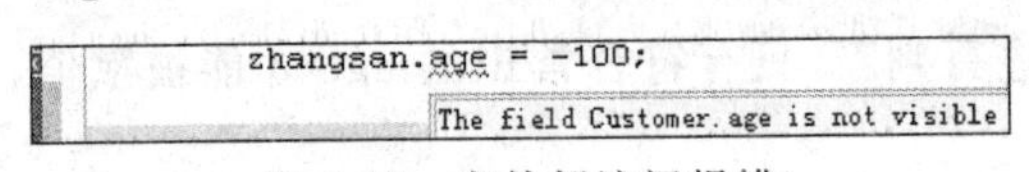

图 6-13　在外部访问报错

(2) 一般情况下，可以将成员变量定义为 private 的，通过 public 函数（方法）对其进行访问。例如要给一个成员赋值，可以使用 setter 函数，如上面的 setAge 函数；要获得该变量的值，可以使用 getter 函数，如上面的 getAge 函数。

(3) 实际上，private 和 public 都是访问区分符，当然还有其他访问区分符，我们将在后面讲解。

阶段性作业

定义一个银行 Customer 类，含有 name 和 balance(余额)两个成员。大家知道，余额是不能随意赋值的，必须通过存款或者取款活动才能进行变化。请编写存款和取款两个函数，注意取款时必须保证余额够取。

6.3 使 用 包

6.3.1 为什么需要包

前面编写的代码,所有的类都写在一个.java文件中,可能会使文件特别臃肿。在实际操作中,最好将类写在单独的文件中。

但是,系统庞大之后类的个数很多,功能也分门别类,能否对其进行有序的管理呢?

可以从操作系统管理文件的方法中得到启发。在操作系统中可能存在很多文件,将文件用文件夹进行管理就是一个很好的方法,如图6-14所示。

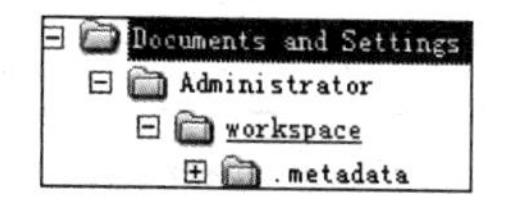

图6-14 将文件用文件夹管理

在Java中使用类似的方法管理类,这就是包(Package)。

6.3.2 如何将类放在包中

如果定义了一个类,如何将其放在一个包中呢?

方法很简单,只要在类的定义文件头上加"package 包名;"即可。当然,也可以在Eclipse中快速建立一个包,右击项目中的src目录,选择New→Package命令,如图6-15所示。

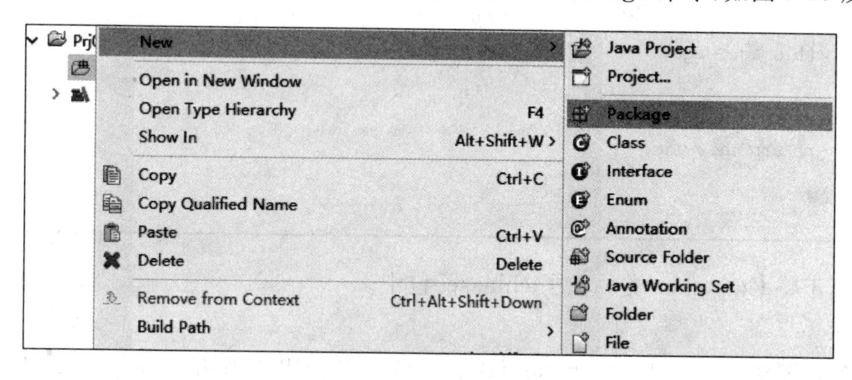

图6-15 选择Package命令

弹出如图6-16所示的对话框。

图6-16 New Java Package对话框

输入包的名称,然后单击 Finish 按钮即可,项目结构变为图 6-17 所示。

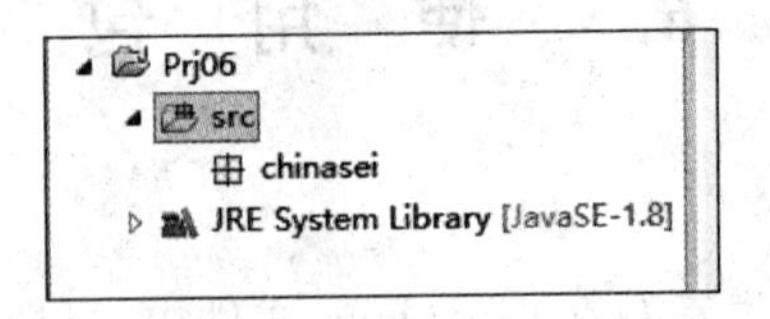

图 6-17 项目结构

可以在包里面建立一个类,代码如下:

Customer. java

```
package chinasei;
class Customer {
    String name;
    String sex;
    private int age;
    public void setAge(int age){
        if(age<0||age>100){
            System.out.println("age 无法赋值");
            return;
        }
        this.age = age;
    }
    public int getAge(){
        return this.age;
    }
}
```

这相当于将 Customer 类放在了 chinasei 包中。

注意

(1) 在源代码中,"package chinasei;"表示该源文件中的所有类都位于包 chinasei 中。package 语句必须放在源代码文件的最前面,也可以不指定 package 语句,相当于将类放在默认包中,不过指定了包,使用更加方便、可靠。

(2) 在 Java 中推荐包名字的字母一般小写,例如"chinasei""bank"等,为了便于阅读,有时候还用"."隔开,例如"school. admin""school. stu"等。

(3) 在将类放入某个包中之后,包将会用专门的文件夹来表示,例如上面的 Customer 类,编译出来的. class 文件路径如图 6-18 所示。

如果在包名中用了"."号,例如 Teacher 类放在包"school. admin"中,如图 6-19 所示。

图 6-18 文件路径

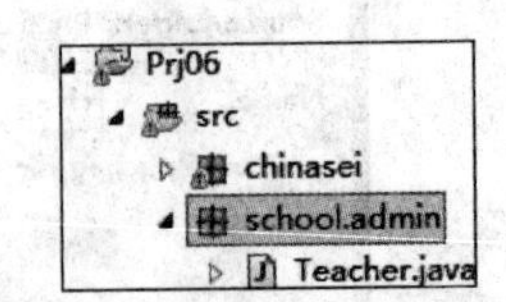

图 6-19 包名中用了"."号

编译出来的效果如图 6-20 所示。

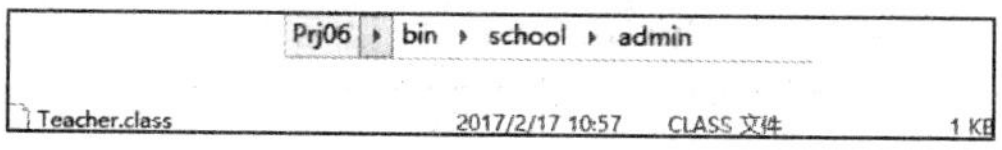

图 6-20　编译效果

可见,当遇到“.”号时,系统会认为是要建立一个子文件夹。

(4) 如果要用命令行来运行某个包中的类,必须首先到达包目录所在的上一级目录,例如本例中的 bin 目录,然后使用以下命令:

```
java　包路径.类名
```

例如要运行 school. admin 中的 Teacher 类,首先必须到达 bin 目录,然后输入以下命令:

```
java school.admin.Teacher
```

这样即可运行其中的主函数。

(5) 使用命令行编译一个.java 文件,在默认情况下不会生成相应目录,例如将前面的 Customer. java 放在 C 盘下,使用如图 6-21 所示的命令。

此时将在同一目录下生成.class 文件,如图 6-22 所示。

```
C:\>javac Customer.java
```

图 6-21　将 Customer. java 放在 C 盘下

图 6-22　生成.class 文件

如果不将 Customer. class 文件放在相应包目录下,是不能运行的。

为了解决这个问题,可以用 javac 的-d 选项来生成相应的包目录,如图 6-23 所示。

编译,则可以生成相应的包目录,如图 6-24 所示。

```
C:\>javac -d . Customer.java
```

图 6-23　用-d 选项生成相应的包目录

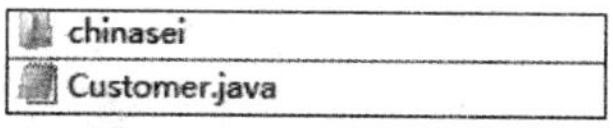

图 6-24　生成的包目录

(6) 编写一个类,编译成.class 文件之后随意放在一个目录下,这并不等于就将该类放在了包中。包名必须在源代码中,通过 package 语句指定,而不是靠目录结构来确定。

6.3.3　如何访问包中的类

将类用包管理之后如何访问包中的类?要分以下几种情况考虑。

1. 在同一个包中直接用类名来访问,不用指定类所在的包

例如,在 chinasei 包中有一个 Customer 类,还有一个 CustomerTest 类,如图 6-25 所示。

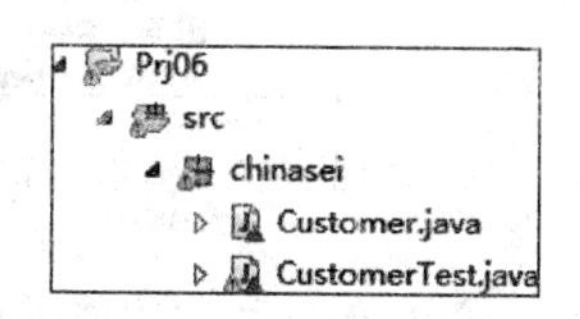

图 6-25　chinasei 包中的类

在 CustomerTest 类中访问 Customer 类，代码如下：

CustomerTest. java

```
package chinasei;
class CustomerTest {
    public static void main(String[ ] args) {
        Customer zhangsan = new Customer();
    }
}
```

这样不会报错，可以直接访问。

2. 两个类不在同一个包中的情况

在 chinasei 包中建立一个 TeacherTest 类，并在其中使用 school. admin 包中的 Teacher 类，如图 6-26 所示。

Teacher 类的代码如下：

Teacher. java

```
package school.admin;
public class Teacher {}
```

TeacherTest 类的代码如下：

TeacherTest. java

```
package chinasei;
class TeacherTest {
    public static void main(String[ ] args) {
        Teacher teacher = new Teacher();
    }
}
```

此时会报错，如图 6-27 所示。

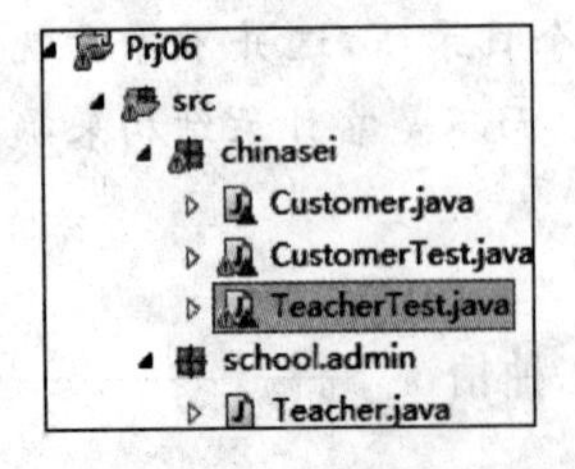

图 6-26　类不在同一个包中

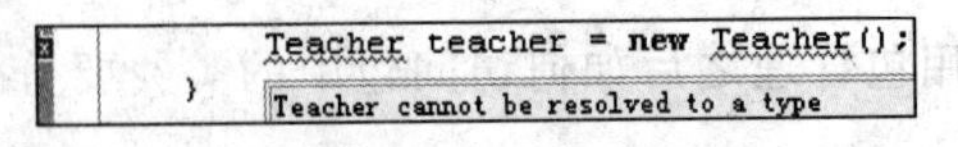

图 6-27　系统报错

这里有两种方法能够解决这个问题。

(1) 在使用类时指定类的路径：

TeacherTest. java

```
package chinasei;
class TeacherTest {
    public static void main(String[] args) {
        school.admin.Teacher teacher = new school.admin.Teacher();
    }
}
```

(2) 用 import 语句导入该类：

TeacherTest. java

```
package chinasei;
import school.admin.Teacher;
class TeacherTest {
    public static void main(String[] args) {
        Teacher teacher = new Teacher();
    }
}
```

注意

(1) 如果一个包中的类很多,可以用“import 包名. *”导入该包中的所有类。

(2) 在本例中,TeacherTest 类访问 Teacher 类,必须要保证 Teacher 是 public 类(定义时 class 前必须加 public 关键字),这将在后面讲解。

(3) 有时候,包名中有“.”号,例如“school. admin”,这并不是说 school 包中包含了 admin 包,“school. admin”仅仅是一个包名而已。因此,“import school. *;”只是导入了 school 包中的类,并没有导入 school. admin 包中的类,如果要导入 school. admin 包中的类,还必须使用“import school. admin. *;”。

阶段性作业

(1) 定义一个“日期”类,包含年、月、日 3 个成员变量。包含以下成员函数:

① 输入年、月、日,但是要保证月为 1～12,日要符合相应范围,否则会报错;

② 用年-月-日的形式打印日期;

③ 用年/月/日的形式打印日期;

④ 比较该日期是否在另一个日期的前面。

(2) 将日期类放入 date 包,再建立一个 main 包,内放一个 TestDate 类,含有主函数,用来测试日期类。

(3) 定义一个“时间”类,包含时、分、秒 3 个成员变量。包含以下成员函数:

① 输入时、分、秒,但是要保证符合相应范围;

② 用时:分:秒的形式打印时间;

③ 计算该时间和另一个时间之间的秒数。

(4) 将时间类放入 time 包,在 main 包中编写一个 TestTime 类,含有主函数,用来测试时间类。

6.4 使用访问控制修饰符

6.4.1 什么是访问控制修饰符

前面讲解了两个访问控制修饰符，分别是 private 和 public，但是没有对它们进行详细叙述，本节将结合包的相关知识对访问控制修饰符进行详细讲解。

6.4.2 类的访问控制修饰符

在前面定义类时，有时会在类的前面加上"public"关键字：

```
public class Customer {
    String name;
    String sex;
    int age;
}
```

也可以不写 public，两者有何区别？

在不写 public 的情况下属于默认访问修饰，此时该类只能被同一包中的所有类识别。

如果写了 public，该类就是一个公共类，该类可以被包内、包外的所有类识别。

注意

如果将一个类定义成 public 类，类名和文件名必须相同，因此在一个.java 文件中最多只能有一个 public 类。

6.4.3 成员的访问控制修饰符

对于成员来说，访问控制修饰符共有 4 个，分别是 private、default、protected、public。例如：

```
public class Customer {
    private String name;
    String sex;
    protected int age;
    public void display(){}
}
```

name 成员为 private 类型，sex 成员为 default 类型，age 成员为 protected 类型，display 成员为 public 类型。

其中，default 类型的成员前面没有任何修饰符。

其特性如下：

(1) private 类型的成员只能在定义它的类的内部被访问。

(2) default 类型的成员可以在定义它的类的内部被访问，也可以被这个包中的其他类访问。

(3) protected 类型的成员可以在定义它的类的内部被访问，也可以被这个包中的其他类访问,还可以被包外的子类访问。关于子类,将在后面讲解。

(4) public 类型的成员可以在定义它的类的内部被访问,也可以被包内、包外的所有其他类访问。

很明显,从开放的程度上讲,private＜default＜protected＜public。

6.5　使用类中类

类中类,顾名思义就是在类中定义了类,也叫内部类。

为什么要在类中定义类呢? 这是由实际需要决定的。比如有两个类 A 和 B,B 中要用到 A 中的一些成员,A 又要实例化 B,两者的关系错综复杂,此时编写成类中类比较紧凑。看下面的例子:

Outer. java

```
class Outer{
    int a;
    void funOuter(){
        Inner inner = new Inner();
    }
    class Inner{
        int b;
        void fun(){
           a = 3;
           this.b = 5;
        }
    }
}
```

用命令行编译,如图 6-28 所示。

```
C:\>javac Outer.java
```

图 6-28　用命令行编译

得到的. class 文件如图 6-29 所示。

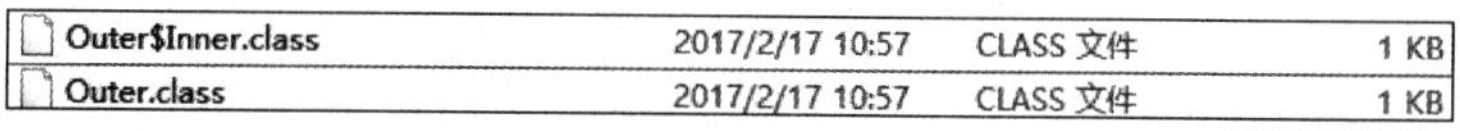

Outer$Inner.class	2017/2/17 10:57	CLASS 文件	1 KB
Outer.class	2017/2/17 10:57	CLASS 文件	1 KB

图 6-29　得到. class 文件

很显然,以上代码在 Outer 类中定义了 Inner 类,内部类可以访问外部类中的成员。类中类编译成的. class 文件的命名为“外部类 $ 内部类. class”。

注意

(1) 内部类中的成员只在内部类范围内才能使用,外部类不能像使用自己的成员变量一样使用它们。

(2) 如果在内部类中使用 this,仅代表内部类的对象,因此也只能引用内部类的成员。

本章知识体系

知识点	重要等级	难度等级
静态变量	★★★	★★★
静态函数	★★	★★
静态代码块	★★	★★
封装	★★★★	★★★
使用包	★★★★	★★
导入包中的类	★★★★	★★★★
访问控制修饰符	★★★	★★
类中类	★	★★

第7章

面向对象编程（三）

第6章讲解了面向对象的几个高级概念。本章首先讲解继承和覆盖；然后讲解多态性、抽象类和接口的应用；最后讲解几个其他问题，包括final关键字、Object类、jar命令，以及Java文档的使用。

本章术语

Inheritance ______________________

extends ______________________

override ______________________

super ______________________

Polymorphism ______________________

抽象类 ______________________

接口 ______________________

final ______________________

Object类 ______________________

7.1 使用继承

7.1.1 为什么需要继承

首先用一个实际问题来讲解为什么需要继承。

假如要开发一个复杂的文字处理软件，类似Word，其中含有很多对话框，如图7-1和图7-2所示。

很显然，这些对话框的出现都需要编写代码。

这里算一笔账，如果一个对话框的所有功能平均代码为1000行，在软件中要用到1000个对话框，总计就是100万行代码。

但是，各个对话框中似乎有一些类似的特征，比如上面的例子中每个对话框都有宽度和高度，都有背景颜色，都有标题，都可以显示，都可以关闭，等等。

于是就要思考一个问题，能否将这些对话框共同的功能写在一个类中，让每个对话框都来这里“继承”这个类中的功能？

图 7-1 “字体”对话框

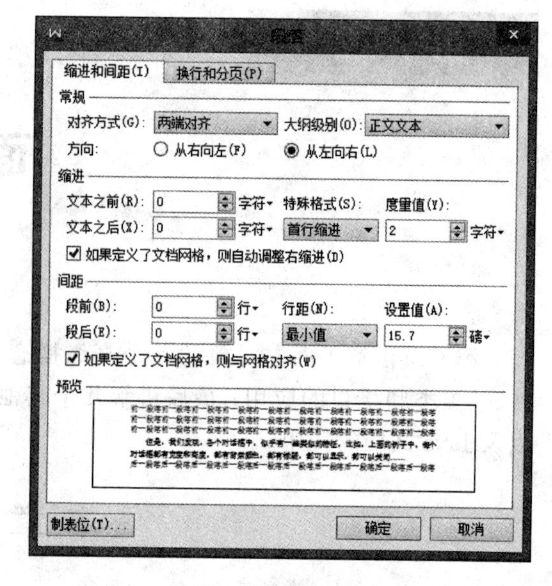

图 7-2 “段落”对话框

这里再来算一笔账，如果每个对话框的平均代码为 1000 行，但是对话框之间重复的功能代码占了 600 行，那么每个对话框只需要编写大约 400 行代码，用上面的策略，代码行数总共为 1000×400＋600，大约为 40 万行代码，一下子使代码行数减少了一大半，并且可以有更好的可维护性。随着软件技术的发展，对话框需要变成三维的，每个对话框除了有宽度和高度之外还需要有一个“深度”的成员变量，此时只需要在共有的那 600 行代码中增加相应成员即可被所有对话框继承。

提示

从上面的例子可以看出，对话框之间共同的代码越多，继承效果越好。实际上，两个面目全非的对话框共同的功能可能超出了一半，这和生活常识是类似的，你觉得猫和狗这两个类是共同的地方多，还是不同的地方多呢？实际上，共同的地方比较多，例如都有眼睛、尾巴、耳朵等，不同的只是各个成员的内容而已。

这种策略叫继承(Inheritance)。继承是面向对象的重要特征。因此，在本例中可以将对话框共同的功能写成一个类——Dialog，让两个对话框 FontDialog(“字体”对话框)和 ParagraphDialog(“段落”对话框)继承它即可。

在 Java 中，被继承的类叫父类、基类或者超类，与之对应的叫子类或者派生类。继承是通过 extends 关键字实现的，格式如下：

```
class 子类 extends 父类{}
```

7.1.2 如何实现继承

此处以上面的“字体”对话框和“段落”对话框为例，为了简化起见，假如“字体”对话框的特征有标题、字体名称，该对话框具有显示的功能；段落对话框的特征有宽度、高度、标题、段落间距，该对话框具有显示的功能。

显然，这两个对话框都有标题和显示功能，因此首先将两个类共同的部分写成一个类——Dialog。代码如下：

Dialog.java

```
package extends1;
public class Dialog {
    protected String title;
    public void show(){
        System.out.println(title + "对话框显示");
    }
}
```

注意

如果一个成员要被子类继承之后使用，这个成员不能是 private 的，因为私有的成员不能在类的外部使用，当然也不能被子类使用。一般情况下，成员变量定义为 protected 类型，成员函数定义为 public 类型。

接下来编写“字体”对话框类 FontDialog，继承 Dialog 类：

FontDialog.java

```
package extends1;
public class FontDialog extends Dialog{
    private String fontName;
    public FontDialog(String title,String fontName){
        this.title = title;
        this.fontName = fontName;
    }
}
```

从表面上看，该类只定义了一个成员变量 fontName，实际上还从父类继承了 title，可以当成自己的变量一样使用，从“this.title=title;”就可以看出来。因此，不考虑特殊情况可以认为，子类从父类继承过来的成员可以当成自己的成员使用。

ParagraphDialog 的代码和 FontDialog 类似，此处省略。

这里用一个主函数进行测试，代码如下：

Main.java

```
package extends1;
public class Main {
    public static void main(String[] args){
        FontDialog fd = new FontDialog("字体","宋体");
        fd.show();
    }
}
```

运行，控制台打印效果如图 7-3 所示。

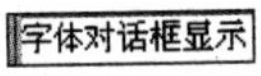

字体对话框显示

图 7-3　Main.java 的效果

显然，FontDialog 从父类继承了 show 方法，也能当成自己的方法一样来使用。

注意

(1) Java 不支持多重继承,一个子类只能有一个父类,不允许出现以下情况:

```
class 子类 extends 父类 1,父类 2 {}
```

(2) 在 Java 中可以有多层继承,比如 A 继承了 B,B 又继承了 C。此时相当于 A 间接地继承了 C。

阶段性作业

(1) 编写一个 Teacher 类,含有职工号、姓名、性别、年龄、职称几个成员变量,还含有一个打印详细资料的成员函数。

(2) 编写一个 Student 类,含有学号、姓名、性别、年龄、家庭住址几个成员变量,还含有一个打印详细资料的成员函数。

(3) 将它们共同的内容编写为父类,让两个子类继承。

7.1.3 继承的底层本质

实际上,从本质上讲,子类继承父类之后实例化子类对象的时候系统会首先实例化父类对象。看下面的代码:

Main. java

```
package extends2;
class Dialog {
    protected String title;
    public Dialog(){
        System.out.println("父类 Dialog 的构造函数");
    }
    public void show(){
        System.out.println(title + "对话框显示");
    }
}

class FontDialog extends Dialog{
    private String fontName;
    public FontDialog(String title, String fontName){
        System.out.println("子类 FontDialog 的构造函数");
        this.title = title;
        this.fontName = fontName;
    }
}

public class Main {
    public static void main(String[] args){
        FontDialog fd = new FontDialog("字体","宋体");
    }
}
```

运行，控制台打印效果如图 7-4 所示。

如果在 main 函数中出现实例化对话框两次的情况，例如：

```
...
    FontDialog fd1 = new FontDialog("字体","宋体");
    FontDialog fd2 = new FontDialog("字体","宋体");
...
```

运行，控制台打印效果如图 7-5 所示。

```
父类Dialog的构造函数
子类FontDialog的构造函数
```

图 7-4　首先实例化父类对象

```
父类Dialog的构造函数
子类FontDialog的构造函数
父类Dialog的构造函数
子类FontDialog的构造函数
```

图 7-5　实例化对话框两次

则说明只要实例化子类对象，系统就会先自动实例化一个父类对象与之对应，当然此时调用的是父类没有参数的构造函数。

这就出现了一个问题——父类构造函数万一有参数呢？此时，系统必须要求在实例化父类对象时传入参数，否则会报错。看下面的代码：

Main. java

```
package extends3;
class Dialog {
    protected String title;
    public Dialog(String title){
        this.title = title;
    }
    public void show(){
        System.out.println(title + "对话框显示");
    }
}

class FontDialog extends Dialog{
    private String fontName;
    public FontDialog(String title,String fontName){//报错
        this.title = title;
        this.fontName = fontName;
    }
}

public class Main {
    public static void main(String[] args){
        FontDialog fd = new FontDialog("字体","宋体");
    }
}
```

系统在子类构造函数处报错，如图 7-6 所示。

其原因是父类没有不带参数的构造函数。解决该问题有以下两种方法：

```
public FontDialog(String title,String fontName){
    thi
    thi  Implicit super constructor Dialog() is undefined. Must explicitly invoke
         another constructor
```

图 7-6 系统在子类构造函数处报错

(1) 给父类增加一个不带参数的空构造函数。

```
class Dialog {
    protected String title;
    public Dialog(){} //不带参数的构造函数
    public Dialog(String title){
        this.title = title;
    }
    …
}
```

这样代码错误即可消失。

(2) 在子类的构造函数中,第一句用 super 给父类构造函数传参数。

```
…
class FontDialog extends Dialog{
    private String fontName;
    public FontDialog(String title,String fontName){
        super(title);
        this.fontName = fontName;
    }
}
…
```

这样错误也可消失。

注意

"super(title);"必须写在子类构造函数的第一句,传入的参数必须和父类构造函数中的参数列表类型匹配。

阶段性作业

在 7.1.2 作业的 Teacher 类和 Student 类的共同父类中编写一个带参数的构造函数,然后在 Teacher 类和 Student 类中用 super 给父类构造函数传参数。

7.2 成员的覆盖

7.2.1 什么是成员覆盖

在子类继承父类时,如果出现子类成员和父类成员定义相同的情况会有什么现象发生?值得一提的是,我们通常讨论的是成员函数的定义相同,成员变量的定义相同一般很少使用。

子类中成员函数的定义和父类相同指名称相同、参数列表相同、返回类型相同。

看下面的代码：

Main. java

```
package extends4;
class Dialog {
    protected String title;
    public void show(){
        System.out.println("Dialog.show()");
    }
}
class FontDialog extends Dialog{
    private String fontName;
    public FontDialog(String title,String fontName){
        this.title = title;
        this.fontName = fontName;
    }
    public void show(){
        System.out.println("FontDialog.show()");
    }
}
public class Main {
    public static void main(String[] args){
        FontDialog fd = new FontDialog("字体","宋体");
        fd.show();
    }
}
```

在父类和子类中都有函数 show()，子类对象调用“fd.show();”，调用的是子类中的 show，还是父类中的 show 呢？运行，控制台打印效果如图 7-7 所示。

```
FontDialog.show()
```

图 7-7　子类中的函数定义和父类相同时的效果

可见，如果子类中的函数定义和父类相同，最后调用时是调用子类中的方法，叫覆盖或者重写(Override)。

注意

(1) 请将 Override 和 Overload 相区别。

(2) 如果在子类中定义了一个名称和参数列表与父类相同的函数，但是返回类型不同，此时系统会报错。

(3) 在重写时，子类函数的访问权限不能比父类的更加严格。比如，父类的成员函数的访问权限是 public，子类重写时就不能定义为 protected。

(4) 在覆盖的情况下，如果一定要在子类中调用父类的成员函数，可以使用 super 关键字，调用方法是“super. 函数名”。例如：

```
...
class FontDialog extends Dialog{
    private String fontName;
    public FontDialog(String title,String fontName){
        this.title = title;
        this.fontName = fontName;
```

```
    }
    public void show(){
        super.show();                              //调用父类的 show 函数
        System.out.println("FontDialog.show()");
    }
}
...
```

7.2.2 成员覆盖有何作用

从前面可以看出，成员覆盖好像是不小心引起的，实际不然。成员覆盖有着很大的作用，其最大的作用是在不改变源代码的情况下能够对一个模块的功能进行改造。比如，我们从网上下载了一个类，该类专门负责图像处理操作，包含 3 个功能，代码如下：

ImageOpe.java

```
package extends5;
public class ImageOpe {
    public void read(){
        System.out.println("从硬件读取图像");
    }
    public void handle(){
        System.out.println("图像去噪声");
    }
    public void show(){
        System.out.println("显示图像");
    }
}
```

由于该类不是为我们量身定做的，因此功能可能无法完全满足需要。假如在使用时并不是从硬件读取图像，而是从文件读取图像，因此需要对 read 函数功能进行替换；而对于 handle 函数，希望图像去噪声之后还能进行锐化；功能 3 不变。

传统方法是修改 ImageOpe 源代码即可。但是，修改源代码意味着读懂源代码，代价很大，更何况可能得不到源代码。

怎么办呢？可以充分通过覆盖来完成：

MyImageOpe.java

```
package extends5;
public class MyImageOpe extends ImageOpe{
    public void read(){
        System.out.println("从文件读取图像");
    }
    public void handle(){
        super.handle();
        System.out.println("图像锐化");
    }
    public void show(){
        super.show();
    }
}
```

可见,我们对 read 函数、handle 函数都进行了改造。接下来使用 MyImageOpe 即可,用一个主函数进行测试:

Main.java

```
package extends5;
public class Main {
    public static void main(String[] args){
        MyImageOpe mio = new MyImageOpe();
        mio.read();
        mio.handle();
        mio.show();
    }
}
```

运行,控制台打印效果如图 7-8 所示。

```
从文件读取图像
图像去噪声
图像锐化
显示图像
```

图 7-8　成员覆盖示例的效果

阶段性作业

某公司从另一个公司买来一个类,内有 4 个功能,即 fun1、fun2、fun3、fun4,但在使用时希望对类中的功能进行一定的修改:将 fun1 功能替换成自己编写的功能;在 fun2 功能后面增加一个功能;将 fun3 功能屏蔽;fun4 功能保持原样。如何实现?

7.3　使用多态性

7.3.1　什么是多态

多态(Polymorphism)是面向对象的基本特征之一,也是软件工程的重要思想。

注意

前面讲解的函数重载也是一种多态,称为静态多态,本章讲解的多态特指动态多态。

动态多态的理论基础是父类引用可以指向子类对象。例如下面的代码:

Main.java

```
package poly1;
class Dialog {
    public void show(){
        System.out.println("Dialog.show()");
    }
}
class FontDialog extends Dialog{
    public void show(){
        System.out.println("FontDialog.show()");
    }
```

```
}
public class Main {
    public static void main(String[ ] args){
        Dialog dialog = new FontDialog();
        dialog.show();
    }
}
```

在 main 函数中有一句“Dialog dialog＝new FontDialog();”，首先定义了一个 Dialog 类型的父类引用，但是却指向了一个子类对象。

```
FontDialog.show()
```

图 7-9 多态示例的效果

在这种情况下，“dialog.show();”到底是调用父类的 show 函数还是子类的 show 函数呢？运行，控制台打印效果如图 7-9 所示。

可以看出，调用的是子类的 show 函数。

注意

在本例中父类和子类都有 show 函数，如果子类中没有 show 函数，或者不小心将 show 函数写成了其他的，则会调用父类的 show 函数；如果父类中没有 show 函数，代码将会报错。

7.3.2 如何使用多态性

到此为止，我们还看不出多态性有什么作用。实际上，“父类引用可以指向子类对象”能够延伸到以下两个方面。

1. 函数传入的形参可以是父类类型，实际传入的可以是子类对象

例如：

```
…
public class Main {
    public static void fun(Dialog dialog){
        dialog.show();
    }
    public static void main(String[ ] args){
        fun (new FontDialog());
    }
}
```

在 fun 方法中，参数类型是父类引用，但在实际调用时传入的却是子类对象。当然，此时调用的也是子类对象的 show 方法。

下面用一个案例来强化该概念。在显示对话框时，如果要美观一些，最好将对话框显示在屏幕中央。因此，必须编写一个函数来计算当前屏幕的宽度和高度，并结合对话框的宽度和高度将其显示。对于 FontDialog，编写出来的代码如下：

Main.java

```
package poly2;
class Dialog {
    public void show(){
        System.out.println("Dialog.show()");
```

```
    }
}
class FontDialog extends Dialog{
    public void show(){
        System.out.println("FontDialog.show()");
    }
}
public class Main {
    public static void toCenter(FontDialog fd){
        System.out.println("计算屏幕数据");
        fd.show();
    }
    public static void main(String[] args){
        FontDialog fd = new FontDialog();
        toCenter(fd);
    }
}
```

运行,控制台打印效果如图 7-10 所示。

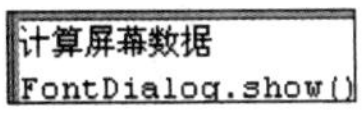

计算屏幕数据
FontDialog.show()

图 7-10　更美观地显示对话框

如此达到了相应的效果。

但是,toCenter 函数存在一个问题:

```
public static void toCenter(FontDialog fd){
    System.out.println("计算屏幕数据");
    fd.show();
}
```

该函数传入的参数是 FontDialog 类型,如果是另一种对话框,如 ParagraphDialog,也要放在屏幕中央,就必须另外编写一个函数:

```
public static void toCenter(ParagraphDialog pd){
    System.out.println("计算屏幕数据");
    pd.show();
}
```

如果系统中有非常多种类的对话框,那将是一个繁重的工作,并且,如果出现一种新的对话框,又必须增加函数。

注意

为多种对话框编写多个 toCenter 函数实际上是函数重载,这也是静态多态性的"静态"的特点,需要编写多个函数。

那么是否可以编写一个函数为所有的对话框服务呢? 学习了多态性,大家很自然地想到 toCenter 的参数可以不是某一种特定的对话框,只需要是它们共同的父类即可:

```
public static void toCenter(Dialog dialog){
    System.out.println("计算屏幕数据");
    dialog.show();
}
```

这样就真正实现了“以不变应万变”的效果，以后不管出现了什么样的对话框，该函数都能为其服务，只要该对话框是 Dialog 类的子类即可，大大提高了程序的灵活性。

2. 函数的返回类型是父类类型，实际返回的可以是子类对象

例如：

```
…
public class Main {
    public static Dialog fun(){
        return new FontDialog();
    }
    public static void main(String[ ] args){
        Dialog dialog = fun();
        dialog.show();
    }
}
```

在 fun 方法中返回的是父类类型，实际返回的是子类对象。当然，主函数中 dialog 调用的也是子类对象的 show 方法。

可以看出，在 main 函数中根本没有 FontDialog 类的痕迹，main 函数仅仅需要认识 Dialog 类就能够调用 Dialog 的所有不同子类的函数，而不需要知道这些函数是怎么实现的。如果 fun 函数中返回的对象由 FontDialog 改为 ParagraphDialog，main 函数不需要做任何修改。

阶段性作业

结合前面的作业编写一个函数，使之既能够传入一个 Student 对象进行打印，又能够传入一个 Teacher 对象进行打印。

7.3.3 父类和子类对象的类型转换

在多态性的情况下，父类和子类之间的转换需要注意一些问题。

1. 子类类型对象转换成父类类型

根据多态性原理，子类对象无须转换就可以赋值给父类引用，例如：

```
Dialog dialog = new FontDialog();
```

2. 父类类型对象转换成子类类型

严格来讲，父类类型对象无法转换成子类类型，例如下面的代码是错的：

```
Dialog dialog = new Dialog();
FontDialog fd = dialog;
```

但是有一种特殊情况，如果父类类型对象原来就是某一种子类类型的对象，则可以转换

成相应的子类类型对象,此时使用强制转换即可。例如:

```
Dialog dialog = new FontDialog();
FontDialog fd = (FontDialog)dialog;
```

这是可以的。

问答

问:怎么知道一个对象是什么类型呢?

答:可以使用 instanceof 操作符进行判断,格式为"对象名 instanceof 类名"。代码如下:

Main.java

```
package poly3;
class Dialog {
    public void show(){
        System.out.println("Dialog.show()");
    }
}
class FontDialog extends Dialog{
    public void show(){
        System.out.println("FontDialog.show()");
    }
}
public class Main {
    public static void main(String[] args){
        Dialog dialog1 = new Dialog();
        Dialog dialog2 = new FontDialog();
        FontDialog dialog3 = new FontDialog();
        System.out.println(dialog1 instanceof FontDialog);
        System.out.println(dialog2 instanceof Dialog);
        System.out.println(dialog2 instanceof FontDialog);
        System.out.println(dialog3 instanceof Dialog);
        System.out.println(dialog3 instanceof FontDialog);
    }
}
```

运行,控制台打印效果如图 7-11 所示。

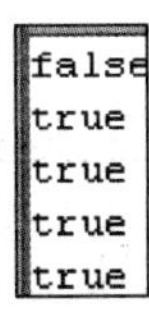

图 7-11　判断对象的实际类型

读者可以自行分析。

7.4 抽象类和接口

7.4.1 为什么需要抽象类

首先看前面实现多态性的一个例子：

Main.java

```
package abstract1;
class Dialog {
    public void show(){
        System.out.println("Dialog.show()");
    }
}
class FontDialog extends Dialog{
    public void show(){
        System.out.println("FontDialog.show()");
    }
}
public class Main {
    public static void toCenter(Dialog dialog){
        System.out.println("计算屏幕数据");
        dialog.show();
    }
    public static void main(String[] args){
        FontDialog fd = new FontDialog();
        toCenter(fd);
    }
}
```

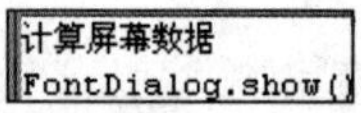

```
计算屏幕数据
FontDialog.show()
```

图 7-12 多态性示例的效果

运行，控制台打印效果如图 7-12 所示。

在 Dialog 和 FontDialog 中都包含了一个 show 函数，但是每次调用都是调用子类的 show 函数，父类的 show 函数似乎没有什么作用，能否去掉呢？

如果将父类中的 show 函数去掉，系统会报错，如图 7-13 所示。

因此，父类的函数尽管没有调用，还必须写在那里。

子类的 show 函数是否可以去掉呢？在本例中，如果将子类的 show 函数去掉，则调用的是父类的 show 函数，如图 7-14 所示。

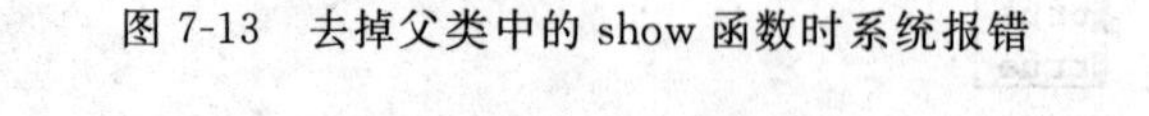

```
        dialog.show();
    }
            The method show() is undefined for the type Dialog
```

图 7-13 去掉父类中的 show 函数时系统报错

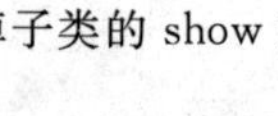

```
计算屏幕数据
Dialog.show()
```

图 7-14 去掉子类的 show 函数时的效果

显然，这不符合要求。

能否在父类中规定一个函数必须被重写，否则系统会报错呢？

能，可以将该函数定义为抽象函数，只需要在该函数定义前加上 abstract 即可。代码如下：

```
abstract class Dialog {
    public abstract void show();
}
```

这样,如果子类 FontDialog 没有重写该函数,将会报错,如图 7-15 所示。

```
class FontDialog extends Dialog{
    The type FontDialog must implement the inherited abstract method Dialog.show()
```

图 7-15　子类 FontDialog 没有重写函数时报错

含有抽象函数的类叫抽象类,抽象类必须用 abstract 修饰。

注意

(1) 抽象类不能被实例化,例如上面的例子,“Dialog dlg=new Dialog();”是错的。

(2) 抽象函数必须被重写,除非子类也是抽象类。

(3) 在抽象类中也可以含有普通成员函数。

7.4.2　为什么需要接口

大家知道,在抽象类中还可以含有普通成员函数,如果一个抽象类中的所有函数都是抽象的,也可以定义为接口(interface)。

在“继承接口”的情况下一般有另一种说法,叫“实现(implements)接口”,子类也叫实现类。例如,上面的例子也可以写成:

Main. java

```
package interface1;
interface Dialog {
    public void show();
}
class FontDialog implements Dialog{
    public void show(){
        System.out.println("FontDialog.show()");
    }
}
public class Main {
    public static void toCenter(Dialog dialog){
        System.out.println("计算屏幕数据");
        dialog.show();
    }
    public static void main(String[] args){
        FontDialog fd = new FontDialog();
        toCenter(fd);
    }
}
```

说明

(1) 接口中的方法不需要专门指明 abstract,系统默认其为抽象函数,在接口中只能包含常量和函数。

(2) 接口中的成员函数默认都是 public 访问类型的，成员变量默认是用 public static final 标识的，所以接口中定义的变量就是全局静态常量。

(3) 接口可以通过 extends 继承另一个接口，类通过 implements 关键字来实现一个接口。

(4) 一个类可以在继承一个父类的同时实现一个或多个接口，多个接口用逗号隔开：

```
class 子类 extends 父类 implements 接口 1,接口 2, …{}
```

extends 关键字必须位于 implements 关键字之前。

阶段性作业

至少说出 3 点抽象类和接口的区别。

7.5 其他内容

7.5.1 final 关键字

在 Java 中有时会遇到 final 关键字，final 关键字的应用如下：

1. 用 final 来修饰一个类

例如：

```
final class FontDialog{}
```

表示该类不能被继承。

2. 用 final 来修饰一个函数

例如：

```
class FontDialog{
  public final void show();
}
```

表示该类在被子类继承的情况下 show 函数不能被重写。

3. 用 final 来修饰一个成员变量

例如：

```
class Math{
  public final double PI = 3.145926;
}
```

表示该成员变量的值不允许被改变，也就是说不允许重新赋值(哪怕是同一个值)，因此一般用 final 关键字来定义一个常量。

注意

final 成员变量必须在声明时或在构造函数中显式赋值，然后才能使用。在一般情况下，我们在定义时就赋值。

7.5.2　Object 类

在 Java 中定义一个类时，如果没有用 extends 明确标明直接父类，那么该类默认继承 Object 类，因此 Object 类是所有类的父类，或者说 Java 中的任何一个类都是 Object 的子类。

在 Object 类中比较常用的是 toString 和 equals 两个方法。

1. toString 方法

首先看下面的代码：

Customer. java

```
package object;
public class Customer {
    private String name;
    public Customer(String name){
        this.name = name;
    }
    public static void main(String[ ] args){
        Customer cus = new Customer("张三");
        System.out.println(cus);
    }
}
```

运行，控制台打印效果如图 7-16 所示。

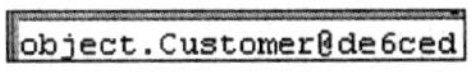

object.Customer@de6ced

图 7-16　Customer. java 的效果

"System. out. println(cus);"打印的是一个对象，显示的结果我们也很难看懂。

如果需要在该代码运行时打印姓名，怎么实现呢？此时可以重写从 Object 继承过来的 toString 方法，代码如下：

Customer. java

```
package object;
public class Customer {
    private String name;
    public Customer(String name){
        this.name = name;
    }
    public String toString(){
        return this.name;
    }
    public static void main(String[ ] args){
        Customer cus = new Customer("张三");
        System.out.println(cus);
    }
}
```

运行，控制台打印效果如图 7-17 所示。

实际上，"System. out. println(cus);"会自动调用其 toString 方法。

张三

图 7-17 重写继承过来的 toString 方法时的效果

2. equals 方法

如何判断两个 Customer 对象是否相等？如果认为姓名相同就相等，用“==”可以实现吗？看下面的代码：

Customer. java

```
package object;
public class Customer {
    private String name;
    public Customer(String name){
        this.name = name;
    }
    public static void main(String[ ] args){
        Customer cus1 = new Customer("张三");
        Customer cus2 = new Customer("张三");
        System.out.println(cus1 == cus2);
    }
}
```

运行，控制台打印效果如图 7-18 所示。

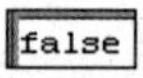

false

图 7-18 姓名相同时的效果

实际上，除非两个引用指向同一个对象，这两个引用用“==”判断才会相等。

如果要自定义相等的条件，需要重写从 Object 继承过来的 equals 方法，代码如下：

Customer. java

```
package object;
public class Customer {
    private String name;
    public Customer(String name){
        this.name = name;
    }
    public boolean equals(Customer cus){
        if(name.equals(cus.name)){
            return true;
        }
        return false;
    }
    public static void main(String[ ] args){
        Customer cus1 = new Customer("张三");
        Customer cus2 = new Customer("张三");
        System.out.println(cus1.equals(cus2));
    }
}
```

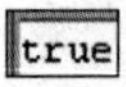

true

图 7-19 重写继承过来的 equals 方法时的效果

运行，控制台打印效果如图 7-19 所示。

注意

“if(name. equals(cus. name))”说明判断两个字符串相等也不能用“==”，用的是 equals 方法。

🔊阶段性作业

(1) 编写一个 Student 类，含有学号、姓名、性别、年龄、家庭住址几个成员变量。如果两个 Student 对象的学号、姓名相等，就认为相等，请编写 equals 函数。

(2) 为 Student 类编写 toString 函数，以漂亮的格式将其详细信息用字符串返回。

7.6　一些工具的使用

7.6.1　将字节码打包发布

如果我们开发了一个项目，用户使用的将不是源代码，而是大量的.class 文件。但是，大量的.class 文件不好管理，并且占据空间，因此一般情况下将这些.class 文件压缩成一个文件或若干个文件，这个过程叫打包。

在 Java 中可以使用 jar 命令打包，打成的包是.jar 文件。.jar 文件是一种压缩文件，当在另一个项目中导入这个.jar 文件之后系统能够识别其中的类。

一般使用 jar 命令进行打包。对于该命令的详细信息，读者可以直接输入 jar 命令查看，如图 7-20 所示。

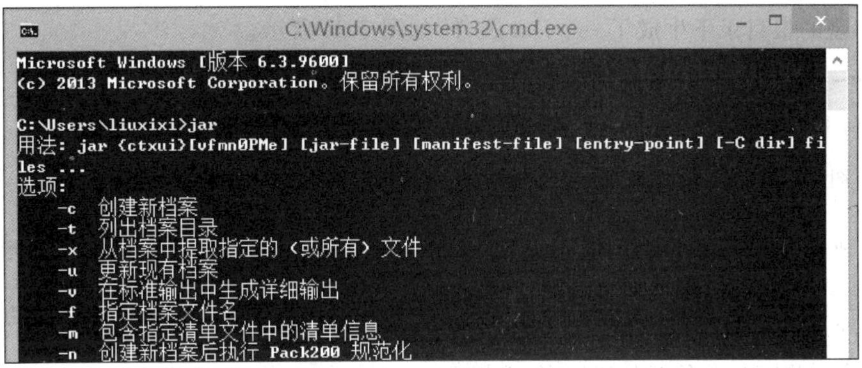

```
C:\Windows\system32\cmd.exe
Microsoft Windows [版本 6.3.9600]
(c) 2013 Microsoft Corporation。保留所有权利。

C:\Users\liuxixi>jar
用法: jar {ctxui}[vfmn0PMe] [jar-file] [manifest-file] [entry-point] [-C dir] fi
les ...
选项:
    -c  创建新档案
    -t  列出档案目录
    -x  从档案中提取指定的 (或所有) 文件
    -u  更新现有档案
    -v  在标准输出中生成详细输出
    -f  指定档案文件名
    -m  包含指定清单文件中的清单信息
    -n  创建新档案后执行 Pack200 规范化
```

图 7-20　查看 jar 命令

下面讲解如何使用命令生成 jar 包。

例如我们编写了一个类 Customer，放在 C 盘的根目录中：

Customer.java

```
package object;
public class Customer {
    private String name;
    public Customer(String name){
        this.name = name;
    }
    public boolean equals(Customer cus){
        if(name.equals(cus.name)){
            return true;
        }
        return false;
```

```
    }
    public static void main(String[ ] args){
        Customer cus1 = new Customer("张三");
        Customer cus2 = new Customer("张三");
        System.out.println(cus1.equals(cus2));
    }
}
```

首先编译,如图 7-21 所示。

在 C 盘即生成一个目录,如图 7-22 所示。

图 7-21 编译

图 7-22 在 C 盘生成一个目录

其中含有 Customer. class。接下来进行打包,如图 7-23 所示。

```
C:\WINDOWS\system32\cmd.exe
C:\>jar cvf customer.jar object
标明清单(manifest)
增加: object/(读入= 0) (写出= 0)(存储了 0%)
增加: object/Customer.class(读入= 717) (写出= 450)(压缩了 37%)
```

图 7-23 打包

在 C 盘的根目录下生成了一个. jar 文件,如图 7-24 所示。

打包之后的. jar 文件如何使用? 可以使用如图 7-25 所示的命令:

```
customer.jar
```

图 7-24 生成. jar 文件

```
C:\>java -classpath customer.jar object.Customer
```

图 7-25 使用. jar 文件

如果要将该. jar 文件解压缩,可以用 WinRAR 打开,并解压缩; 也可以用如图 7-26 所示的命令。

在 Eclipse 中,对于该工作有比较简单的方法:

(1) 右击将要打包的源代码结点,选择 Export 命令,如图 7-27 所示。

```
C:\>jar xvf customer.jar
  创建: META-INF/
  解压 META-INF/MANIFEST.MF
  创建: object/
  解压 object/Customer.class
```

图 7-26 解压缩. jar 文件

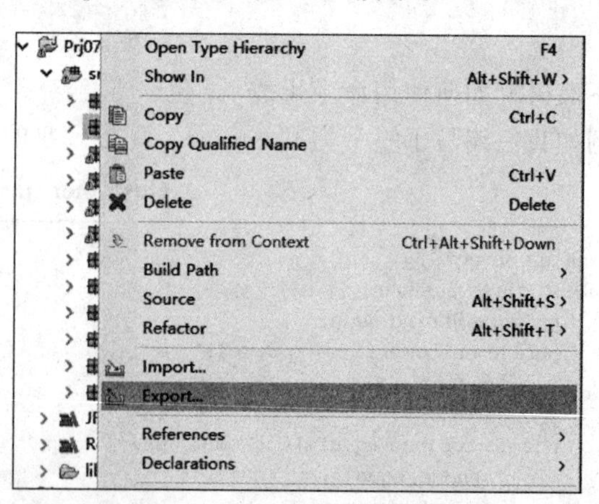

图 7-27 选择 Export 命令

(2) 弹出如图 7-28 所示的对话框。

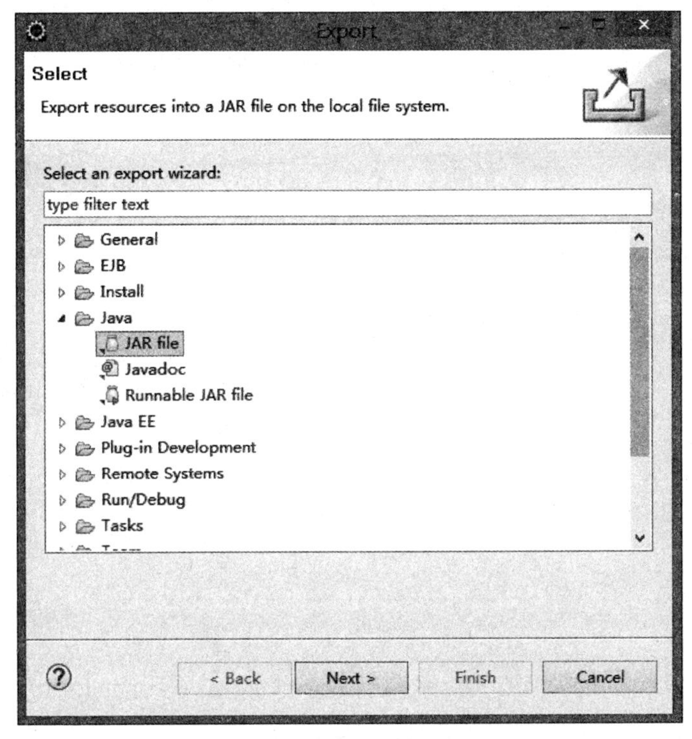

图 7-28　Export 对话框

(3) 选择 JAR file,单击 Next 按钮,在弹出的对话框中输入.jar 文件的路径,如图 7-29 所示。

图 7-29　输入路径

(4) 根据提示进行打包即可,生成的 jar 包如图 7-30 所示。

如果要在另外一个项目中使用该 jar 包,应该如何实现呢?

在项目根目录下新建一个名为 lib 的文件夹,将该 jar 包复制到该文件夹下,如图 7-31 所示。

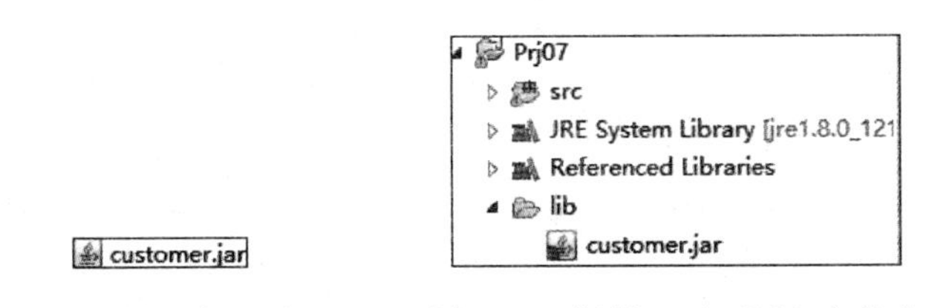

图 7-30　生成 jar 包　　　图 7-31　复制 jar 包到 lib 文件夹

右击项目,选择 Properties 命令,弹出如图 7-32 所示的对话框。

选择 Java Build Path,然后切换到 Libraries 选项卡,单击 Add JARs 按钮,弹出如图 7-33 所示的对话框。

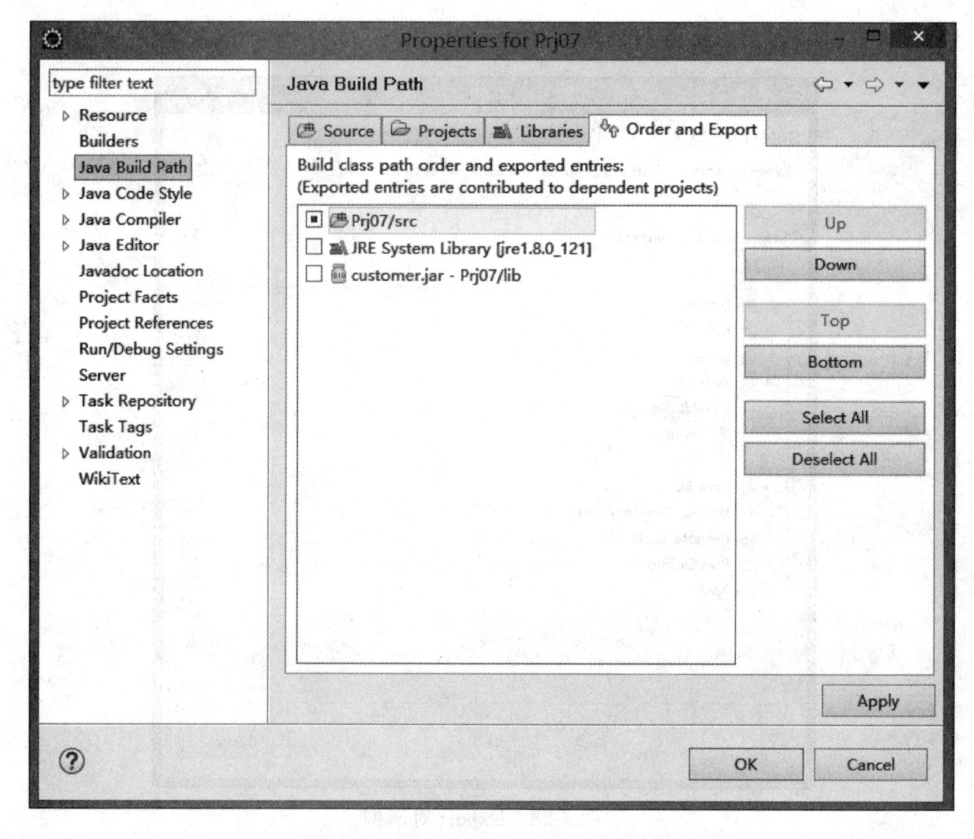

图 7-32 Properties for Prj07 对话框

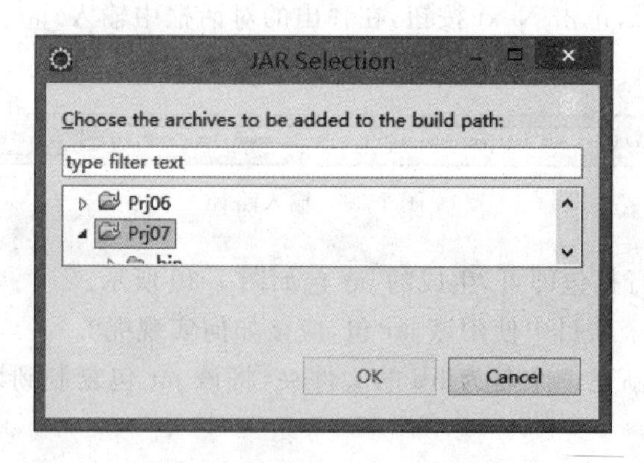

图 7-33 JAR Selection 对话框

将 lib 下的.jar 文件加入到项目即可。

阶段性作业

将本章源代码打包发布。

7.6.2 文档的使用

值得强调的是，在开发过程中文档的使用对于程序员来说非常重要，在本书后面的

讲解中也大量用到了文档。在网上有大量的 Java 文档可以下载，最方便的是 chm 格式的文档，本书使用如图 7-34 所示的文档。

图 7-34　本书使用的文档

双击即可打开文档，如图 7-35 所示。

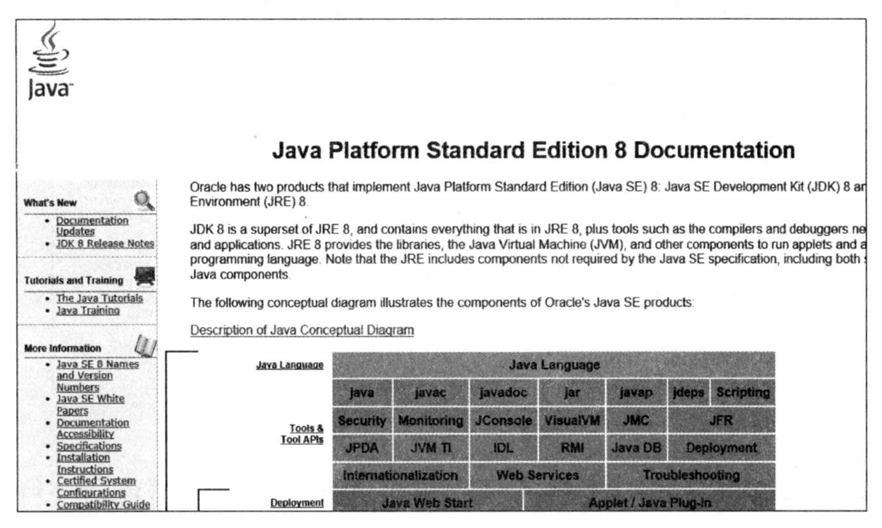

图 7-35　双击打开文档

在文档窗口列出了 JavaSE 中的各个包，这些包中的 API 是 JavaSE 开发的基础，本书内容将重点围绕这些包进行讲解。其中，重要的包的作用如表 7-1 所示。

表 7-1　JDK 中重要的包的作用

包　名　称	内　　容	举　　例
java. lang	核心语言包，最基本的 API	System、Integer、数学运算
java. awt	抽象窗口工具包，生成图形用户界面	按钮、界面
java. awt. event	事件处理包	按钮单击事件
javax. swing	更加丰富的图形用户界面生成包	带图标的按钮
java. util	工具包	随机数、日期
javax. io	输入输出包	文件的读写
javax. net	网络编程支持包	网络的传输

compact1 - java.io

Interfaces

Closeable
DataInput
DataOutput
Externalizable
FileFilter
FilenameFilter
Flushable
ObjectInput
ObjectInputValidation
ObjectOutput
ObjectStreamConstants
Serializable

图 7-36　左下方窗口

表 7-1 中，java. lang 包中类的使用无须用 import 导入。例如，我们在使用“System. out. println()”时从来没有用“import java. lang . System”来导入 System 类。

注意，本书在后面的篇幅中讲解的所有内容都是从文档获得的。这主要是基于两个考虑，首先让每个知识点都有据可查，其次是为了推行科学的学技术方法。

打开文档，显示文档的常见窗口及其意义，在左上方窗口中显示了系统中所有的包。如果用户单击某个包的链接，则会在左下方显示该包中的所有类。例如选择左上方窗口中的“java. io”，则左下方窗口变为如图 7-36 所示。

右方窗口显示了某个包或类的具体内容。对于包来说，一般可以观察其树形结构；对于类来说，一般观察其内容。在右方窗口中有一个“树(TREE)”链接，可以显示某个包的树形结构。单击 TREE 链接，在右方窗口中将会列出系统中所有的包，如图 7-37 所示。

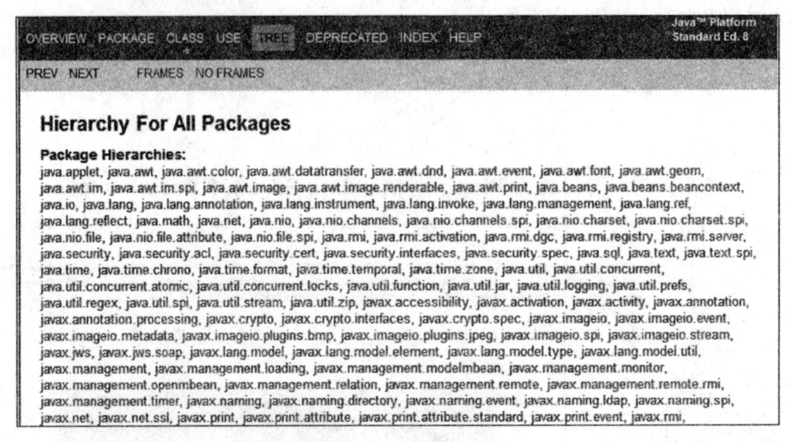

图 7-37 单击 TREE 链接

任选一个包，就可以看到其树形结构。例如单击 java. awt 包的链接，显示的树形结构如图 7-38 所示。

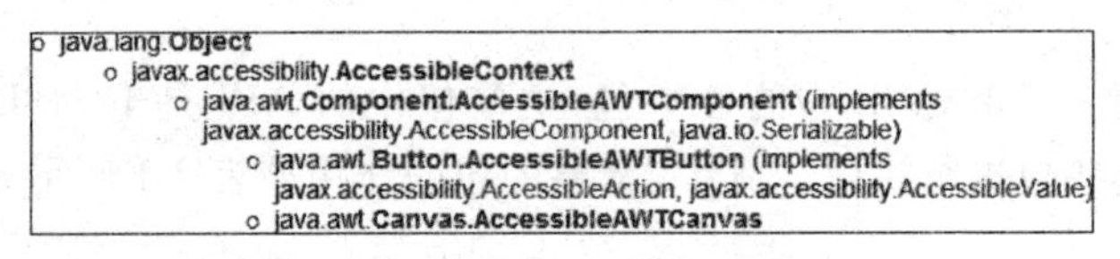

图 7-38 显示树形结构

另外，还可以查看一个类的基本内容。一般情况下，用户可以在左下方窗口中单击一个类的链接，则这个类的链接就显示在右方窗口中。例如选择 java. awt 包中的 Button 类(首先在左上方窗口中选择 java. awt，然后在左下方窗口中选择 Button)，右方窗口如图 7-39 所示。

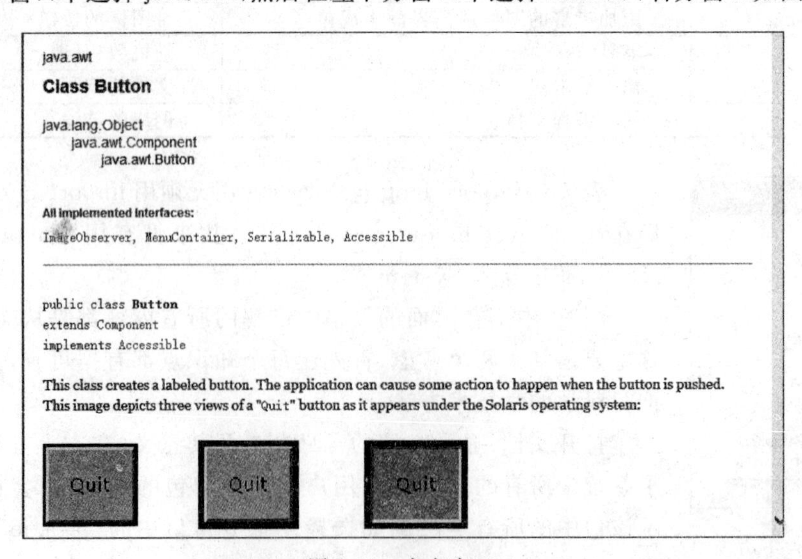

图 7-39 右方窗口

在右方窗口中首先列出了 Button 类的继承关系以及基本用法，读者可以在其中看到该类的成员，用如图 7-40 所示的标记标明。

构造函数用如图 7-41 所示的标记标明。

成员函数用如图 7-42 所示的标记标明。

Field Summary

图 7-40　标明类的成员

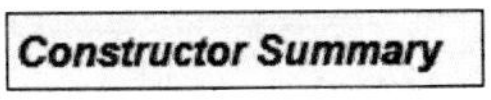

Constructor Summary

图 7-41　标明构造函数

Method Summary

图 7-42　标明成员函数

从父类继承的成员用如图 7-43 所示的标记标明。

Methods inherited from class java.awt.Component

图 7-43　标明从父类继承的成员

读者可以仔细观察文档，根据一些链接得到自己所需要的内容。

阶段性作业

查阅文档中的 java. lang. System 类、java. lang. Math 类。

本章知识体系

知　识　点	重要等级	难度等级
继承的实现	★★★★	★★★
覆盖	★★★	★★★★
多态性	★★★★	★★★★
抽象类和接口	★★★	★★★
final 关键字	★★★	★★
Object 类	★★★	★★★
打包	★★	★★
文档的使用	★★★	★★

第8章 实践指导2

前面学习了Java面向对象的基本原理，主要包括类、对象、成员变量、成员函数、继承、封装、多态等概念，本章将利用几个案例对这些内容进行复习。

本章术语

class ______________________
Object ______________________
Constructor ______________________
Overload ______________________
static ______________________
Encapsulation ______________________
Inheritance ______________________
Override ______________________
super ______________________
Polymorphism ______________________

8.1 单例模式的设计

8.1.1 需求简介

在很多情况下，我们需要在系统中运行的对象只有一个。这里以Windows的"任务管理器"为例，如图8-1所示。

一旦打开任务管理器，如果再次打开，就不会打开新窗口。那么怎样保证一个对象只有在第一次使用的时候实例化，以后要使用就用第一次实例化的那个？

如果要实现该效果，可以使用单例(Singleton)模式。单例模式适用于一个类只有一个实例的情况，可以起到提高性能的作用。单例模式确保某一个类只有一个实例，而且自行实例化并向整个系统提供这个实例，这个类称为单例类，它提供全局访问的方法。单例模式的要点有以下3个：

(1) 某个类只能有一个实例；

(2) 它必须自行创建这个实例；

(3) 它必须自行向整个系统提供这个实例。

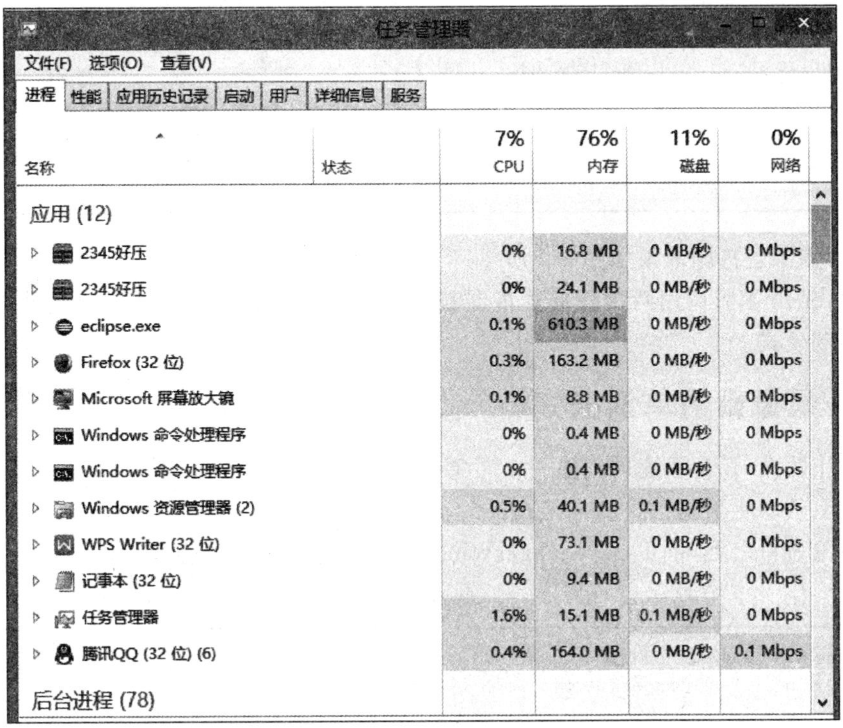

任务管理器

文件(F)　选项(O)　查看(V)

进程 | 性能 | 应用历史记录 | 启动 | 用户 | 详细信息 | 服务

名称	状态	7% CPU	76% 内存	11% 磁盘	0% 网络
应用 (12)					
2345好压		0%	16.8 MB	0 MB/秒	0 Mbps
2345好压		0%	24.1 MB	0 MB/秒	0 Mbps
eclipse.exe		0.1%	610.3 MB	0 MB/秒	0 Mbps
Firefox (32 位)		0.3%	163.2 MB	0 MB/秒	0 Mbps
Microsoft 屏幕放大镜		0.1%	8.8 MB	0 MB/秒	0 Mbps
Windows 命令处理程序		0%	0.4 MB	0 MB/秒	0 Mbps
Windows 命令处理程序		0%	0.4 MB	0 MB/秒	0 Mbps
Windows 资源管理器 (2)		0.5%	40.1 MB	0.1 MB/秒	0 Mbps
WPS Writer (32 位)		0%	73.1 MB	0 MB/秒	0 Mbps
记事本 (32 位)		0%	9.4 MB	0 MB/秒	0 Mbps
任务管理器		1.6%	15.1 MB	0.1 MB/秒	0 Mbps
腾讯QQ (32 位) (6)		0.4%	164.0 MB	0 MB/秒	0.1 Mbps
后台进程 (78)					

图 8-1　任务管理器

下面模拟编写类 TaskManagerWindow，表示一个任务管理器窗口：

TaskManagerWindow. java

```
package window;
public class TaskManagerWindow {
    public TaskManagerWindow(){
        System.out.println("任务管理器创建");
    }
    public void show(){
        System.out.println("任务管理器显示");
    }
}
```

8.1.2　不用单例模式的效果

这里实现不用单例模式的效果。编写一个 click 函数，模拟单击鼠标出现任务管理器窗口。代码如下：

Main. java

```
package singleton1;
import window.TaskManagerWindow;
public class Main {
    public static void click(){
        TaskManagerWindow tmw = new TaskManagerWindow();
```

```
        tmw.show();
    }
    public static void main(String[] args) {
        click();
        click();
    }
}
```

运行，控制台打印效果如图 8-2 所示。

显然，click 函数调用两次任务管理器就创建了两次，这没有实现单例模式。

任务管理器创建
任务管理器显示
任务管理器创建
任务管理器显示

图 8-2 不用单例模式的效果

8.1.3 最原始的单例模式

如何让两次 click 系统只创建一个对象呢？

实际上可以使用静态变量来完成。

另外编写一个类，将 TaskManagerWindow 类设置为其中的静态变量：

SystemConf. java

```
package singleton2;
import window.TaskManagerWindow;
public class SystemConf {
    public static TaskManagerWindow tmw = new TaskManagerWindow();
}
```

然后使用 SystemConf. tmw 即可：

Main. java

```
package singleton2;
import window.TaskManagerWindow;
public class Main {
    public static void click(){
        TaskManagerWindow tmw = SystemConf.tmw;
        tmw.show();
    }
    public static void main(String[] args) {
        click();
        click();
    }
}
```

任务管理器创建
任务管理器显示
任务管理器显示

图 8-3 实现单例模式

运行，控制台打印效果如图 8-3 所示。

click 函数调用了两次，任务管理器创建一次，显示了两次，可以说实现了单例模式。

8.1.4 首次改进

但是，上面的代码有一个缺陷，也就是额外地多了一个 SystemConf 类，能否将这个类去掉呢？

实际上可以直接将该类中的内容合并到 TaskManagerWindow 类中，TaskManagerWindow 代码如下：

TaskManagerWindow. java

```
package singleton3;
public class TaskManagerWindow {
    public static TaskManagerWindow tmw = new TaskManagerWindow();
    public TaskManagerWindow(){
        System.out.println("任务管理器创建");
    }
    public void show(){
        System.out.println("任务管理器显示");
    }
}
```

然后使用 TaskManagerWindow. tmw 即可：

Main. java

```
package singleton3;
public class Main {
    public static void click(){
        TaskManagerWindow tmw = TaskManagerWindow.tmw;
        tmw.show();
    }
    public static void main(String[ ] args) {
        click();
        click();
    }
}
```

运行，控制台打印效果如图 8-4 所示。

可见，click 函数调用了两次，任务管理器创建一次，显示了两次，也无须编写其他类。

```
任务管理器创建
任务管理器显示
任务管理器显示
```

图 8-4　首次改进后的效果

8.1.5　再次改进

但是，首次改进后的代码有以下缺陷：

(1) 虽然用户可以用 TaskManagerWindow. tmw 使用任务管理器窗口对象，但是也可以通过 new 来实例化。

(2) 在一般情况下将成员变量定义为私有的，但此处 TaskManagerWindow 中的成员 tmw 是 public 的。

如何进行改进呢？很简单，在第一个问题中只需要将构造函数定义为私有的；在第二个问题中只需要将 tmw 成员定义为私有的，然后用一个函数来获取即可。

改进的 TaskManagerWindow 代码如下：

TaskManagerWindow. java

```
package singleton4;
public class TaskManagerWindow {
```

```
    private static TaskManagerWindow tmw = new TaskManagerWindow();
    public static TaskManagerWindow getInstance(){
        return tmw;
    }
    private TaskManagerWindow(){
        System.out.println("任务管理器创建");
    }
    public void show(){
        System.out.println("任务管理器显示");
    }
}
```

然后使用 TaskManagerWindow.getInstance()即可：

Main.java

```
package singleton4;
public class Main {
    public static void click(){
        TaskManagerWindow tmw = TaskManagerWindow.getInstance();
        tmw.show();
    }
    public static void main(String[] args) {
        click();
        click();
    }
}
```

运行，控制台打印效果如图 8-5 所示。

可见，click 函数调用了两次，任务管理器创建一次，显示了两次，也无须编写其他类，代码更加规范。

单例模式在其他场合（如数据库连接池、共享对象方面）可以起到提高系统性能的作用。

编写完毕后，该项目的结构如图 8-6 所示。

```
任务管理器创建
任务管理器显示
任务管理器显示
```

图 8-5　再次改进后的效果

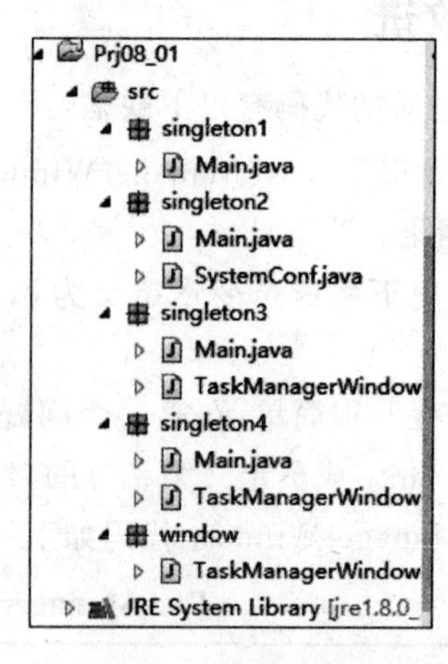

图 8-6　项目的结构

8.1.6　思考题

本程序开发完毕后留下几个思考题请大家思考。

(1) 实际上,单例模式还有一种写法:

```
public class TaskManagerWindow {
    private static TaskManagerWindow tmw = null;
    public synchronized static TaskManagerWindow getInstance(){
        if(tmw == null){
            tmw = new TaskManagerWindow();
        }
        return tmw;
    }
    private TaskManagerWindow(){
        System.out.println("任务管理器创建");
    }
    public void show(){
        System.out.println("任务管理器显示");
    }
}
```

在网上查找,该方法和前面讲解的方法有何区别?

(2) 如何实现双例模式?系统中最多有两个对象供使用。

8.2　利用继承和多态扩充程序功能

8.2.1　需求简介

在进行系统开发的过程中经常会遇到程序功能需要扩充的情况。例如我们编写了一个图像处理软件,能够显示一幅图片:

ImageProcessor.java

```
package imageprocess;
public class ImageProcessor {
    public void show(){
        System.out.println("显示一幅图片");
    }
}
```

用主函数调用它:

Main1.java

```
import imageprocess.ImageProcessor;
public class Main1 {
    public static void main(String[] args) {
        ImageProcessor ip = new ImageProcessor();
        ip.show();
    }
}
```

显示一幅图片

图 8-7 Main1.java 的效果

运行，控制台打印效果如图 8-7 所示。没有出现任何问题。

但是现在系统出现了新的需求，我们发现图片在显示之前如果去一下噪声效果更好。因此，要在图片显示之前调用去噪声模块：

NoiseOpe.java

```
package noiseope;
public class NoiseOpe {
    public void work(){
        System.out.println("去噪声");
    }
}
```

问题在于如何在不改变 ImageProcessor 类的源代码的情况下让其 show 函数调用之前自动调用 NoiseOpe 的 work 函数？

8.2.2 实现方法

如果不能改变 ImageProcessor 类的源代码，要对其功能进行扩展，一般采用继承的方法，代码如下：

NewImageProcessor.java

```
package newimageprocessor;
import imageprocess.ImageProcessor;
import noiseope.NoiseOpe;
public class NewImageProcessor extends ImageProcessor {
    private NoiseOpe no;
    public NewImageProcessor(NoiseOpe no){
        this.no = no;
    }
    public void show(){
        no.work();
        super.show();
    }
}
```

接下来将 NoiseOpe 对象传入 NewImageProcessor 即可：

Main2.java

```
import imageprocess.ImageProcessor;
import newimageprocessor.NewImageProcessor;
import noiseope.NoiseOpe;
public class Main2 {
    public static void main(String[ ] args) {
        ImageProcessor ip = new NewImageProcessor(new NoiseOpe());
        ip.show();
    }
}
```

运行，控制台打印效果如图 8-8 所示。

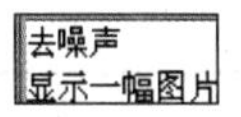

图 8-8 Main2.java 的效果

显然，只需要将 NewImageProcessor 当成 ImageProcessor 使用即可。

8.2.3 出现的问题

8.2.2 节中的代码有一个缺陷，即 NewImageProcessor 的构造函数中传入的是 NoiseOpe 对象：

```
...
public class NewImageProcessor extends ImageProcessor {
    private NoiseOpe no;
    public NewImageProcessor(NoiseOpe no){
        this.no = no;
    }
    ...
```

这说明 NewImageProcessor 只能传入 NoiseOpe 对象，只能由 NoiseOpe 为其提供服务，换成其他模块传不进来。例如，我们之前使用的去噪声模块用的是旧算法，觉得效果不够好，一段时间之后想要改成新算法：

```
package noiseope;
public class NewNoiseOpe {
    public void work(){
        System.out.println("用新算法去噪声");
    }
}
```

该类的类型是 NewNoiseOpe，无法作为构造函数参数传入 NewImageProcessor，怎么办呢？

8.2.4 改进

实际上可以利用多态性解决这个问题，既然传给 NewImageProcessor 的构造函数参数有可能是 NoiseOpe，也有可能是 NewNoiseOpe，那么为何不规定凡是去噪声的类都需要实现一个接口呢？

于是可以定义一个接口：

INoiseOpe.java

```
package noiseope;
public interface INoiseOpe {
    public void work();
}
```

NewImageProcessor 构造函数传入的是一个接口对象：

NewImageProcessor. java

```
package newimageprocessor;
import imageprocess.ImageProcessor;
import noiseope.INoiseOpe;
public class NewImageProcessor extends ImageProcessor {
    private INoiseOpe ino;
    public NewImageProcessor(INoiseOpe ino){
        this.ino = ino;
    }
    public void show(){
        ino.work();
        super.show();
    }
}
```

让所有需要传进来的噪声处理模块对象都实现这个接口：

NoiseOpe. java

```
package noiseope;
public class NoiseOpe implements INoiseOpe{
    public void work(){
        System.out.println("去噪声");
    }
}
```

和

NewNoiseOpe. java

```
package noiseope;
public class NewNoiseOpe implements INoiseOpe{
    public void work(){
        System.out.println("用新算法去噪声");
    }
}
```

8.2.5 测试

可以将 NoiseOpe 传入 NewImageProcessor 进行工作：

Main3. java

```
import imageprocess.ImageProcessor;
import newimageprocessor.NewImageProcessor;
import noiseope.NoiseOpe;
public class Main3 {
    public static void main(String[] args) {
        ImageProcessor ip = new NewImageProcessor(new NoiseOpe());
        ip.show();
    }
}
```

运行，控制台打印效果如图 8-9 所示。

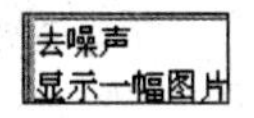

图 8-9　Main3. java 的效果

也可以将 NewNoiseOpe 传入 NewImageProcessor 进行工作：

Main4. java

```
import imageprocess.ImageProcessor;
import newimageprocessor.NewImageProcessor;
import noiseope.NewNoiseOpe;
public class Main4 {
    public static void main(String[] args) {
        ImageProcessor ip = new NewImageProcessor(new NewNoiseOpe());
        ip.show();
    }
}
```

运行，控制台打印效果如图 8-10 所示。

这样就实现了“一个模块 NewImageProcessor 可以传入多种对象”的效果，这也是多态性的应用。

编写完毕后，该项目的结构如图 8-11 所示。

用新算法去噪声
显示一幅图片

图 8-10　Main4. java 的效果

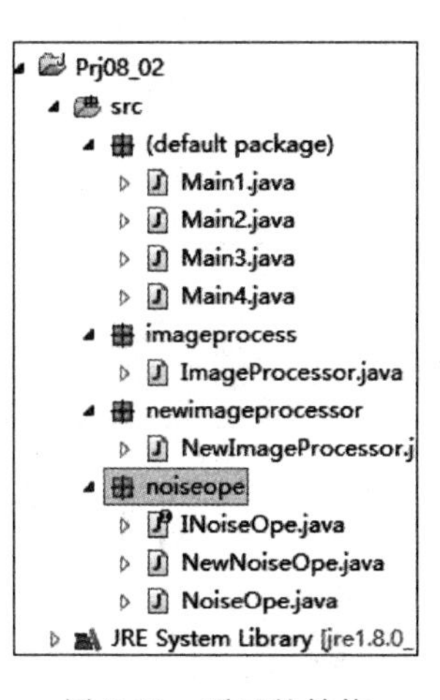

图 8-11　项目的结构

第9章

Java 异常处理

软件语法没有错误，编译也能够通过，能否就说明没有任何问题了呢？答案是否定的。当软件交给客户之后，产品要在一个充满未知因素的环境中运行，我们不可能保证在开发的时候就考虑到运行时的所有情况。假如一定要考虑所有情况，那么你的软件将无法在规定的时间交付。

异常处理提供了一种机制，能够让你将程序运行过程中可能出现的问题(能考虑到的和无法考虑到的)"一网打尽"，并且在很安全的情况下得到处理。

本章术语

Exception ______________________

try ______________________

catch ______________________

finally ______________________

Throws ______________________

Throw ______________________

9.1 认识异常

9.1.1 生活中的异常

异常(Exception)不仅仅出现在程序中，生活中倒霉的事情也经常会发生，这就是人们生活中遇到的"异常"。

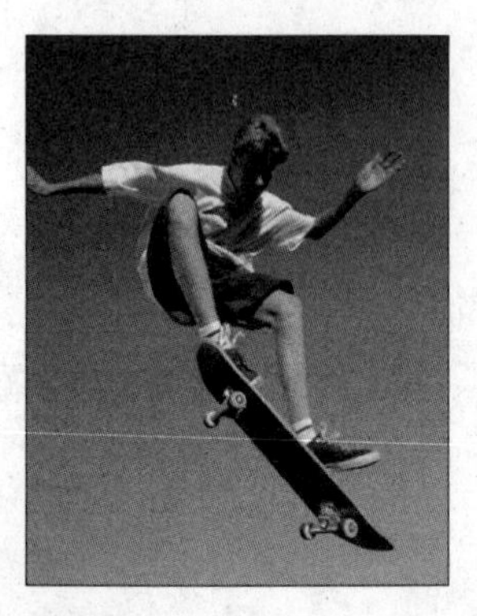

图 9-1 极限滑板运动

例如，极限滑板运动要求运动员在比赛的时候做出各种高难度的动作，如图 9-1 所示，这些炫目的动作往往能令观众惊讶和欢呼，但有时候运动员难免会犯错误或者遇到意外的情况，这时候不仅完成不了比赛，甚至还可能受伤。

生活中的异常多种多样，时刻都有可能发生，无从预测。但是，在生活中遇到异常之后往往都延续着下一个工作，那就是处理异常。

滑板运动员万一受伤，会有人上来给他包扎或者送他上医院，他的滑板动作暂时停止，这就是处理异常的过程。

有趣的是，软件中的异常和生活中异常的出现机制、处理方法有很大的类似之处。

9.1.2　软件中的异常

这里用一个案例来引入异常。例如在计算器功能中可以计算一些常用的单位换算、算术运算等。

举一个最简单的例子：编写一个程序，使之能够让用户输入一个圆的半径，然后打印这个圆的面积。

用现有知识非常简单地就可以编出如下代码：

Calc1.java

```
package exception;
import javax.swing.JOptionPane;
public class Calc1 {
    public static void main(String[] args) {
        //半径输入框,返回字符串
        String str = JOptionPane.showInputDialog(null,"请您输入半径");
        /* 转换成 double */
        double r = Double.parseDouble(str);
        //计算
        double area = Math.PI * r * r;
        /* 打印结果 */
        System.out.println("该圆面积是: " + area);
        System.out.println("程序运行完毕");
    }
}
```

运行这个程序，出现如图 9-2 所示的输入框。

按照正常输入"10"，能够打印正确结果，如图 9-3 所示。

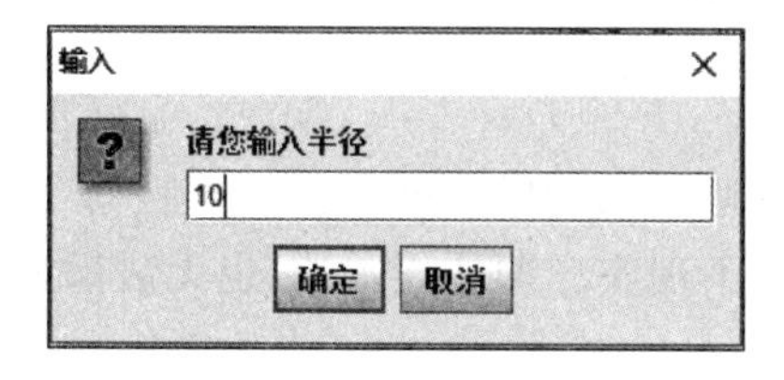

图 9-2　出现输入框

该圆面积是: 314.1592653589793
程序运行完毕

图 9-3　打印正确结果

以上程序能够打印正确结果，那么这个程序可以交给用户使用吗？

如果将这段程序比成滑板运动员，他在最正常的环境下可以做出优雅的动作，是不是就不用准备一些救护措施了呢？

很明显，正常环境下的正常发挥不代表放在大风大浪中也能表现良好。软件的风浪就是运行中的不确定因素。

比如，该软件遇到一个不熟练的操作员，她输入了如图 9-4 所示的内容(也许她无法区别键盘上的 0 和 o)：

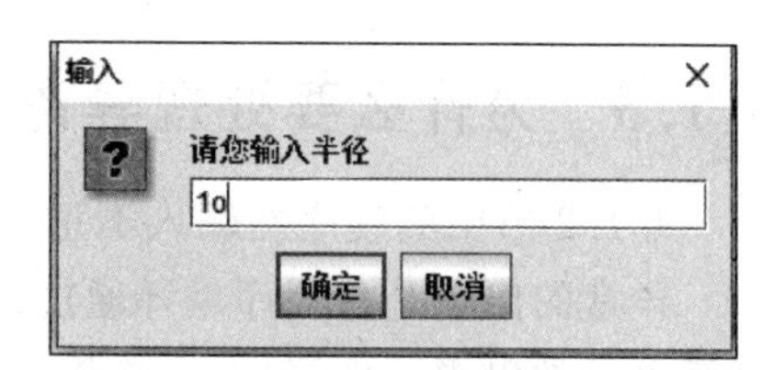

图 9-4　输入有误

单击"确定"按钮，程序打印如图 9-5 所示。

```
Exception in thread "main" java.lang.NumberFormatException: For input string: "1o"
	at sun.misc.FloatingDecimal.readJavaFormatString(Unknown Source)
	at java.lang.Double.parseDouble(Unknown Source)
	at exception.Calc1.main(Calc1.java:10)
```

图 9-5　输入有误时的效果

此时不仅没有打印出圆的面积，而且程序根本没有运行到最后一行。

问答

问：如何知道程序没有运行到最后一行？

答：因为程序如果运行到最后一行，控制台上将会打印“程序运行完毕”，而这里没有打印。

问：从这个消息中可否知道哪一行出现了问题？

答：可以，消息的最后一行很明显地显示 Calc1.java 的第 10 行产生了异常，这一行的代码如下。

```java
double r = Double.parseDouble(str);
```

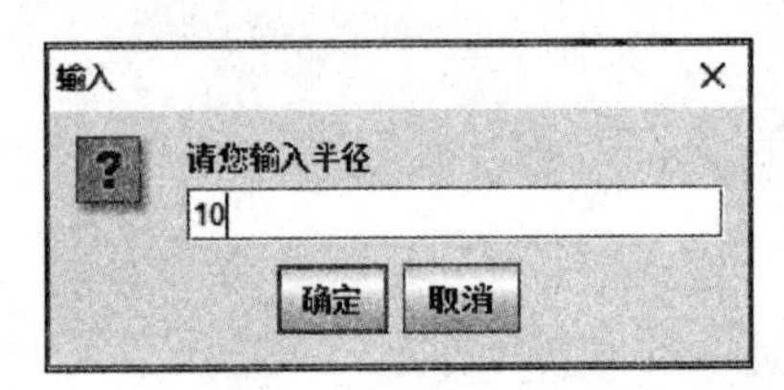

图 9-6　输入正常数据“10”

遇到这个问题，用户会觉得莫名其妙，当然不能说用户水平太低，更何况即使教会所有用户注意输入合法的数字，也会有人弄出花样让你尴尬不已。比如一个用户输入正常数据“10”，如图 9-6 所示。

但是他不小心单击了“撤销”按钮，控制台上的打印如图 9-7 所示。

```
Exception in thread "main" java.lang.NullPointerException
	at sun.misc.FloatingDecimal.readJavaFormatString(Unknown Source)
	at java.lang.Double.parseDouble(Unknown Source)
	at exception.Calc1.main(Calc1.java:10)
```

图 9-7　同样有问题

同样没有打印出圆的面积，程序也根本没有运行到最后一行。

当然不能规定用户不要单击“撤销”按钮，这不现实。即使规定了，也无法保证其他用户不会弄出其他花样。

于是，该代码带来的结果是开发者不停地接到用户的维护电话。

经验

维护是一件很累人的事情。试想，软件已经交付用户使用一段时间，原来开发软件的程序员已经跳槽，而作为项目的组织者，接到用户需要维护的电话是多么抓狂。因此，我们还不如在开发时尽量考虑到软件运行中可能出现的问题。

9.1.3　为什么要处理异常

9.1.2 节中的程序在输入不正确格式的内容时实际上是发生了异常。

异常的出现是在程序编译通过的情况下程序运行过程中出现一些突发情况造成的。如果任由异常出现不去管它，会给软件带来什么样的问题呢？

很显然，首先是没有给用户一个较为友好的界面，比如用户不小心将“10”输成了“1o”，至少正确的软件应该提示用户“格式输错了”，让他重新输入，否则用户看到一堆乱糟糟的东西，你要他怎么处理？

另一个读者可能还没有意识到的问题是不处理异常情况会给程序带来安全隐患。

在前面的例子中，当用户输入“1o”时软件出现了异常，细心的读者可能发现，当该软件出现异常之后程序就终止了执行，根本不会运行到最后一句代码。

试想，如果是一个比较复杂的程序，要经历打开文件、读写文件、关闭文件操作，流程如下：

```
(1) 打开文件连接；
(2) 读文件；
(3) 将文件中的字符串转为数值；
(4) 关闭文件。
```

如果在第 3 步出现异常，则该文件的关闭不被执行，这样文件就一直处于打开状态，无法被其他程序使用。

再看生活中的例子：如果任由异常情况发生而不处理，就好像在滑板运动员受伤之后不救助一样，从人道主义角度讲也是说不过去的。

9.1.4　异常的机理

要处理异常，必须首先弄清异常的机理。

异常是以什么机理出现的呢？让我们再来看看前面异常出现的“症状”，其内容可以标示成如图 9-8 所示。

```
Exception in thread "main" java.lang.NumberFormatException: For input string: "1o"
	at sun.misc.FloatingDecimal.readJavaFormatString(Unknown Source)
	at java.lang.Double.parseDouble(Unknown Source)
	at exception.Calc1.main(Calc1.java:10)
```

图 9-8　出现异常

从中可以看出：

(1) 异常类型为 java. lang. NumberFormatException。可以查看文档，找到该类，在文档中非常详细地说明了该异常出现的原因，如图 9-9 所示。

```
Thrown to indicate that the application has attempted to convert a string to
one of the numeric types, but that the string does not have the appropriate
format.
```

图 9-9　异常出现的原因

翻译成中文是当你将一个不是数值格式的字符串转成数值时出现该异常。

(2) 异常的消息：显示了不能转成数值的内容是“1o”。

(3) 异常出现的地点：显示了 3 行信息。特别是最后一行显示了在 Calc1. java 的第 10 行发生了异常。

特别提醒

一般读者认为最后一行才显示异常出现的地点，实际不然。

在 Calc1 中的第 10 行调用了 Double. parseDouble(str)函数，将 str(也就是“1o”)传给了 parseDouble 函数，该函数在底层又调用了其他函数，实际上异常是在最底层产生的。

可以看出，异常首先在 sun. misc. FloatingDecimal. readJavaFormatString 中产生，然后传给 java. lang. Double. parseDouble，最后传给 exception. Calc1. main。

因此，当系统底层出现异常时实际上是将异常用一个对象包装起来，传给调用方(客户端)，俗称抛出(throw)。

例如在这个程序里面发生了数字格式异常，这个异常在底层就被包装成为 java. lang. NumberFormatException 对象，由 sun. misc. FloatingDecimal. readJavaFormatString 抛给 java. lang. Double. parseDouble，然后抛给 exception. Calc1. main。

经验

初学者一看到程序抛出异常就畏惧，这很正常。不过，如果在测试过程中程序出现异常信息，可以首先查看异常的种类，根据文档查询该种异常出现的原因；然后查看异常消息和异常出现的地点，这样可以顺利地解决编程中出现的问题。

阶段性作业

在网上搜索，结合文档回答 Exception(异常)和 Error(错误)有何区别？

9.1.5 常见异常

异常类一般都是 Exception 的子类，类名以 Exception 结尾。在 JDK 的每一个包中都几乎定义有一些异常，在以后的学习以及开发中如果程序出错建议通过提示信息在文档中找其原因。

例如，NullPointerException 是一种比较常见的异常，叫“未分配内存异常”，通常一个对象需要用 new 来分配内存，如果在没有分配内存的情况下访问它就会抛出这种异常。代码如下：

NullPointerTest1. java

```
package exception;
public class NullPointerTest1 {
    private static int[] arr;
    public static void main(String[] args) {
        arr[0] = 10;
    }
}
```

运行，结果如图 9-10 所示。

```
Exception in thread "main" java.lang.NullPointerException
        at exception.NullPointerTest1.main(NullPointerTest1.java:6)
```

图 9-10 出现异常

在文档中找到 java. lang. NullPointerException,可以知道其原因:当应用程序试图在需要对象的地方使用 null 时抛出该异常。结合前面的程序,发现原因是 arr 没有用 new 分配内存。如果改为:

NullPointerTest2. java

```
package exception;

public class NullPointerTest2 {
    private static int[] arr = new int[3];
    public static void main(String[] args) {
        arr[0] = 10;
    }
}
```

就不会出现异常。

以上叙述了 NullPointerException 的发生原因以及解决方法。对于其他异常,用户不可能在学习的同时就将其全部掌握,唯一的方法是在遇到之后去查询文档,下面总结了一些常见的异常及其发生的原因。

(1) ArithmeticException:算术异常,如除数为 0。

(2) ArrayIndexOutOfBoundsException:数组越界异常。

(3) ArrayStoreException:数组存储异常。

(4) ClassCastException:类型转换异常。

(5) IllegalArgumentException:无效参数异常。

(6) NegativeArraySizeException:数组尺寸为负异常。

(7) NullPointerException:未分配内存异常。

(8) NumberFormatException:数字格式异常。

(9) StringIndexOutOfBoundsException:字符串越界异常。

异常出现之后可以通过查看文档来了解其发生的原因,但是了解原因并不是最终目的,为了保证系统的正常运行,将异常进行处理才是我们所需要的。

阶段性作业

结合文档完成以下题目:

(1) 编写一个程序,使其能够抛出 ArithmeticException。

(2) 编写一个程序,使其能够抛出 ArrayIndexOutOfBoundsException。

(3) 编写一个程序,使其能够抛出 ClassCastException。

(4) 编写一个程序,使其能够抛出 StringIndexOutOfBoundsException。

9.2 异常的就地捕获

9.2.1 为什么要就地捕获

滑板运动员如果受伤,对他救助的方法有两种,即现场救助和送医院让医生救助。其中，现场救助类似于“就地捕获”，也可以理解为“在模块内部解决”。

比如 9.1 节中的案例，当异常出现时怎样处理才能让界面更加友好、系统更加安全？

很简单，当程序出现异常时让程序跳转到一段处理程序就可以了，就好像滑板运动员受伤时我们马上启动救助措施一样。不过，如果他没有受伤，救助准备也得做，但是措施就不用采取了。

同样，在编程时也得事先准备一段代码，当程序发生异常时执行那段处理异常的代码，如果没有异常，那段代码也得备用在那里。

这就是异常的就地捕获(catch)，当程序发生异常时系统捕获异常，转而执行异常处理代码。

9.2.2 如何就地捕获异常

怎么进行就地捕获呢？

过程如下：

(1) 用 try 块将可能出现异常的代码包起来；

(2) 用 catch 块来捕获异常并处理异常；

(3) 如果有一些代码不管异常是否出现都要运行，用 finally 块将其包起来。

格式如下：

```
try{
    /*可能出现异常的代码*/
}
catch(Exception1 ex1){
/*处理异常*/
}
finally{
    /*不管异常是否出现都要运行的代码*/
}
```

特别提醒

Java 规定，在一个 try 后面必须至少接一个 catch，可以不接 finally，但是最多只能有一个 finally。

此时，代码的运行机制变为当 try 块中的程序出现异常时 try 块中剩余的内容不执行，执行 catch 块，最后执行 finally。其机理如下：

```
try{
    代码 1
    …
    代码 2 出现异常，后面的代码 3 将不被运行，运行代码 4
    代码 3
}
catch(Exception1 ex1){
    代码 4 运行之后运行代码 5
}
finally{
    代码 5 运行之后运行代码 6
```

```
}
代码 6
```

因此 9.1 节中访问文件的例子也可以修改为：

```
try{
    1:打开文件连接
    2:读文件
    3:将文件中的字符串转为数值
}catch(Exception1 ex1){
    /*处理异常*/
}finally{
    4:关闭文件
}
```

如果在第 3 步出现异常，则该文件的关闭还是会被执行，保证了程序的安全性。

经验

try-catch 的性质有时可以帮我们控制程序流程，例如客户输入一个圆的半径，打印圆的面积。但是如果出现格式异常，程序不断提示客户重新输入，直到其输入正确为止，可以用以下流程实现：

```
while(true){
    try{
        //输入
        //转换
        //计算,显示结果
        break;
    }catch(Exception ex){
        //提示错误信息
    }
}
```

如果出现异常，try 中的 break 不会运行，循环会进入下一次，让客户继续输入。

9.2.3 如何捕获多种异常

代码中出现的异常可能会有很多种类，例如 Java 中常见的未分配内存异常、未找到文件异常等。怎样尽可能地捕获程序中可能出现的异常呢？

可以利用 try 后面接多个 catch，每个 catch 用于捕获某种异常。当 try 中出现异常时，程序将在 catch 中寻找是否有相应的异常处理代码，如果有就处理。所以如果想让代码处理所有可能预见的异常，可以用以下方法：

```
try{
    /*可能出现异常的代码*/
}
catch(可预见的 Exception1 ex1){
    /*处理 1*/
}
```

```
catch(可预见的 Exception2 ex2){
    /*处理 2*/
}
...
finally{
    //可选
}
```

此时,该代码的机制变为如下:

当try块内的代码出现异常时,程序在catch块内寻找匹配的异常catch块进行处理,然后运行finally块。

以前面打开文件的代码案例为例,也就可以修改为:

```
try{
    1:打开文件连接
    2:读文件
    3:将文件中的字符串转为数值
}
catch(文件型异常 ex1){
    /*处理文件型异常*/
}
catch(字符串转换型异常 ex2){
    /*处理字符串转换型异常*/
}
finally{
    4:关闭文件
}
```

问答

问:由于系统的复杂性,此时我们能够预见的异常有文件型异常和字符串转换型异常,但是还可能有无法预见的异常,怎样将异常"一网打尽"呢?

答:在异常处理机制中可以加入一个catch块来处理其他不可预见的异常,代码如下:

```
try{
    1:打开文件连接
    2:读文件
    3:将文件中的字符串转为数值
}catch(文件型异常 ex1){
    /*处理文件型异常*/
}catch(字符串转换型异常 ex2){
    /*处理字符串转换型异常*/
}catch(Exception ex){
    /*处理其他不可预见的异常*/
}finally{
    4:关闭文件
}
```

特别提醒

catch(Exception ex)必须写在catch块的最后一个,以保证只有前面无法处理的异常才被这个块处理。

于是，9.1节中的计算器案例可以改成如下代码：

Calc2.java

```
package exception;
import javax.swing.JOptionPane;
public class Calc2 {
    public static void main(String[] args) {
        //用try块将可能出现异常的代码包起来
        try{
            String str = JOptionPane.showInputDialog(null, "请您输入半径");
            double r = Double.parseDouble(str);
            double area = Math.PI * r * r;
            System.out.println("该圆面积是: " + area);
        }
        //处理NumberFormatException
        catch(NumberFormatException ex){
            System.out.println("格式错误");
        }
        //处理其他不可预见的异常
        catch(Exception ex){
            System.out.println("转换不成功");
        }
        finally{
            System.out.println("程序运行完毕");
        }
    }
}
```

运行这个程序，按照正常输入“10”能够打印正确结果。如果用户不小心输入了一个无法转换成数值的字符串，例如“1o”，结果如图9-11所示。

格式错误
程序运行完毕

图9-11 输入了错误内容

该界面友好，并能够在catch块中处理异常。

经验

对于以上代码有两点需要注意：

(1) 将大量代码放入try块虽然可以保证安全性，但是系统开销较大，程序员务必在系统开销和安全性之间找到一个平衡。

(2) 以上代码的catch块中是简单的打印提示信息，在实际系统中，用户可能要根据实际需求来使用不同的异常处理方法。

阶段性作业

制作一个评分系统，功能如下：

用JOptionPane输入10个double数值，分别是10个评委的亮分。如果输入的内容无法转换成double，则重新出现输入框，并且输入框上面显示“对不起，您输入的格式有误，请您重新输入”，最后显示最高分、最低分、平均分。

注意：用异常处理来解决格式的问题。

9.2.4 用 finally 保证安全性

在异常处理过程中，finally 块是可选的，实际上 finally 是为了更大程度地保证程序的安全性。finally 块中的代码不管前面是否发生了异常都会执行。

不过，细心的读者会发现其中隐含着另一个问题——finally 似乎是可有可无的。

修改本案例的代码如下：

Calc3. java

```
package exception;
import javax.swing.JOptionPane;
public class Calc3 {
    public static void main(String[] args) {
        //用 try 块将可能出现异常的代码包起来
        try{
            String str = JOptionPane.showInputDialog(null, "请您输入半径");
            double r = Double.parseDouble(str);
            double area = Math.PI * r * r;
            System.out.println("该圆面积是: " + area);
        }
        catch(Exception ex){
            System.out.println("转换不成功");
        }
        finally{
            System.out.println("程序运行完毕");
        }
    }
}
```

运行，分别输入“10”和“1o”，此时不管程序是否出现异常“程序运行完毕”都会被打印。

但是，如果将代码改为：

Calc4. java

```
package exception;
import javax.swing.JOptionPane;
public class Calc4{
    public static void main(String[] args) {
        //用 try 块将可能出现异常的代码包起来
        try{
            String str = JOptionPane.showInputDialog(null, "请您输入半径");
            double r = Double.parseDouble(str);
            double area = Math.PI * r * r;
            System.out.println("该圆面积是: " + area);
        }
        catch(Exception ex){
            System.out.println("转换不成功");
        }
        System.out.println("程序运行完毕");
    }
}
```

运行，分别输入“10”和“1o”，不管是否出现异常“程序运行完毕”也都会被打印。

在这种情况下有 finally 和没有 finally 的结果是一样的，难道 finally 是可有可无的？

当然不是，finally 最大的特点就是在 try 块内即使跳出了代码块，甚至跳出了函数，finally 内的代码仍然能够运行。

为了说明这个问题，观察以下程序：

FinallyTest1. java

```
package exception;
public class FinallyTest1 {
    public static void main(String[] args) {
        try {
            System.out.println("连接文件,读取文件");
            /* 跳出函数 */
            return;
        } catch (Exception ex) {
            System.out.println("处理异常");
        } finally {
            System.out.println("关闭文件");
        }
    }
}
```

该代码在 try 块内包含了一个 return 语句。运行，控制台打印效果如图 9-12 所示。

如果改为：

FinallyTest2. java

```
package exception;

public class FinallyTest2 {
    public static void main(String[] args) {
        try {
            System.out.println("连接文件,读取文件");
            /* 跳出函数 */
            return;
        } catch (Exception ex) {
            System.out.println("处理异常");
        }
        System.out.println("关闭文件");
    }
}
```

运行，打印如图 9-13 所示。

```
连接文件，读取文件
关闭文件
```

图 9-12　FinallyTest1. java 的效果

```
连接文件，读取文件
```

图 9-13　FinallyTest2. java 的效果

“关闭文件”将不会打印，这说明 finally 在保证系统的可靠性方面并不是可有可无的。因此，为了系统的安全考虑，必须充分利用 finally 的优势。

阶段性作业

有一个 try-catch-finally 块放在 for 循环内,如果 try 块跳出该循环,finally 是否会执行? 试编程举例。

9.3 异常的向前抛出

9.3.1 为什么要向前抛出

滑板运动员受伤之后,除了就地救治之外还可以送往医院,让另一个机构——医院来救治。

同样,复杂的软件可能由很多模块构成,模块之间存在着复杂的调用关系,当某个模块发生异常时可以不在模块内处理异常,而是将异常抛给这个模块的调用方。

经验

程序中的异常是就地处理比较好还是向客户端传递比较好? 此时要遵循下列原则:

(1) 就地处理方法可以很方便地定义提示信息,对于一些比较简单的异常处理可以选用这种方法。

(2) 向客户端传递的方法的优势在于可以充分发挥客户端的能力,如果异常的处理依赖于客户端,或者某些处理过程在本地无法完成,必须向客户端传递。如数据库连接代码可能出现异常,但是异常的处理最好传递给客户端,因为客户端在调用这块代码的同时可能要根据实际情况进行比较复杂的处理。

9.3.2 如何向前抛出

向前抛出的方法如下:

(1) 为需要将异常向前抛出的函数加上一个标记,即 throws XXXException,表示可能向前抛出某种异常。例如:

```
public void fun() throws NullPointerException {
    //该函数如出现 NullPointerException 则向前抛出
}
```

如果抛出多种异常,各种异常用逗号隔开。例如:

```
public void fun() throws NullPointerException, NumberFormatException{
    //该函数如出现 NullPointerException 或 NumberFormatException 则向前抛出
}
```

如果抛出所有类型的异常直接写 throws Exception。例如:

```
public void fun() throws Exception {
    //该函数如出现异常则向前抛出
}
```

(2) 客户端可以就地处理,也可以继续抛出。其中,就地处理的代码框架如下:

```
try{
    /* 调用 fun() */
    fun();
}catch(Exception ex1){
    /* 处理异常 */
}finally{
   /* 可选 */
}
```

于是,本章开始的案例就可以改为:

Calc5.java

```
package exception;
import javax.swing.JOptionPane;
public class Calc5 {
    //该函数中如果出现异常则向前抛出
    public static void calcArea() throws Exception{
        String str = JOptionPane.showInputDialog(null, "请您输入半径");
        double r = Double.parseDouble(str);
        double area = Math.PI * r * r;
        System.out.println("该圆面积是: " + area);
    }
    public static void main(String[] args) {
        //用 try 块将可能出现异常的代码包起来
        try{
            calcArea();
        }
        //处理 NumberFormatException
        catch(NumberFormatException ex){
            System.out.println("格式错误");
        }
        //处理其他不可预见的异常
        catch(Exception ex){
            System.out.println("转换不成功");
        }
        finally{
            System.out.println("程序运行完毕");
        }
    }
}
```

分别输入正常数据,例如“10”,以及错误数据,例如“1o”,也可以得到相应的结果。

问答

问:模块向前抛出异常,客户端可否不捕获?

答:可以。客户端可以选择继续将异常向前抛。例如 Calc5.java 改为如下:

Calc6.java

```
package exception;
import javax.swing.JOptionPane;
public class Calc6 {
```

```
    //该函数中如果出现异常则向前抛出
    public static void calcArea() throws Exception{
        String str = JOptionPane.showInputDialog(null, "请您输入半径");
        double r = Double.parseDouble(str);
        double area = Math.PI * r * r;
        System.out.println("该圆面积是: " + area);
    }
    public static void main(String[ ] args) throws Exception{
        calcArea();
    }
}
```

在该代码中，main 函数将异常继续向前抛出(给控制台打印)。

问答

问：客户端既不将异常向前抛出，也不捕获，可以吗？

答：如果原来的函数抛出的异常类型是 RuntimeException 的子类，则可以，代码如下。

Calc7.java

```
package exception;
import javax.swing.JOptionPane;
public class Calc7 {
    //该函数中如果出现异常则向前抛出
    public static void calcArea() throws NumberFormatException{
        String str = JOptionPane.showInputDialog(null, "请您输入半径");
        double r = Double.parseDouble(str);
        double area = Math.PI * r * r;
        System.out.println("该圆面积是: " + area);
    }

    public static void main(String[ ] args){
        calcArea();
    }
}
```

因为 NumberFormatException 是 RuntimeException 的子类(可以查询文档)，所以此时不会报错。不过，实际上效果相当于 main 函数将其向前抛。

如果代码如下：

Calc8.java

```
package exception;
import javax.swing.JOptionPane;
public class Calc8 {
    //该函数中如果出现异常则向前抛出
    public static void calcArea() throws Exception{
        String str = JOptionPane.showInputDialog(null, "请您输入半径");
        double r = Double.parseDouble(str);
        double area = Math.PI * r * r;
        System.out.println("该圆面积是: " + area);
    }
```

```
    public static void main(String[ ] args){
        calcArea();                          //此处报错: Unhandled exception type Exception
    }
}
```

经验

有时候调用某个函数或者实例化某个对象会报错,代码如下:

ThrowsTest1. java

```
package exception;
public class ThrowsTest1 {
    public static void main(String[ ] args){
        //程序休眠 1 秒
        Thread. sleep(1000);                 //报错
    }
}
```

初学者很诧异,实际上可能是因为"Thread. sleep(1000);"在底层定义时为可能抛出异常形态。查看文档 Thread 类会发现 sleep 函数定义如图 9-14 所示。

```
public static void sleep(long millis)
                 throws InterruptedException
```

图 9-14　sleep 函数的定义

而 InterruptedException 不是 RuntimeException 的子类,因此该代码必须改为:

ThrowsTest2. java

```
package exception;
public class ThrowsTest2 {
    public static void main(String[ ] args) throws InterruptedException{
        //程序休眠 1 秒
        Thread. sleep(1000);
    }
}
```

或者

ThrowsTest3. java

```
package exception;
public class ThrowsTest3 {
    public static void main(String[ ] args) {
        //程序休眠 1 秒
        try {
            Thread. sleep(1000);
        } catch (InterruptedException e) {
            e. printStackTrace();
        }
    }
}
```

“e. printStackTrace();”是打印异常信息,在调试时有用。

9.4 自定义异常

9.4.1 为什么需要自定义异常

异常的处理可以让软件界面更加友好,并且更加安全,但是异常的作用远不仅于此。

以前面的计算器为例,如果操作员输入错误的格式,例如“1o”“dsf”等,用前面学习的异常处理技术可以让系统界面更加友好。

但是,客户对软件提出了另一个需求:公司为了减少错误输入的次数,要对每个员工进行考核,不仅要保存异常消息,还需要保存异常发生的时间,如何实现呢?

实际上用传统方法实现也是可以的,代码如下:

Calc9. java

```
package exception;
import java.util.Date;
import javax.swing.JOptionPane;
public class Calc9 {
    //该函数中如果出现异常则向前抛出
    public static void calcArea() throws Exception{
        String str = JOptionPane.showInputDialog(null, "请您输入半径");
        double r = Double.parseDouble(str);
        double area = Math.PI * r * r;
        System.out.println("该圆面积是: " + area);
    }
    public static void main(String[] args) {
        try{
            calcArea();
        }
        catch(Exception ex){                    //处理异常
            System.out.println("发生了异常");
            System.out.println("时间为:" + new Date());
        }
    }
}
```

注意

java. util. Date 封装了系统的当前时间,将在后面的章节详细讲解。

程序运行,用户不小心输入一个错误格式的半径,如图 9-15 所示。

单击“确定”按钮,控制台打印效果如图 9-16 所示。

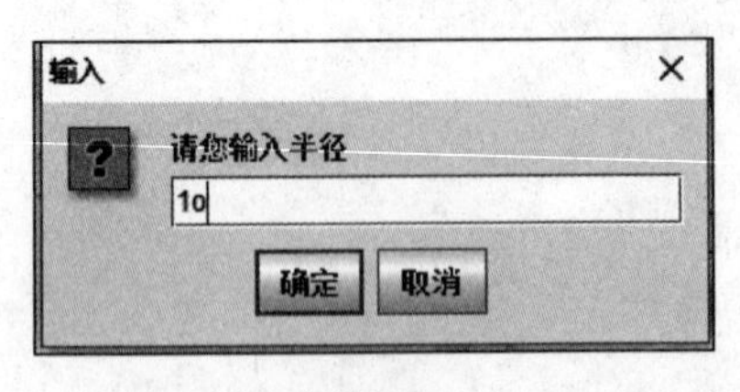

图 9-15 输入错误格式的半径

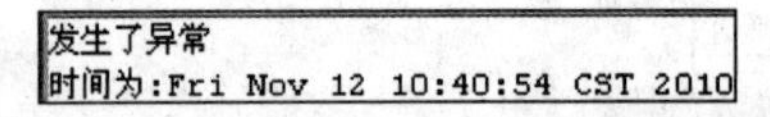

图 9-16 输入错误格式半径时的效果

但是从专业角度而言，我们更希望将异常消息和异常时间封装在一个新的异常对象里面。如果那样，相当于给了异常更加丰富的功能，如果以后用户要在异常出现的时候保存其他内容，则直接封装在异常内部。

自定义异常可以帮我们实现这个功能。

9.4.2　如何自定义异常

自定义异常及其使用方法如下：

(1) 建立一个自定义异常类，继承 Exception，在里面封装需要封装的信息。例如上面的例子可以建立 InputException 类，代码如下：

InputException. java

```
package exception;
import java.util.Date;

public class InputException extends Exception{
    private Date date;
    public InputException (String message,Date date){
        super(message);
        this.date = date;
    }
    public Date getDate(){
        return this.date;
    }
}
```

经验

自定义异常类并不是一定要继承 Exception，实际上继承 Exception 的子类也可以，还可以继承 java. lang. Throwable，只是继承 Exception 是最常用的方法。

super(message)是初始化父类构造函数。在 Exception 类的文档中可以发现它有一个构造函数，如图 9-17 所示。

public **Exception**(String message)

图 9-17　构造函数

此处实际上是调用这个构造函数。

(2) 在可能发生异常的函数后面添加 throws XXXException。例如 calcArea 函数可以改为：

```
public static void calcArea() throws InputException{
    //…
}
```

(3) 在可能抛出异常的函数内实例化异常对象，用 throw 关键字抛出。例如在 calcArea 函数中可以在输入不正常时用以下语句抛出异常对象：

```
public static void calcArea() throws InputException{
        try{
            String str = JOptionPane.showInputDialog(null, "请您输入半径");
            double r = Double.parseDouble(str);
```

```
            double area = Math.PI * r * r;
            System.out.println("该圆面积是: " + area);
        }catch(Exception ex){
            InputException ie =
                new InputException("发生了异常",new Date());
            //抛出该异常对象
            throw ie;
        }
    }
```

（4）在调用方用 try-catch 捕捉异常对象。代码如下：

```
try{
    calcArea();
}catch(InputException ie){
    System.out.println(ie.getMessage());
    System.out.println("时间为:" + ie.getDate());
}
```

具体结构可见以下代码：

Calc10.java

```
package exception;
import java.util.Date;
import javax.swing.JOptionPane;
public class Calc10 {
    //该函数中如果出现异常则向前抛出
    public static void calcArea() throws InputException{
        try{
            String str = JOptionPane.showInputDialog(null, "请您输入半径");
            double r = Double.parseDouble(str);
            double area = Math.PI * r * r;
            System.out.println("该圆面积是: " + area);
        }catch(Exception ex){
            InputException ie =
                new InputException("发生了异常",new Date());
            //抛出该异常对象
            throw ie;
        }
    }
    public static void main(String[] args) {
        try{
            calcArea();
        }
        //处理异常
        catch(InputException ie){
            System.out.println(ie.getMessage());
            System.out.println("时间为:" + ie.getDate());
        }
    }
}
```

运行，效果完全相同。

阶段性作业

有一个Customer类，里面有一个age成员（int类型），使用setAge方法给age赋值。代码如下：

```
class Customer{
    private int age;
    public void setAge(int age){
        this.age = age;
    }
}
```

要求：在setAge时如果参数不是0～100，抛出一个自定义异常。

本章知识体系

知 识 点	重要等级	难度等级
异常的出现	★★	★★
异常机理	★★★★★	★★★
常见异常	★★★	★★★
异常的就地捕获	★★★★	★★★
finally的使用	★★★	★★★
异常向前抛出	★★★★	★★★
自定义异常	★★	★★★

第10章

Java常用API（一）

Java API是Java系统中内置的一些类，在进行Java开发时经常需要使用。本章将讲解数值运算、字符串处理、数据类型转换和常用系统类。

本章的讲解基于java.lang包，java.lang包中的类在默认情况下是不用导入的。

本章术语

Math ____________________

String ____________________

StringBuffer ____________________

System ____________________

Runtime ____________________

10.1 数值运算

10.1.1 用Math类实现数值运算

数值运算所用到的是java.lang.Math类，本节将重点讲解Math类的用法。

Math类提供了大量的方法来支持各种数学运算及其他有关运算。打开文档，找到java.lang.Math类，大家会发现这个类没有可用的构造函数。在这种情况下，这个类的成员函数一般用静态方法的形式对外公布，因此可以调用里面的静态函数或者访问静态变量。其功能主要如下。

（1）自然对数e：

```
public static final double E = 2.718281828459045d
```

（2）圆周率：

```
public static final double PI = 3.141592653589793d
```

（3）计算绝对值：

```
public static double abs(double/float/int/long a)
```

（4）不小于一个数字的最小整数：

```
public static double ceil(double a)
```

（5）不大于一个数字的最大正整数：

```
public static double floor(double a)
```

（6）两个数中较大的那一个：

```
public static double max(double/float/int/long a,double/float/int/long b)
```

（7）两个数中较小的那一个：

```
public static double min(double/float/int/long a,double/float/int/long b)
```

（8）开平方：

```
public static double sqrt(double a)
```

（9）求一个弧度值的正弦：

```
public static double sin(double a)
```

（10）求一个弧度值的余弦：

```
public static double cos(double a)
```

（11）求一个弧度值的正切：

```
public static double tan(double a)
```

（12）弧度转角度(180 度等于 PI 弧度)：

```
public static double toDegrees(double angrad)
```

（13）角度转弧度：

```
public static double toRadians(double angdeg)
```

注意

我们不可能列出所有的 API，因此比较好的学习方法是遇到问题去查文档。

这里使用一个案例进行测试，代码如下：

MathTest.java

```
package math;
public class MathTest {
    public static void main(String[] args) {
        System.out.println("e = " + Math.E);
        System.out.println("pi = " + Math.PI);

        System.out.println("abs(-12) = " + Math.abs(-12));
        System.out.println("ceil(-2.3) = " + Math.ceil(-2.3));
        System.out.println("floor(2.3) = " + Math.floor(2.3));

        System.out.println("max(1,2) = " + Math.max(1,2));
        System.out.println("min(1,2) = " + Math.min(1,2));

        System.out.println("sqrt(16) = " + Math.sqrt(16));
```

```
        System.out.println("sin(PI) = " + Math.sin(Math.PI));
        System.out.println("cos(PI) = " + Math.cos(Math.PI));
        System.out.println("tan(PI) = " + Math.tan(Math.PI));

        System.out.println("弧度 PI 对应的角度是: " + Math.toDegrees(Math.PI));
        System.out.println("角度 180 度对应的弧度是: " + Math.toRadians(180));
    }
}
```

运行，控制台打印效果如图 10-1 所示。

```
e=2.718281828459045
pi=3.141592653589793
abs(-12)=12
ceil(-2.3)=-2.0
floor(2.3)=2.0
max(1,2)=2
min(1,2)=1
sqrt(16)=4.0
sin(PI)=1.2246467991473532E-16
cos(PI)=-1.0
tan(PI)=-1.2246467991473532E-16
弧度PI对应的角度是: 180.0
角度180度对应的弧度是: 3.141592653589793
```

图 10-1 MathTest.java 的效果

注意

sin(PI)和 tan(PI)从理论上讲等于 0，但是在打印中我们发现它们是一个和 0 非常接近的数值，这是由于离散化计算时造成的误差引起的。

10.1.2 实现随机数

随机数在程序设计中非常重要，例如飞机向一个随机的位置扔出炸弹、系统产生一个随机的颜色，等等。那么如何产生随机数呢？

在 Java 中产生随机数一般有下面两种方法。

1. 使用 Math 类的 random()方法

在 Math 类中有一个 random()方法，其作用是生成一个 0～1 的 double 随机数。

如果需要生成更大范围的随机数，可以将 Math.random()方法返回的随机数放大。代码如下：

RandomTest1.java

```
package random;
public class RandomTest1 {
    public static void main(String[] args) {
        //产生 0～10 的随机整数
        System.out.println((int)(Math.random() * 10));
        //产生 10～20 的随机整数
        System.out.println((int)(Math.random() * 10) + 10);
    }
}
```

运行，控制台打印效果如图 10-2 所示。

图 10-2　RandomTest1. java 的效果

2. 使用 java. util. Random 类

java. util. Random 类提供了生成随机数的方法。打开文档，找到 Random 类，该类最常见的构造函数如下：

```
public Random()
```

在生成对象之后就可以调用 Random 类中的成员函数来完成一些功能，最常见的函数是生成一个 0～n(不包括 n)的整型随机数：

```
public int nextInt(int n)
```

代码如下：

RandomTest2. java

```
package random;

import java.util.Random;

public class RandomTest2 {
    public static void main(String[] args) {
        Random rnd = new Random();
        //产生 0～10 的随机整数
        System.out.println(rnd.nextInt(10));
        //产生 10～20 的随机整数
        System.out.println(rnd.nextInt(10) + 10);
    }
}
```

```
3
15
```

图 10-3　RandomTest2. java 的效果

运行，控制台打印效果如图 10-3 所示。

值得一提的是，读者在运行这段程序时得到的效果可能不一样，因为数字是随机生成的。

阶段性作业

定义一个数组，例如“int[] arr=new int[100];”，将 1～100 的各个数字打乱顺序之后存放在该数组内。

10.2　用 String 类进行字符串处理

字符串是字符序列的集合，也可以将其看成字符数组。在 Java 语言中利用 java. lang. String 类对其进行表达，String 类将字符串保存在 char 类型的数组中，并对其进行有效的管理。

String 类提供了大量的方法来支持各种字符串操作。打开文档，找到 java. lang. String 类，会发现这个类有非常多个构造函数，常见的构造函数如下。

(1) 传入一个字符串，初始化字符串对象：

```
public String(String original)
```

(2) 传入一个字符数组，初始化字符串对象：

```
public String(char[] value)
```

(3) 传入一个字节数组，初始化字符串对象：

```
public String(byte[] bytes)
```

对于它们的其他构造函数，读者可以参考 API 文档。

注意

当然，也可以用以下方法生成一个字符串对象：

```
String str = "China";
```

对于该方法和利用构造函数生成字符串的方法有什么区别，在这里需要说明一下。

直接赋值的方法相当于在字符串池里面寻找是否有相同内容的字符串，如果没有就生成新对象放入池中，否则使用池中已经存在的字符串。

而用 new 的方法实例化一个字符串对象会给这个对象分配新的内存。

观察以下代码：

```
String str1 = "China";                      //实例化字符串对象放入池中
String str2 = "China";                      //使用池中的那个对象,因为池中有"China"
String str3 = new String("China");          //实例化一个新对象
String str4 = new String("China");          //实例化一个新对象
System.out.println(str1 == str2);           //打印 true
System.out.println(str1 == str3);           //打印 false
System.out.println(str3 == str4);           //打印 false
```

因此不要盲目用“==”来判断两个字符串是否内容相等，一般情况下使用 equals 方法判断两个字符串内容是否相等。例如，str1.equals(str2)表示判断两个字符串内容是否相等。

用户可以调用 String 类里面的函数进行字符串操作，主要功能如下。

(1) 返回某位置的字符：

```
public char charAt(int index)
```

(2) 连接某个字符串，返回连接后的结果，效果和+类似：

```
public String concat(String str)
```

(3) 判断字符串是否以某串结尾以/开头：

```
public boolean endsWith(String suffix)/startsWith(String prefix)
```

(4) 字符串内容是否相等/在不区分大小写情况下是否相等：

```
public boolean equals(Object anObject)/equalsIgnoreCase(String anotherString)
```

（5）根据默认字符集转成字节数组：

```
public byte[] getBytes()
```

（6）根据相应字符集转成字节数组：

```
public byte[] getBytes(String enc)
```

（7）返回字符在串中的位置：

```
public int indexOf(int ch)/int indexOf(int ch, int fromIndex)
```

（8）返回字符串在串中的位置：

```
public int indexOf(String str)/int indexOf(String str, int fromIndex)
```

（9）字符串的长度：

```
public int length()
```

（10）替换字符：

```
public String replace(char oldChar, char newChar)
```

（11）截取某段：

```
public String substring(int beginIndex)/substring(int beginIndex, int endIndex)
```

（12）转为字符数组：

```
public char[] toCharArray()
```

（13）转小写/大写：

```
public String toLowerCase()/toUpperCase()
```

（14）去掉两边的空格：

```
public String trim()
```

（15）将各种类型转为字符串：

```
public static String valueOf(各种类型)
```

这里使用一个案例进行测试，代码如下：

StringTest.java

```
package string;
public class StringTest {
    public static void main(String[] args) {
        String str = "Chinese";
        System.out.println(str + "中第一个字符是: " + str.charAt(1));
        System.out.println(str + "连接 China 的结果是: " + str.concat("China"));
        System.out.println(str + "是否以 se 结尾: " + str.endsWith("ld!"));
        System.out.println(str + "是否以 China 开头: " + str.startsWith("China"));
        System.out.println(str + "是否和 Chinese 相等: " + str.equals("Chinese"));
        System.out.println(str + "是否和 chinese 相等(不考虑大小写): "
```

```
                + str.equalsIgnoreCase("chinese"));
        System.out.println(str + "中 i 字母第一次出现的位置是: " + str.indexOf('i'));
        System.out.println(str + "中 ne 第一次出现的位置是: " + str.indexOf("ne"));
        System.out.println(str + "长度: " + str.length());
        System.out.println(str + "中,将 e 字母换成 E 的结果是: " + str.replace('e', 'E'));
        System.out.println(str + "中第 2 到第 5 个字符是: " + str.substring(1, 4));

        String chStr = " 中国人 ";
        String newStr = chStr.trim();
        System.out.println(chStr + "去除两端空格的结果是: " + newStr);
    }

}
```

运行,控制台打印效果如图 10-4 所示。

```
Chinese中第一个字符是: h
Chinese连接China的结果是: ChineseChina
Chinese是否以se结尾: false
Chinese是否以China开头: false
Chinese是否和Chinese相等: true
Chinese是否和chinese相等(不考虑大小写): true
Chinese中i字母第一次出现的位置是: 2
Chinese中ne第一次出现的位置是: 3
Chinese长度: 7
Chinese中,将e字母换成E的结果是: ChinEsE
Chinese中第2到第5个字符是: hin
 中国人 去除两端空格的结果是: 中国人
```

图 10-4 StringTest.java 的效果

10.3 用 StringBuffer 类进行字符串处理

和 String 类相比,java.lang.StringBuffer 类实际上是可变的字符串,能节省资源,并且对字符串的操作提供了更加灵活的方法。

观察以下代码:

```
String str = "China";
str.replace('h', 'A');
System.out.println(str);
```

此时如果打印 str,得到的结果不是"CAina"而是"China"。

为什么? 因为 String 内封装的是不可变字符串,如果要将其进行一些处理,就必须得到返回值,例如前面的代码可以改为:

```
String str = "China";
String newStr = str.replace('h', 'A');
System.out.println(newStr);
```

然后打印 newStr 才能得到结果。显然,这种情况为字符串的操作带来了不便,因为在这里新生成了一个对象 newStr,额外分配了内存。如果在一个很长的字符串内需要将一个字符替换成另一个字符,那必须新生成一个字符串才能够奏效。

StringBuffer 类可以避免这个问题,在 Java 语言中利用 StringBuffer 类对可变字符串进行处理。

StringBuffer 类提供了大量的方法来支持可变字符串操作。打开文档,找到 java.lang.StringBuffer 类,会发现这个类有 3 个构造函数,常见的构造函数有以下两个。

(1) 实例化一个空的 StringBuffer 对象:

```
public StringBuffer()
```

(2) 传入一个字符串组成 StringBuffer 对象:

```
public StringBuffer(String str)
```

对于它的其他构造函数,读者可以参考 API 文档。

用户可以调用 StringBuffer 类里面的函数进行字符串操作,主要功能如下。

(1) 在字符串末尾添加各种类型:

```
public StringBuffer append(各种类型)
```

(2) 在某个位置添加各种类型:

```
public StringBuffer insert(int offset, 各种类型)
```

(3) 删除字符或某一段字符串:

```
deleteCharAt(int index)/public StringBuffer delete(int start, int end)
```

(4) 包含的字符数:

```
public int length()
```

(5) 返回某位置的字符:

```
public char charAt(int index)
```

(6) 得到一段字符:

```
public void getChars(int srcBegin, int srcEnd, char[] dst, int dstBegin)
```

(7) 字符串倒转:

```
public StringBuffer reverse()
```

(8) 替换某个位置的字符:

```
public void setCharAt(int index, char ch)
```

(9) 转为字符串:

```
public String toString()
```

这里使用一个案例进行测试,代码如下:

StringBufferTest.java

```java
package stringbuffer;
public class StringBufferTest {
    public static void main(String[] args) {
        StringBuffer sb = new StringBuffer("Hello World!");
        System.out.println("sb 内容是: " + sb);
        sb.append("China");
        System.out.println("添加 China 之后,sb 内容是: " + sb);
        sb.append(Math.PI);
        System.out.println("添加 PI 之后,sb 内容是: " + sb);
        sb.delete(2,5);
        System.out.println("删除 2 - 5 位置的字符之后,sb 内容是: " + sb);
        sb.insert(2, "中国人");
        System.out.println("在第 2 个位置插入中国人之后,sb 内容是: " + sb);
        System.out.println("sb 对应的字符串是: " + sb.toString());
        System.out.println("sb 长度是: " + sb.length());
        sb.reverse();
        System.out.println("sb 倒转之后的内容是: " + sb);
    }
}
```

运行,控制台打印效果如图 10-5 所示。

```
sb内容是: Hello World!
添加China之后, sb内容是: Hello World!China
添加PI之后, sb内容是: Hello World!China3.141592653589793
删除2-5位置的字符之后, sb内容是: He World!China3.141592653589793
在第2个位置插入中国人之后, sb内容是: He中国人 World!China3.141592653589793
sb对应的字符串是: He中国人 World!China3.141592653589793
sb长度是: 34
sb倒转之后的内容是: 397985356295141.3anihC!dlroW 人国中eH
```

图 10-5 StringBufferTest.java 的效果

对于其他内容大家可以参考 API 文档。

阶段性作业

用 String 和 StringBuffer 实现以下题目:

(1) 制作一个简单的"加密"程序,用输入框输入一个字符串,并且将每个字符对应的数值加 3,显示新的字符串。

(2) 统计一个字符串内有几个"中国"。

(3) 去掉一个字符串中的所有空格。

10.4 基本数据类型的包装类

10.4.1 认识包装类

Java 语言是一种面向对象的语言,各基本数据类型对应相应的类,具体如下。

（1）boolean 类型对应的包装类：java. lang. Boolean。

（2）byte 类型对应的包装类：java. lang. Byte。

（3）char 类型对应的包装类：java. lang. Character。

（4）double 类型对应的包装类：java. lang. Double。

（5）float 类型对应的包装类：java. lang. Float。

（6）int 类型对应的包装类：java. lang. Integer。

（7）long 类型对应的包装类：java. lang. Long。

（8）short 类型对应的包装类：java. lang. Short。

每个类的对象会将对应的基本类型的值包装在一个对象中，例如一个 Integer 类型的对象包含了一个类型为 int 的成员变量。

10.4.2 通过包装类进行数据类型转换

下面以整数类型为例进行讲解，其他类型基本相同。

1. 如何将基本数据类型封装为包装类对象

在一般情况下，将基本数据类型封装为包装类对象可以通过包装类的构造函数。例如，以下代码可以将一个整数进行封装。

```
Integer itg = new Integer(254);
```

2. 如何从包装类对象得到基本数据类型

在一般情况下，从包装类对象得到基本数据类型可以通过包装类对象的 xxxValue 函数，在高版本的 JDK 中也可以直接赋值。例如，以下代码可以从对象 itg 得到相应的整数。

```
Integer itg = new Integer(254);
int i = itg.intValue();                    //或者直接用"int i = itg";
```

3. 利用包装类进行数据类型转换

利用包装类可以方便地进行数据类型转换，例如将字符串转换为各种类型，此内容在前面的章节已经提及，在此不再重复。

10.5 常用系统类

在 Java 中和系统有关的类最常用的是 java. lang. System 和 java. lang. Runtime。

10.5.1 认识 System 类

System 类封装了一系列和 Java 系统操作相关的功能，大家经常使用的 System. out，就是 System 的一个应用。

除此之外，比较常用的功能有 3 个。

1. 利用 System 类显示当前时间

在 System 类中有一个静态方法：

```
public static long currentTimeMillis()
```

通过该方法可以得到系统当前时间，以毫秒数显示，其表示从1970年1月1日0时0分0秒到当前时间的毫秒数。

该方法最常见的一个用处就是测试程序段运行了多长时间。例如测试一个for循环运行了多少毫秒：

SystemTest1.java

```
package system;
public class SystemTest1 {
    public static void main(String[] args) {
        long t1 = System.currentTimeMillis();
        for(int i = 1;i <= 10000000;i++){}
        long t2 = System.currentTimeMillis();
        System.out.println("for循环运行了:" + (t2 - t1) + "毫秒.");
    }
}
```

运行，控制台打印效果如图10-6所示。

```
for循环运行了:32毫秒.
```

图10-6 SystemTest1.java的效果

2. 利用System类终止程序的运行

在System类中有一个静态方法：

```
public static void exit(int status)
```

通过该方法可以终止当前正在运行的Java虚拟机，其参数为状态码。根据惯例，非零的状态码表示异常终止。

注意

实际上，该方法调用Runtime类中的exit方法。调用System.exit(n)实际上等效于调用“Runtime.getRuntime().exit(n)”。

3. 利用System类进行强制垃圾收集

在System类中有一个静态方法：

```
public static void gc()
```

通过该方法运行垃圾回收器，以便能够快速地重用这些对象当前占用的内存。

注意

调用System.gc()实际上等效于调用“Runtime.getRuntime().gc()”。

10.5.2 认识Runtime类

和System类类似，Runtime类也封装了一系列和Java系统操作相关的功能，每个Java应用程序都有一个Runtime类实例，使应用程序能够与其运行的环境相连接。该类中的函数和System类有些类似，用户可以通过其静态方法getRuntime()来返回其对象。该类最常见的功能是可以执行一个命令，类似于在操作系统命令提示符上运行。

例如，在Windows下可以在“开始”菜单中输入如图10-7所示的命令打开记事本。

```
C:\Documents and Settings\Administrator>notepad
```

图 10-7　输入命令打开记事本

该命令的效果可以用 Java 语言实现：

RuntimeTest1.java

```
package system;

public class RuntimeTest1 {
    public static void main(String[ ] args) throws Exception{
        Runtime runtime = Runtime.getRuntime();
        runtime.exec("notepad");
    }
}
```

运行，即可打开记事本。

阶段性作业

本作业适用于 Windows 平台。编写一个程序，出现输入框，如果在输入框内输入“计算器”，则打开 Windows 计算器；如果在输入框内输入“画图”，则打开 Windows 画图；如果在输入框内输入“写字板”，则打开 Windows 写字板。

本章知识体系

知　识　点	重要等级	难度等级
Math 类	★★★★	★★
String 类	★★★★★	★★★
StringBuffer 类	★★★★	★★★★
基本数据类型的包装类	★★★★	★★
System 类	★★	★★
Runtime 类	★★	★★

第11章

Java 常用 API（二）

本章将讲解 Java 编程中重要的工具类，重点讲解集合框架和日期操作。

本章的讲解基于 java.util 包。

本章术语

List ________________

Set ________________

Map ________________

Collections 类 ________________

泛型 ________________

Hashtable ________________

Properties ________________

Date ________________

Calendar ________________

DateFormat ________________

NumberFormat ________________

11.1 认识 Java 集合

11.1.1 为什么需要集合

在第 10 章学习了数组，我们知道数组有如下问题：

(1) 一旦定义，大小无法重新修改。

(2) 存储的数据必须是同一种类型。

但是在实际项目中经常无法预计数组中将要存储多少个元素。比如，在聊天室中用户数量是不确定的，如何存储他们的信息呢？如果数组定得太大，就可能会有很多位置一直没有利用；如果定义得太小，用户太多时又可能装不下。

如何解决这个问题？是否有变长数组来解决这个问题呢？在 Java 中集合框架可以帮用户解决这个问题。使用集合可以实现下面两个功能：

(1) 集合中的元素个数是可变的。

(2) 集合中可以存储不同类型的数据。

11.1.2　Java 中的集合

集合框架中的类是为了容纳一些对象，便于对象的访问和传输，可以看成可变的对象数组，但是集合的操作中又包含了更为强大的功能。在 Java 中集合框架里面提供了丰富的 API，主要是以下两类：

1. 一维集合

在该类集合中存放的数据是一维的，类似于变长的一维数组。

在文档中，该系列的关系图如图 11-1 所示。

```
o java.util.AbstractCollection<E> (implements java.util.Collection<E>)
    o java.util.AbstractList<E> (implements java.util.List<E>)
        o java.util.AbstractSequentialList<E>
            o java.util.LinkedList<E> (implements java.lang.Cloneable, java.util.List<E>,
              java.util.Queue<E>, java.io.Serializable)
        o java.util.ArrayList<E> (implements java.lang.Cloneable, java.util.List<E>,
          java.util.RandomAccess, java.io.Serializable)
        o java.util.Vector<E> (implements java.lang.Cloneable, java.util.List<E>,
          java.util.RandomAccess, java.io.Serializable)
            o java.util.Stack<E>
    o java.util.AbstractQueue<E> (implements java.util.Queue<E>)
        o java.util.PriorityQueue<E> (implements java.io.Serializable)
    o java.util.AbstractSet<E> (implements java.util.Set<E>)
        o java.util.EnumSet<E> (implements java.lang.Cloneable, java.io.Serializable)
        o java.util.HashSet<E> (implements java.lang.Cloneable, java.io.Serializable,
          java.util.Set<E>)
            o java.util.LinkedHashSet<E> (implements java.lang.Cloneable,
              java.io.Serializable, java.util.Set<E>)
        o java.util.TreeSet<E> (implements java.lang.Cloneable, java.io.Serializable,
          java.util.SortedSet<E>)
```

图 11-1　一维集合的关系图

可以看出，该系列最顶级是 Collection 接口，在该接口下有 3 个子系列，即 List、Queue 和 Set。每个子系列中有一些类。

2. 二维集合

在该类集合中也提供了容纳多个对象的功能，并且可以为每个对象指定一个 key 值，如图 11-2 所示。

Key	Value
学号	0001
姓名	郭克华
性别	男

图 11-2　二维集合示例

如果为两个不同的对象指定同一个 key 值，后面的将会把前面的覆盖。对象在集合中没有顺序，因此存放数据是二维的相当于两列多行的变长二维数组。

在文档中，该系列的关系图如图 11-3 所示。

```
o java.util.AbstractMap<K,V> (implements java.util.Map<K,V>)
    o java.util.EnumMap<K,V> (implements java.lang.Cloneable, java.io.Serializable)
    o java.util.HashMap<K,V> (implements java.lang.Cloneable, java.util.Map<K,V>,
      java.io.Serializable)
        o java.util.LinkedHashMap<K,V> (implements java.util.Map<K,V>)
    o java.util.IdentityHashMap<K,V> (implements java.lang.Cloneable, java.util.Map<K,V>,
      java.io.Serializable)
    o java.util.TreeMap<K,V> (implements java.lang.Cloneable, java.io.Serializable,
      java.util.SortedMap<K,V>)
    o java.util.WeakHashMap<K,V> (implements java.util.Map<K,V>)
```

图 11-3　二维集合的关系图

可以看出，该系列最顶级是 Map 接口，在该接口下有若干个子系列，每个子系列中有一些类。

本章将针对这两个系列进行讲解。

11.2 使用一维集合

11.2.1 认识一维集合

在一维集合中存放的数据是一维的，类似于变长的一维数组。该系列最顶级是 Collection 接口，在该接口下有 3 个子系列，即 List、Queue 和 Set。每个子系列中有一些类。

我们使用较多的是 List 系列和 Set 系列的集合。

11.2.2 使用 List 集合

List 集合的共同特点如下：

(1) 实现了 java. util. List 接口。

(2) 集合中的元素有顺序。

(3) 允许重复元素。

(4) 每个元素可以通过下标访问，下标从 0 开始。

List 集合中最有代表性的是 java. util. ArrayList、java. util. LinkedList、java. util . Vector。

这 3 个类的使用基本相同，但是在底层实现上有些区别。例如，ArrayList 不是线程安全的，Vector 实现了线程安全，具体大家可以参考文档。

经验

一般情况下，如果要支持随机访问，而不必在除尾部以外的任何位置插入或除去元素，使用 ArrayList 较好。

如果要频繁地从集合的中间位置添加和除去元素，用 LinkedList 实现更好。

如果要实现线程安全，用 Vector 更好。对于线程的知识，我们将在后面的章节讲解。

本节以 ArrayList 为例进行讲解。

ArrayList 类提供了容纳多个对象的功能，对象在 ArrayList 中具有顺序。

打开文档，找到 java. util. ArrayList 类，最常见的构造函数是第一个：

```
public ArrayList()
```

用这个构造函数可以生成一个空的 ArrayList 对象。

用户可以调用 ArrayList 类里面的函数进行对象操作，主要功能如下。

(1) 在末尾添加一个对象：

```
public void add(Object obj)
```

该方法传入的是 Object，这说明集合中可以存储不同类型的数据。

(2) 判断是否包含某个对象：

```
public boolean contains(Object elem)
```

（3）将 ArrayList 转为对象数组：

```
public Object[] toArray()
```

（4）得到某个位置的对象：

```
public Object get(int index)
```

该方法返回的是 Object，因此需要通过强制转换才能得到实际的对象。

（5）返回某个对象的位置：

```
public int indexOf(Object elem)
```

（6）在某位置插入一个对象，后面的对象后移：

```
public void add(int index, Object elem)
```

（7）判断集合是否为空：

```
public boolean isEmpty()
```

（8）清空集合：

```
public void clear()
```

（9）移除某个对象：

```
public boolean remove(Object obj)
```

（10）移除某个位置的对象：

```
public void remove(int index)
```

（11）修改某个位置的对象：

```
public void set(int index,Object obj)
```

（12）返回集合大小：

```
public int size()
```

对于集合中元素的添加、删除和修改，在上面有了较为详细的罗列。由于可以通过下标来访问集合中的元素，所以集合的遍历可以由循环来进行。为了讲解这些 API，可以用下面的代码进行测试：

ListTest1.java

```
package list;

import java.util.ArrayList;
public class ListTest1 {
    public static void main(String[] args) {
        ArrayList al = new ArrayList();
        //添加
        al.add("中国");
        al.add("美国");
```

```
        al.add("日本");
        al.add("韩国");
        //删除美国
        al.remove(1);
        //将 0 位置的元素修改为"China"
        al.set(0,"China");
        //遍历
        int size = al.size();
        for(int i = 0;i < size;i++){
            String str = (String)al.get(i);
            System.out.println(str);
        }
    }
}
```

运行，控制台打印效果如图 11-4 所示。

图 11-4　ListTest1. java 的效果

这说明数据在集合中按照添加的顺序可以用下标访问。

阶段性作业

(1) 用 LinkedList 和 Vector 实现上面的例子。

(2) 在一个 List 中存放一些数据，然后将其倒序显示。

11. 2. 3　使用 Set 集合

Set 集合的共同特点如下：

(1) 实现了 java. util. Set 接口。

(2) 默认情况下集合中的元素没有顺序。

(3) 不允许重复元素，如果重复元素被添加，则覆盖原来的元素。

(4) 元素不可以通过下标访问。

List 集合中最有代表性的是 java. util. HashSet，本节以 HashSet 为例进行讲解。

打开文档，找到 java. util. HashSet 类，最常见的构造函数是第一个：

```
public HashSet()
```

用这个构造函数可以生成一个空的 HashSet 对象。

用户可以调用 ArrayList 类里面的函数进行对象操作，主要功能如下。

(1) 添加一个对象：

```
public void add(Object obj)
```

(2) 判断是否包含某个对象：

```
public boolean contains(Object elem)
```

（3）判断集合是否为空：

```
public boolean isEmpty()
```

（4）清空集合：

```
public void clear()
```

（5）移除某个对象：

```
public boolean remove(Object obj)
```

（6）返回集合大小：

```
public int size()
```

对于集合中元素的添加、删除和修改，在上面有了较为详细的罗列。

由于不能通过下标来访问集合中的元素，所以集合的遍历不能直接由循环来进行。

要想获取 HashSet 内的元素，一般方法是用 iterator()方法返回一个 Iterator 对象。

这里有必要讲解一下 Iterator 接口，这个接口比较简单，打开 java.util.Iterator 的文档，里面有两个函数，分别如下。

（1）判断 Iterator 中是否还有元素：

```
public boolean hasNext()
```

（2）得到 Iterator 中的下一个元素：

```
public Object next()
```

因此可以用 Iterator 对象的 hasNext()方法判断是否存在下一个元素，然后用 Iterator 对象的 next()方法获取下一个元素，结合循环来实现。

注意

实际上，List 也可以用这种方法来遍历，这是为了对集合的操作进行统一而发明的一种方法。

为了讲解这些 API，可以用下面的代码进行测试：

SetTest1.java

```
package set;

import java.util.HashSet;
public class SetTest1 {
    public static void main(String[] args) {
        HashSet hs = new HashSet();
        //添加
        hs.add("中国");
        hs.add("美国");
        hs.add("日本");
        hs.add("韩国");
        //删除美国
        hs.remove("美国");
        //遍历
```

```
        java.util.Iterator ite = hs.iterator();
        while(ite.hasNext()){
            String str = (String)ite.next();
            System.out.println(str);
        }
    }
}
```

```
日本
韩国
中国
```

图 11-5 SetTest1.java 的效果

运行，控制台打印效果如图 11-5 所示。

注意，在打印的结果中并不是按照添加进集合的顺序。

问答

问：如何能保证遍历时是按照添加进去的顺序呢？

答：只需要将 HashSet 改为使用 java.util.LinkedHashSet 即可。

问：能否将 Set 内的元素排序？

答：能，只需要将 HashSet 改为使用 java.util.TreeSet 即可。

TreeSet 的构造函数如下：

```
public TreeSet()
```

用此构造函数，TreeSet 中的内容升序排列。如果要降序排列，可以在构造函数中指定降序。可以选择：

```
public TreeSet(Comparator c)
```

其中，参数用 java.util.Collections 的 reverseOrder()方法返回。

我们可以用下面的代码进行测试：

SetTest2.java

```
package set;
import java.util.Collections;
import java.util.TreeSet;
public class SetTest2 {
    public static void main(String[] args) {
        TreeSet ts = new TreeSet(Collections.reverseOrder());
        //添加
        ts.add("3");
        ts.add("2");
        ts.add("4");
        ts.add("1");
        //遍历
        java.util.Iterator ite = ts.iterator();
        while(ite.hasNext()){
            String str = (String)ite.next();
            System.out.println(str);
        }
    }
}
```

运行，控制台打印效果如图 11-6 所示。

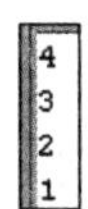

图 11-6　SetTest2. java 的效果

注意

实际上，在 Java 高版本中可以统一用一种改进的 for 循环对集合进行遍历：

```
for(Object o:集合名称){
    String str = (String)o;
    System.out.println(str);
}
```

这种方法适合 List 和 Set。

阶段性作业

（1）用 Iterator 对象来遍历 11.2.2 节的 List。

（2）编写一个通用的遍历函数 visit，该函数可以传入一个 List 或者 Set，对其进行遍历，不用知道参数的具体类型。

11.2.4　使用 Collections 类对集合进行处理

上面讲解排序时提到了一个类——java. util. Collections，该类具有一些很有意思的功能。

注意

Collections 是类，不是接口，是一个为集合提供处理功能的工具类。初学者很容易将 Collections 类和 java. util. Collection 接口混淆。

（1）对 List 进行升序排序：

```
public static void sort(List list)
```

如果要降序排列，可以在 sort 函数中指定降序。可以选择：

```
public static void sort(List list,Comparator c)
```

其中，参数用 java. util. Collections 的 reverseOrder()方法返回。

（2）返回指定 collection 中等于指定对象的元素数：

```
public static int frequency(Collection c,Object o)
```

（3）判断两个指定 collection 中有无相同的元素：

```
public static boolean disjoint(Collection c1,Collection c2)
```

（4）寻找集合中的最大/最小值：

```
public static Object max/min(Collection coll)
```

(5) 对集合中的元素进行替换:

```
public static boolean replaceAll(List list,Object oldVal,Object newVal)
```

当然还有一些其他操作,读者可以参考文档。

例如,可以将一个 List 排序之后显示:

CollectionsTest. java

```
package collections;
import java.util.ArrayList;
import java.util.Collections;
import java.util.TreeSet;
public class CollectionsTest {
    public static void main(String[] args) {
        ArrayList al = new ArrayList();
        //添加
        al.add("1");
        al.add("3");
        al.add("2");
        al.add("4");
        //排序
        Collections.sort(al);
        //遍历
        int size = al.size();
        for(int i = 0;i < size;i++){
            String str = (String)al.get(i);
            System.out.println(str);
        }
    }
}
```

运行,控制台打印效果如图 11-7 所示。

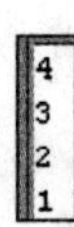

图 11-7 CollectionsTest. java 的效果

阶段性作业

(1) 在一个 List 中存放了 1~100 的各个数字,按照顺序。查看 Collections 类文档,将数字顺序打乱。

(2) 有一个 List 包含了一些字符串,其中包含重复字符串,要求编写程序去除重复的字符串,最后打印。

11.2.5 使用泛型简化集合操作

虽然在集合中可以存储不同类型的对象,但是在一般情况下仍然使用同一种对象。在遍历时每次都要强制转换,比较麻烦。例如:

```
int size = al.size();
for(int i = 0;i < size;i++){
    String str = (String)al.get(i);
    System.out.println(str);
}
```

在进行强制转换时额外消耗了系统资源。

在 Java 中提供了泛型的概念，可以解决这个问题。

注意

早期的 Java 版本不支持泛型，因此在使用泛型时要考虑版本的问题。

泛型(Generic type)是对 Java 语言的类型系统的一种扩展，以支持创建可以按类型进行参数化的类。

例如，在定义集合时可以指定集合中必须存放什么类型的元素：

```
ArrayList <类名> al = new ArrayList <类名>();
```

这样在使用时就不必强制转换。

下面用一个例子来讲解泛型的使用。

GenericsTest. java

```
package generics;

import java.util.ArrayList;
public class GenericsTest {
    public static void main(String[ ] args) {
        ArrayList < String > al = new ArrayList < String >();
        //添加
        al.add("中国");
        al.add("美国");
        al.add("日本");
        al.add("韩国");
        //删除美国
        al.remove(1);
        //将 0 位置的元素修改为"China"
        al.set(0,"China");
        //遍历
        int size = al.size();
        for(int i = 0;i < size;i++){
            String str = al.get(i);
            System.out.println(str);
        }
    }
}
```

运行，控制台打印效果如图 11-8 所示。

图 11-8　GenericsTest. java 的效果

可见，在代码中不用进行强制转换。

阶段性作业

将本节中前面的几个例子改为用泛型实现。

11.3 Java 中的二维集合

11.3.1 使用 Map 集合

在二维集合中使用最多的是 java. util. HashMap。

HashMap 类提供了二维集合的功能，最常见的构造函数如下：

```
public HashMap()
```

用这个构造函数可以生成一个空的 HashMap 对象。

在 HashMap 类中可以为每个对象指定一个 key 值。

如果为两个不同的对象指定同一个 key 值，后面的将会把前面的覆盖。另外，对象在 HashMap 中没有顺序。

用户可以调用 HashMap 类里面的函数来进行对象操作，主要功能如下。

(1) 清空 HashMap：

```
public void clear()
```

(2) 判断是否包含某个对象：

```
public boolean containsValue(Object value)
```

(3) 判断是否包含某个 key 值：

```
public boolean containsKey(Object key)
```

(4) 根据 key 值得到某个对象：

```
public Object get(Object key)
```

(5) 判断 Hashtable 是否为空：

```
public boolean isEmpty()
```

(6) 添加一个对象并且指定 key：

```
public Object put(Object key,Object value)
```

(7) 根据 key 移除一个对象：

```
public Object remove(Object key)
```

(8) 得到 Hashtable 大小：

```
public int size()
```

(9) 得到所有 key 值的集合：

```
public Set keySet()
```

从上面可以知道，HashMap 无法通过下标来访问集合中的元素，因为元素是没有顺序的，因此集合的遍历不能由循环来进行。为了讲解这些 API，我们用下面的代码进行测试：

MapTest1.java

```
package map;
import java.util.HashMap;
import java.util.Set;
public class MapTest1 {
    public static void main(String[] args) {
        HashMap hm = new HashMap();
        //添加
        // key 为姓名、value 为张三
        hm.put("姓名", "张三");
        hm.put("年龄", 25);
        hm.put("性别", "男");
        //通过 key 获得一个元素的值
        System.out.println("姓名为: " + hm.get("姓名"));
        //通过 key 修改一个元素的值
        hm.put("姓名", "王武");
        System.out.println("修改后的姓名为: " + hm.get("姓名"));
        //通过 key 删除
        hm.remove("姓名");
        System.out.println("删除后的姓名为: " + hm.get("姓名"));
        //得到所有的 key 和 value
        Set keySet = hm.keySet();
        for(Object key:keySet){
            System.out.println(key + " ->" + hm.get(key));
        }
    }
}
```

运行，控制台打印效果如图 11-9 所示。

```
姓名为：张三
修改后的姓名为：王武
删除后的姓名为：null
性别->男
年龄->25
```

图 11-9　MapTest1.java 的效果

在打印中，我们发现先打印性别，后打印年龄，而对象添加进 HashMap 时是先添加年龄，后添加性别，此时说明 HashMap 中的元素是没有顺序的。

问答

问：如何能保证遍历时是按照添加进去的顺序呢？

答：只需要将 HashMap 改为使用 java.util.LinkedHashMap 即可。

问：能否将 HashMap 内的元素按照 key 值排序？

答：能，只需要将 HashMap 改为使用 java.util.TreeMap 即可。

TreeMap 的构造函数如下：

```
public TreeMap()
```

用此构造函数，TreeMap 中的内容按照 key 值升序排列。如果要降序排列，可以在构造函数中指定降序。可以选择：

```
public TreeMap(Comparator c)
```

其中，参数用 java. util. Collections 的 reverseOrder()方法返回。显然，其使用方法和 Set 颇为类似。

阶段性作业

(1) 从输入框输入一个字符串，要求统计每一个字符出现的频率，并按照字母排序之后输出。频率=字符出现的次数/字符总数。提示：可以用 HashMap。

(2) 从输入框输入一个字符串，要求输出每个字符在字符串中的位置，例如输入“HelloWorld”，输出：

```
H:1  e:2  l:3,4,9  o:5,7  W:6  r:8  d:10
```

11.3.2 使用 Hashtable 和 Properties

在 java. util 包中还有一个类——Hashtable。该类的使用和 HashMap 基本相同，不过 HashMap 不是线程同步的，而 Hashtable 是线程同步的。在对线程安全要求较高的场合推荐使用 Hashtable。

比较有意思的是 Hashtable 的子类——java. util. Properties，该类不仅仅具有 Hashtable 的功能，还具有访问文件的功能。

11.4 日期操作

Java 中提供了灵活的日期操作方法，日期操作涉及日期、时间和时区等，主要用到以下几个类。

(1) 日期时间类：java. util. Date；

(2) 日历类：java. util. Calendar；

(3) 时区类：java. util. TimeZone。

11.4.1 认识 Date 类

Date 类提供了对日期和时间的封装。打开文档，找到 java. util. Date 类，常见的是以下构造函数：

```
public Date()
```

该构造函数实例化 Date 对象，得到当前时间，精确到毫秒。例如下面的例子：

DateTest. java

```
package date;
import java.util.Date;
public class DateTest {
    public static void main(String[] args) {
        System.out.println("当前时间:" + new Date());
    }
}
```

运行，控制台打印效果如图 11-10 所示。

```
当前时间:Fri Nov 12 12:58:10 CST 2010
```

图 11-10 DateTest.java 的效果

显示了当前的时间。

11.4.2 认识 Calendar 类

在上面的例子中显示了当前时间，在实际操作中还可以单独得到日期中的年、月、日以及小时、分钟和秒钟等一系列内容，这将要用到 java.util.Calendar 类，java.util.Date 和 java.util.Calendar 类配合起来提供了对日期和时间的封装与操作。

打开文档，找到 java.util.Calendar 类，发现这个类没有可用的构造函数，一般用以下两个函数得到 Calendar 对象。

(1) 得到当前时区的日历对象，默认是当前时区的当前日期时间：

```
public static Calendar getInstance()
```

(2) 指定时区，得到该时区的日期时间：

```
public static Calendar getInstance(TimeZone zone)
```

关于时区，大家可以查看文档。

当然，在得到 Calendar 对象之后也可以用以下函数来改变其封装的时间日期：

```
public final void setTime(Date date)
```

怎样得到具体的时间项目，如年、月、日呢？在 Calendar 类内有一个函数可以得到对应的项目：

```
public int get(int field)
```

其参数可以由以下值指定。

(1) Calendar.YEAR：年；

(2) Calendar.MONTH：月；

(3) Calendar.DAY_OF_MONTH：日；

(4) Calendar.DAY_OF_WEEK：星期；

(5) Calendar.HOUR：小时；

(6) Calendar.HOUR_OF_DAY：小时(按照 24 小时算)；

(7) Calendar.MINUTE：分钟；

(8) Calendar.SECOND：秒钟。

如下代码：

```
Calendar c = Calendar.getInstance();
System.out.println("年: " + c.get(Calendar.YEAR));
System.out.println("月: " + c.get(Calendar.MONTH));
```

就可以打印当前日期中的年和月。

对于其他内容，大家可以查看文档。

为了了解这些问题，使用下面的案例测试：

CalendarTest.java

```
package calendar;
import java.util.Calendar;
public class CalendarTest {
    public static void main(String[] args) {
        Calendar c = Calendar.getInstance();
        System.out.println("年： " + c.get(Calendar.YEAR));
        System.out.println("月： " + c.get(Calendar.MONTH));
        System.out.println("日： " + c.get(Calendar.DAY_OF_MONTH));
        System.out.println("星期： " + c.get(Calendar.DAY_OF_WEEK));
        System.out.println("小时： " + c.get(Calendar.HOUR));
        System.out.println("小时(24 小时算)： " + c.get(Calendar.HOUR_OF_DAY));
        System.out.println("分： " + c.get(Calendar.MINUTE));
        System.out.println("秒： " + c.get(Calendar.SECOND));
    }
}
```

```
年: 2010
月: 10
日: 12
星期: 6
小时: 1
小时(24小时算): 13
分: 5
秒: 21
```

图 11-11　CalendarTest.java 的效果

运行，控制台打印效果如图 11-11 所示。

注意

(1) 月份中的 1 月份系统认为是 0。

(2) 星期天认为是一周中的第一天。

11.4.3　如何格式化日期

在实际开发中能否将日期用比较美观的方式显示？例如将当前日期显示为“2010-11-12”，如何实现？此时可以用 java.text.DateFormat 类进行格式化。

DateFormat 类提供了对日期格式的封装。打开文档，找到 java.text.DateFormat 类，其中没有可以直接使用的构造函数。

在 JDK 中一般使用 DateFormat 的子类——java.text.SimpleDateFormat 来完成这个功能。该类最常见的构造函数如下：

```
public SimpleDateFormat(String pattern)
```

其中，参数 pattern 表示传入的格式字符串。

以下是一个简单的例子，我们首先看效果，然后再解释。

DateFormatTest.java

```
package dateformat;
import java.text.DateFormat;
import java.text.SimpleDateFormat;
import java.util.Date;
public class DateFormatTest {
```

```
    public static void main(String[ ] args) {
        DateFormat sf = new SimpleDateFormat("yyyy年MM月dd日 hh:mm:ss");
        String str = sf.format(new Date());
        System.out.println(str);
    }
}
```

运行，控制台打印效果如图 11-12 所示。

2010年11月12日 01:31:36

图 11-12　DateFormatTest.java 的效果

显示了当前的时间。

从上面可以看出 SimpleDateFormat 有以下特点：

(1) 接受相应的格式字符串，将 Date 中的各个部分格式化显示。其中，“yyyy”表示年份，“MM”表示月份，“DD”表示日，“hh”表示小时，“mm”表示分钟，“ss”表示秒钟。对于更加详细的信息，大家可以查看文档。

(2) 在格式字符串中，除了具有代表意义的部分之外其他部分都原样出现。

11.4.4　更进一步：如何格式化数值

前面讲解了日期的格式化，在实际开发中还可以对数值进行格式化。虽然该内容和日期操作无关，但是其使用方法和日期格式化很类似。

比如有一个数值 5687142.45，我们希望显示为“$5,687,142.45”，如何实现呢？此时可以用 java.text.NumberFormat 类来进行格式化。

NumberFormat 类提供了对数值格式的封装。在 JDK 中一般使用 NumberFormat 的子类——java.text.DecimalFormat 来完成这个功能。该类最常见的构造函数如下：

```
public DecimalFormat(String pattern)
```

其中，参数 pattern 表示传入的格式字符串。

以下是一个简单的例子，首先看效果，然后再解释。

NumberFormatTest.java

```
package numberformat;
import java.text.DecimalFormat;
import java.text.NumberFormat;
public class NumberFormatTest {
    public static void main(String[ ] args) {
        NumberFormat nf = new DecimalFormat("$,###.##");
        String str = nf.format(5687142.45);
        System.out.println(str);
    }
}
```

运行，控制台打印效果如图 11-13 所示。

$5,687,142.45

图 11-13　NumberFormatTest.java 的效果

显示了当前格式化之后的内容。

从上面可以看出 DecimalFormat 有以下特点：

(1) 接受相应的格式字符串，将数值中的各个部分格式化显示。其中，“#”表示阿拉伯数字。对于更加详细的信息，大家可以查看文档。

(2) 在格式字符串中，除了具有代表意义的部分之外其他部分(如 $ 符号)都原样出现。

阶段性作业

查看文档中的 Date 类和 Calendar 类，结合网上搜索，完成以下题目：

(1) 输出距离今天 200 天之后是哪一年，哪一月，哪一日，星期几？

(2) 怎样计算两个日期之间的差值？比如今天距离 2018 年 9 月 7 日还有多少天？

本章知识体系

知识点	重要等级	难度等级
Math 类	★★★★	★★
String 类	★★★★★	★★★
StringBuffer 类	★★★★	★★★★
Date 类	★★	★★
Calendar 类	★★★	★★★
日期的格式化	★★	★★★★
数值的格式化	★★	★★★★

第12章

Java 多线程开发

多线程(Thread)是软件开发中的重要内容，实际上，多线程最直观的说法是让应用程序看起来好像同时能做好几件事情。例如一个程序进行一个用时较长的计算，我们希望该计算进行的时候程序还可以做其他事情。此时，多线程就显得比较有用。

本章将对多线程的开发、线程的控制以及线程的安全性进行讲解。

本 章 术 语

Thread ________________

Runnable ________________

线程协作 ________________

同步 ________________

synchronized ________________

DeadLock ________________

Timer ________________

12.1 认识多线程

12.1.1 为什么需要多线程

在实际应用中经常会出现一个程序看起来同时做好几件事情的情况，例如：

(1) 聊天软件能够同时接受多个好友给本人传文件。

(2) 媒体播放器在播放歌曲的同时能下载电影，或者对歌曲边下载边播放。

(3) 财务软件在后台进行财务汇总的同时还能进行前端的操作；等等。

这类情况如何实现呢?

这里用一个案例来说明，以上面讲的第1种情况为例，如果聊天软件能够同时接受3个文件的传送，每个文件传送需要10秒钟，怎样编写程序呢?

首先按照传统情况编写如下：

ThreadTest1.java

```
package thread;
public class ThreadTest1 {
    public static void main(String[] args) throws Exception {
            System.out.println("传送文件1");
```

```
            Thread.sleep(1000 * 10);
            System.out.println("文件 1 传送完毕");

            System.out.println("传送文件 2");
            Thread.sleep(1000 * 10);
            System.out.println("文件 2 传送完毕");

            System.out.println("传送文件 3");
            Thread.sleep(1000 * 10);
            System.out.println("文件 3 传送完毕");
    }
}
```

注意

(1) 在本代码中用 Thread.sleep(long 毫秒数)函数进行模拟,让程序暂时停滞,模拟某个操作需要花费的时间。该函数参数传入的是 long 类型参数,表示停滞的毫秒数。1 秒=1000 毫秒。Thread 类在 java.lang 包中,因此不用显式导入。

(2) Thread.sleep 函数的定义如下:

```
public static void sleep(long millis) throws InterruptedException
```

说明该函数使用时可能抛出异常。因此在本例中使用时必须用 try-catch 将其包围,或者在主函数后面加上 throws Exception,否则会报错。

运行该程序,控制台打印效果如图 12-1 所示。

等待 10 秒钟,控制台显示如图 12-2 所示。

再等待 10 秒钟,控制台显示如图 12-3 所示。

```
传送文件1
```

图 12-1　ThreadTest1.java 的效果

```
传送文件1
文件1传送完毕
传送文件2
```

图 12-2　10 秒钟后的效果

```
传送文件1
文件1传送完毕
传送文件2
文件2传送完毕
传送文件3
```

图 12-3　20 秒钟后的效果

再等待 10 秒钟,程序运行完毕,整个程序的运行大约 30 秒钟。

很显然,本程序的执行是顺序的,并没有实现"程序看起来同时做好几件事情"的效果。如果客户不幸使用了这么一个软件,使用将非常不方便。

如果要解决这个问题,可以使用多线程(Thread)。

注意

线程(Thread)和进程(Process)的关系很紧密,进程和线程是两个不同的概念,进程的范围大于线程。通俗地说,进程就是一个程序,线程是这个程序能够同时做的每件事情。例如,媒体播放机运行时就是一个进程,而媒体播放机同时做的下载文件和播放歌曲就是两个线程。因此,可以说进程包含线程。

从另一个角度讲,每个进程都拥有一组完整的属于自己的变量,而线程共享一个进程内的这些数据。

阶段性作业

再举出几个"程序看起来同时做好几件事情"的例子。

12.1.2　继承 Thread 类开发多线程

如上所述，可以用多线程来解决"程序看起来同时做好几件事情"的效果，在本例中只需要将各个文件传送的工作分别写在线程里即可。

实现多线程有两种方法。这里讲解第 1 种方法，即通过继承 Thread 类实现多线程。

该方法的步骤如下：

(1) 编写一个类，继承 java.lang.Thread 类。

```
class FileTransThread extends Thread
```

(2) 在这个类中重写 java.lang.Thread 类中的以下函数：

```
public void run()
```

将线程需要执行的代码放入 run 函数。

```
class FileTransThread extends Thread{
    private String fileName;
    public FileTransThread(String fileName){
        this.fileName = fileName;
    }
    public void run(){
        System.out.println("传送" + fileName);
        try{
            Thread.sleep(1000 * 10);
        }catch(Exception ex){}
        System.out.println(fileName + "传送完毕");
    }
}
```

到此为止，线程编写完毕。

(3) 实例化线程对象，调用其 start()函数启动该线程。

```
...
FileTransThread ft1 = new FileTransThread("文件 1");
ft1.start();
...
```

完整代码如下：

ThreadTest2.java

```
package thread;

class FileTransThread extends Thread{
```

```
    private String fileName;
    public FileTransThread(String fileName){
        this.fileName = fileName;
    }
    public void run(){
        System.out.println("传送" + fileName);
        try{
            Thread.sleep(1000 * 10);
        }catch(Exception ex){}
        System.out.println( fileName + "传送完毕");
    }
}

public class ThreadTest2 {
    public static void main(String[ ] args) throws Exception {
        FileTransThread ft1 = new FileTransThread("文件 1");
        FileTransThread ft2 = new FileTransThread("文件 2");
        FileTransThread ft3 = new FileTransThread("文件 3");
        ft1.start();
        ft2.start();
        ft3.start();
    }
}
```

运行，控制台上几乎立即打印如图 12-4 所示。

说明 3 件事情"同时"在进行。

大约 10 秒钟之后，程序打印如图 12-5 所示。

```
传送文件1
传送文件2
传送文件3
```

图 12-4　ThreadTest2.java 的效果

```
传送文件1
传送文件2
传送文件3
文件3传送完毕
文件1传送完毕
文件2传送完毕
```

图 12-5　大约 10 秒钟后的效果

整个程序的运行大约 10 秒钟，成功地实现了"程序看起来同时做好几件事情"的效果。

注意

(1) 线程的启动一定要用线程对象的 start()函数，不能用 run()函数，否则就没有多线程的效果。

(2) 在本例中启动了 3 个线程，即 ft1、ft2、ft3。实际上，主函数的运行也是一个线程，一般称为主线程。当程序加载到内存时启动主线程。

(3) 至于哪个线程先运行完毕，默认情况下由操作系统决定，所以运行完毕的顺序不一定是启动的顺序。

(4) 可以通过 Thread 的 setPriority(int newPriority)函数给线程设置优先级，数值越大，优先级越高。大家可以参考文档。

线程为什么能够实现"程序看起来同时做好几件事情"的功能呢？这主要和操作系统的运行机制有关。多线程的机制实际上相当于 CPU 交替分配给不同的代码段来运行，也就是说，某一个时间片某线程运行，下一个时间片另一个线程运行，各个线程都有抢占 CPU 的权利，至于决定哪个线程抢占则是操作系统需要考虑的事情。由于时间片的轮转非常快，用户感觉不出各个线程抢占 CPU 的过程，看起来好像计算机在“同时”做好几件事情。

线程也可以用匿名对象来实现，例如：

```
public static void main(String[] args) throws Exception {
    new Thread(){
        public void run(){
            //线程执行代码
        }
    }.start();
}
```

这一般较少使用，大家只要能够读懂即可。

12.1.3　实现 Runnable 接口开发多线程

下面讲解第 2 种方法，即实现 Runnable 接口开发多线程。

该方法的步骤如下：

(1) 编写一个类，实现 java.lang.Runnable 接口。

```
class FileTransRunnable implements Runnable
```

(2) 在这个类中重写 java.lang. Runnable 接口中的以下函数：

public void run()

将线程需要执行的代码放入 run 函数。

```
class FileTransRunnable implements Runnable{
    private String fileName;
    public FileTransRunnable(String fileName){
        this.fileName = fileName;
    }
    public void run(){
        System.out.println("传送" + fileName);
        try{
            Thread.sleep(1000 * 10);
        }catch(Exception ex){}
        System.out.println(fileName + "传送完毕");
    }
}
```

到此为止，基本代码编写完毕。不过，此处编写的类并不是一个线程，只是线程要运行的代码。

(3) 实例化 java.lang.Thread 对象，实例化上面编写的 Runnable 实现类，将后者传入 Thread 对象的构造函数，调用 Thread 对象的 start()函数来启动线程。

```
…
FileTransRunnable fr1 = new FileTransRunnable("文件 1");
Thread th1 = new Thread(fr1);
th1.start();
…
```

完整代码如下：

ThreadTest2.java

```
package thread;
class FileTransThread extends Thread{
    private String fileName;
    public FileTransThread(String fileName){
        this.fileName = fileName;
    }
    public void run(){
        System.out.println("传送" + fileName);
        try{
            Thread.sleep(1000 * 10);
        }catch(Exception ex){}
        System.out.println(fileName + "传送完毕");
    }
}
public class ThreadTest2 {
    public static void main(String[] args) throws Exception {
        FileTransThread ft1 = new FileTransThread("文件 1");
        FileTransThread ft2 = new FileTransThread("文件 2");
        FileTransThread ft3 = new FileTransThread("文件 3");
        ft1.start();
        ft2.start();
        ft3.start();
    }
}
```

运行，其效果和第 1 种方法的效果类似，整个程序的运行大约 10 秒钟，成功地实现了“程序看起来同时做好几件事情”的效果。

在该方法中线程也可以用匿名对象来实现，例如：

```
public static void main(String[] args) throws Exception {
    new Thread(new Runnable(){
        public void run(){
            //线程执行代码
        }
    }).start();
}
```

由于其一般较少使用，大家只要能够读懂即可。

12.1.4 两种方法有何区别

继承 Thread 的方法具有以下特点：

(1) 每一个对象都是一个线程，其对象具有自己的成员变量。例如：

```
class FileTransThread extends Thread{
    private String fileName;
    public void run(){
        //...
    }
}
...
FileTransThread ft1 = new FileTransThread();
FileTransThread ft2 = new FileTransThread();
```

此时，线程 ft1 和 ft2 具有各自的 fileName 成员变量，除非将 fileName 定义为静态变量。

(2) Java 不支持多重继承，继承了 Thread 就不能继承其他类，因此该类主要完成线程工作，功能比较单一。

而实现 Runnable 的方法具有以下特点：

(1) 每一个对象不是一个线程，必须将其传入 Thread 对象才能运行，各个线程是否共享 Runnable 对象成员视情况而定。例如有以下 Runnable 类：

```
class FileTransRunnable extends Runnable{
    private String fileName;
    public void run(){
        //...
    }
}
```

如下代码：

```
FileTransRunnable fr1 = new FileTransRunnable();
FileTransRunnable fr2 = new FileTransRunnable();
Thread th1 = new Thread(fr1);
Thread th2 = new Thread(fr2);
```

此时，线程 th1 和 th2 访问各自的 fileName 成员变量，因为它们传进来的 FileTransRunnable 是不同的。但是如下代码：

```
FileTransRunnable fr = new FileTransRunnable();
Thread th1 = new Thread(fr);
Thread th2 = new Thread(fr);
```

线程 th1 和 th2 访问的确实是同一个 fileName 成员变量，因为它们传进来的 FileTransRunnable 是同一个对象。

(2) Java 不支持多重继承，却可以支持实现多个接口，因此有时可以给一些继承了某些父类的类通过实现 Runnable 的方法增加线程功能，这将在后面的章节提到。

阶段性作业

请用两种方法实现：

现有一个程序，需要每隔 1 毫秒在界面上打印一个“Hello”，与此同时，程序也在计算 1+2+3+4+5+…+10 000，算完之后输出。要求两者互不干涉。

12.2 控制线程的运行

12.2.1 为什么要控制线程的运行

线程的控制非常常见，例如文件传送到一半时，我们需要暂停文件传送，或者中止文件传送，这实际上就是控制线程的运行。

注意

线程从创建、运行到消亡的过程称为线程的生命周期，用线程的状态(state)表明线程处在生命周期的哪个阶段。线程有创建、可运行、运行中、阻塞、死亡 5 种状态，通过线程的控制与调度可使线程在这几种状态间转化。这 5 种状态的详细描述如下。

(1) 创建状态：使用 new 运算符创建一个线程。

(2) 可运行状态：使用 start()方法启动一个线程后系统分配了资源。

(3) 运行中状态：执行线程的 run()方法。

(4) 阻塞状态：运行的线程因某种原因停止继续运行。

(5) 死亡状态：线程结束。

12.2.2 传统方法的安全问题

查看 java.lang.Thread 的文档，可以发现 Thread 类中提供了对线程生命周期进行控制的函数。

(1) stop()：停止线程。

(2) suspend()：暂停线程的运行。

(3) resume()：继续线程的运行。

(4) destroy()：让线程销毁。

可惜的是，这几个函数因为有安全问题不能使用。

图 12-6 是文档中关于 resume 方法不推荐使用的描述：

void	**resume**() **已过时。** *该方法只与 suspend() 一起使用，但 suspend() 已经遭到反对，因为它具有死锁倾向。有关更多信息，请参阅为何 Thread.stop、Thread.suspend 和 Thread.resume 遭到反对？。*

图 12-6 关于 resume 方法不推荐使用的描述

问答

问：为什么不推荐使用这些函数呢？

答：线程暂停或者终止时可能对某些资源的锁并没有释放，它所保持的任何资源都会保持锁定状态。以线程暂停为例，在调用 suspend()的时候目标线程会停下来，但仍然持有在这之前获得的资源锁定，此时其他任何线程都不能访问锁定的资源。如果锁定到达一定的严重程度，可能会造成死锁。

针对这个问题，在 Java1.2 中将 Thread 的 stop()、suspend()、resume()以及 destroy()方法定义为"已过时"方法，不再推荐使用。

12.2.3 如何控制线程的运行

如前所述，对于线程的暂停和继续早期采用 suspend()和 resume()方法，但是容易发生死锁。

这里举一个简单的例子。假如某文件的传输需要 10 秒钟（每秒钟传输 10%），我们让其传输到某个时刻暂停传输，然后继续，直到传完为止。

我们使用实现 Runnable 的方法来开发，首先是文件传输的 Runnable 类（为了简化省去文件名称的变量）：

ThreadControlTest1. java

```
package threadcontrol;

public class ThreadControlTest1 implements Runnable{
    private int percent = 0;
    public void run(){
        while(true){
            System.out.println("传输进度:" + percent + " % ");
            try{
                Thread.sleep(1000);
            }catch(Exception ex){}
            percent += 10;
            if(percent == 100){
                System.out.println("传输完毕");
                break;
            }
        }
    }
    public static void main(String[ ] args) throws Exception {
        ThreadControlTest1 ft = new ThreadControlTest1();
        Thread th = new Thread(ft);
        th.start();
    }
}
```

运行，控制台上将打印文件传输的模拟过程，如图 12-7 所示。

从上面的代码可以看出，如果将该类对象以线程运行，while 循环会执行 10 次，然后退出。

但是，我们需要在某个时刻（例如 5 秒钟之后），暂停

图 12-7 ThreadControlTest1. java 的效果

线程的运行(例如 1 分钟),但又不能使用 Thread 的相关函数,怎么办?

解决该问题的规则如下:

(1) 当需要暂停时干脆让线程的 run()方法结束运行以释放资源(实际上是让该线程永久结束)。

(2) 线程需要继续时新开辟一个线程继续工作。

如何让 run()方法结束呢?很简单,由于 run()方法中有一个 while 循环,将该循环的执行标志由 true 改为 false 即可。

注意

这实际上是通过一个标志告诉线程什么时候退出自己的 run()方法来中止自己的执行。

因此,上面的代码可以改为:

ThreadControlTest2.java

```
package threadcontrol;

public class ThreadControlTest2 implements Runnable{
    private int percent = 0;
    private boolean RUN = true;                    //标志位
    public void run(){
        while(RUN){
            System.out.println("传输进度:" + percent + "%");
            try{
                Thread.sleep(1000);
            }catch(Exception ex){}
            percent += 10;
            if(percent == 100){
                System.out.println("传输完毕");
                break;
            }
        }
    }
    public static void main(String[] args) throws Exception {
        ThreadControlTest2 ft = new ThreadControlTest2();
        Thread th = new Thread(ft);
        th.start();

        Thread.sleep(5000);                        //5 秒钟之后
        ft.RUN = false;                            //相当于让 th1 暂停
        System.out.println("暂停 1 分钟");
        Thread.sleep(1000 * 60);                   //再等 1 分钟之后
        ft.RUN = true;
        th = new Thread(ft);                       //新线程继续开始
        th.start();
    }
}
```

运行,文件传输,一段时间之后线程暂停(实际上是结束),如图 12-8 所示。

1 分钟之后,继续运行至传输完毕。

提示

(1) 从程序可以看出，当要暂停时实际上是让一个线程运行完毕，当要继续时实际上相当于新开一个线程。

(2) 在终止线程时一定要注意现场保护，以便线程继续运行时能够根据已有现场继续运行线程。例如在本例中，下一个线程运行时必须知道前面已经做了多少进度。

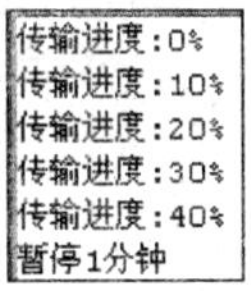

传输进度:0%
传输进度:10%
传输进度:20%
传输进度:30%
传输进度:40%
暂停1分钟

图 12-8 ThreadControlTest2.java 的效果

阶段性作业

现有一个程序，需要每隔 1 毫秒在界面上打印一个"Hello"，与此同时，程序也在计算 1+2+3+4+5+…+10 000，算完之后输出。要求：在将加法结果输出之后 Hello 就不打印了(相当于在一个线程里面停掉另一个线程)。

12.3 线程协作安全

12.3.1 什么是线程协作

在有些情况下，多个线程合作完成一件事情的几个步骤，此时线程之间实现了协作。如果一个工作需要若干个步骤，各个步骤都比较耗时，不能因为它们的运行影响程序的运行效果，最好的方法就是将各步用线程实现。

但是，由于线程随时都有可能抢占 CPU，可能在前面一个步骤没有完成时后面的步骤线程已经运行，该安全隐患造成系统得不到正确的结果。

12.3.2 一个有问题的案例

这里给出一个案例：线程 1 负责完成一个复杂运算(比较耗时)，线程 2 负责得到结果，并将结果进行下一步处理。

例如，在某个科学计算系统中线程 1 负责计算 1～100 000 各个数字的和(暂且认为它非常耗时)，线程 2 负责得到这个结果并且写入数据库。

读者首先想到的是将耗时的计算放入线程，这是正确的想法。首先用传统线程方法来编写这段代码：

ThreadCooperateTest1.java

```
package threadcooperate;
public class ThreadCooperateTest1{
    private long sum = 0;
    class CalThread extends Thread{                //负责计算的线程
        public void run(){
            for(int i = 1;i < = 100000;i++){
                sum += I;
            }
        }
    }
    class SaveThread extends Thread{               //负责保存的线程
```

```
        public void run(){
            System.out.println("写入数据库:" + sum);
        }
    }
    public void work(){
        CalThread ct = new CalThread();
        SaveThread st = new SaveThread();
        ct.start();
        st.start();
    }
    public static void main(String[ ] args) {
        new ThreadCooperateTest1().work();
    }
}
```

写入数据库:970921

图 12-9　ThreadCooperateTest1.java 的效果

运行,控制台打印效果如图 12-9 所示。

很明显,该程序结果是错的,并且每次运行结果都不一样,这是为什么呢?

观察 work()函数中的代码,当线程 ct 运行后线程 st 运行,此时线程 st 随时可能抢占 CPU,而不一定要等线程 ct 运行完毕。此时,在求和还没开始做或只完成一部分时就打印 sum,导致得到不正常结果。

12.3.3　如何解决

怎样解决这个问题呢?显而易见,方法是在运行线程 ct 时命令另一个线程 st 等待线程 ct 运行完毕才能抢占 CPU 进行运行。

在 Java 语言中只需要调用线程 ct 的 join()方法就能够让系统等其运行完毕才能运行接下来的代码:

ThreadCooperateTest2.java

```
package threadcooperate;
public class ThreadCooperateTest2{
    private int sum = 0;
    class CalThread extends Thread{                //负责计算的线程
        public void run(){
            for(int i = 1;i <= 100000;i++){
                sum += I;
            }
        }
    }
    class SaveThread extends Thread{               //负责保存的线程
        public void run(){
            System.out.println("写入数据库:" + sum);
        }
    }
    public void work() throws Exception{
        CalThread ct = new CalThread();
        SaveThread st = new SaveThread();
        ct.start();
        ct.join();
```

```
        st.start();
    }
    public static void main(String[ ] args) throws Exception {
        new ThreadCooperateTest2().work();
    }
}
```

运行,控制台打印效果如图 12-10 所示。

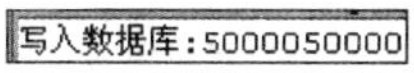

写入数据库:5000050000

图 12-10 ThreadCooperateTest2.java 的效果

运行正常。

注意

实际上,该程序相当于摒弃了"线程就是为了程序看起来同时做好几件事情"的思想,将并发程序又变成了顺序的,如果线程 ct 没有运行完毕,程序会在 ct.join()处堵塞。如果 work()函数耗时较长,程序将一直等待。

如何解决这个问题呢?一般的方法是将 work()函数放在另一个线程中,这样既不会堵塞主程序,又能够保证数据的安全性。

阶段性作业

将上例中的 work()函数写在另一个线程内,在主函数中调用。

12.4 线程同步安全

12.4.1 什么是线程同步

在默认情况下线程都是独立的,而且异步执行,线程中包含了运行时所需要的数据或方法,而不需要外部的资源或方法,也不必关心其他线程的状态或行为。但是在多个线程运行时共享数据的情况下就需要考虑其他线程的状态和行为,否则不能保证程序运行结果的正确性。在某些项目中经常会出现线程同步的问题,即多个线程在访问同一资源时会出现安全问题。本节基于一个简单的案例针对线程的同步问题进行阐述。

注意

所谓同步(synchronize),就是发出一个功能调用时在没有得到结果之前该调用不返回,同时其他线程也不能调用这个方法。通俗地讲,一个线程是否能够抢占 CPU 必须考虑另一个线程中的某种条件,而不能随便让操作系统按照默认方式分配 CPU,如果条件不具备,就应该等待另一个线程运行,直到条件具备。

12.4.2 一个有问题的案例

给出一个案例:有若干张飞机票,两个线程去卖它们,要求没有票时能够提示"无票"。这里以最后剩 3 张票为例,首先用传统方法编写这段代码。

ThreadSynTest1.java

```
package threadsyn;
class TicketRunnable implements Runnable{
```

```
        private int ticketNum = 3;                  //以最后剩 3 张票为例
        public void run(){
            while(true){
                String tName = Thread.currentThread().getName();
                if(ticketNum <= 0){
                    System.out.println(tName + "无票");
                    break;
                }
                else{
                    ticketNum -- ;                  //代码行 1
                    System.out.println(tName + "卖出一张票,还剩" + ticketNum +
                            "张票");
                }
            }
        }
    }

    public class ThreadSynTest1 {
        public static void main(String[] args){
            TicketRunnable tr = new TicketRunnable();
            Thread th1 = new Thread(tr,"线程 1");
            Thread th2 = new Thread(tr,"线程 2");
            th1.start();
            th2.start();
        }
    }
```

```
线程1卖出一张票,还剩2张票
线程1卖出一张票,还剩1张票
线程1卖出一张票,还剩0张票
线程1无票
线程2无票
```

图 12-11 ThreadSynTest1.java 的效果

运行,控制台打印效果如图 12-11 所示。

这段程序貌似没有问题,但是它是很不安全的,并且这种不安全性很难被发现,会给项目的后期维护带来巨大的代价。

观察程序中的代码行 1 处的注释,当只剩下一张票时,线程 1 卖出了最后一张票,接着要运行 ticketNum--,但在 ticketNum--还没来得及运行的时候,线程 2 有可能抢占 CPU 来判断当前有无票可卖,此时由于线程 1 还没有运行 ticketNum--,当然票数还是 1,线程 2 判断还可以卖票,这样最后一张票被卖出了两次。当然,在上面的程序中没有给线程 2 卖票的机会,实际上票都由线程 1 卖出,我们看不出其中的问题。为了让大家看清这个问题,我们模拟线程 1 和线程 2 交替卖票的情况,将代码改为:

ThreadSynTest2.java

```
package threadsyn;
class TicketRunnable implements Runnable{
    private int ticketNum = 3;                  //以最后剩 3 张票为例
    public void run(){
        while(true){
            String tName = Thread.currentThread().getName();
            if(ticketNum <= 0){
                System.out.println(tName + "无票");
                break;
```

```
                }
                else{
                    try{
                        Thread.sleep(1000);        //程序休眠 1000 毫秒
                    }catch(Exception ex){}
                    ticketNum--;                   //代码行 1
                    System.out.println(tName + "卖出一张票,还剩" + ticketNum +
                            "张票");
                 }
            }
        }
    }

    public class ThreadSynTest2 {
        public static void main(String[] args){
            TicketRunnable tr = new TicketRunnable();
            Thread th1 = new Thread(tr,"线程 1");
            Thread th2 = new Thread(tr,"线程 2");
            th1.start();
            th2.start();
        }
    }
```

在该代码中增加了一行,程序休眠 1000 毫秒,让另一个线程来抢占 CPU。运行,控制台打印效果如图 12-12 所示。

```
线程1卖出一张票,还剩1张票
线程2卖出一张票,还剩1张票
线程2卖出一张票,还剩-1张票
线程2无票
线程1卖出一张票,还剩-1张票
线程1无票
```

图 12-12 ThreadSynTest2.java 的效果

最后一张票被卖出两次,系统不可靠。

注意

更为严重的是,该问题的出现很有随机性。例如,有些项目在实验室运行阶段没有问题,因为哪个线程抢占 CPU 是由操作系统决定的,用户并没有权利干涉,也无法预测,所以项目可能在商业运行阶段出现了问题,等到维护人员去查问题的时候,由于问题出现的随机性,问题可能不出现了。这种情况往往给维护带来巨大的代价。

以上案例是多个线程消费有限资源的情况,在该情况下还有很多其他案例,例如多个线程向有限的空间写数据,线程 1 写完数据,空间满了,但没来得及告诉系统;此时另一个线程抢占 CPU,也来写,不知道空间已满,造成溢出。

12.4.3 如何解决

怎样解决这个问题?很简单,就是让一个线程卖票时其他线程不能抢占 CPU。根据定义,实际上相当于要实现线程的同步,通俗地讲,可以给共享资源(在本例中为票)加一把锁,这把锁只有一把钥匙。哪个线程获取了这把钥匙,才有权利访问该共享资源。

有一种比较直观的方法,可以在共享资源(如"票")每一个对象内部都增加一个新成员,标识"票"是否正在被卖中,其他线程访问时必须检查这个标识,如果这个标识确定票正在被卖中,线程不能抢占 CPU。这种设计在理论上当然可行,但由于线程同步的情况并不是很普遍,仅仅为了这种小概率事件在所有对象内部都开辟另一个成员空间,带来极大的空间浪费，增加了编程难度，所以一般不采用这种方法。现代的编程语言的设计思路都是把同步标识加在代码段上，确切地说是把同步标识放在“访问共享资源(如卖票)的代码段”上。

在 Java 语言中，synchronized 关键字可以解决这个问题，语法形式如下：

```
synchronized(同步锁对象) {
    //访问共享资源需要同步的代码段
}
```

synchronized 后的“同步锁对象”，必须是可以被各个线程共享的，例如 this、某个全局标量等，不能是一个局部变量。

其原理为当某一线程运行同步代码段时在“同步锁对象”上置一标记，运行完这段代码，标记消除。其他线程要想抢占 CPU 运行这段代码，必须在“同步锁对象”上先检查该标记，只有标记处于消除状态才能抢占 CPU。在上面的例子中，this 是一个“同步锁对象”。

因此，在上面的案例中可以将卖票的代码用 synchronized 代码块包围起来，“同步锁对象”取 this。代码如下：

ThreadSynTest3. java

```
package threadsyn;

class TicketRunnable implements Runnable {
    private int ticketNum = 3;                  //以最后剩 3 张票为例
    public void run() {
        while (true) {
            String tName = Thread.currentThread().getName();
            //将需要独占 CPU 的代码用 synchronized(this)包围起来
            synchronized (this) {
                if (ticketNum <= 0) {
                    System.out.println(tName + "无票");
                    break;
                } else {
                    try {
                        Thread.sleep(1000); //程序休眠 1000 毫秒
                    } catch (Exception ex) {
                    }
                    ticketNum--;             //代码行 1
                    System.out.println(tName + "卖出一张票,还剩" +
                            ticketNum + "张票");
                }
            }
        }
    }
}

public class ThreadSynTest3 {
    public static void main(String[] args) {
        TicketRunnable tr = new TicketRunnable();
        Thread th1 = new Thread(tr, "线程 1");
        Thread th2 = new Thread(tr, "线程 2");
        th1.start();
        th2.start();
    }
}
```

运行,可以得到如图 12-13 所示的效果。

线程1卖出一张票,还剩2张票
线程1卖出一张票,还剩1张票
线程2卖出一张票,还剩0张票
线程2无票
线程1无票

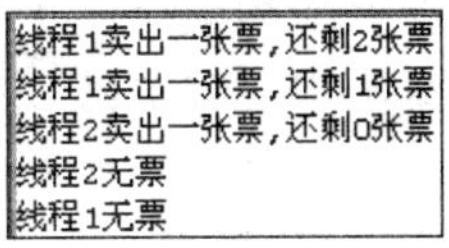

图 12-13 ThreadSynTest3.java 的效果

这说明程序运行完全正常。

从以上代码可以看出,该方法的本质是将需要独占 CPU 的代码用 synchronized(this)包围起来。如前所述,一个线程进入这段代码之后就在 this 上加了一个标记,直到该线程将这段代码运行完毕才释放这个标记。如果其他线程想要抢占 CPU,先要检查 this 上是否有这个标记,若有就必须等待。

但是可以看出,该代码实际上运行较慢,因为一个线程的运行必须等待另一个线程将同步代码段运行完毕。因此从性能上讲,线程同步是非常耗费资源的一种操作。用户要尽量控制线程同步的代码段范围,从理论上说,同步的代码段范围越小,段数越少越好,因此在某些情况下推荐将小的同步代码段合并为大的同步代码段。

注意

实际上,在 Java 中还可以把 synchronized 关键字直接加在函数的定义上,这也是一种可以推荐的方法。例如:

```
public synchronized void f1() {
    //f1 代码段
}
```

效果等价于:

```
public void f1() {
    synchronized(this){
      //f1 代码段
    }
}
```

值得一提的是,如果不能确定整个函数都需要同步,那就要尽量避免直接把 synchronized 加在函数定义上的做法。如前所述,要控制同步粒度,同步的代码段越小越好,synchronized 控制的范围越小越好,否则会造成不必要的系统开销。所以,大家在实际开发中要十分小心,因为过多的线程等待可能造成系统性能下降,甚至造成死锁。

阶段性作业

(1) 将本节例子中的同步代码写成同步函数。

(2) 定义一个数组,大小为 10;两个线程,都向这个数组中存放数据,当数组满时要求能够提示。分析一下有无数组溢出的安全隐患,并提出解决方案。

12.4.4 小心线程死锁

如果不当地使用代码段的同步会出现什么情况呢?

例如,当一段同步代码被某线程运行时其他线程可能进入堵塞状态(无法抢占 CPU),

而刚好在该线程中访问了某个对象，这个对象又处于另一个线程的锁定状态。

如果出现一种极端情况，一个线程等候另一个对象，而另一个对象又在等候下一个对象，依此类推。这个“等候链”如果进入封闭状态，也就是说最后那个对象等候的是第一个对象，此时所有线程都会陷入无休止的相互等待状态，造成死锁。尽管这种情况并非经常出现，但一旦出现，程序的调试将变得异常艰难。

提示

死锁(DeadLock)是指两个或两个以上的线程在执行过程中因争夺资源而造成的一种互相等待的现象，此时称系统处于死锁状态，这些永远在互相等待的线程称为死锁线程。

产生死锁的 4 个必要条件如下。

(1) 互斥条件：资源每次只能被一个线程使用，例如前面的“线程同步代码段”就是只能被一个线程使用的典型资源。

(2) 请求与保持条件：一个线程请求资源，但因为某种原因该资源无法分配给它，于是该线程阻塞，此时它对已获得的资源保持不放。

(3) 不剥夺条件：进程已获得的资源在未使用完之前不管其是否阻塞都无法强行剥夺。

(4) 循环等待条件：若干进程之间互相等待，形成一种首尾相接的循环等待资源的关系。

这 4 个条件是死锁的必要条件，只要系统发生死锁，这些条件必然成立，只要上述条件之一不满足，就不会发生死锁。

在这里给出一个死锁的案例，代码如下：

DeadLockTest1.java

```
package deadlock;

public class DeadLockTest1 implements Runnable {
    static Object S1 = new Object(), S2 = new Object();

    public void run() {
        if (Thread.currentThread().getName().equals("th1")) {
            synchronized (S1) {
                System.out.println("线程 1 锁定 S1");          //代码段 1
                synchronized (S2) {
                    System.out.println("线程 1 锁定 S2");      //代码段 2
                }
            }
        } else {
            synchronized (S2) {
                System.out.println("线程 2 锁定 S2");          //代码段 3
                synchronized (S1) {
                    System.out.println("线程 2 锁定 S1");      //代码段 4
                }
            }
        }
    }

    public static void main(String[] args) {
        Thread t1 = new Thread(new DeadLockTest1(), "th1");
        Thread t2 = new Thread(new DeadLockTest1(), "th2");
        t1.start();
```

```
        t2.start();
    }
}
```

运行,效果如图 12-14 所示。

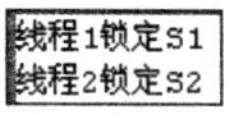

线程1锁定S1
线程2锁定S2

图 12-14 DeadLockTest1.java 的效果

两个线程陷入无休止的等待。观察 run()函数中的代码,当 th1 运行后进入代码段 1,锁定了 S1,如果此时 th2 运行,抢占 CPU,进入代码段 3,锁定 S2,那么 th1 就无法运行代码段 2,但是又没有释放 S1,此时 th2 也就不能运行代码段 4,造成互相等待。

死锁是一个很重要的问题,它能导致整个应用程序慢慢终止,尤其是当开发人员不熟悉如何分析死锁环境的时候很难被分离和修复。

如何解决死锁呢?就语言本身来说,尚未直接提供防止死锁的帮助措施,需要开发人员通过谨慎的设计来避免。一般情况下主要针对死锁产生的 4 个必要条件进行破坏,用来避免和预防死锁。在系统设计、线程开发等方面,注意如何不让这 4 个必要条件成立,如何确定资源的合理分配算法,避免线程永久占据系统资源。

解决死锁没有简单的方法,这是因为线程产生死锁各有各的原因,而且往往具有很高的负载。从技术上讲,可以用以下方法进行死锁的排除:

(1) 可以撤销陷于死锁的全部线程。

(2) 可以逐个撤销陷于死锁的进程,直到死锁不存在。

(3) 从陷于死锁的线程中逐个强迫放弃所占用的资源,直到死锁消失。

提示

关于死锁的检测与解除有很多重要算法,如资源分配算法、银行家算法等,大家从操作系统的一些参考资料中应该可以得到足够的了解。

12.5 认识定时器

12.5.1 为什么需要定时器

在很多情况下需要让程序每隔一个固定的时间完成某个功能,在 Java 中提供了定时器,能够简化操作。

定时器在许多特定的应用中很有用,它的主要作用是安排工作的运行时间和频率。定时器的功能实际上可以用多线程来实现,只是在对时间和频率的掌握上定时器可以做得更加方便。本节将利用定时器来完成:在屏幕上不断打印当前时间,每隔一秒钟打印一次。

12.5.2 如何使用定时器

定时器效果的实现依赖于下面两个类。

(1) 定时器所做的具体工作类:java.util.TimerTask。

(2) 定时器活动控制类:java.util.Timer。

打开文档,找到 java.util.TimerTask 类,可以发现它没有可用的构造函数,也无法得到其对象,实际上这个类是为了让我们进行继承的,在里面最重要的成员函数如下:

```
public abstract void run()
```

这个函数是抽象函数，一定要进行重写，这样就可以将定时器所做的工作写在这个函数内。如下代码就是在 TimerTask 中定义了相应功能：

```
class Task extends TimerTask{
        public void run(){
            Date d = new Date();
            System.out.println(d);
        }
    }
```

然后是 java.util.Timer 类，打开文档，找到 java.util.Timer 类，最常见的是以下构造函数：

```
public Timer()
```

通过这个构造函数可以实例化 Timer 对象，用它来控制 TimerTask 对象的运行。

接下来应该将 Timer 对象和 TimerTask 对象绑定，在 Timer 类中有以下成员函数。

(1) 某时刻触发 TimerTask 的 run 函数：

```
public void schedule(TimerTask task, Date time)
```

例如：

```
Timer timer = new Timer();
timer.schedule(new Task(), new Date());
```

表示从现在开始运行 Task 类中的 run 函数一次。

(2) 某段时间之后触发一次 TimerTask 的 run 函数：

```
public void schedule(TimerTask task, long delay)
```

例如：

```
Timer timer = new Timer();
timer.schedule(new Task(), 1000);
```

表示 1000 毫秒之后运行 Task 类中的 run 函数一次。

(3) 某段时间之后触发 TimerTask 的 run 函数开始执行，指定重复执行的周期，单位是毫秒：

```
public void schedule(TimerTask task, long delay, long period)
```

例如：

```
Timer timer = new Timer();
timer.schedule(new Task(), 1000, 500);
```

表示 1000 毫秒之后运行 Task 类中的 run 函数，每 500 毫秒一次。

(4) 某个时刻开始执行 TimerTask 的 run 函数，指定重复执行的周期，单位是毫秒：

```
public void schedule(TimerTask task, Date firstTime, long period)
```

例如：

```
Timer timer = new Timer();
timer.schedule(new Task(), new Date(),1000);
```

表示从现在开始运行 Task 类中的 run 函数，每 1000 毫秒一次。

在这个案例内可以使用这 4 个 schedule 函数中的最后一个，第 2 个参数取当前时间，第 3 个参数取 1000 毫秒。

另外，在定时器中还有一个函数：

```
public void cancel()
```

它可以终止定时器的运行。注意，Timer 终止之后必须重新实例化 Timer 对象和 TimerTask 对象，重新调用 schedue 函数来运行。

因此可以编写代码如下：

TimerTest1.java

```
package timer;
import java.util.Date;
import java.util.Timer;
import java.util.TimerTask;
class Task extends TimerTask {
    public void run() {
        Date d = new Date();
        System.out.println(d);
    }
}
public class TimerTest1 {
    public static void main(String[] args) {
        Timer timer = new Timer();
        timer.schedule(new Task(), new Date(), 1000);
    }
}
```

运行，控制台打印效果如图 12-15 所示。

```
Mon Nov 15 12:37:15 CST 2010
Mon Nov 15 12:37:16 CST 2010
Mon Nov 15 12:37:17 CST 2010
```

图 12-15 TimerTest1.java 的效果

注意

(1) 和多线程相比，利用定时器时 TimerTask 类中没有写循环，其时间和频率的控制完全靠 Timer 对象，简化了编程。

(2) javax.swing.Timer 也能实现类似的功能，这将在后面的章节中讲解。

阶段性作业

用 Timer 实现：

现有一个程序，需要每隔 1 毫秒在界面上打印一个“Hello”，与此同时，程序也在计算 1+2+3+4+5+…+10 000，算完之后输出。要求：在将加法结果输出之后 Hello 就不打印了。

本章知识体系

知 识 点	重要等级	难度等级
线程的原理	★★★★	★★
线程的实现方法	★★★★★	★★★★
控制线程运行	★★★★	★★★★
线程协作安全	★★★	★★★
线程同步安全	★★★★	★★★
线程死锁	★★★	★★★★
定时器	★★★	★★★

第 13 章

Java IO 操作

IO 操作是 Java 语言的重要内容。本章将对文件的操作、字节流的读写和字符流的读写进行讲解，并对 RandomAccessFile 类和 Properties 类进行介绍。

本章术语

IO __________

File __________

FileInputStream/FileOutputStream __________

PrintStream __________

ObjectInputStream/ObjectOutputStream __________

FileReader/FileWriter __________

BufferedReader __________

InputStreamReader __________

RandomAccessFile __________

Properties __________

13.1 认识 IO 操作

几乎所有的高级语言都支持 IO 操作。

什么是 IO 操作？很简单，“I”是 Input 的简称，表示输入；“O”是 Output 的简称，表示输出。

以下是典型的输入例子：

(1) 从网络上接收数据。

(2) 从键盘输入数据。

以下是典型的输出例子：

(1) 将数据输出到打印机打印。

(2) 将数据保存到硬盘上的文件。

从表面上这两个词语比较容易理解，实际上和程序设计结合起来初学者往往无法分辨 I 和 O 的区别。例如，将数据进行打印，为什么是输出呢？明明是将数据输入给打印机呀！

这里必须澄清一个概念，我们讲解的输入和输出全部是站在程序的角度，或者说站在“内存”的角度。如果是从其他地方获取数据入内存叫输入，将数据从内存送到别处叫输出。

一个操作，对我方是输出，站在对方的角度就变成了输入。因此，保存文件站在硬盘的角度就是输入，但是站在内存的角度又是输出。因此，大家一定要明白 IO 概念的立足点是内存。

阶段性作业

以下操作属于输入还是输出？

(1) 从硬盘上读取文件数据。

(2) 从扫描仪上接收数据。

(3) 在网上发送数据给对方。

(4) 将数据显示在屏幕上。

在 Java 中，IO 操作的支持 API 一般保存在 java.io 包中，所以本章的内容主要基于 java.io 包进行讲解。

13.2 用 File 类操作文件

13.2.1 认识 File 类

用 Java 语言如何进行文件的操作？例如删除文件、创建文件、列出某个目录下的所有文件，这些功能如何实现呢？

通常使用 java.io.File 类进行文件操作。

File 类提供了文件操作功能，打开文档，找到 java.io.File 类，最常见的构造函数如下：

```
public File(String pathname)
```

其传入一个路径，实例化 File 对象。

注意

(1) 对于路径，Windows 系统中规定的分隔符是"\"，如果写成常量，应该用"\\"表示，例如"C:\\test.txt"，在 Unix 等系统中分隔符是"/"。

不过即使在 Windows 下，在编程时仍然使用"/"作分隔符 File 类也能够接受。

(2) 在 Java 中目录也用 File 类封装。

用户可以调用 File 类里面的函数进行文件操作，主要功能如下。

(1) 返回绝对路径字符串：

```
public String getAbsolutePath()
```

(2) 判断文件(目录)是否存在：

```
public boolean exists()
```

(3) 判断 File 对象是否为目录：

```
public boolean isDirectory()
```

(4) 判断 File 对象是否为文件：

```
public boolean isFile()
```

(5) 返回文件的长度：

```
public long length()
```

如果此对象表示一个目录，则返回值不确定。

(6) 创建文件：

```
public boolean createNewFile() throws IOException
```

(7) 创建目录：

```
public boolean mkdir()
```

(8) 删除文件：

```
public boolean delete()
```

如果此对象表示一个目录，则此目录必须为空才能删除。

(9) 以字符串数组列出目录下的所有文件：

```
public String[] list()
```

(10) 以 File 数组列出目录下的所有文件：

```
public File[] listFiles()
```

(11) 重命名：

```
public boolean renameTo(File dest)
```

注意

在该包内没有“复制文件”“移动文件”等功能。

对于其他内容，大家可以参考文档。

13.2.2 使用 File 类操作文件

本节使用 File 类操作文件：输入一个文件路径，如果文件存在，则显示大小并删除，否则提示文件不存在。代码如下：

FileTest1.java

```
package file;
import java.io.File;
import javax.swing.JOptionPane;
public class FileTest1 {
    public static void main(String[] args) throws Exception {
        String fileName = JOptionPane.showInputDialog("输入文件路径");
        File file = new File(fileName);
        if(file.exists()){
            System.out.println("文件大小:" + file.length());
            file.delete();
            System.out.println("文件已删除");
        }
        else{
```

```
                System.out.println("文件不存在");
            }
        }
    }
```

运行，输入一个存在的文件名，如图 13-1 所示。

单击“确定”按钮，控制台打印效果如图 13-2 所示。

图 13-1　输入存在的文件名

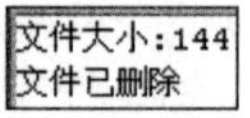

图 13-2　FileTest1.java 的效果

注意

(1) 文件大小是用字节表示的。

(2) 在输入时我们输入的是“C:\test.txt”，为什么不是“C:\\test.txt”？这是因为通过对话框输入的方法内容保存在 fileName 中，不需要转义字符，如果直接在源代码中将路径赋值给变量 fileName，则必须写成“fileName＝"C:\\test.txt"”。当然，这里也可以输入“C:\\test.txt”和“C:/test.txt”。

(3) 此处的删除不是移到回收站中，而是永久删除。

13.2.3　使用 File 类操作目录

本节使用 File 类操作目录；输入一个目录路径，如果文件存在，则显示该目录下的所有文件名，否则提示目录不存在。代码如下：

FileTest2.java

```
package file;
import java.io.File;
import javax.swing.JOptionPane;
public class FileTest2 {
    public static void main(String[] args) throws Exception {
        String fileName = JOptionPane.showInputDialog("输入目录路径");
        File file = new File(fileName);
        if(file.exists()&&file.isDirectory()){
            File[] files = file.listFiles();
            for(File f:files){
                System.out.println(f.getAbsolutePath());
            }
        }
        else if(!file.isDirectory()){
            System.out.println("不是目录或者目录不存在");
        }
    }
}
```

运行，输入一个存在的目录路径，如图 13-3 所示。

单击“确定”按钮，控制台打印效果如图 13-4 所示。

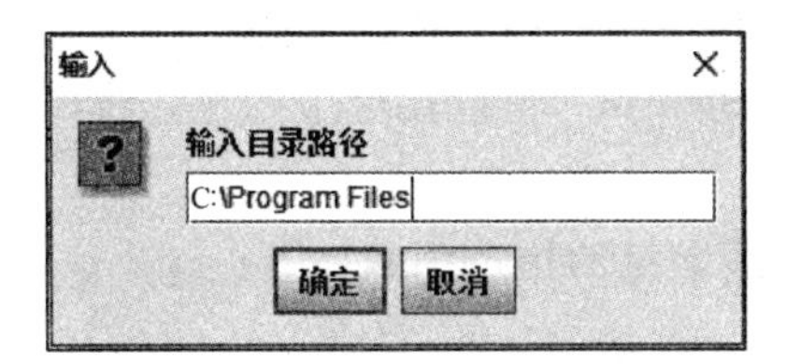

图 13-3 输入存在的目录路径

```
C:\Program Files\360
C:\Program Files\Adobe
C:\Program Files\AMD
C:\Program Files\Broadcom
C:\Program Files\Common Files
```

图 13-4 FileTest2.java 的效果

阶段性作业

(1) 输入一个文件夹名称，删除其下面的所有文件。

(2) 输入一个扩展名和一个文件夹名称，显示该文件夹下所有这个扩展名的文件名及其大小。

13.3 字节流的输入与输出

13.3.1 认识字节流

在 Java 中，输入与输出主要针对两类数据——字节和字符。Java 早期版本仅仅针对字节，后来随着 Java 使用范围的扩大，字节操作对一些中文、日文等双字节字符不太方便，因此又增加了和字符输入与输出相关的 API。

问答

问：字节和字符有何区别？

答：字符是由字节组成的。在 Java 中将所有字符用 Unicode 编码，占两个字节。例如，如果将“A”以字节输出，则对方收到的内容为“A”，占一个字节；如果将“中”以字节输出，则对方收到的内容为两个字节，但是可能是乱码。如果将“A”以字符输出，则对方收到的内容为“A”，占两个字节；如果将“中”以字节输出，则对方收到的内容为“中”，也占两个字节。

字符和字节的输入与输出都使用“流(Stream)”进行操作。

什么是流？以文件的输入与输出为例，此时可以将硬盘文件比成一个水池，内存要进行输入(读)操作，需要用一个水管连到水池，数据顺着“水管”从硬盘进入内存，此时这个水管就是输入流；反之，内存要进行输出(写)操作，需要用一个水管连到水池，数据顺着“水管”从内存进入硬盘，此时这个水管就是输出流。

在 Java 中，所有字节输入流的父类是 java.io.InputStream，所有字节输出流的父类是 java.io.OutputStream。

但是这两个类都是抽象类，一般使用它们的子类来完成相应的功能。读者可以在文档中查看它们有哪些子类。

13.3.2 如何读写文件

1. 写文件

OutputStream 有一个子类“java.io.FileOutputStream”，可以用字节的形式将内容输出到文件。

打开文档，找到 java.io.FileOutputStream 类，最常见的构造函数如下：

```
public FileOutputStream(String name) throws FileNotFoundException
```

其传入一个路径，实例化 FileOutputStream 对象，如果文件不存在，则创建，如果存在，则删除之后再创建。

该类还有一个构造函数：

```
public FileOutputStream(String name, boolean append) throws FileNotFoundException
```

第 2 个参数如果选择 true，则表示在原有文件末尾添加新的内容。

用户可以调用 FileOutputStream 类里面的函数进行文件操作，主要是各个 write 函数，其中使用较多的是将一个字节数组写入文件：

```
public void write(byte[] b) throws IOException
```

另外还有一些函数，也是将一些可以用字节形式表达的数据写入文件，大家可以参考文档。

这里举一个简单的例子，将字符串“郭克华_Chinasei”保存到“C:\info.txt”中。代码如下：

FileOutputTest1.java

```
package fileio;
import java.io.FileOutputStream;
public class FileOutputTest1 {
    public static void main(String[] args) throws Exception {
        FileOutputStream fos = new FileOutputStream("C:\\info.txt");
        String msg = "郭克华_Chinasei";
        fos.write(msg.getBytes());
        fos.close();
    }
}
```

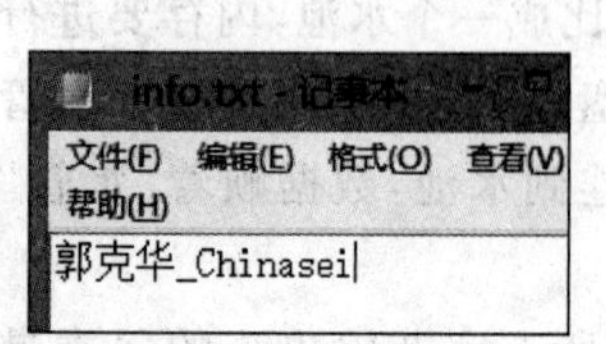

图 13-5　info.txt 的效果

运行，不打印任何结果。此时 info.txt 已经建立，打开，效果如图 13-5 所示。

问答

问：为什么字符串中有中文，以字节形式写到文件中却没有乱码？

答：这是因为在本 JDK 环境下“msg.getBytes()”自动将中文以中文编码变成字节数组。如果将“msg.getBytes()”改为“msg.getBytes("ISO-8859-1")”，则保存文件的中文是乱码，其原因是以 ISO-8859-1 编码转换成的字节数组，系统看到之后无法将其识别为中文。

注意

“fos.close();”表示关掉输出流，大家要养成好的习惯，在文件操作完毕后要关闭流，否则文件有可能被锁定，其他程序无法访问。

不过，在某些特定的场合不一定要频繁关闭。例如，程序每隔一段时间产生日志，将日志信息保存到文件就不用频繁关闭。此时该程序独占这一日志文件。

从底层讲，为了防止频繁读写，数据的输出将会先送到缓冲区，当达到一定数量之后才存到硬盘，close()函数会强制将缓冲区中的数据存入硬盘。如果不想进行 close 操作，又要将缓冲区中的数据存入硬盘，可以调用输出流的 flush()函数。

2. 读文件

InputStream 有一个子类“java.io.FileInputStream”，可以用字节的形式将内容从文件读入。

打开文档，找到 java.io.FileInputStream 类，最常见的构造函数如下：

```
public FileInputStream(String name) throws FileNotFoundException
```

其传入一个路径，实例化 FileInputStream 对象。

该类还有一个构造函数：

```
public FileInputStream(File file) throws FileNotFoundException
```

其传入一个 File 对象，实例化 FileInputStream 对象。

用户可以调用 FileInputStream 类里面的函数进行文件操作，主要是各个 read 函数，其中使用较多的是将内容从文件以字节数组形式读入：

```
public int read(byte[] b) throws IOException
```

该函数的参数是一个字节数组，不过首先必须为字节数组开辟空间。

另外还有一些函数，也是将一些数据以字节形式读入，大家可以参考文档。

这里举一个简单的例子，从“c:\info.txt”中读入内容。代码如下：

FileInputTest1.java

```
package fileio;
import java.io.File;
import java.io.FileInputStream;
public class FileInputTest1 {
    public static void main(String[] args) throws Exception {
        File file = new File("C:/info.txt");
        FileInputStream fis = new FileInputStream(file);
        byte[] data = new byte[(int)file.length()];
        fis.read(data);
        fis.close();
        String msg = new String(new String(data));
        System.out.println(msg);
    }
}
```

郭克华_Chinasei

图 13-6　FileInputTest1.java 的效果

运行，控制台打印效果如图 13-6 所示。

为什么文件中有中文，以字节形式读取居然没有乱码？请大家参照前面的讲解自己思考。

阶段性作业

统计一个文本文件中有多少个“中国”。

3. 用 PrintStream 写文件

用 java.io.PrintStream 写文件更加简便。

打开文档，找到 java.io.PrintStream 类，和写文件相关，最常见的构造函数如下：

```
public PrintStream(OutputStream out)
```

其传入一个 OutputStream 对象，实例化 PrintStream 对象，而根据多态性，传入的 OutputStream 对象又可以是一个 FileOutputStream 对象。

注意

(1) 在 JDK1.5 之后也可以直接传入一个文件路径，不过通常认为上面介绍的构造函数的功能更加强大一些。

(2) 常用的 System.out 是 PrintStream 类型。

用户可以调用 PrintStream 类里面的函数进行输出操作，其功能主要是各个 print 函数和 println 函数，使用方法和 System.out 类似，大家可以参考文档。

这里举一个简单的例子，将字符串"郭克华_Chinasei"保存到“C:\info.txt”中。代码如下：

PrintStreamTest1.java

```
package fileio;
import java.io.FileOutputStream;
import java.io.PrintStream;
public class PrintStreamTest1 {
    public static void main(String[] args) throws Exception {
        PrintStream ps = new PrintStream(new FileOutputStream("C:\\info.txt"));
        String msg = "郭克华_Chinasei";
        ps.println(msg);
        ps.close();
    }
}
```

运行，不打印任何结果。info.txt 已经建立，打开，效果如图 13-7 所示。

图 13-7　info.txt 的效果

小知识

大家可能会问，FileOutputStream 已经可以将内容保存到文件了，为什么还要发明 PrintStream 呢？

实际上，这是一种设计模式——装饰模式的应用。

我们考虑下面的问题：如果需要将内容保存到文件，FileOutputStream 的作用已经够了，但是它只支持字节数组。如果我们需要很方便地将字符串进行输出，怎么办呢？

一种方法是修改 FileOutputStream 的源代码，增加字符串输出的功能。这种方法可以奏效，但是有以下问题：

(1) FileOutputStream 源代码可能不断膨胀。

(2) "需要很方便地将字符串进行输出"这个工作不仅仅针对文件保存，还可能针对网络数据传输、打印机输出，假如有类 NetOutputStream 和 PrinterOutputStream 分别负责这两个工作，那么在这两个类中也增加"字符串输出"功能就面临着大量的代码重复。

怎么办？很简单，将"需要很方便地将字符串进行输出"专门写在一个类中，让它可以为 FileOutputStream、NetOutputStream、PrinterOutputStream 服务。

这个类就是 PrintStream 类，它的构造函数格式如下：

```
public PrintStream(OutputStream out)
```

其传入的不是 FileOutputStream、NetOutputStream、PrinterOutputStream 而是它们的父类"OutputStream"也就是这个原因。

该功能类似于日常生活中我们向水池中灌水，用管子可以实现，但是比较慢。于是我们在管子上接一个漏斗，这样就可以大桶大桶地灌水了。此时，管子就相当于 FileInputStream，PrintStream 就是漏斗。

这也是设计模式中"装饰模式"的一个应用，有兴趣的读者可以参考相应资料。

阶段性作业

将一个九九乘法表保存到文件：

1 * 1=1

1 * 2=2 2 * 2=4

……

13.3.3 如何读写对象

前面讲解的是将一个普通的字符串保存到文件然后读入，在实际操作中有可能要将某个对象进行读写，如何实现呢？

java.io.ObjectOutputStream 和 java.io.ObjectInputStream 可以完成这个功能。

注意

如果一个对象需要被输入或输出(例如输出到文件、网络等)，该对象对应的类必须实现 java.io.Serializable 接口。

1. 写对象

OutputStream 有一个子类——java.io.ObjectOutputStream，可以用对象的形式将内容输出到某个地方。

打开文档，找到 java.io.ObjectOutputStream 类，最常见的构造函数如下：

```
public ObjectOutputStream(OutputStream out) throws IOException
```

其传入一个 OutputStream 对象，实例化 ObjectOutputStream 对象，很显然，如果传入的是 FileOutputStream，则存入文件。这也是装饰模式的应用。

用户可以调用 ObjectOutputStream 类里面的函数进行对象操作，其中使用较多的是将一个对象写入文件：

```
public final void writeObject(Object obj) throws IOException
```

这里举一个简单的例子，将一个 Customer 对象保存到“C:\info. txt”中。首先是 Customer 类：

Customer. java

```
package cus;
import java.io.Serializable;
public class Customer implements Serializable {
    private String account;
    private String password;
    private String cname;
    public Customer(String account,String password,String cname){
        this.account = account;
        this.password = password;
        this.cname = cname;
    }
    public void display(){
        System.out.println("账号:" + account);
        System.out.println("密码:" + password);
        System.out.println("姓名:" + cname);
    }
}
```

注意，Customer 类实现了 Serializable 接口。

接下来将 Customer 类对象存入文件：

ObjectOutputTest1. java

```
package objectio;
import java.io.File;
import java.io.FileOutputStream;
import java.io.ObjectOutputStream;
import cus.Customer;

public class ObjectOutputTest1 {
    public static void main(String[] args) throws Exception {
        Customer cus = new Customer("0001","郭克华","男");
        File file = new File("C:\\info.txt");
        FileOutputStream fos = new FileOutputStream(file);
        ObjectOutputStream oos = new ObjectOutputStream(fos);
        oos.writeObject(cus);
        fos.close();
        oos.close();
    }
}
```

运行，不打印任何结果。info. txt 已经建立，打开，效果如图 13-8 所示。

```
¥sr ■cus.Customer/■蚌滨操¬ L ■accountt
■Ljava/lang/String;L ¥cnameq ~ ℒ ■passwordq ~ ℒxpt
■0001t 鐾橹 閮 厠鍗
```

图 13-8　info. txt 的效果

问答

问：为什么显示乱码?

答：因为对象被存入文件时是字节形式，而对象不是简单的几个成员变量的组合，所以显示为乱码。

因此，这种对象必须通过下一个程序读入显示，用记事本是看不清其中内容的。

2. 读文件

InputStream 有一个子类——java. io. ObjectInputStream，可以用对象的形式将内容从某处读入。

打开文档，找到 java. io. ObjectInputStream 类，最常见的构造函数如下：

```
public ObjectInputStream(InputStream in) throws IOException
```

其传入一个 InputStream 对象，实例化 ObjectInputStream 对象，如果传入的是 FileInputStream 对象，则表示从文件读入。

用户可以调用 ObjectInputStream 类里面的函数进行对象操作，其中使用较多的是将内容以对象形式读入：

```
public final Object readObject() throws IOException, ClassNotFoundException
```

其返回类型是 Object，可能面临着强制转换。

另外还有一些函数，大家可以参考文档。

这里举一个简单的例子，从“C:\info. txt”中读入 Customer 对象，并打印详细信息。代码如下：

ObjectInputTest1. java

```
package objectio;
import java.io.File;
import java.io.FileInputStream;
import java.io.ObjectInputStream;
import cus.Customer;
public class ObjectInputTest1 {
    public static void main(String[] args) throws Exception {
        Customer cus = null;
        File file = new File("C:\\info.txt");
        FileInputStream fis = new FileInputStream(file);
        ObjectInputStream ois = new ObjectInputStream(fis);
        cus = (Customer)ois.readObject();
        fis.close();
        ois.close();
        cus.display();
    }
}
```

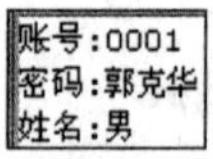

账号:0001
密码:郭克华
姓名:男

图 13-9 ObjectInputTest1.java 的效果

运行，控制台打印效果如图 13-9 所示。

说明可以正确读入。

问答

问：如果一个文件中有很多对象，我们一个一个地读，如何知道读到最后了？

答：ObjectInputStream 的 readObject 函数一个一个地读取对象，读到最后一个之后如果再读，抛出 java.io.EOFException 异常。

阶段性作业

向文件写入 3 个 Customer 对象，读入之后显示它们的详细信息。

13.4 字符流的输入与输出

13.4.1 认识字符流

前面已经说过，字符流中将所有的内容看成一个个字符(Character)，占据两个字节，英文字符也不例外。

字符流专门负责字符的输入与输出。在 Java 中，所有字符输入流的父类是 java.io.Reader，所有字符输出流的父类是 java.io.Writer。

但是这两个类都是抽象类，一般使用它们的子类来完成相应的功能。读者可以在文档中看看它们有哪些子类。

13.4.2 如何读写文件

1. 写文件

Writer 有一个子类——java.io.FileWriter，可以用字符的形式将内容输出到文件。

打开文档，找到 java.io.FileWriter 类，最常见的构造函数如下：

```
public FileWriter(String name) throws IOException
```

其传入一个路径，实例化 FileWriter 对象，如果文件不存在，则创建，如果存在，则删除之后再创建。

该类还有一个构造函数：

```
public FileWriter(String name,boolean append) throws IOException
```

第 2 个参数如果选择 true，则表示在原有文件末尾添加新的内容。

用户可以调用 FileWriter 类里面的函数来进行文件操作，主要是各个 write 函数，其中使用较多的是将一个字符串写入文件，该函数从其父类继承：

```
public void write(String str) throws IOException
```

另外还有一些函数，也是将一些可以用字符形式来表达的数据写入文件，大家可以参考文档。

这里举一个简单的例子，将字符串“郭克华”保存到“C:\info. txt”中。代码如下：

FileWriteTest1. java

```
package filerw;
import java.io.FileWriter;
public class FileWriteTest1 {
    public static void main(String[] args) throws Exception {
        FileWriter fw = new FileWriter("C:\\info.txt");
        String msg = "郭克华";
        fw.write(msg);
        fw.close();
    }
}
```

运行，不打印任何结果。info. txt 已经建立，打开，效果如图 13-10 所示。

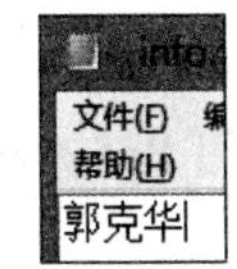

图 13-10　info. txt 的效果

注意

“fw. close();”表示关掉输出流，在 FileWriter 中如果没有关闭输出流，可能由于缓冲区没有清空数据不保存到文件，因为 Reader 和 Writer 系列的数据采用了缓冲区机制。

2. 读文件

Reader 有一个子类——java. io. FileReader，可以用字符的形式将内容从文件读入。

打开文档，找到 java. io. FileReader 类，最常见的构造函数如下：

```
public FileReader(String name) throws FileNotFoundException
```

其传入一个路径，实例化 FileReader 对象。该类还有一个构造函数：

```
public FileReader(File file) throws FileNotFoundException
```

其传入一个 File 对象，实例化 FileReader 对象。

用户可以调用 FileReader 类里面的函数进行文件操作，主要是各个 read 函数，其中使用较多的是将内容从文件以字符数组形式读入：

```
public int read(char[] cbuf) throws IOException
```

该函数的参数是一个字符数组，不过首先必须为字符数组开辟空间。

另外还有一些函数，也是将一些数据以字符形式读入，大家可以参考文档。

这里举一个简单的例子，从“C:\info. txt”中读入内容。代码如下：

FileReadTest1. java

```
package filerw;
import java.io.File;
import java.io.FileReader;
public class FileReadTest1 {
    public static void main(String[] args) throws Exception {
        File file = new File("C:\\info.txt");
```

```
            FileReader fr = new FileReader(file);
            char[] data = new char[(int)file.length()];
            fr.read(data);
            fr.close();
            String msg = new String(new String(data));
            System.out.println(msg);
        }
    }
```

郭克华□□□

图 13-11 FileReadTest1.java 的效果

运行,控制台打印效果如图 13-11 所示。

可以看到,显示的字符串后面出现了几个"方框",实际上,这是因为在代码"char[] data=new char[(int)file.length()];"中分配的数组大小和 file.length()相等,而 file.length()是以字节计算的,"郭克华"3 个汉字是 6 个字节,因此 data 的大小为 6,字符却只有 3 个,数组 data 剩下的部分就空着了。

3. 用 BufferedReader 读文件

用 java.io.BufferedReader 读文件更加简便,可以让用户一行一行地读文件中的数据。

打开文档,找到 java.io.BufferedReader 类,和写文件相关,最常见的构造函数如下:

```
public BufferedReader(Reader in)
```

其传入一个 Reader 对象,实例化 BufferedReader 对象,而根据多态性,传入的 Reader 对象又可以是一个 FileReader 对象。

用户可以调用 BufferedReader 类里面的函数进行输入操作,其功能主要是各个 read 函数,最主要的是读取一行:

```
public String readLine() throws IOException
```

对于其他函数,大家可以参考文档。

如果文件中有多行,怎样知道读到了最后一行呢?

BufferedReader 的 readLine 函数一行一行地读取,读到最后一行之后如果再读,返回的是 null。

因此可以用循环来进行多行文件的内容的读取。

这里举一个简单的例子,将"C:\info.txt"中的所有内容读入显示(事先在该文件中存入一些内容)。代码如下:

BufferedReaderTest1.java

```
package filerw;

import java.io.BufferedReader;
import java.io.File;
import java.io.FileInputStream;
import java.io.FileReader;
public class BufferedReaderTest1 {
    public static void main(String[] args) throws Exception {
        File file = new File("C:\\info.txt");
```

```
            FileReader fr = new FileReader(file);
            BufferedReader br = new BufferedReader(fr);
            while(true){
                String str = br.readLine();
                if(str == null){
                    break;
                }
                System.out.println(str);
            }
            fr.close();
            br.close();
        }
    }
```

运行,控制台打印效果如图 13-12 所示。

```
随着Java技术的迅速发展与广泛应用，各种
JDBC是一组用于在Java环境中进行数据库访
结合实例学习如何通过JDBC-ODBC桥接的方
```

图 13-12　BufferedReaderTest1.java 的效果

内容正确读取。

13.4.3　如何进行键盘输入

实际上,BufferedReader 还可以进行键盘输入。

大家知道,在终端上输出内容使用的是 System.out,与之相对应,键盘输入使用的是 System.in。

查看文档 System 类,会发现其中的 in 成员是 java.io.InputStream 类型。java.io.InputStream 是所有字节输入流类的父类,功能不太强大。

BufferedReader 支持行输入,怎样和 System.in 结合起来呢?

打开文档,找到 java.io.BufferedReader 类,其构造函数如下:

```
public BufferedReader(Reader in)
```

其传入一个 Reader 对象,而不是一个 InputStream 对象,因此不能将 System.in 传入 BufferedReader 的构造函数。

这就好像要在管子上面放一个漏斗,但是漏斗太粗,管子太细,无法接在一起。在日常生活中怎么解决这个问题?

很简单,买一个接口,一边能够套管子,一边能够套漏斗,连在管子和漏斗中间就可以了。

在 java.io 中就有这样一个类,可以充当字节流和字符流的中介,它是 java.io.InputStreamReader,它也是 Reader 的子类,构造函数如下:

```
public InputStreamReader(InputStream in)
```

其可以传入 InputStream 对象,System.in 当然也可以传进去。

这里用一个案例进行键盘输入,代码如下:

KeyInputTest1. java

```
package keyinput;
import java.io.BufferedReader;
import java.io.InputStreamReader;
public class KeyInputTest1 {
    public static void main(String[] args) throws Exception {
        InputStreamReader isr = new InputStreamReader(System.in);
        BufferedReader br = new BufferedReader(isr);
        System.out.print("输入消息内容: ");
        String msg = br.readLine();
        System.out.println("消息:" + msg);
        isr.close();
        br.close();
    }
}
```

运行,控制台打印效果如图 13-13 所示。

输入一个字符串,如图 13-14 所示。

回车,控制台打印效果如图 13-15 所示。

输入消息内容:

图 13-13 KeyInputTest1. java 的效果

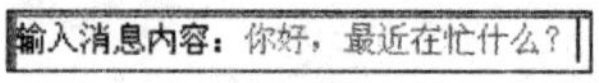

输入消息内容: 你好,最近在忙什么?

图 13-14 输入字符串

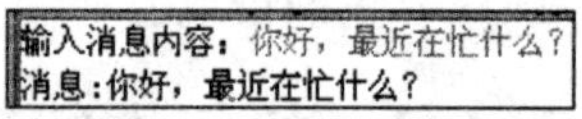

输入消息内容: 你好,最近在忙什么?
消息:你好,最近在忙什么?

图 13-15 输入字符串后的效果

阶段性作业

制作"键盘输入版猜数字"游戏。系统产生一个 1~100 的随机整数,用户从键盘输入一个整数。如果该整数小于随机值,系统提示"猜得太小";如果该整数大于随机值,系统提示"猜得太大";在没猜中的情况下重新输入;如果猜中,提示成功;若 3 次都没猜中,游戏失败。

13.5 和 IO 操作相关的其他类

13.5.1 用 RandomAccessFile 类进行文件的读写

在 java.io 中还有一个类——RandomAccessFile,可以提供文件的随机访问,既支持文件读,又支持文件写。

打开文档,找到 java.io.RandomAccessFile 类,最常见的构造函数如下:

```
public RandomAccessFile(String name, String mode) throws FileNotFoundException
```

其传入一个路径,实例化 RandomAccessFile 对象,其中第 2 个参数选择:"r"表示只读,选择"rw"表示读写。

值得一提的是，该类提供了以下函数得到文件的大小：

```
public long length() throws IOException
```

1. 写文件

用户可以调用 RandomAccessFile 类里面的函数进行写文件操作，其主要是各个 write 函数，提供了非常丰富的功能，读者可以参考文档。

这里举一个简单的例子，将字符串“郭克华_Chinasei”保存到“C:\info.txt”中。代码如下：

RAFWriteTest1.java

```
package randomaccessfile;
import java.io.RandomAccessFile;
public class RAFWriteTest1 {
    public static void main(String[] args) throws Exception {
        RandomAccessFile raf = new RandomAccessFile("C:\\info.txt","rw");
        String msg = "郭克华_Chinasei";
        raf.write(msg.getBytes());
        raf.close();
    }
}
```

运行，不打印任何结果。info.txt 已经建立，打开，效果如图 13-16 所示。

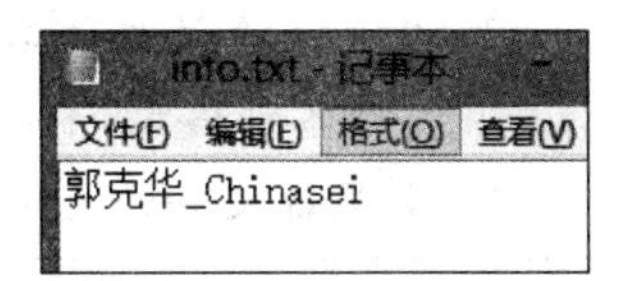

图 13-16　info.txt 的效果

2. 读文件

用户可以调用 RandomAccessFile 类里面的函数进行读文件操作，其主要是各个 read 函数，提供了非常丰富的功能，读者可以参考文档。

这里举一个简单的例子，从“C:\info.txt”中读取字符串并打印。代码如下：

RAFReadTest1.java

```
package randomaccessfile;
import java.io.RandomAccessFile;
public class RAFReadTest1 {
    public static void main(String[] args) throws Exception {
        RandomAccessFile raf = new RandomAccessFile("C:\\info.txt","r");
        byte[] data = new byte[(int)raf.length()];
        raf.read(data);
        String msg = new String(data);
        raf.close();
        System.out.println(msg);
    }
}
```

运行，控制台打印效果如图 13-17 所示。

3. 随机读写

读者可能会问，RandomAccessFile 类的功能使用前面学过的类不是也可以实现吗？

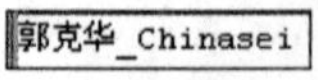

郭克华_Chinasei

图 13-17 RAFReadTest1.java 的效果

其实,RandomAccessFile 类最吸引人的地方在于随机读写。

我们考虑一个问题:分析一个大小为 1GB 的文件中的内容,如何实现?难道使用一个字节数组,然后将文件读到数组中吗?很显然,这是不现实的。

此时可以采用“分块读取”的方法。将 1GB 的文件分为 1024MB,第一次读第 1MB,读完之后分析;然后从第 1MB 末尾开始读取第 2MB,分析;依此类推。

该技术的关键是如何读取文件的某一部分,而不是全部?RandomAccessFile 可以帮用户实现这个功能。RandomAccessFile 中有一个函数:

```
public void seek(long pos) throws IOException
```

该函数设置从文件头开始文件指针的偏移量,在该位置可以进行下一个读取或写入操作。

很明显,在本例中可以用 seek 函数设置从哪里开始读。

写文件也是一样,例如我们下载的电影可能是很大的,此时就可以将目标文件分为一块一块,用多线程来下载,各线程下载的内容写到相应的位置。

阶段性作业

(1) 输入一个源文件名、一个目标文件名,要求能够将源文件中的内容复制到目标文件,并且支持各种格式,不仅仅是文本文件。

(2) 如果源文件的大小有 1GB 呢?如何实现?

13.5.2 使用 Properties 类

在 java.util 中有一个和 IO 操作相关的类——Properties,该类是 Hashtable 的子类,和 Hashtable 的使用方法类似。打开文档,找到 java.util.Properties 类,其构造函数很简单:

```
public Properties()
```

不过,该类也可以帮用户用比较方便的方法读写文件。

1. 写文件

在 Properties 类中有一个函数:

```
public void list(PrintStream out)
```

表示将该 Properties 中的内容输出到 PrintStream。如果该 PrintStream 封装了一个 FileInputStream 对象,则输出到文件。当然,如果传入 System.out,则在控制台显示。

另外还有一个函数:

```
public void storeToXML(OutputStream os, String comment) throws IOException
```

表示将该 Properties 中的内容以 XML 格式输出。对于第 1 个参数,如果传入一个 FileOutputStream 对象,则保存到 XML 文件。第 2 个参数表示该 XML 文件的属性列表描述,详细内容可以参考文档。

下面举一个简单的例子，将如图 13-18 所示的对话框中所设置的内容保存到普通文件 conf. inc 和 conf. xml 文件。

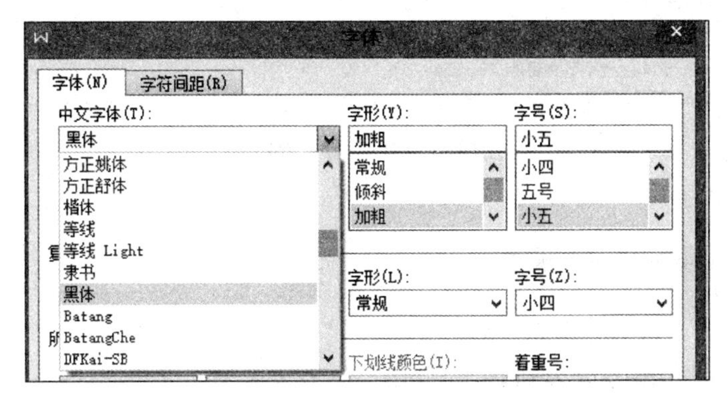

图 13-18　“字体”对话框

代码如下：

PropertiesWriteTest1. java

```
package util;
import java.io.FileOutputStream;
import java.io.PrintStream;
import java.util.Properties;
public class PropertiesWriteTest1 {
    public static void main(String[] args) throws Exception {
        Properties pps = new Properties();
        pps.put("字体", "黑体");
        pps.put("字形", "粗体");
        pps.put("大小", "小五");

        PrintStream ps = new PrintStream("conf.inc");
        pps.list(ps);
        ps.close();

        FileOutputStream fos = new FileOutputStream("conf.xml");
        pps.storeToXML(fos, null);
        fos.close();
    }
}
```

运行，文件被保存在项目根目录下(可能需要刷新一下项目)，如图 13-19 所示。

conf. inc 的内容如图 13-20 所示。

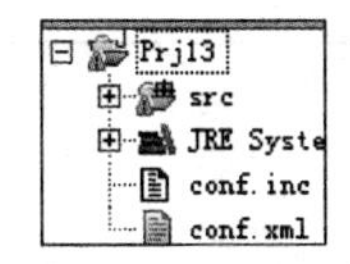

图 13-19　项目结构

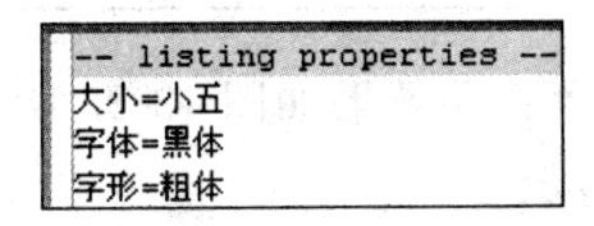
-- listing properties --
大小=小五
字体=黑体
字形=粗体

图 13-20　conf. inc 的内容

conf. xml 的内容如图 13-21 所示。

```
<?xml version="1.0" encoding="UTF-8" standalone="no"?>
<!DOCTYPE properties SYSTEM "http://java.sun.com/dtd/properties.dtd">
<properties>
<entry key="大小">小五</entry>
<entry key="字体">黑体</entry>
<entry key="字形">粗体</entry>
</properties>
```

图 13-21　conf. xml 的内容

2. 读文件

在 Properties 类中有一个函数：

```
public void load(Reader reader) throws IOException
```

表示从 Reader 中输入内容到 Properties。如果该 Reader 封装了一个 FileReader 对象，则从文件输入。

另外还有一个函数：

```
public void loadFromXML(InputStream in)
throws IOException, InvalidPropertiesFormatException
```

表示将该 Properties 中的内容以 XML 格式输入。对于参数，如果传入一个 FileInputStream 对象，则从 XML 文件输入。

下面将前面例子中的文件读入后显示，代码如下：

PropertiesReadTest1. java

```
package util;
import java.io.FileInputStream;
import java.io.FileReader;
import java.util.Properties;
public class PropertiesReadTest1 {
    public static void main(String[] args) throws Exception {
        Properties pps = new Properties();
        FileReader fr = new FileReader("conf.inc");
        pps.load(fr);
        fr.close();
        pps.list(System.out);

        FileInputStream fis = new FileInputStream("conf.xml");
        pps.loadFromXML(fis);
        fis.close();
        pps.list(System.out);
    }
}
```

运行，控制台打印效果如图 13-22 所示。

内容正常显示。

注意

实际上，Properties 类的 load 和 store 方法还有一些选择，不过在有些情况下会出现中文乱码，请大家小心使用。

```
-- listing properties --
--=listing properties --
大小=小五
字体=黑体
字形=粗体
-- listing properties --
--=listing properties --
大小=小五
字体=黑体
字形=粗体
```

图 13-22 PropertiesReadTest1.java 的效果

阶段性作业

在 Properties 调用 put 函数存放内容时，实际上 key 和 value 的类型是 Object，因此在理论上讲可以是任何对象。

请研究能否将本章前面编写的 Customer 类的对象放入 Properties 之后保存到文件?

本章知识体系

知 识 点	重要等级	难度等级
IO 操作的原理	★★★★	★★
File 类	★★★★	★★★
字节流的输入与输出	★★★★	★★★★
对象的输入与输出	★★★★	★★★★
字符流的输入与输出	★★	★★
键盘的输入	★★	★★★
RandomAccessFile	★★★	★★★★
用 Properties 类访问文件	★★★	★★★

第14章

实践指导3

前面学习了Java异常、Java常见工具类、多线程和IO操作，这些内容在Java编程中属于非常重要的内容。本章将利用几个案例对这些内容进行复习。

本章术语

Exception ______________________________

StringBuffer ______________________________

Collection ______________________________

Calendar ______________________________

Thread ______________________________

Runnable ______________________________

同步 ______________________________

字节流 ______________________________

字符流 ______________________________

14.1 字符频率统计软件

14.1.1 软件功能简介

在很多情况下，我们需要统计大量文本中字符串或字符出现的频率，从而了解什么样的内容较多地出现在文本中。例如，某个人在网络上很红，他的名字应该会在网页中经常出现，我们就可以通过文本分析来衡量一个人红的程度。

在本节将制作一个简单的字符频率统计软件，可以将某个文件中的各个字符出现的次数进行统计，保存到另一个文件中供分析。系统运行，输入文本文件的路径，如图14-1所示。

在这个对话框中提示为“请您输入源文件路径”。其下有一个文本框，可以输入源文件路径，如果输入错误，能够提示；如果输入正确，统计之后显示，如图14-2所示。

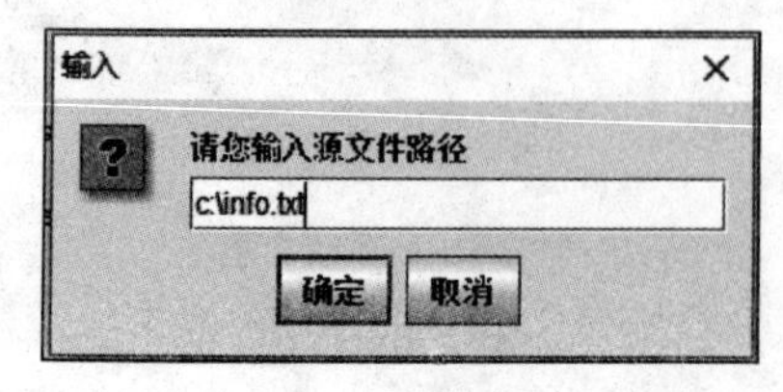

图14-1　输入文本文件的路径

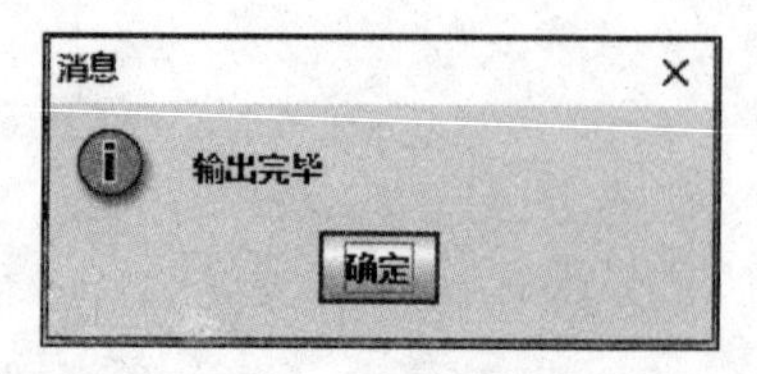

图14-2　正确时的显示

此时会将统计结果存放到同一个目录下的另一个文件，如图 14-3 所示。

图 14-3 统计结果

14.1.2 重要技术

本项目涉及以下重要技术：

1. 以什么形式载入文件

在本项目中载入文件之后需要进行字符分析，而不是字节分析，因此最终分析的内容一定要是字符，可以有以下几种方案：

(1) 以字节流形式读入内容，放在字节数组中，然后转成字符串分析。FileInputStream 和 RandomAccessFile 都支持这种操作。

(2) 以字符流形式读入内容，一个一个字符进行分析。FileReader 和 RandomAccessFile 都支持这种操作。

注意

本方案只适合文本内容不多的情况，如果文本数据很大，建议使用 RandomAccessFile。

2. 如何保存每个字符出现的次数

在将文件内容转成字符串之后需要进行字符分析，那么如何保存每个字符出现的次数呢？Map 是一个较好的数据结构。我们以字符为 key、次数为 value，每个字符的内容和次数对应，保存在 Map 中。为了保证顺序，这里使用 TreeMap。

但是，不能盲目地向 Map 中添加数据，当一个字符第一次出现时 Map 中并没有这个字符，此时需要进行判断。如果不存在，则将字符放入 Map，否则从 Map 中取出该字符，将次数加 1 后再存入。代码片段如下：

```
String dataStr = new String(data);
TreeMap<Character, Integer> tm = new TreeMap<Character, Integer>();
int length = dataStr.length();
for(int i = 0;i < length;i++){
char ch = dataStr.charAt(i);
    Integer time = tm.get(ch);
    if(time == null){
        time = 0;
    }
    time += 1;
    tm.put(ch, time);
}
```

14.1.3 项目结构

在这个项目中需要用到 3 个功能，即载入文件、统计字符和保存文件，那么需要编写的类有几个呢？

一种想法认为需要编写一个类，负责载入文件、统计字符和保存文件。这种方法比较直观，但是可维护性较差，功能放在一个类中，如果做细微的修改，则比较麻烦，也不利于开发上的分工。

因此建议采用以下方法将各功能分开，项目中的功能如下：

1. 载入文件

为该功能设计一个类 FileLoader，负责根据文件路径载入文件，以字节数组返回。

2. 统计字符

为该功能设计一个类 CharStat，负责进行字符的统计，将结果放入 TreeMap。

3. 保存文件

为该功能设计一个类 FileSaver，将 TreeMap 的内容保存到文件。

各模块的名称和作用如表 14-1 所示。

表 14-1 各模块的名称和作用

模　块	作　用
FileLoader. java	public static byte[] getData(String srcFileName)：负责根据文件路径载入文件，以字节数组返回
CharStat. java	public static TreeMap stat(byte[] data)：负责进行字符的统计，将结果放入 TreeMap 返回
FileSaver. java	public static void save(TreeMap tm, String destFileName)：负责将 TreeMap 的内容保存到文件

14.1.4 代码的编写

首先是 FileLoader. java 的源代码：

FileLoader. java

```
package charstat;
import java.io.File;
import java.io.FileInputStream;
import java.io.IOException;
public class FileLoader {
    public static byte[] getData(String srcFileName) throws Exception {
        File srcFile = new File(srcFileName);
        FileInputStream fis = new FileInputStream(srcFile);
        byte[] data = new byte[(int)srcFile.length()];
        fis.read(data);
        fis.close();
        return data;
    }
}
```

CharStat. java 的源代码如下：

CharStat. java

```
package charstat;
import java.util.TreeMap;
public class CharStat {
    public static TreeMap<Character,Integer> stat(byte[] data){
        String dataStr = new String(data);
        TreeMap<Character,Integer> tm = new TreeMap<Character,Integer>();
        int length = dataStr.length();
```

```
        for(int i = 0;i < length;i++){
            char ch = dataStr.charAt(i);
            Integer time = tm.get(ch);
            if(time == null){
                time = 0;
            }
            time += 1;
            tm.put(ch, time);
        }
        return tm;
    }
}
```

FileSaver.java 的源代码如下：

FileSaver.java

```
package charstat;
import java.io.PrintStream;
import java.util.Set;
import java.util.TreeMap;
public class FileSaver {
    public static void save(TreeMap<Character,Integer> tm, String destFileName)
            throws Exception {
        PrintStream ps = new PrintStream(destFileName);
        Set<Character> keySet = tm.keySet();
        for(char ch:keySet){
            ps.println(ch + "\t" + tm.get(ch));
        }
        ps.close();
    }
}
```

最后是主函数所在的模块，负责调用上面的 3 个模块：

Main.java

```
package charstat;
import java.util.TreeMap;
import javax.swing.JOptionPane;
public class Main {
    public static void main(String[] args) {
        String srcFileName =
            JOptionPane.showInputDialog("请您输入源文件路径");
        String destFileName = srcFileName + "_stat.txt";
        try{
            byte[] data = FileLoader.getData(srcFileName);
            TreeMap<Character,Integer> tm = CharStat.stat(data);
            FileSaver.save(tm, destFileName);
        }catch(Exception ex){
            JOptionPane.showMessageDialog(null,"操作异常");
            System.exit(1);
        }
        JOptionPane.showMessageDialog(null,"输出完毕");
    }
}
```

编写完毕后该项目的结构如图 14-4 所示。

运行 Main 类就可以进行字符的统计了。

Prj14
src
charstat
CharStat.java
FileLoader.java
FileSaver.java
Main.java

图 14-4　项目结构

14.1.5　思考题

本程序开发完毕，留下几个思考题请大家思考：

(1) 如果不仅仅是统计各个字符出现的次数，而且要统计出现的频率，如何实现？频率＝出现的次数/总字符数。

(2) 如果要分析的不是字符而是词组，例如统计某些人的姓名出现的次数，如何实现。

(3) 如果文件很大，甚至有几个 GB，一个 String 装不下文件中的所有字符，如何实现(提示：可以考虑使用 RandomAccessFile)？

14.2　文本翻译软件

14.2.1　软件功能简介

本例和上面例子的功能是类似的。

文本翻译是一个常见的功能，例如将英文文本翻译成中文。在 Google 等网站上都提供了翻译的服务。

在本节将制作一个简单的文本翻译软件，将英文翻译成中文，可以将某个文件中的各字符串由英文替换成中文之后保存到另一个文件中。

源文件格式如图 14-5 所示。

为了进行翻译，必须有一个词库，保存着英文单词到中文的对应。词库文件格式如图 14-6 所示。

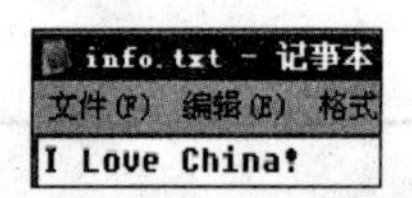

图 14-5　源文件格式

图 14-6　词库文件格式

系统运行，输入源文件路径，如图 14-7 所示。

在这个对话框中提示为"请您输入源文件路径"，在提示下面有一个文本框，可以输入源文件路径。

单击"确定"按钮，输入词库文件路径，如图 14-8 所示。

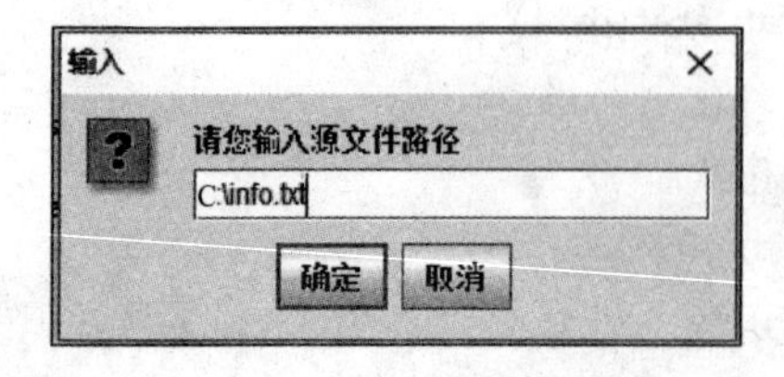

图 14-7　输入源文件路径

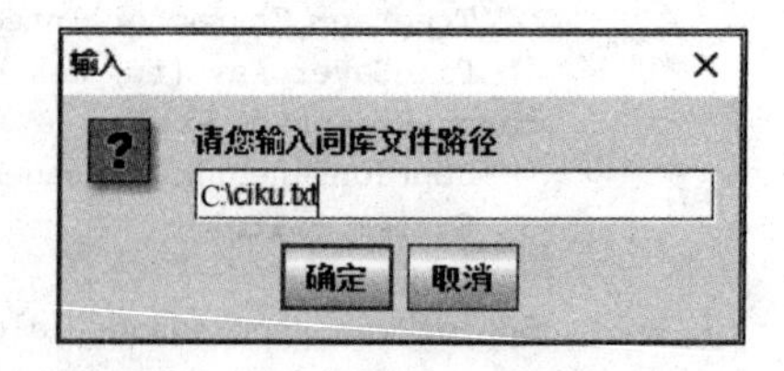

图 14-8　输入词库文件路径

在这个对话框中提示为“请您输入词库文件路径”，在提示下面有一个文本框，可以输入词库文件路径。

如果输入正确，翻译之后显示如图 14-9 所示。

此时会将翻译结果存放到同一个目录下的另一个文件，如图 14-10 所示。

图 14-9　输入正确时翻译后的显示

图 14-10　保存翻译结果

14.2.2　重要技术

在本项目中涉及以下重要技术：

1. 以什么形式载入文件

在本题中源文件的载入使用和上一节相同的方法。

由于词库文件的格式是 key=value 的形式，因此对于词库文件的载入可以进行简化，使用 Properties 类的 load 函数。

2. 如何进行“翻译”

本节使用比较简单的方法，将英文字符串直接替换成中文。

小知识：关于文本自动“翻译”

如果要实现非常准确的翻译是很难的，这在学术界也是一个难题，研究方向叫“自然语言的理解”。早期的翻译就是将英文单词替换成中文单词，但是后来发现情况不是那么好，例如“Are you a boy?”，直接替换会变成“是你一个男孩?”，不符合习惯。在这种情况下就必须将一些常见的句式存入词库，进行匹配。即使这样，也很难达到完美的境界；即使是 Google 的翻译，也无法得到完全地道的结果。

由于本节的目的是讲解 Java 语言，为了简化起见，我们直接进行替换。

由此可见，有时候研究算法比学会一门语言本身技术含量要高得多。

14.2.3　项目结构

本程序和上一节的内容类似，各模块的名称和作用如表 14-2 所示。

表 14-2　各模块的名称和作用

模　　块	作　　用
FileLoader.java	public static byte[] getData(String srcFileName)：负责根据文件路径载入文件，以字节数组返回
TxtTrans.java	public static String trans(byte[] data,String cikuFile)：负责根据词库进行翻译，返回字符串
FileSaver.java	public static void save(String data,String destFileName)：负责将字符串 data 保存到文件

14.2.4 代码的编写

首先是 FileLoader. java 的源代码：

FileLoader. java

```
package txttrans;

import java.io.File;
import java.io.FileInputStream;
public class FileLoader {
    public static byte[] getData(String srcFileName) throws Exception {
        File srcFile = new File(srcFileName);
        FileInputStream fis = new FileInputStream(srcFile);
        byte[] data = new byte[(int)srcFile.length()];
        fis.read(data);
        fis.close();
        return data;
    }
}
```

TxtTrans. java 的源代码如下：

TxtTrans. java

```
package txttrans;

import java.io.FileReader;
import java.util.Properties;
import java.util.Set;
public class TxtTrans {
    public static String trans(byte[] data, String cikuFile) throws Exception{
        String dataStr = new String(data);
        FileReader fr = new FileReader(cikuFile);
        Properties pps = new Properties();
        pps.load(fr);
        Set keySet = pps.keySet();
        for(Object obj:keySet){
            String key = (String)obj;
            String value = (String)pps.get(key);
            dataStr = dataStr.replace(key, value);
        }
        return dataStr;
    }
}
```

FileSaver. java 的源代码如下：

FileSaver. java

```
package txttrans;
import java.io.PrintStream;
import java.util.Set;
import java.util.TreeMap;
```

```
public class FileSaver {
    public static void save(String data, String destFileName) throws Exception {
        PrintStream ps = new PrintStream(destFileName);
        ps.print(data);
        ps.close();
    }
}
```

最后是主函数所在的模块，负责调用上面的 3 个模块：

Main. java

```
package txttrans;
import javax.swing.JOptionPane;
public class Main {
    public static void main(String[ ] args) {
        String srcFileName = JOptionPane.showInputDialog("请您输入源文件路径");
        String cikuFileName = JOptionPane.showInputDialog("请您输入词库文件路径");
        String destFileName = srcFileName + "_trans.txt";
        try{
            byte[ ] data = FileLoader.getData(srcFileName);
            String result = TxtTrans.trans(data, cikuFileName);
            FileSaver.save(result, destFileName);
        }catch(Exception ex){
            JOptionPane.showMessageDialog(null,"操作异常");
            System.exit(1);
        }
        JOptionPane.showMessageDialog(null,"翻译完毕");
    }
}
```

该项目的结构如图 14-11 所示。

运行 Main 类，输入源文件和词库文件，翻译结果如图 14-12 所示。

图 14-11　项目结构

图 14-12　翻译结果

基本达到了翻译效果。

14.2.5　思考题

本程序开发完毕，留下几个思考题请大家思考：

(1) 在翻译的结果中，中文字符之间存在空格，如何去除？

(2) 直接将字符串进行替换并不是没有缺陷,例如原文如图 14-13 所示。

词库如图 14-14 所示。

翻译结果如图 14-15 所示。

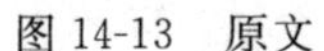
图 14-13 原文

图 14-14 词库

图 14-15 翻译结果

为什么会出现这个问题？请大家分析,并尝试解决。

14.3 用享元模式优化程序性能

14.3.1 为什么需要享元模式

在有些项目里面要重复用到多个对象,此时为了节省资源,可以让重复的对象只生成一个。

例如一个文档里面有 30 万个汉字,每个汉字都要显示出来,如果把每个汉字看成一个对象,要生成 30 万个对象,消耗内存。

但是我们发现,30 万个汉字有很多是重复的,最后要使用的汉字大概几千个,那么只需要实例化几千个对象,将它们放在一个池中,在要用的时候取出来即可,这样节省内存。

如何实现呢？此时可以使用享元(Flyweight)模式。

注意

(1) 享元模式是一种常见的软件设计模式,对象称为享元,在该模式中运用了共享技术有效地支持大量细粒度的对象。系统只使用少量的对象,状态变化很小,对象使用的次数增多。

(2) 由于本书不是设计模式的教材,因此讲解的仅仅是享元模式的一种实现,不一定考虑严谨的享元模式如何定义,有兴趣的读者可以参考相应文档。

14.3.2 重要技术

在本项目中涉及以下重要技术:

1. 享元池如何实现

在享元池中保存的是一个个享元,如果池中没有享元,则生成享元放到池中,如果有,则使用池中的享元。如何保存这些享元呢？在这里 Map 是一个较好的数据结构。我们能够以享元关键字为 key、享元对象为 value,每个关键字和对象对应,保存在 Map 中。

但是,不能盲目地向 Map 中添加数据,当一个享元第一次出现时 Map 中并没有这个对象,此时需要进行判断。如果不存在,则将享元放入 Map,否则将从 Map 中取出该享元。

2. 如何确定享元的关键字

我们知道,只有特征完全相同的对象才可以认为是同一个享元,那么什么叫“特征相同”呢？这是一个非常复杂的话题。例如,在控制台上打印两个汉字,内容相同,就可以用同一个对象表达；但是如果保存在 Word 文件中，内容相同还不能用同一个对象表达，必须颜色、大小等一系列特征相同。

所以，享元的关键字必须能够表达一个享元的特征。

本节以最简单的情况为例，让汉字的内容作为关键字，也就是说两个汉字内容相同就用同一个对象表达。

14.3.3 代码的编写

首先是享元类 Word.java：

Word.java

```
package flyweight;
public class Word {
    private String key;
    public Word() {
        System.out.println("实例化");
    }
    public void setKey(String key) {
        this.key = key;
    }
    public void display() {
        System.out.println(key + " 显示");
    }
}
```

接下来是享元池类：

FlyweightPool.java

```
package flyweight;
import java.util.HashMap;
public class FlyweightPool {
    private static HashMap<String,Word> pool = new HashMap<String,Word>();
    public static Word getFlyweight(String key) {
        Word word = (Word) pool.get(key);
        if (word == null) {
            word = new Word();
            word.setKey(key);
            //放回池
            pool.put(key, word);
        }
        return word;
    }
}
```

最后是主函数所在的模块，负责调用上面的两个模块：

Main.java

```
package flyweight;
public class Main {
    public static void main(String[] args) {
```

```
            Word word1 = FlyweightPool.getFlyweight("中");
            Word word2 = FlyweightPool.getFlyweight("华");
            Word word3 = FlyweightPool.getFlyweight("中");
            Word word4 = FlyweightPool.getFlyweight("国");
            word1.display();
            word2.display();
            word3.display();
            word4.display();
        }
    }
```

编写完毕,该项目的结构如图14-16所示。

运行Main类,控制台打印效果如图14-17所示。

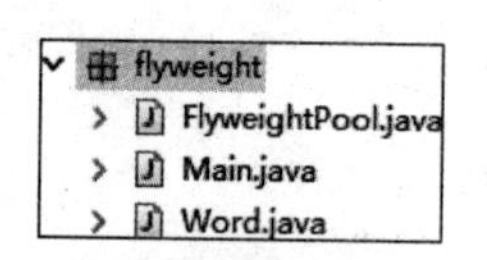

图14-16 项目结构

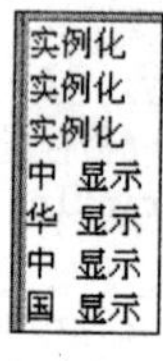

图14-17 控制台打印效果

可见,只实例化3个对象却用了4次。

注意

当以下情况成立时可以考虑使用享元模式:

(1) 一个应用程序使用了大量的对象。

(2) 由于使用了大量的对象造成很大的存储开销。

(3) 对象的大多数状态都可变为外部状态(用关键字表达)。

享元模式可以大幅度地降低内存中对象的数量,但是享元模式使得系统更加复杂。

14.3.4 思考题

在数据库访问中,数据库连接池(Connection Pool)的使用较为广泛,数据库连接池的实现机制和本节讲解的享元模式有相似之处。其原理如下:

由于在数据库连接建立的过程中资源花销较大,如果一个用户对数据的一次访问就建立一个连接,那么系统性能会大大下降;如果让多个用户共用同一个连接,当连接忙时又会出现让用户等待的情况。

在数据库连接池机制中,当一个用户访问时看池中有无空闲连接,如果有,直接在池中获取一个空闲的连接进行服务;如果缓冲池中没有空闲的连接,则建立一个连接;连接用完,放回缓冲池中。

那么如何编写代码模拟数据库连接池和数据库连接?当池中连接不忙时使用池中连接,当池中连接都忙时实例化一个连接?请读者考虑。

第 15 章

用 Swing 开发 GUI 程序

GUI 即图形用户界面，可以为用户提供丰富多彩的程序。本章将首先讲解 javax. swing 中的一些 API，主要涉及窗口开发、控件开发、颜色、字体和图片开发，最后讲解一些常见的其他功能。

本 章 术 语

GUI ________________________

Swing ________________________

JFrame ________________________

Component ________________________

JButton ________________________

Color ________________________

Font ________________________

Image ________________________

Icon ________________________

15.1 认识 GUI 和 Swing

15.1.1 什么是 GUI

GUI 是 Graphics User Interface 的简称，即图形用户界面。

我们以前编写的程序，其操作基本是在控制台上进行的，称为文本用户界面或字符用户界面，用户操作很不方便。图形用户界面可以让用户看到什么就操作什么，而不是通过文本提示来操作。Windows 中的计算器就是一个典型的图形用户界面，如图 15-1 所示。

图 15-1 计算器

很明显，和控制台程序相比，图形用户界面的操作更加直观，能够提供更加丰富的功能。

注意

那么能否说任何软件都必须用图形用户界面呢？这也不一定。和控制台程序相比，图形用户界面比较消耗资源，并且需要更多的硬件支持。虽然对日常计算机用户来说这是一件很常见的事情，但是某些精密系统的操作并不一定需要优美的界面。

从本章开始讲解如何用Java语言开发图形用户界面。

15.1.2 什么是 Swing

在Java中GUI操作的支持API一般保存在java.awt和javax.swing包中，所以本章的内容主要基于这两个包进行讲解。

Java对GUI的开发有两套版本的API。

(1) java.awt包中提供的AWT(Abstract Window Toolkit，抽象窗口工具包)界面开发API，适合早期Java版本。

(2) javax.swing包中提供的Swing界面开发API，功能比AWT更加强大，是Java2推出的，成为JavaGUI开发的首选。其中，javax中的“x”是扩展的意思。

本书的讲解主要针对Swing展开。

特别提醒

在界面开发的学习过程中，大家一定要多看文档，死记硬背是没有用的，实际上也不是学习的好习惯。

例如，曾经有学生发邮件问笔者：多行文本框中的内容如何自动回车？我给他回了邮件，告诉他调用哪个函数。几天之后，他又问：多行文本框如何加滚动条？我觉得该学生这样下去，无法学会Java。我回的邮件是“用一天的时间将文档中多行文本框中的所有成员函数都用一遍，不懂再来问”。

我们必须注意，不要去刻意记住某个功能如何实现，而是要养成查文档的习惯，只有那种毫无品位的面试官才会去考学生“多行文本框中的内容如何自动回车”。

15.2 使用窗口

制作图形用户界面首要的问题是如何显示一个窗口，哪怕这个窗口上什么都没有，至少这是所有图形界面的基础。

15.2.1 用 JFrame 类开发窗口

一般情况下使用javax.swing.JFrame类进行窗口的显示。

JFrame类提供了窗口功能，打开文档，找到javax.swing.JFrame类，最常见的构造函数如下：

```
public JFrame(String title) throws HeadlessException
```

其传入一个界面标题，实例化JFrame对象。

用户可以调用JFrame类里面的函数进行窗口操作，主要功能如下。

(1) 设置标题：

```
public void setTitle(String title)
```

（2）设置在屏幕上的位置：

```
public void setLocation(int x, int y)
```

其中，x 为窗口左上角在屏幕上的横坐标，y 为窗口左上角在屏幕上的纵坐标。屏幕最左上角的横纵坐标为 0。

（3）设置大小：

```
public void setSize(int width, int height)
```

参数为宽度和高度。

（4）设置可见性：

```
public void setVisible(boolean b)
```

根据参数 *b* 的值显示或隐藏此窗口。

对于其他内容，大家可以参考文档。

以下代码显示一个窗口：

FrameTest1.java

```
package window;
import javax.swing.JFrame;
public class FrameTest1 {
    public static void main(String[] args) {
        JFrame frm = new JFrame("这是一个窗口");
        frm.setLocation(30,50);
        frm.setSize(50,60);
        frm.setVisible(true);
    }
}
```

运行，显示的窗口如图 15-2 所示。

图 15-2　显示窗口

注意

单击该窗口右上角的“关闭”按钮，窗口消失，但是程序并没有结束，解决方法是调用方法 frm.setDefaultCloseOperation(JFrame.EXIT_ON_CLOSE)。

阶段性作业

和 JFrame 类似，JWindow 也可以生成窗口，没有标题栏、窗口管理按钮。请大家查看文档，在桌面上显示一个 JWindow 对象。

15.2.2　用 JDialog 类开发窗口

使用 JDialog 类也可以开发窗口，此时创建的窗口是对话框。

打开文档，找到 javax.swing.JDialog 类，最常见的构造函数如下：

```
public JDialog(Frame owner, String title, boolean modal) throws HeadlessException
```

其中，owner 表示显示该对话框的父窗口，title 为该对话框的标题，modal 为 true 表示是模态对话框。

那么什么是父窗口和模态对话框呢？大家在进行 Windows 操作中经常会遇到一种情况——从窗口 A 中打开窗口 B，此时窗口 A 可以叫窗口 B 的父窗口。

在打开窗口 B 时可能出现一种情况——窗口 B 没有关闭时窗口 A 不能使用，例如记事本中的“字体”对话框，如图 15-3 所示。

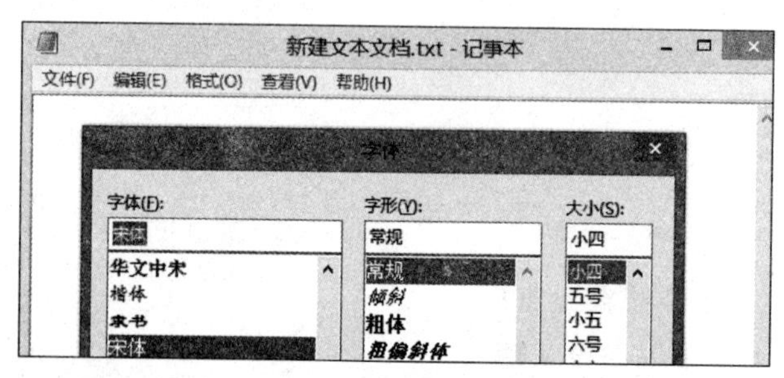

图 15-3　窗口没关闭时打开对话框

该对话框不关闭，记事本界面不能使用，此时“字体”对话框就是一个模态对话框，否则就是一个非模态对话框。

调用 JDialog 类里面的函数进行窗口操作，主要功能和 JFrame 类似。

以下代码在一个 JFrame 的基础上产生一个模态对话框：

DialogTest1.java

```
package window;
import javax.swing.JDialog;
import javax.swing.JFrame;
public class DialogTest1 {
    public static void main(String[ ] args) {
        JFrame frm = new JFrame("这是一个窗口");
        frm.setSize(400,2 00);
        frm.setDefaultCloseOperation(JFrame.EXIT_ON_CLOSE);
        frm.setVisible(true);

        JDialog dlg = new JDialog(frm,"这是一个对话框",true);
        dlg.setSize(200,100);
        dlg.setVisible(true);
    }
}
```

运行，显示一个对话框、一个窗口，前面的对话框不关闭，后面的窗口不能使用，如图 15-4 所示。

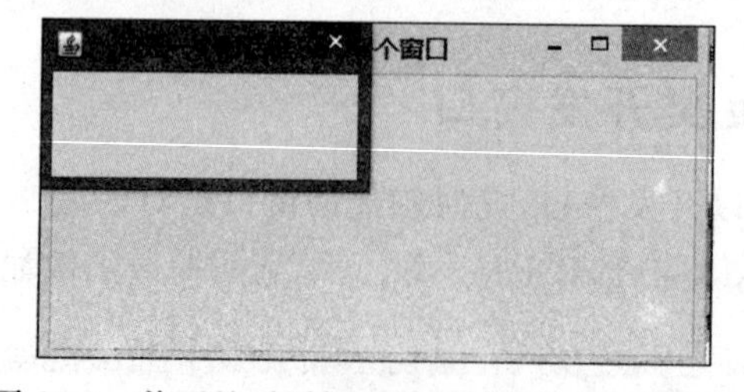

图 15-4　前面的对话框不关闭后面的窗口不能用

15.3　使用控件

15.3.1　什么是控件

控件实际上不是一个专有名词，而是一个俗称。例如，我们使用的按钮、文本框统称为控件，在 Java 中有时又称 Component（组件）。控件一般都有相应的类来实现，例如最常见的控件“按钮”，在 Java 中就是用 JButton 类来实现的。

本节讲解的控件基本上都是 javax.swing.JComponent 类的子类。

在此要将控件添加到窗口上，为了更好地组织控件，通常先将控件添加到面板（JPanel）上，再添加到窗口上。

以下代码就是先将一个按钮添加到面板上，再添加到窗口上：

ComponentTest1.java

```
package component;
import javax.swing.JButton;
import javax.swing.JFrame;
import javax.swing.JPanel;
public class ComponentTest1 extends JFrame{
    private JButton jbt = new JButton("按钮");
    private JPanel jpl = new JPanel();
    public ComponentTest1(){
        jpl.add(jbt);
        this.add(jpl);
        this.setSize(300,300);
        this.setVisible(true);
    }
    public static void main(String[] args) {
        new ComponentTest1();
    }
}
```

运行，效果如图 15-5 所示。

图 15-5　ComponentTest1.java 的效果

特别说明

(1) 面板和窗口也称为容器对象,在容器上可以添加容器,也可以添加控件,使用的是 add 方法。

(2) 由于界面有可能比较复杂,所以一般不将界面的生成过程写在主函数中,而是写一个类继承 JFrame,在其构造函数中初始化界面。

15.3.2 标签、按钮、文本框和密码框

用户使用的比较常见的控件是标签、按钮、文本框和密码框。

1. 标签

标签显示一段静态文本,效果如图 15-6 所示。

用户可以使用 JLabel 类开发标签,打开文档,找到 javax. swing. JLabel 类,最常见的构造函数如下:

```
public JLabel(String text)
```

其传入一个标题,实例化一个标签。

2. 按钮

按钮的效果如图 15-7 所示。

这是注册窗口

图 15-6 标签效果

图 15-7 按钮效果

用户可以使用 JButton 类开发按钮,打开文档,找到 javax. swing. JButton 类,最常见的构造函数如下:

```
public JButton(String text)
```

其传入一个标题,实例化一个按钮。

3. 文本框

文本框效果如图 15-8 所示。

用户可以使用 JTextField 类开发文本框,打开文档,找到 javax. swing. JTextField 类,最常见的构造函数如下:

```
public JTextField(int columns)
```

参数为 JTextField 的显示列数。

4. 多行文本框

多行文本框效果如图 15-9 所示。

guokehua

图 15-8 文本框效果

图 15-9 多行文本框效果

用户可以使用 JTextArea 类开发多行文本框,打开文档,找到 javax. swing. JTextArea 类,最常见的构造函数如下:

```
public JTextArea(int rows, int columns)
```

参数为 JTextArea 显示的行数和列数。

注意

默认的文本框没有滚动条，如果要使用滚动条，需要使用 JScrollPane 类，将 JTextArea 对象传入其构造函数，然后在界面上添加 JScrollPane 对象。

5. 密码框

密码框效果如图 15-10 所示。

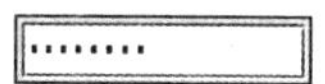

图 15-10　密码框效果

输入的内容以掩码形式显示。用户可以使用 JPasswordField 类开发密码框，打开文档，找到 javax. swing. JPasswordField 类，最常见的构造函数如下：

```
public JPasswordField(int columns)
```

参数为 JPasswordField 的显示列数。

以下代码在界面上显示标签、按钮、文本框和密码框：

ComponentTest2. java

```
package component;
import javax.swing.*;
public class ComponentTest2 extends JFrame{
    private JLabel lblInfo = new JLabel("这是注册窗口");
    private JButton btReg = new JButton("注册");
    private JTextField tfAcc = new JTextField(10);
    private JPasswordField pfPass = new JPasswordField(10);
    private JTextArea taInfo = new JTextArea(3,10);
    private JScrollPane spTaInfo = new JScrollPane(taInfo);
    private JPanel jpl = new JPanel();
    public ComponentTest2(){
        jpl.add(lblInfo);
        jpl.add(btReg);
        jpl.add(tfAcc);
        jpl.add(pfPass);
        jpl.add(spTaInfo);
        this.add(jpl);
        this.setSize(150,220);
        this.setVisible(true);
    }
    public static void main(String[] args) {
        new ComponentTest2();
    }
}
```

运行，效果如图 15-11 所示。

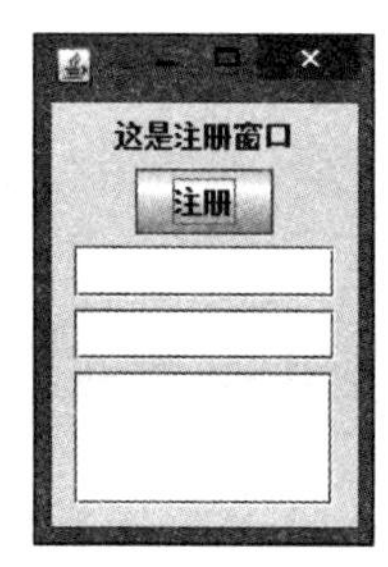

图 15-11　ComponentTest2. java 的效果

阶段性作业

查看文档：

(1) 如何改变密码框的掩码，例如用#表示。

(2) 如何让多行文本框输入时自动换行。

(3) 尝试用 setSize 方法修改按钮的大小，看看效果如何？

15.3.3 单选按钮、复选框和下拉列表框

单选按钮、复选框和下拉列表框(下拉菜单)也是较常使用的控件。

1. 单选按钮

单选按钮提供多选一功能(例如性别)，效果如图 15-12 所示。

图 15-12 单选按钮效果

用户可以使用 JRadioButton 类开发单选按钮，打开文档，找到 javax. swing. JRadioButton 类，最常见的构造函数如下：

```
public JRadioButton(String text, boolean selected)
```

第 1 个参数为单选按钮标题，第 2 个参数为选择状态。

注意

既然单选按钮支持的是多选一，那么如何将多个单选按钮看成一组呢？用户可以使用 javax. swing. ButtonGroup 实现，该类有一个 add 函数，能够将多个单选按钮加入，看成一组。但是 ButtonGroup 不能被加到界面上，用户还是要将单选按钮一个一个地加到界面上。

2. 下拉列表框

下拉列表框也是提供多选一功能(适合选项较多的情况)，效果如图 15-13 所示。

用户可以使用 JComboBox 类开发下拉列表框，打开文档，找到 javax. swing. JComboBox 类，最常见的构造函数如下：

```
public JComboBox()
```

其实例化一个下拉列表框，其中的选项可用其 addItem 函数添加，大家可以参考文档。

3. 复选框

复选框提供多选功能(可以不选，也可以全选，还可以选一部分)，效果如图 15-14 所示。

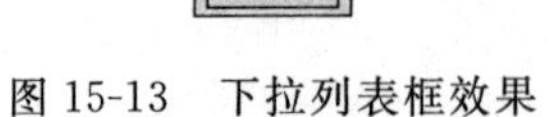

图 15-13 下拉列表框效果

图 15-14 复选框效果

用户可以使用 JCheckBox 类开发复选框，打开文档，找到 javax. swing. JCheckBox 类，最常见的构造函数如下：

```
public JCheckBox(String text, boolean selected)
```

其实例化一个复选框。第 1 个参数为复选框标题，第 2 个参数为选择状态。

以下代码在界面上显示上述几种控件：

ComponentTest3. java

```
package component;
import javax.swing.*;
public class ComponentTest3 extends JFrame{
    private JRadioButton rbSex1 = new JRadioButton("男",true);
    private JRadioButton rbSex2 = new JRadioButton("女",false);
    private JComboBox cbHome = new JComboBox();
    private JCheckBox cbFav1 = new JCheckBox("唱歌",true);
    private JCheckBox cbFav2 = new JCheckBox("跳舞");
    private JPanel jpl = new JPanel();
    public ComponentTest3(){

        ButtonGroup bgSex = new ButtonGroup();
        bgSex.add(rbSex1);
        bgSex.add(rbSex2);

        cbHome.addItem("北京");
        cbHome.addItem("上海");
        cbHome.addItem("天津");

        jpl.add(rbSex1);
        jpl.add(rbSex2);
        jpl.add(cbHome);
        jpl.add(cbFav1);
        jpl.add(cbFav2);
        this.add(jpl);
        this.setSize(100,180);
        this.setVisible(true);
    }
    public static void main(String[] args) {
        new ComponentTest3();
    }
}
```

运行，效果如图 15-15 所示。

图 15-15　ComponentTest3. java 的效果

阶段性作业

查看文档：

(1) 如何获取单选按钮的选定状态？

(2) 如何获取下拉菜单中的选定值?

(3) 如何在下拉菜单中删除某项?

(4) 如何获取复选框的选定状态?

15.3.4 菜单

图 15-16 菜单效果

菜单也是一种常见的控件,效果如图 15-16 所示。

那么如何开发菜单呢? 实际上,菜单的开发需要了解以下问题:

(1) 在界面上首先需要放置一个菜单条,由 javax. swing. JMenuBar 封装。

打开文档,找到 javax. swing. JMenuBar 类,最常见的构造函数如下:

```
public JMenuBar()
```

其实例化一个菜单条。

注意

使用 JFrame 的 setJMenuBar(JMenuBar menubar)方法可以将菜单条添加到界面上。

(2) 图 15-16 中的"文件"是一个菜单,由 javax. swing. JMenu 封装。JMenu 放在菜单条上。

打开文档,找到 javax. swing. JMenu 类,最常见的构造函数如下:

```
public JMenu(String s)
```

其参数是菜单文本。

注意

使用 JMenuBar 的 add(JMenu menu)方法可以添加 JMenu。

(3) 图 15-16 中的"保存"是一个菜单项,由 javax. swing. JMenuItem 封装。JMenuItem 放在 JMenu 上。

打开文档,找到 javax. swing. JMenuItem 类,最常见的构造函数如下:

```
public JMenuItem (String s)
```

其参数是菜单项文本。

注意

使用 JMenu 的 add(JMenuItem menuItem)方法可以添加 JMenuItem。

总之,在本例中界面上有个菜单条(JMenuBar),菜单条上有个"文件"菜单(JMenu),"文件"菜单中有 3 个菜单项(JMenuItem)。

以下代码在界面上显示上述控件:

ComponentTest4. java

```
package component;
import javax.swing. * ;
public class ComponentTest4 extends JFrame{
```

```
    private JMenuBar mb = new JMenuBar();
    private JMenu mFile = new JMenu("文件");
    private JMenuItem miOpen = new JMenuItem("打开");
    private JMenuItem miSave = new JMenuItem("保存");
    private JMenuItem miExit = new JMenuItem("退出");
    public ComponentTest4(){
        mFile.add(miOpen);
        mFile.add(miSave);
        mFile.add(miExit);
        mb.add(mFile);
        this.setJMenuBar(mb);

        this.setSize(200,180);
        this.setVisible(true);
    }
    public static void main(String[] args) {
        new ComponentTest4();
    }
}
```

运行,效果如图 15-16 所示。

阶段性作业

查看文档:

(1) 如何添加子菜单?例如在"保存"菜单中又包含"保存为 txt 文件"和"保存为 word 文件"。

(2) 如何在菜单项之间加分隔线?

(3) 在 javax.swing 包中有一个 JRadioButtonMenuItem 类,该类如何使用?

(4) 在 javax.swing 包中有一个 JCheckBoxMenuItem 类,该类如何使用?

15.3.5 使用 JOptionPane

使用 JOptionPane 类也可以显示窗口,此时一般使用其显示一些消息框、输入框、确认框等。

打开文档,找到 javax.swing.JOptionPane 类,一般使用其以下静态函数。

(1) 显示消息框:

```
public static void showMessageDialog(Component parentComponent,Object message)
            throws HeadlessException
```

第 1 个参数表示父组件(可以为空,也可以为一个 Component),第 2 个参数表示消息内容,效果如图 15-17 所示。

(2) 显示输入框:

```
public static String showInputDialog(Object message)
            throws HeadlessException
```

参数表示输入框上的提示信息,输入之后的内容以字符串返回。效果如图 15-18 所示。

图 15-17　显示消息框

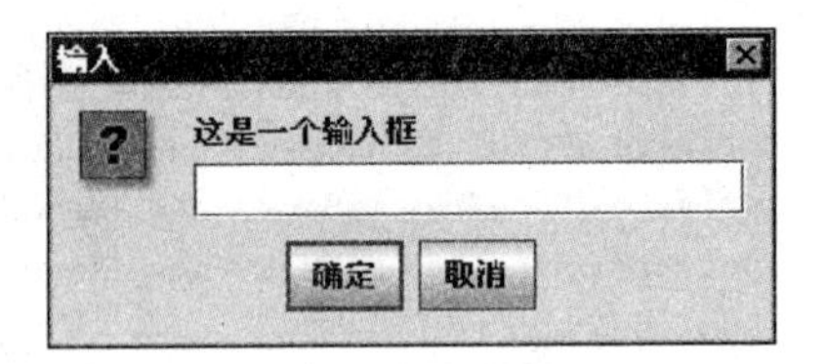

图 15-18　显示输入框

(3) 显示确认框：

```
public static int showConfirmDialog(Component parentComponent,Object message)
                throws HeadlessException
```

第 1 个参数表示父组件(可以为空,也可以为一个 Component),第 2 个参数表示确认框上的提示信息。效果如图 15-19 所示。

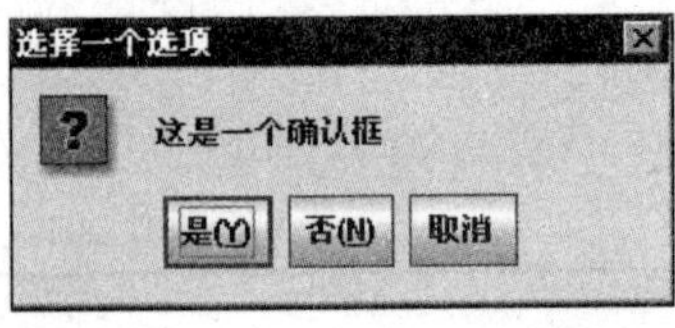

图 15-19　显示确认框

系统如何知道用户单击了哪个按钮呢？答案是根据返回值来判断,返回值是一个整数,由 JOptionPane 类中定义的静态变量表达。例如,JOptionPane. YES_OPTION 表示单击了 YES 按钮,其他静态变量可以在文档中查到。

以下代码使用了这 3 种函数：

OptionPaneTest1. java

```
package window;
import javax.swing.JOptionPane;
public class OptionPaneTest1 {
    public static void main(String[] args) {
        JOptionPane.showMessageDialog(null, "这是一个消息框");
        JOptionPane.showInputDialog("这是一个输入框");
        int result = JOptionPane.showConfirmDialog(null,"这是一个确认框");
    }
}
```

运行,显示 3 个窗口。

阶段性作业

在 JOptionPane 类显示窗口时可以用各种不同的风格显示消息框、输入框和确认框,请读者查看文档,阅读相应函数的描述。

15.3.6　其他控件

前面说过不可能对所有的控件死记硬背,因此希望大家遇到想要使用的控件自己去查文档,从构造函数看起,然后学习它们的成员函数。

下面列出一些常见的其他控件。

(1) javax. swing. JFileChooser：文件选择框,用于文件的打开或保存,效果如图 15-20 所示。

(2) javax. swing. JColorChooser：颜色选择框，用于颜色的选择，效果如图 15-21 所示。

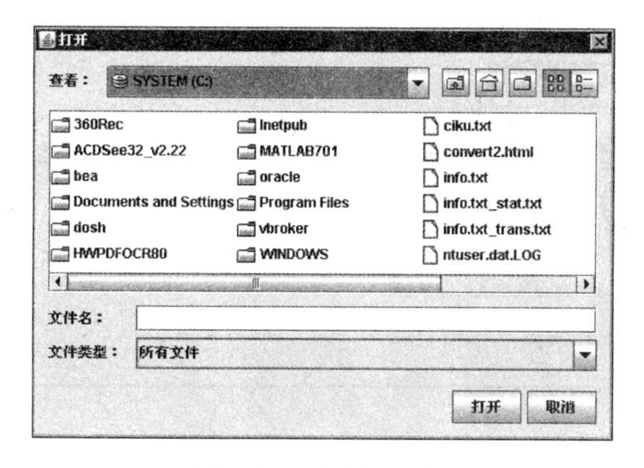

图 15-20 文件选择框

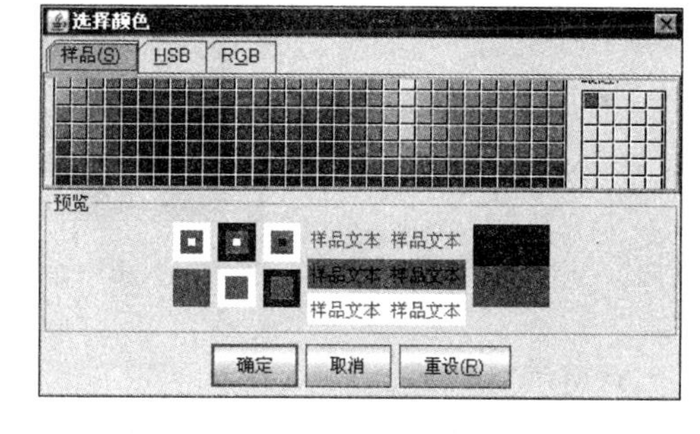

图 15-21 颜色选择框

(3) javax. swing. JToolBar：用于在菜单条下方显示工具条，效果如图 15-22 所示。

(4) javax. swing. JList：列表框，用于选择某些项目，效果如图 15-23 所示。

图 15-22 显示工具条

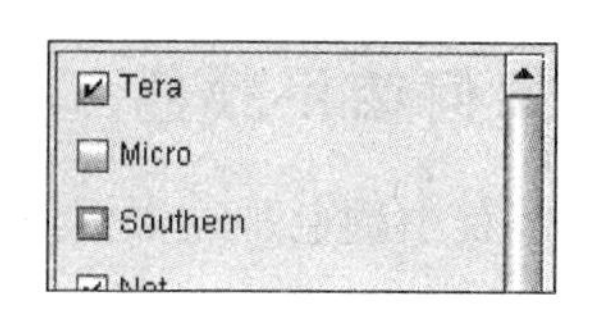

图 15-23 列表框

(5) javax. swing. JProgressBar：进度条，效果如图 15-24 所示。

(6) javax. swing. JSlider：滑块，用于设定某些数值，效果如图 15-25 所示。

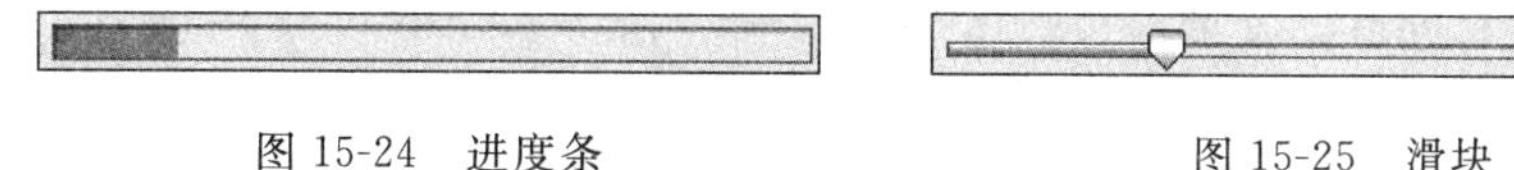

图 15-24 进度条　　图 15-25 滑块

(7) javax. swing. JTree：树形结构，效果如图 15-26 所示。

(8) javax. swing. JTable：表格，效果如图 15-27 所示。

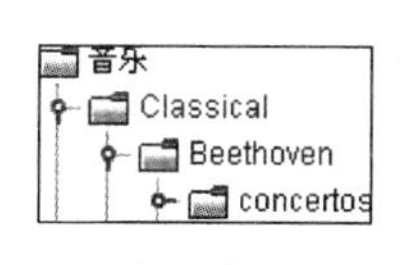

图 15-26 树形结构

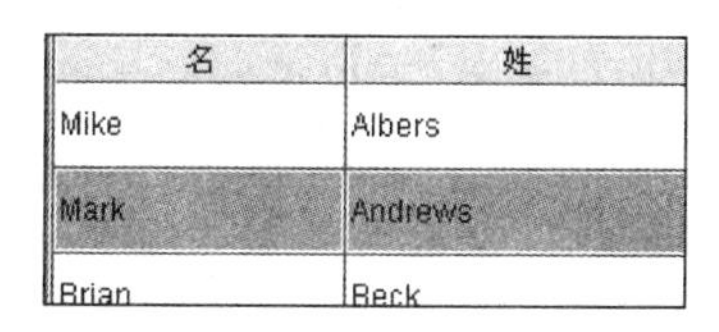

图 15-27 表格

(9) javax. swing. JTabbedPane：选项卡，效果如图 15-28 所示。

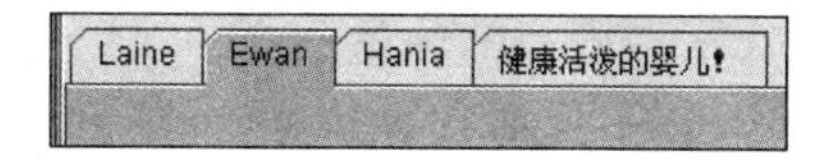

图 15-28 选项卡

(10) javax.swing.JInternalFrame：在窗口中容纳多个小窗口，效果如图 15-29 所示。

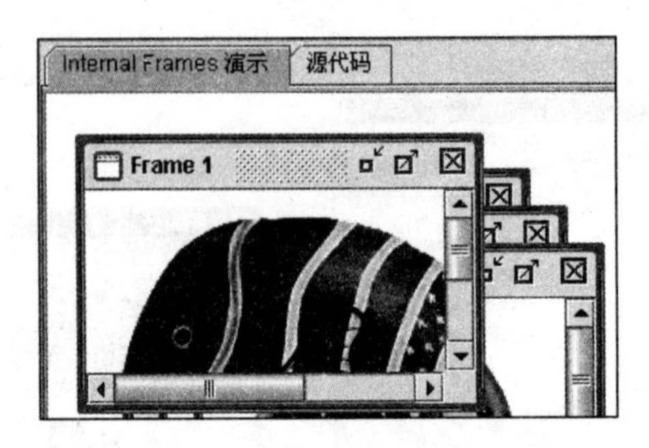

图 15-29 在窗口中容纳多个小窗口

阶段性作业

结合文档和网上搜索对此处列出的 10 种控件进行学习。

15.4 颜色、字体和图片

15.4.1 如何使用颜色

在 GUI 编程中颜色是经常要使用的内容，例如将界面背景变为黄色，将按钮文字变为红色，等等。

在 Java 中颜色是用 java.awt.Color 表达的。

打开文档，找到 java.awt.Color 类，最常见的构造函数如下：

```
public Color(int r, int g, int b)
```

表示用红色、绿色和蓝色分量来初始化颜色，参数 r、g、b 必须取 0～255 的数。

小知识

生活中的任何颜色都可以看成是红、绿、蓝 3 种颜色混合而成。如果 3 种颜色分量都为 0，则为黑色；如果都为 255，则为白色。

为了便于使用，在 Color 类中提供了一些静态变量表示我们常见的颜色，例如 Color.yellow 表示黄色，Color.red 表示红色，等等。

对于窗口和控件来说，可以设置两类颜色。

(1) 设置背景颜色：

```
public void setBackground(Color c)
```

(2) 设置前景颜色：

```
public void setForeground(Color c)
```

前景颜色主要是指控件上文字等内容的颜色。

以下代码在界面上显示一个按钮，界面背景是黄色，按钮上的字是红色：

ColorTest1.java

```
package color;
import java.awt.Color;
import javax.swing.JButton;
import javax.swing.JFrame;
import javax.swing.JPanel;
public class ColorTest1 extends JFrame{
    private JButton jbt = new JButton("按钮");
    private JPanel jpl = new JPanel();
    public ColorTest1(){
        jpl.add(jbt);
        this.add(jpl);
        jpl.setBackground(Color.yellow);
        jbt.setForeground(Color.red);
        this.setSize(100,80);
        this.setVisible(true);
    }
    public static void main(String[] args) {
        new ColorTest1();
    }
}
```

运行，效果如图 15-30 所示。

图 15-30　ColorTest1.java 的效果

阶段性作业

编写一个登录界面，其含有文本框、密码框和登录按钮，要求界面背景和控件背景都是黄色，上面的字都是红色。

15.4.2　如何使用字体

在 GUI 编程中字体也是经常要使用的内容，例如将文本框中的文字以一种醒目的字体显示。

在 Java 中字体是用 java.awt.Font 表达的。打开文档，找到 java.awt.Font 类，最常见的构造函数如下：

```
public Font(String name, int style, int size)
```

其用字体名称、字体风格和字体大小初始化字体。

注意

（1）如果字体名称写错，则使用系统默认字体。在 Font 类中也定义了一些静态变量表示系统提供的字体，例如 Font.SANS_SERIF 等，具体可以参考文档。

（2）字体风格可以选用 Font.PLAIN（普通）、Font.BOLD（粗体）、Font.ITALIC（斜体）

等，如果同时使用多种，则用“|”隔开，例如 Font.BOLD|Font.ITALIC 表示粗斜体。

设置字体一般针对含有文字的控件，可以通过下面的方法设置字体：

```
public void setFont(Font f)
```

以下代码在界面上显示一个标签和一个文本框，标签字体为 20 号粗斜楷体，文本框中的内容为 20 号斜黑体：

FontTest1.java

```
package font;
import java.awt.Font;
import javax.swing.JFrame;
import javax.swing.JLabel;
import javax.swing.JPanel;
import javax.swing.JTextField;
public class FontTest1 extends JFrame{
    private JLabel lblAcc = new JLabel("输入账号：");
    private JTextField tfAcc = new JTextField(10);
    private JPanel jpl = new JPanel();
    public FontTest1(){
        Font fontLblAcc = new Font("楷体_GB2312",Font.BOLD|Font.ITALIC,20);
        lblAcc.setFont(fontLblAcc);
        Font fontTfAcc = new Font("黑体",Font.ITALIC,20);
        tfAcc.setFont(fontTfAcc);
        jpl.add(lblAcc);
        jpl.add(tfAcc);
        this.add(jpl);
        this.setSize(250,80);
        this.setVisible(true);
    }
    public static void main(String[] args) {
        new FontTest1();
    }
}
```

运行，效果如图 15-31 所示。

图 15-31 FontTest1.java 的效果

阶段性作业

(1) 编写一个登录界面，其含有文本框、密码框和登录按钮，要求界面背景和控件背景都是黄色，上面的字都是红色，字体都是 14 号楷体。

(2) 在网上搜索实例化字体对象时如何精确地确定该字体的名称？例如“楷体_GB2312”不能写成“楷体”。这个名称是如何确定的？

15.4.3 如何使用图片

在 GUI 编程中图片经常碰到。例如通过在界面上画一幅图片对界面进行美化。在 Java 中图片的封装有两种方式：

1. 图像

图像是用 java. awt. Image 来封装的。打开文档，找到 java. awt. Image 类，该类是一个抽象类，无法被实例化。

Image 对象一般使用以下方式得到：

```
Image img = Toolkit.getDefaultToolkit().createImage("图片路径");
```

Image 在界面画图中使用较多，后面的章节将详细介绍，此处只介绍简单的功能。JFrame 有一个函数：

```
public void setIconImage(Image image)
```

通过该函数可以设置此窗口要显示在最小化图标中的图像。

以下代码将项目根目录下的 img. gif 设置为窗口的最小化图标。首先将该图片复制到项目根目录下，该图片内容如图 15-32 所示。

图 15-32 图片内容

代码如下：

ImageTest1. java

```
package image;
import java.awt.Image;
import java.awt.Toolkit;
import javax.swing.JFrame;
public class ImageTest1 extends JFrame{
    private Image img;
    public ImageTest1(){
        super("这是一个窗口");
        img = Toolkit.getDefaultToolkit().createImage("img.gif");
        this.setIconImage(img);
        this.setSize(250,80);
        this.setVisible(true);
    }
    public static void main(String[] args) {
        new ImageTest1();
    }
}
```

运行，效果如图 15-33 所示。

如果最小化，任务栏上显示如图 15-34 所示。

图 15-33 ImageTest1. java 的效果

这是一个窗口

图 15-34 最小化效果

2. 图标

图标是用 javax. swing. Icon 来封装的。打开文档，找到 java. awt. Icon，它是一个接口，无法被实例化。一般使用 Icon 的实现类 javax. swing. ImageIcon 来生成一个图标。

打开文档，找到 javax. swing. ImageIcon 类，最常见的构造函数如下：

```
public ImageIcon(String filename)
```

其传入一个路径，实例化 ImageIcon 对象。

设置图标在 Swing 开发中非常常见。常见的控件一般都提供了构造函数传入一个图标。例如，JButton 类就用以下构造函数传入一个图标：

```
public JButton(String text, Icon icon)
```

此外，还用 setIcon 函数修改图标。

JLabel 等其他类也有相应的图标支持函数，请读者参考文档。

以下代码将项目根目录下的 img. gif 设置为按钮的图标：

ImageTest2. java

```
package image;
import javax.swing.*;
public class ImageTest2 extends JFrame{
    private Icon icon;
    private JButton jbt = new JButton("按钮");
    private JPanel jpl = new JPanel();
    public ImageTest2(){
        icon = new ImageIcon("img.gif");
        jbt.setIcon(icon);
        jpl.add(jbt);
        this.add(jpl);
        this.setSize(250,80);
        this.setVisible(true);
    }
    public static void main(String[] args) {
        new ImageTest2();
    }
}
```

运行，效果如图 15-35 所示。

图 15-35　ImageTest2. java 的效果

阶段性作业

(1) 在界面上显示一个 JLabel 对象，JLabel 中含有一个图标。

(2) 在菜单项上也可以加图标，查看文档，看看如何实现？

15.5　几个有用的功能

15.5.1　如何设置界面的显示风格

前面编写的界面，风格似乎和 Windows 下的界面风格不太一致，能否让界面以某种操作系统的风格显示呢？

在 GUI 编程中风格是由 javax.swing.UIManager 类进行管理的。通过该类的以下函数来设置界面的显示风格：

```
public static void setLookAndFeel(String className)
                        throws ClassNotFoundException,
                               InstantiationException,
                               IllegalAccessException,
                               UnsupportedLookAndFeelException
```

用户可以使用以下函数得到系统中已经支持的风格：

```
public static UIManager.LookAndFeelInfo[] getInstalledLookAndFeels()
```

以下代码用系统支持的所有风格显示一个输入框：

StyleTest.java

```
package others;
import javax.swing.*;
public class StyleTest {
    public static void main(String[] args) {
        try{
            UIManager.LookAndFeelInfo[] infos =
                    UIManager.getInstalledLookAndFeels();
            for(UIManager.LookAndFeelInfo info:infos){
                UIManager.setLookAndFeel(info.getClassName());
                JOptionPane.showInputDialog(info.getName() + "风格");
            }
        }catch(Exception ex){}
    }
}
```

运行，依次显示输入框如图 15-36 所示。

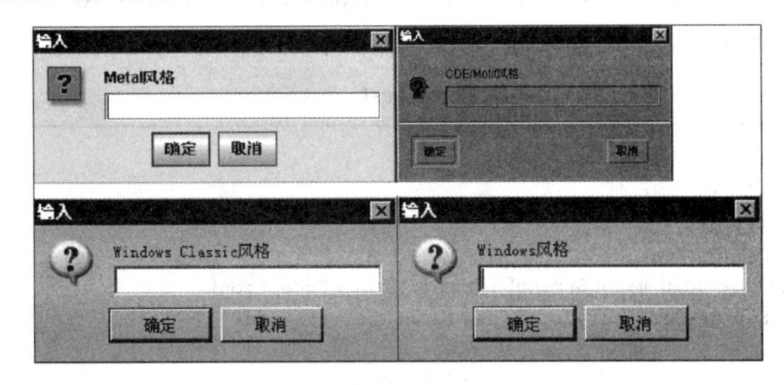

图 15-36　依次显示输入框

15.5.2 如何获取屏幕大小

有时候为了美观，希望在屏幕的正中央显示某个窗口，此时就必须事先知道屏幕的宽度和高度，这样才能对窗口的位置进行计算。那么如何知道屏幕的宽度和高度呢？

在 GUI 编程中屏幕大小是由 java.awt.GraphicsEnvironment 类获得的。下面的代码打印了当前的屏幕大小：

ScreenTest.java

```
package others;

import java.awt.GraphicsEnvironment;
import java.awt.Rectangle;
public class ScreenTest {
    public static void main(String[] args) {
        GraphicsEnvironment ge =
            GraphicsEnvironment.getLocalGraphicsEnvironment();
        Rectangle rec =
            ge.getDefaultScreenDevice().getDefaultConfiguration().getBounds();
        System.out.println("屏幕宽度: " + rec.getWidth());
        System.out.println("屏幕高度: " + rec.getHeight());
    }
}
```

运行，控制台打印效果如图 15-37 所示。

```
屏幕宽度: 1280.0
屏幕高度: 800.0
```

图 15-37　ScreenTest.java 的效果

阶段性作业

编写一个界面，要求显示在屏幕中央。

15.5.3 如何用默认应用程序打开文件

在 JDK6.0 中增加了 java.awt.Desktop 类，该类最有意思的功能是用默认应用程序打开文件。例如，如果计算机上装了 Acrobat，双击 pdf 文件将会用 Acrobat 打开。此功能也可以用 Desktop 类实现。下面的代码打开 C 盘中的 test.pdf：

DesktopTest .java

```
package others;
import java.awt.Desktop;
import java.io.File;
public class DesktopTest {
    public static void main(String[] args) throws Exception{
        Desktop.getDesktop().open(new File("C:\\test.pdf"));
    }
}
```

运行，自动打开这个文件，等价于双击这个文件。

15.5.4　如何将程序显示为系统托盘

在 JDK6.0 中增加了 java.awt.SystemTray 类，该类可以在任务栏上显示系统托盘，系统托盘用 java.awt.TrayIcon 封装。下面的代码将一个图片显示为系统托盘：

SystemTrayTest.java

```
package others;
import java.awt.Image;
import java.awt.SystemTray;
import java.awt.Toolkit;
import java.awt.TrayIcon;
public class SystemTrayTest{
    public static void main(String[] args) throws Exception {
        Image img = Toolkit.getDefaultToolkit().createImage("img.gif");
        TrayIcon ti = new TrayIcon(img);
        SystemTray.getSystemTray().add(ti);
    }
}
```

运行，任务栏上的显示效果如图 15-38 所示。

在多媒体控制图标左边即为系统托盘，单击该图标没有任何反应，这是因为还没有给其增加事件功能。

图 15-38　任务栏上的显示效果

本章知识体系

知　识　点	重要等级	难度等级
Swing 的基本概念	★★★★	★★
窗口的开发	★★★★	★★★
控件的开发	★★★★	★★★★
颜色	★★★	★★
字体	★★	★★
图片	★★	★★★
其他功能	★★	★★★★

第16章

Java界面布局管理

GUI上控件的布局能够让用户更好地控制界面的开发。本章将首先讲解几种最常见的布局——FlowLayout、GridLayout、BorderLayout、空布局，以及其他一些比较复杂的布局方式，最后用一个计算器程序对其进行总结。

本章术语

布局＿＿＿＿＿＿＿＿＿＿

FlowLayout＿＿＿＿＿＿＿＿＿＿

GridLayout＿＿＿＿＿＿＿＿＿＿

BorderLayout＿＿＿＿＿＿＿＿＿＿

空布局＿＿＿＿＿＿＿＿＿＿

CardLayout＿＿＿＿＿＿＿＿＿＿

BoxLayout＿＿＿＿＿＿＿＿＿＿

GridBagLayout＿＿＿＿＿＿＿＿＿＿

16.1 认识布局管理

16.1.1 为什么需要布局管理

在Java GUI开发中，窗体上都需要添加若干控件。一般情况是首先将控件加到面板上，然后加到窗体上，这样控件在窗体上的排布就有一个方式，以下面的例子为例：

LayoutTest1.java

```
package layout;
import javax.swing.*;
public class LayoutTest1 extends JFrame{
    private JLabel lblInfo = new JLabel("这是注册窗口");
    private JButton btReg = new JButton("注册");
    private JPanel jpl = new JPanel();
    public LayoutTest1(){
        jpl.add(lblInfo);
        jpl.add(btReg);
        this.add(jpl);
        this.setSize(150,100);
        this.setVisible(true);
```

```
    }
    public static void main(String[] args) {
        new LayoutTest1();
    }
}
```

运行,效果如图16-1所示。

为什么控件会这样排布呢?这是JPanel默认的排布方式。这种排布方式可能有一些问题,例如窗口改变大小,排布方式改变如图16-2所示。

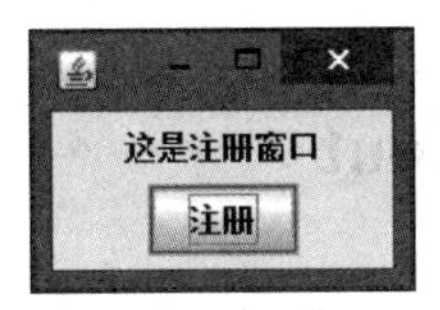

图16-1 LayoutTest1.java的效果

图16-2 窗口改变大小,排布方式改变

又如,如果通过setSize方法改变了按钮的大小,但是在界面上体现不出来。

因此,如果不使用较为科学的布局方式,用户在使用界面时,界面可能出现不同的样子,此时就需要使用布局管理器。

布局管理器可以让我们将加入到容器的组件按照一定的顺序和规则放置,使之看起来更美观。

在Java中布局由布局管理器——java.awt.LayoutManager来管理。

16.1.2 认识LayoutManager

打开文档,找到java.awt.LayoutManager,会发现这是一个接口,并不能直接实例化,此时可以使用该接口的实现类。

java.awt.LayoutManager最常见的实现类如下。

(1) java.awt.FlowLayout:将组件按从左到右而后从上到下的顺序依次排列,若一行放不下则到下一行继续放置。

(2) java.awt.GridLayout:将界面布局为一个无框线的表格,在每个单元格中放一个组件。

(3) java.awt.BorderLayout:将组件按东、南、西、北、中5个区域放置,每个方向最多只能放置一个组件。

等等。

那么如何设置容器的布局方式?可以使用JFrame、JPanel等容器的以下函数:

```
public void setLayout(LayoutManager mgr)
```

注意

(1) 在大多数情况下,综合运用好这些常见的布局管理器已经可以满足需要。对于特殊的具体应用,可以通过实现LayoutManager或LayoutManager2接口来定义自己的布局管理器。

(2) 对于以上几种常见的布局方式,组件的大小、位置都不能用setSize和setLocation方法确定,而是根据窗体大小自动适应。如果需要用setSize和setLocation方法确定组件的大小和位置，则可以采用空布局(null 布局)。

(3) 应该指出，Java 中的布局方式还有很多，要想全部讲解是不可能的，我们只能讲解最常见的几种，对于其他内容大家举一反三，通过文档和网络可以很容易地学会。例如：

① java. awt. CardLayout：将组件像卡片一样放置在容器中。

② java. awt GridBagLayout：可指定组件放置的具体位置及占用的单元格数目。

③ javax. swing BoxLayout：就像整齐放置的一行或者一列盒子，在每个盒子中放一个组件。

此外还有 javax. swing. SpringLayout、javax. swing. ScrollPaneLayout、javax. swing. OverlayLayout、javax. swing. ViewportLayout 等。

16.2 使用 FlowLayout

16.2.1 什么是 FlowLayout

FlowLayout 是最常见的布局方式，它的特点是将组件按从左到右而后从上到下的顺序依次排列，若一行放不下则到下一行继续放置。

16.1 节中的代码所展现的就是 FlowLayout。由此可见，JPanel 的默认布局方式就是 FlowLayout。

注意

FlowLayout 也称“流式布局”，非常形象，像流水一样，一个方向流不过去就会拐弯，控件在一行放不下就到下一行。

用户可以使用 java. awt. FlowLayout 类进行流式布局的管理。打开文档，找到 java. awt. FlowLayout 类，其构造函数如下。

(1) public FlowLayout()：实例化 FlowLayout 对象，布局方式为居中对齐，默认控件之间的水平和垂直间隔是 5 个单位(一般为像素)。

(2) public FlowLayout(int align)：实例化 FlowLayout 对象，默认水平和垂直间隔是 5 个单位。

align 表示指定的对齐方式，常见的选择如下。

① FlowLayout. LEFT：左对齐。

② FlowLayout. RIGHT：右对齐。

③ FlowLayout. CENTER：居中对齐。

(3) public FlowLayout(int align,int hgap,int vgap)：不仅指定对齐方式，而且指定控件之间的水平和垂直间隔。

16.2.2 如何使用 FlowLayout

以下案例使用 FlowLayout 开发一个登录界面，控件居中对齐，水平和垂直间隔为 10 个像素。代码如下：

FlowLayoutTest1. java

```
package flowlayout;
import java.awt.FlowLayout;
```

```
import javax.swing.*;
public class FlowLayoutTest1 extends JFrame{
    private FlowLayout flowLayout =
        new FlowLayout(FlowLayout.CENTER,10,10);
    private JLabel lblAcc = new JLabel("输入账号");
    private JTextField tfAcc = new JTextField(10);
    private JLabel lblPass = new JLabel("输入密码");
    private JPasswordField pfPass = new JPasswordField(10);
    private JButton btLogin = new JButton("登录");
    private JButton btExit = new JButton("取消");
    private JPanel jpl = new JPanel();
    public FlowLayoutTest1(){
        jpl.setLayout(flowLayout);                          //设置布局方式
        jpl.add(lblAcc);
        jpl.add(tfAcc);
        jpl.add(lblPass);
        jpl.add(pfPass);
        jpl.add(btLogin);
        jpl.add(btExit);
        this.add(jpl);
        this.setSize(200,150);
        this.setVisible(true);
    }
    public static void main(String[] args) {
        new FlowLayoutTest1();
    }
}
```

运行，效果如图 16-3 所示。

但是，这只是界面大小经过精心调整的结果，如果继续调整界面大小，效果如图 16-4 所示。

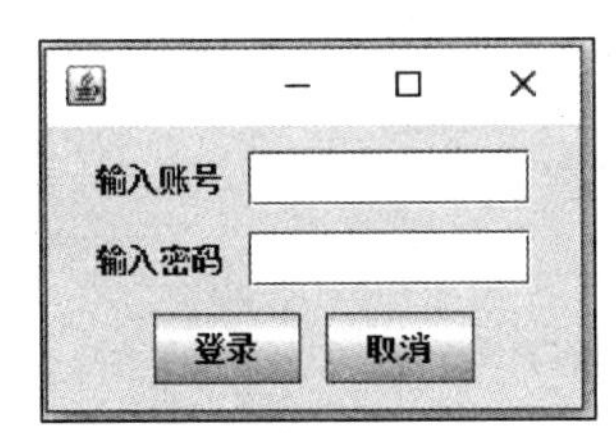

图 16-3　FlowLayoutTest1.java 的效果

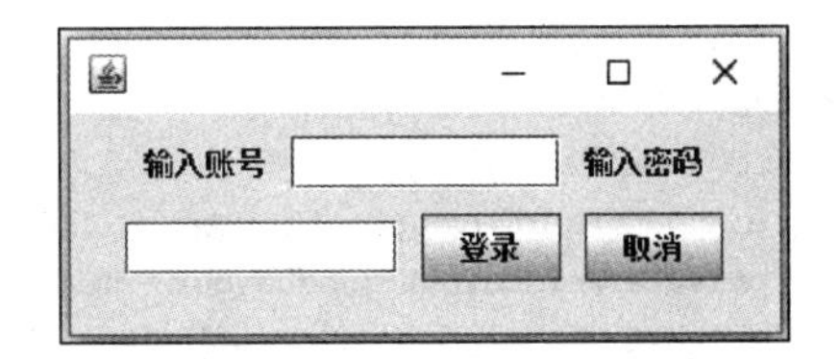

图 16-4　调整界面大小时的效果

这说明 FlowLayout 的使用功能有些限制。

阶段性作业

(1) 用户也可以设置让界面的大小不可改变，以使 FlowLayout 变得更加实用。查询文档，如何让一个 JFrame 的大小固定，不可改变呢？

(2) 在网上查询 JFrame 的默认布局是什么？

16.3 使用 GridLayout

16.3.1 什么是 GridLayout

GridLayout 也是比较常见的布局方式，它的特点是将界面布局为一个无框线的表格，在每个单元格中放一个组件，一行一行地放置，若一行放满放下一行。

用户常见的计算器上的按钮就可以采用这个布局，如图 16-5 所示。

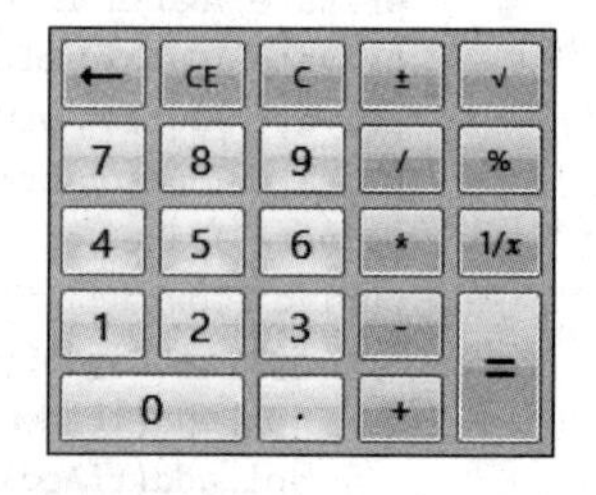

图 16-5 计算器上的按钮

该面板分为 4 行 5 列，放置一些按钮。

注意

GridLayout 也称“网格布局”。

通常使用 java.awt.GridLayout 类进行网格布局的管理。打开文档，找到 java.awt.GridLayout 类，最常见的构造函数如下。

(1) public GridLayout(int rows,int cols)：创建具有指定行数和列数的网格布局，给布局中的所有组件分配相等的大小。在默认情况下，行列之间没有边距。

(2) public GridLayout(int rows,int cols,int hgap,int vgap)：创建具有指定行数和列数的网格布局，给布局中的所有组件分配相等的大小，此外将水平和垂直间距设置为指定值。水平间距将置于列与列之间，垂直间距将置于行与行之间。

16.3.2 如何使用 GridLayout

以下案例使用 GridLayout 开发一个登录界面，水平和垂直间隔为 10 个像素。代码如下：

GridLayoutTest1.java

```
package gridlayout;
import java.awt.GridLayout;
import javax.swing.*;
public class GridLayoutTest1 extends JFrame{
    private GridLayout gridLayout = new GridLayout(3,2,10,10);
    private JLabel lblAcc = new JLabel("输入账号");
    private JTextField tfAcc = new JTextField(10);
    private JLabel lblPass = new JLabel("输入密码");
    private JPasswordField pfPass = new JPasswordField(10);
    private JButton btLogin = new JButton("登录");
    private JButton btExit = new JButton("取消");
    private JPanel jpl = new JPanel();
    public GridLayoutTest1(){
        jpl.setLayout(gridLayout);                          //设置布局方式
        jpl.add(lblAcc);
        jpl.add(tfAcc);
        jpl.add(lblPass);
        jpl.add(pfPass);
        jpl.add(btLogin);
        jpl.add(btExit);
```

```
        this.add(jpl);
        this.setSize(200,150);
        this.setVisible(true);
    }
    public static void main(String[] args) {
        new GridLayoutTest1();
    }
}
```

运行,效果如图 16-6 所示。

虽然界面难看了点,但是如果调整界面大小,效果如图 16-7 所示。

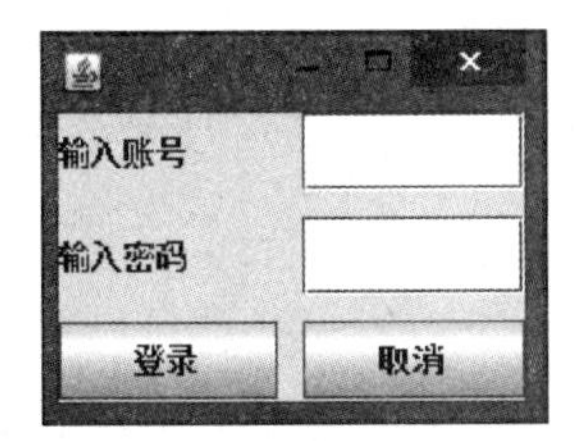

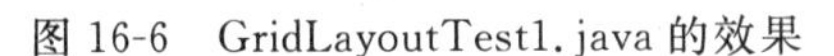
图 16-6 GridLayoutTest1.java 的效果

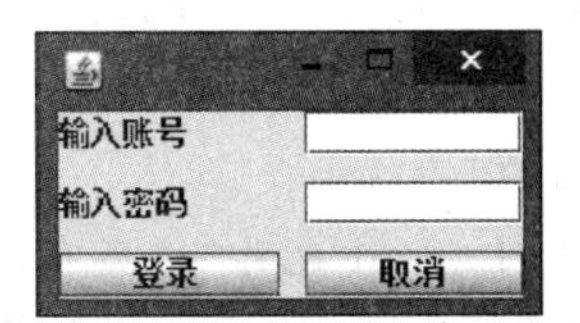

图 16-7 调整界面大小时的效果

这说明 GridLayout 至少可以保证界面不变形。

阶段性作业

开发一个国际象棋棋盘,界面如图 16-8 所示。

图 16-8 国际象棋棋盘

16.4 使用 BorderLayout

16.4.1 什么是 BorderLayout

BorderLayout 也是比较常见的布局方式,它的特点是将组件按东、南、西、北、中 5 个区域放置,每个方向最多只能放置一个组件,如图 16-9 所示。

注意

读者可能会问这种布局方式有什么用呢?实际上,我们常见的软件界面很多都是用这种布局,如图 16-10 所示。

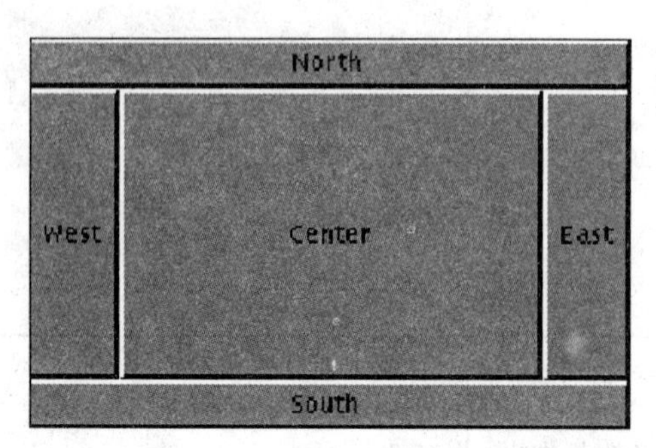

图 16-9　BorderLayout 布局

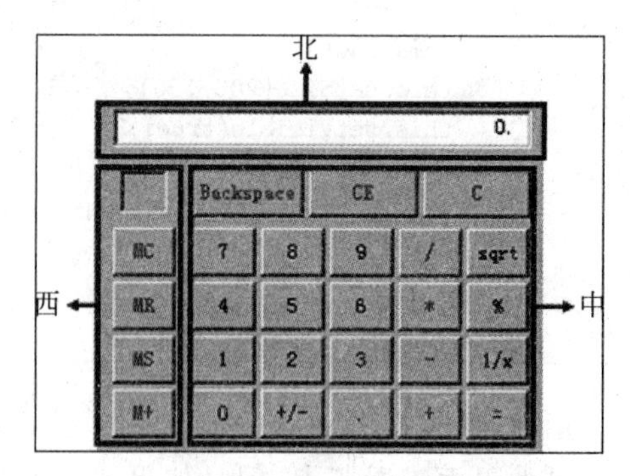

图 16-10　计算器

计算器界面大致可以分为北、西、中 3 个部分，每个部分可以是一个面板。其中，“中”部分实际上还可以细分。

注意

(1) BorderLayout 也称“边界布局”。

(2) 如果东、西、南、北某个部分没有添加任何内容，则其他内容会自动将其填满；如果中间没有添加任何内容，则会空着。

用户可以使用 java.awt.BorderLayout 类进行边界布局的管理。打开文档，找到 java.awt.BorderLayout 类，最常见的构造函数如下。

(1) public BorderLayout()：构造一个组件之间没有间距的边界布局。

(2) public BorderLayout(int hgap,int vgap)：构造一个具有指定组件间距的边界布局，水平间距由 hgap 指定，垂直间距由 vgap 指定。

不过，在使用了边界布局之后将组件加到容器上就不能直接用 add 函数了，还必须指定加到哪个位置。一般用 add 函数的第 2 个参数指定添加的位置，可以选择以下选项。

(1) BorderLayout.NORTH：表示添加到北边。

(2) BorderLayout.SOUTH：表示添加到南边。

(3) BorderLayout.EAST：表示添加到东边。

(4) BorderLayout.WEST：表示添加到西边。

(5) BorderLayout.CENTER：表示添加到中间。

例如，下面的代码将一个按钮添加到面板南边。

```
JPanel p = new JPanel();
p.setLayout(new BorderLayout());
p.add(new JButton("Okay"), BorderLayout.SOUTH);
```

16.4.2　如何使用 BorderLayout

以下案例使用 BorderLayout 开发一个很简单的界面，在东、西、南边各添加一个按钮：

BorderLayoutTest1.java

```
package borderlayout;
import java.awt.BorderLayout;
```

```
import javax. * ;
import javax.swing. * ;
public class BorderLayoutTest1 extends JFrame{
    private BorderLayout borderLayout = new BorderLayout();
    private JButton btEast = new JButton("东");
    private JButton btWest = new JButton("西");
    private JButton btSouth = new JButton("南");
    private JPanel jpl = new JPanel();
    public BorderLayoutTest1(){
        jpl.setLayout(borderLayout);
        jpl.add(btEast,BorderLayout.EAST);
        jpl.add(btWest,BorderLayout.WEST);
        jpl.add(btSouth,BorderLayout.SOUTH);
        this.add(jpl);
        this.setSize(200,150);
        this.setVisible(true);
    }
    public static void main(String[] args) {
        new BorderLayoutTest1();
    }
}
```

运行,效果如图 16-11 所示。

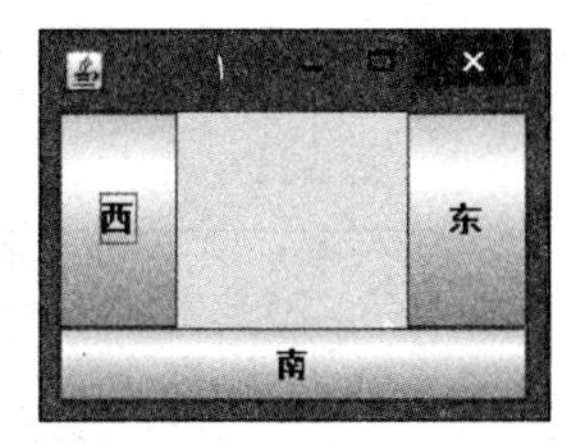

图 16-11　BorderLayoutTest1.java 的效果

16.5　一个综合案例:计算器

16.5.1　案例需求

本节将制作一个简单的计算器界面,效果如图 16-12 所示。

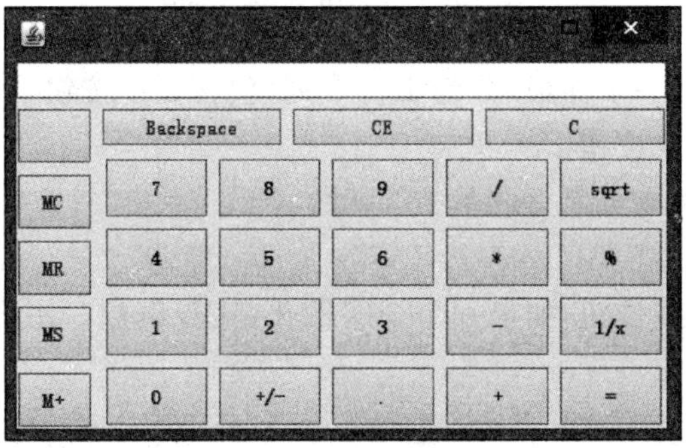

图 16-12　计算器界面

当然，这个界面没有 Windows 中的计算器界面漂亮，毕竟做界面不是 Java 的强项。

16.5.2 关键技术

1. 面板的组织

前面学习了几种布局，这里进行分析一下：总体来说，该界面是一个边界布局，分为北、西、中 3 个部分，如图 16-13 所示。

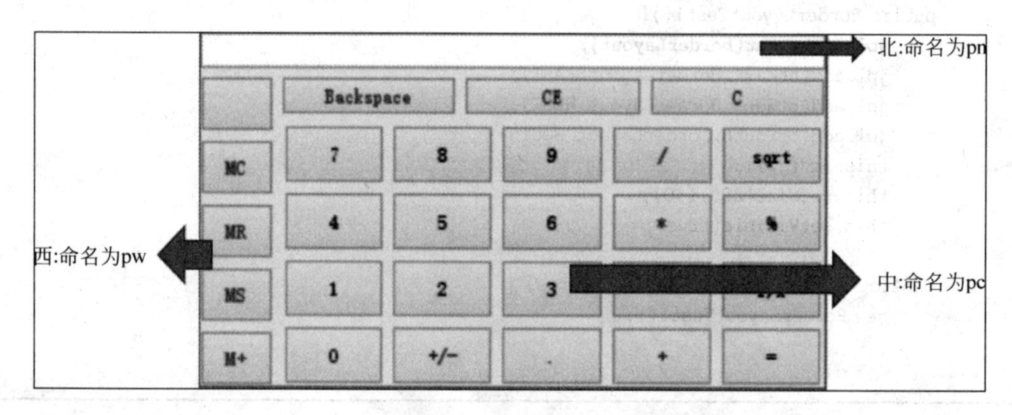

图 16-13　分析界面布局

其中，在 pn 中包括一个文本框，在 pw 中包括一个面板，分为 5 行 1 列，包含 5 个按钮。pc 又分为两个部分，如图 16-14 所示。

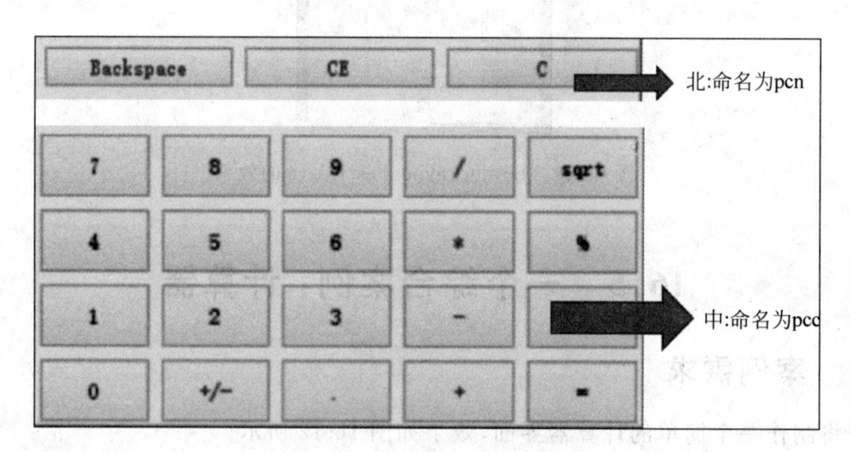

图 16-14　pc 分为两个部分

其中，在 pcn 中包括一个面板，分为 1 行 3 列，包含 3 个按钮；在 pcc 中包括一个面板，分为 4 行 5 列，包含 20 个按钮。

因此，各个面板的生成可以写成单独的函数。

2. 按钮的生成

本界面中要生成很多按钮，如果一个个实例化，比较麻烦。用户可以使用循环，具体见下面的程序代码。

16.5.3　代码的编写

本案例的代码如下：

Calc.java

```
package calc;
import java.awt.*;
import javax.swing.*;
public class Calc extends JFrame{
    //北边的文本框
    public JPanel createPN() {
        JPanel pn = new JPanel();
        pn.setLayout(new BorderLayout(5,5));
        JTextField tfNumber = new JTextField();
        pn.add(tfNumber,BorderLayout.CENTER);
        return pn;
    }
    //西边的 5 个按钮
    public JPanel createPW() {
        JPanel pw = new JPanel();
        pw.setLayout(new GridLayout(5,1,5,5));
        JButton[] jbts = new JButton[5];
        String[] labels = new String[]{"","MC","MR","MS","M+"};
        for(int i = 0;i < jbts.length;i++){
            JButton jbt = new JButton(labels[i]);
            jbt.setForeground(Color.red);
            pw.add(jbt);
        }
        return pw;
    }
    //中间面板
    public JPanel createPC() {
        JPanel pc = new JPanel();
        pc.setLayout(new BorderLayout(5,5));
        pc.add(createPCN(),BorderLayout.NORTH);
        pc.add(createPCC(),BorderLayout.CENTER);
        return pc;
    }
    //中间面板中北边的 3 个按钮
    public JPanel createPCN() {
        JPanel pcn = new JPanel();
        pcn.setLayout(new GridLayout(1,3,5,5));
        JButton[] jbts = new JButton[3];
        String[] labels = new String[]{"Backspace","CE","C"};
        for(int i = 0;i < jbts.length;i++){
            JButton jbt = new JButton(labels[i]);
            jbt.setForeground(Color.red);
            pcn.add(jbt);
        }
        return pcn;
    }
    //中间面板中的中间 20 个按钮
    public JPanel createPCC() {
```

```
        JPanel pcc = new JPanel();
        pcc.setLayout(new GridLayout(4,5,5,5));
        JButton[] jbts = new JButton[20];
        String[] labels = new String[]{"7","8","9","/","sqrt",
                                       "4","5","6","*","%",
                                       "1","2","3","-","1/x",
                                       "0","+/-",".","+","="};
        for(int i = 0;i < jbts.length;i++){
            JButton jbt = new JButton(labels[i]);
            if(labels[i].endsWith("+")||labels[i].endsWith("-")||
                labels[i].endsWith("*")||labels[i].endsWith("/")){
                jbt.setForeground(Color.red);
            }else{
                jbt.setForeground(Color.BLUE);
            }
            pcc.add(jbt);
        }
        return pcc;
    }
    //构造函数
    public Calc(){
        this.setLayout(new BorderLayout(5,5));
        this.add(createPN(),BorderLayout.NORTH);
        this.add(createPW(),BorderLayout.WEST);
        this.add(createPC(),BorderLayout.CENTER);
        this.setSize(400,250);
        this.setVisible(true);
    }
    public static void main(String[] args)throws Exception {
        //使用 Windows 风格
        String win = "com.sun.java.swing.plaf.windows.WindowsLookAndFeel";
        UIManager.setLookAndFeel(win);
        Calc calcFrm = new Calc();
    }
}
```

运行，即得到相应效果。

阶段性作业

思考：在前面的代码中，createPW 函数、createPCN 函数、createPCC 函数中含有大量重复的代码，你能否想出办法解决或者部分解决这个问题？

16.6 使用空布局

16.6.1 什么是空布局

空布局实际上不算一种单独的布局种类，只是表示不在容器中使用任何布局。一般情况下容器都有个默认布局(例如 JPanel 的默认布局是 FlowLayout)，所以如果不在容器中使用任何布局，需要显示调用函数 setLayout(null)。

空布局有什么作用呢？大家知道，前面使用了布局，控件的大小和位置是随着界面的变化而变化的，我们不能通过 setSize 方法设置大小，也不能通过 setLocation 方法设置位置，但是在使用了空布局之后就可以实现这个功能。

16.6.2 如何使用空布局

以下案例使用空布局在界面上放置几个按钮：

NullLayoutTest1.java

```
package nulllayout;
import javax.swing.*;
public class NullLayoutTest1 extends JFrame{
    private JButton bt1 = new JButton("按钮 1");
    private JButton bt2 = new JButton("按钮 2");
    private JButton bt3 = new JButton("按钮 3");
    private JPanel jpl = new JPanel();
    public NullLayoutTest1(){
        jpl.setLayout(null);                               //设置空布局
        bt1.setSize(100,25);
        bt1.setLocation(10,20);
        jpl.add(bt1);
        bt2.setSize(80,40);
        bt2.setLocation(30,60);
        jpl.add(bt2);
        bt3.setSize(70,25);
        bt3.setLocation(15,45);
        jpl.add(bt3);

        this.add(jpl);
        this.setSize(200,150);
        this.setVisible(true);
    }
    public static void main(String[] args) {
        new NullLayoutTest1();
    }
}
```

运行，效果如图 16-15 所示。

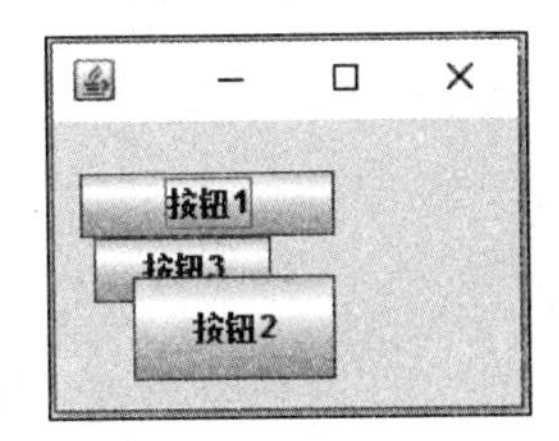

图 16-15 NullLayoutTest1.java 的效果

注意

(1) 在本例中，setLocation 方法实际上设置了按钮左上角距界面左上角的横、纵方向的距离。

(2) 虽然空布局让我们很容易地进行界面开发，但是大家也要谨慎使用。由于在不同系统下的坐标概念不一定相同，纯粹用坐标来定义大小和位置可能会产生不同的效果。

阶段性作业

用空布局结合多线程完成：界面上有一个包含图标的 JLabel，它从界面顶部掉下来。

本章知识体系

知识点	重要等级	难度等级
布局的基本概念	★★★★	★★
FlowLayout	★★★★	★★
GridLayout	★★★	★★
BorderLayout	★★★	★★
空布局	★★★	★★

第 17 章

Java 事件处理

Java GUI 的事件能够让用户真正完善程序的功能。本章将首先讲解事件的基本原理，然后讲解事件的开发流程，最后讲解几种常见事件的处理，例如 ActionEvent、FocusEvent、KeyEvent、MouseEvent、WindowEvent，并讲解用 Adapter 简化事件的开发。

本 章 术 语

Event ______________________

Listener ______________________

ActionEvent ______________________

FocusEvent ______________________

KeyEvent ______________________

MouseEvent ______________________

WindowEvent ______________________

Adapter ______________________

17.1 认识事件处理

17.1.1 什么是事件

在前面的程序中可以在窗体上添加若干控件。例如添加按钮，以下面的例子为例：

EventTest1.java

```
package event;
import javax.swing.*;
public class EventTest1 extends JFrame{
    private JButton btHello = new JButton("Hello");
    public EventTest1(){
        this.add(btHello);
        this.setSize(30,50);
        this.setVisible(true);
    }
    public static void main(String[] args) {
        new EventTest1();
    }
}
```

图 17-1　EventTest1. java 的效果

运行,效果如图 17-1 所示。

界面上有一个按钮,但是当单击按钮时却没有任何反应。显然,在一般程序中单击按钮至少能做点事情。例如单击按钮在控制台上打印一个字符串“Hello”。该功能如何实现呢? 这就需要使用本章讲解的事件处理。

什么是事件? 简单来讲,事件是指用户为了交互而产生的键盘和鼠标动作。例如单击按钮就可以认为发出了一个“按钮单击事件”。

注意

(1) 以上事件的定义不太严谨,只是最直观的说法。实际上,事件不一定在用户交互时产生。例如程序运行出了异常,也可以认为是一个事件。

(2) 事件是有种类的。例如,按钮单击是一种事件; 鼠标在界面上移动也是一种事件; 等等。如果要处理某事件,首先必须搞清楚事件的种类,后面的篇幅有详细讲解。

17.1.2　事件处理代码的编写

在了解事件处理之前先举一个生活中的例子:

在生活中会有很多出现“事件”的场合,比如上课铃响了,小王听到铃声走进教室。

在这个事件中,上课铃响相当于发出了一个事件,类似于 17.1.1 中的“单击按钮”,小王走进教室相当于处理这个事件,类似于 17.1.1 的“打印 Hello”。

实际上,这个看似简单的日常生活例子,其顺利执行的条件并不简单,至少需要以下条件:

(1) 铃声必须由响铃的地方传到小王的耳朵里,因此铃声必须进行封装。

(2) 小王必须长着耳朵,否则他听不到,铃声再响也是徒劳。

(3) 小王必须执行“走进教室”这个动作,否则相当于事件没有处理。

(4) 必须规定,上课铃响小王进教室。如果没有这个规定,小王如何知道要走进教室?

我们来进行类比,实际上,上面的几个条件可以解释如下:

(1) 事件必须用一个对象封装。

(2) 事件的处理者必须具有监听事件的能力。

(3) 事件的处理者必须编写事件处理函数。

(4) 必须将事件的发出者和事件的处理者对象绑定起来。

这 4 个步骤就是编写事件代码的依据,在这里我们来实现“单击按钮,打印 Hello”。

1. 事件必须用一个对象封装

单击按钮,系统自动将发出的事件封装在 java. awt. event. ActionEvent 对象内。

问答

问: 如何知道某个事件封装在什么样的对象内?

答: 由于事件是有种类的,因此不同的事件封装在不同的对象内,在后面的章节中进行了详细的总结,此处只要知道单击按钮,发出的事件封装在 java. awt. event. ActionEvent 对象内即可。

2. 事件的处理者必须具有监听事件的能力

在 Java 中 ActionEvent 是由 java. awt. event. ActionListener 监听的。

因此在此步骤中需要编写一个事件处理类来实现 ActionListener 接口。

```
class ButtonClickOpe implements ActionListener{
    //处理事件
}
```

3. 事件的处理者必须编写事件处理函数

在 Java 中实现一个接口必须将接口中的函数重写一遍，该函数就是事件处理函数。查看文档，可以找到 ActionListener 中定义的函数：

```
void actionPerformed(ActionEvent e)
```

对其进行重写并编写事件处理代码：

```
class ButtonClickOpe implements ActionListener{
    public void actionPerformed(ActionEvent e) {
        System.out.println("Hello");
    }
}
```

注意

在 actionPerformed 函数中，参数 e 封装了发出的事件，通过参数 e 的 getSource()方法可以知道事件是由谁发出的，后面将会用到。

4. 必须将事件的发出者和事件的处理者对象绑定起来

在该步骤中必须规定单击按钮发出的事件由 ButtonClickOpe 对象处理，方法是调用按钮的以下函数：

```
public void addActionListener(ActionListener l)
```

因此，整个代码可以写成：

EventTest2. javaa

```
package event;
import java.awt.event.ActionEvent;
import java.awt.event.ActionListener;
import javax.swing.JButton;
import javax.swing.JFrame;
public class EventTest2 extends JFrame{
    private JButton btHello = new JButton("按钮");
    public EventTest2(){
        this.add(btHello);
        //绑定
        btHello.addActionListener(new ButtonClickOpe());
        this.setSize(30,50);
        this.setVisible(true);
    }
    public static void main(String[] args) {
        new EventTest2();
    }
```

```
}
class ButtonClickOpe implements ActionListener{
    public void actionPerformed(ActionEvent e) {
        System.out.println("Hello");
    }
}
```

Hello

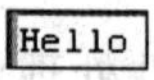

图 17-2 EventTest2.java 的效果

运行，单击按钮，控制台打印效果如图 17-2 所示。说明事件成功处理。

从本例可以看出，事件处理关键是要弄清楚要处理什么样的事件，其他按照上面的流程编程即可。

阶段性作业

已知：在 JTextField 中输入回车发出的也是 ActionEvent，请编写程序实现以下功能。

在 JFrame 上放置一个文本框，在文本框中输入一个数字，然后回车，在控制台上打印该文本框中数值的平方。

17.1.3 另外几种编程风格

前面的例子需要编写两个类，实际上有很多方法可以简化，例如可以使用匿名处理对象的方法实现这个例子：

EventTest3.java

```
package event;
import java.awt.event.ActionEvent;
import java.awt.event.ActionListener;
import javax.swing.JButton;
import javax.swing.JFrame;
public class EventTest3 extends JFrame{
    private JButton btHello = new JButton("按钮");
    public EventTest3(){
        this.add(btHello);
        //绑定
        btHello.addActionListener(new ActionListener(){
            public void actionPerformed(ActionEvent e) {
                System.out.println("Hello");
            }
        });
        this.setSize(30,50);
        this.setVisible(true);
    }
    public static void main(String[] args) {
        new EventTest3();
    }
}
```

运行，单击按钮，打印“Hello”。不过，这种方法使用不多。

由于一个 Java 类可以实现多个接口，通常用界面类直接实现接口的方法进行简化。在本例中实现两个按钮，单击“登录”按钮，打印“登录”；单击“退出”按钮，程序退出。

EventTest4. java

```
package event;
import java.awt.FlowLayout;
import java.awt.event.ActionEvent;
import java.awt.event.ActionListener;
import javax.swing.JButton;
import javax.swing.JFrame;
public class EventTest4 extends JFrame implements ActionListener{
    private JButton btLogin = new JButton("登录");
    private JButton btExit = new JButton("退出");
    public EventTest4(){
        this.setLayout(new FlowLayout());
        this.add(btLogin);
        this.add(btExit);
        //绑定
        btLogin.addActionListener(this);
        btExit.addActionListener(this);
        this.setSize(100,100);
        this.setVisible(true);
    }
    public void actionPerformed(ActionEvent e) {
        if(e.getSource() == btLogin){
            System.out.println("登录");
        }else{
            System.exit(0);
        }
    }
    public static void main(String[] args) {
        new EventTest4();
    }
}
```

运行，效果如图 17-3 所示。

单击“登录”按钮，控制台打印效果如图 17-4 所示。

图 17-3 EventTest4. java 的效果

登录

图 17-4 单击“登录”按钮时的效果

单击“退出”按钮，程序退出。

注意

此处使用 e. getSource()判断事件是由谁发出的。

17.2 处理 ActionEvent

17.2.1 什么情况发出 ActionEvent

在 java.awt.event 包中，ActionEvent 是最常用的一种事件。在一般情况下，ActionEvent 适合于对某些控件的单击（也有特殊情况）。常见的发出 ActionEvent 的场合如下：

（1）JButton、JComboBox、JMenu、JMenuItem、JCheckBox、JRadioButton 等控件的单击。

（2）javax.swing.Timer 发出的事件。

（3）在 JTextField 等控件上按回车、在 JButton 等控件上按空格（相当于单击效果）等。

ActionEvent 用 ActionListener 监听。其编程方法采用 17.1 节中的流程即可。

17.2.2 使用 ActionEvent 解决实际问题

在以下案例中，界面上包含一个下拉列表框，选择界面颜色，在选择之后能够将界面背景自动变成相应颜色。代码如下：

ActionEventTest1.java

```
package actionevent;
import java.awt.BorderLayout;
import java.awt.Color;
import java.awt.event.ActionEvent;
import java.awt.event.ActionListener;
import javax.swing.JComboBox;
import javax.swing.JFrame;
public class ActionEventTest1 extends JFrame implements ActionListener{
    private JComboBox cbColor = new JComboBox();
    public ActionEventTest1(){
        this.add(cbColor,BorderLayout.NORTH);
        cbColor.addItem("红");
        cbColor.addItem("绿");
        cbColor.addItem("蓝");
        cbColor.addActionListener(this);
        this.setSize(30,100);
        this.setVisible(true);
    }
    public void actionPerformed(ActionEvent e) {
        Object color = cbColor.getSelectedItem();
        if(color.equals("红")){
            this.getContentPane().setBackground(Color.red);
        }else if(color.equals("绿")){
            this.getContentPane().setBackground(Color.green);
        }else{
            this.getContentPane().setBackground(Color.blue);
        }
    }
    public static void main(String[] args) {
        new ActionEventTest1();
    }
}
```

运行,效果如图 17-5 所示。

选择某种颜色可以将界面背景变成相应颜色,如图 17-6 所示。

图 17-5 ActionEventTest1. java 的效果

图 17-6 界面背景变成相应颜色

注意

在此代码中改变的是 JFrame 的颜色,以变为红色为例,使用的代码是"this. getContentPane(). setBackground(Color. red);",改变颜色必须得到 JFrame 上的 ContentPane,而不能直接使用"this. setBackground(Color. red);"。

阶段性作业

(1) 将上例中的下拉列表框改为单选按钮,选择颜色能够将界面背景变成相应的颜色。

(2) 编写一个 JFrame 界面,上面含有一个菜单(JMenu)——打开文件。单击该菜单,出现文件选择框(JFileChooser),选择一个文本文件,能够将文件内容显示在界面上的多行文本框(JTextArea)内。

(3) 在 Swing 中提供了一个定时器类"javax. swing. Timer",可以每隔一段时间执行一段代码。javax. swing. Timer 的构造函数如下:

```
public Timer(int delay, ActionListener listener)
```

表示每隔一段时间(毫秒)触发 ActionListener 内的处理代码。在实例化 Timer 对象之后可以用 start()函数让其启动,可以用 stop()函数让其停止。

用 Timer 完成以下效果:界面上有一个按钮,从左边飞到右边。

(4) 在前面的章节中学习过 java. awt. SystemTray 可以向任务栏上添加一个托盘图标,托盘图标用 java. awt. TrayIcon 封装,但是在将 TrayIcon 添加到任务栏上后单击托盘图标却没有任何反应。查询文档,实现以下效果:单击托盘图标能够显示一个 JFrame 界面。

17.3 处理 FocusEvent

17.3.1 什么情况发出 FocusEvent

在 java. awt. event 包中 FocusEvent 也经常使用。在一般情况下,FocusEvent 适合于对某些控件 Component 获得或失去输入焦点时需要处理的场合。FocusEvent 用 java. awt. event. FocusListener 接口监听。该接口中有以下函数。

(1) void focusGained(FocusEvent e):组件获得焦点时调用。

(2) void focusLost(FocusEvent e):组件失去焦点时调用。

17.3.2 使用 FocusEvent 解决实际问题

在以下案例中，界面上有一个文本框，要求该文本框失去焦点时内部显示“请您输入账号”，当得到焦点时该提示消失。代码如下：

FocusEventTest1. java

```
package focusevent;
import java.awt.FlowLayout;
import java.awt.event.FocusEvent;
import java.awt.event.FocusListener;
import javax.swing.JButton;
import javax.swing.JFrame;
import javax.swing.JTextField;
public class FocusEventTest1 extends JFrame implements FocusListener{
    private JButton btOK = new JButton("确定");
    private JTextField tfAcc = new JTextField("请您输入账号",10);
    public FocusEventTest1(){
        this.setLayout(new FlowLayout());
        this.add(btOK);
        this.add(tfAcc);
        tfAcc.addFocusListener(this);      //绑定
        this.setSize(200,80);
        this.setVisible(true);
    }
    public void focusGained(FocusEvent arg0) {
        tfAcc.setText("");
    }
    public void focusLost(FocusEvent arg0) {
        tfAcc.setText("请您输入账号");
    }
    public static void main(String[] args) {
        new FocusEventTest1();
    }
}
```

运行，效果如图 17-7 所示。

将鼠标指针移动到文本框中，效果如图 17-8 所示。

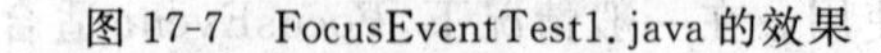

图 17-7 FocusEventTest1. java 的效果　　图 17-8 将鼠标指针移动到文本框中

阶段性作业

在界面上放两个按钮——登录和退出，焦点到达某个按钮上，该按钮的背景变为黄色，文字变为红色；如果失去焦点，就显示为一个普通按钮。

17.4　处理 KeyEvent

17.4.1　什么情况发出 KeyEvent

在 java.awt.event 包中 KeyEvent 也经常使用。在一般情况下，KeyEvent 适合于在某个控件上进行键盘操作时需要处理事件的场合。KeyEvent 用 java.awt.event.KeyListener 接口监听。该接口中有以下函数。

(1) void keyTyped(KeyEvent e)：输入某个键时调用此方法。

(2) void keyPressed(KeyEvent e)：按下某个键时调用此方法。

(3) void keyReleased(KeyEvent e)：释放某个键时调用此方法。

17.4.2　使用 KeyEvent 解决实际问题

下面用一个程序进行测试，在一个 JFrame 上敲击按下键盘，释放后打印按键的内容。代码如下：

KeyEventTest1.java

```
package keyevent;
import java.awt.event.KeyEvent;
import java.awt.event.KeyListener;
import javax.swing.JFrame;
public class KeyEventTest1 extends JFrame implements KeyListener{
    public KeyEventTest1(){
        this.addKeyListener(this);
        this.setSize(200,80);
        this.setVisible(true);
    }
    public void keyPressed(KeyEvent e) {
        System.out.println(e.getKeyChar() + "按下");
    }
    public void keyReleased(KeyEvent e) {
        System.out.println(e.getKeyChar() + "释放");
    }
    public void keyTyped(KeyEvent e) {
        System.out.println(e.getKeyChar() + "敲击");
    }
    public static void main(String[] args) {
        new KeyEventTest1();
    }
}
```

运行，效果如图 17-9 所示。

如果按下键盘上的 a 键释放，控制台打印效果如图 17-10 所示。

图 17-9　运行效果

a按下
a敲击
a释放

图 17-10　控制台打印效果

注意

(1) 键盘事件一定要在发出事件的控件已经获取焦点的情况下才能使用。比如,如果在 JFrame 上增加一个按钮,此时按钮获取了焦点,JFrame 的键盘事件就不会触发了,除非给按钮增加键盘事件。

(2) 在 KeyEvent 类中封装了键的信息,主要函数如下。

① public char getKeyChar():获取键的字符。

② public int getKeyCode():获取键对应的代码。代码可在文档 java. awt. event . KeyEvent 中查找,用静态变量表示。例如,左键对应的是 KeyEvent. VK_LEFT,左括弧对应的是 KeyEvent VK_LEFT_PARENTHESIS,等等。

③ 键盘事件在游戏开发中经常用到,我们将在后面的篇幅中讲解。

阶段性作业

使用键盘事件完成以下效果:界面上有一个含有卡通图标的 JLabel,可以通过键盘上的上、下、左、右键控制其移动。

17.5 处理 MouseEvent

17.5.1 什么情况发出 MouseEvent

在 java. awt. event 包中 MouseEvent 也经常使用。通常 MouseEvent 在以下情况下发生:

1. 鼠标事件

鼠标事件包括按下鼠标按键、释放鼠标按键、单击鼠标按键(按下并释放)、鼠标光标进入组件几何形状的未遮掩部分、鼠标光标离开组件几何形状的未遮掩部分。此时 MouseEvent 用 java. awt. event. MouseListener 接口监听,该接口中有以下函数。

(1) void mouseClicked(MouseEvent e):鼠标按键在组件上单击(按下并释放)时调用。

(2) void mousePressed(MouseEvent e):鼠标按键在组件上按下时调用。

(3) void mouseReleased(MouseEvent e):鼠标按键在组件上释放时调用。

(4) void mouseEntered(MouseEvent e):鼠标进入到组件上时调用。

(5) void mouseExited(MouseEvent e):鼠标离开组件时调用。

2. 鼠标移动事件

鼠标移动事件包括移动鼠标和拖动鼠标。此时 MouseEvent 用 java. awt. event . MouseMotionListener 接口监听,该接口中有以下函数。

(1) void mouseDragged(MouseEvent e):鼠标拖动时调用。

(2) void mouseMoved(MouseEvent e):鼠标移动时调用。

17.5.2 使用 MouseEvent 解决实际问题

下面用一个程序进行鼠标事件测试,鼠标在 JFrame 上按下,将该处的坐标设置为界面标题。代码如下:

MouseEventTest1.java

```
package mouseevent;
import java.awt.event.MouseEvent;
import java.awt.event.MouseListener;
import javax.swing.JFrame;
public class MouseEventTest1 extends JFrame implements MouseListener{
    public MouseEventTest1(){
        this.addMouseListener(this);
        this.setSize(300,100);
        this.setVisible(true);
    }
    public void mouseClicked(MouseEvent e) {
        this.setTitle("鼠标点击: (" + e.getX() + "," + e.getY() + ")");
    }
    public void mouseEntered(MouseEvent arg0) {}
    public void mouseExited(MouseEvent arg0) {}
    public void mousePressed(MouseEvent arg0) {}
    public void mouseReleased(MouseEvent arg0) {}
    public static void main(String[] args) {
        new MouseEventTest1();
    }
}
```

运行,效果如图 17-11 所示。

单击,界面标题变为如图 17-12 所示。

图 17-11 MouseEventTest1.java 的效果

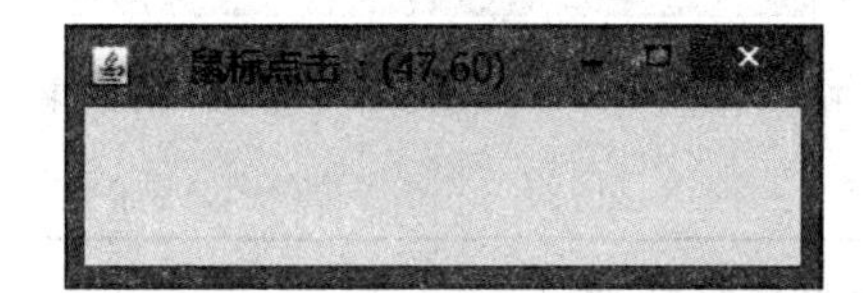

图 17-12 界面标题改变

注意

(1) 在本例中,MouseListener 接口中有 5 个函数,我们只用到 mouseClicked,其他函数是否可以不写呢? 答案是不行,因为实现一个接口必须将接口中的函数重写一遍,不用也得写。不过该问题也可以通过其他方法解决,在后面将会讲解。

(2) 在 MouseEvent 类中封装了鼠标事件的信息,主要函数如下。

① public int getClickCount():返回鼠标单击次数。

② public int getX()和 public int getY():返回鼠标光标在界面中的水平和垂直坐标。

对于其他内容,大家可以参考文档。

(3) 鼠标事件在开发画图软件时经常用到,我们将在后面的篇幅中讲解。

下面用一个程序测试鼠标移动事件,鼠标在 JFrame 上移动,当前坐标在界面上不断显示。代码如下:

MouseEventTest2. java

```
package mouseevent;
import java.awt.event.MouseEvent;
import java.awt.event.MouseMotionListener;
import javax.swing.JFrame;
public class MouseEventTest2 extends JFrame implements MouseMotionListener{
    public MouseEventTest2(){
        this.addMouseMotionListener(this);
        this.setSize(300,100);
        this.setVisible(true);
    }
    public void mouseDragged(MouseEvent arg0) {}
    public void mouseMoved(MouseEvent e) {
        this.setTitle("鼠标位置: (" + e.getX() + "," + e.getY() + ")");
    }
    public static void main(String[] args) {
        new MouseEventTest2();
    }
}
```

运行,效果如图 17-13 所示。

鼠标移动,界面标题不断变化,如图 17-14 所示。

图 17-13　MouseEventTest2. java 的效果

图 17-14　界面标题变化

阶段性作业

使用鼠标事件完成以下效果：在界面空白处的某个位置单击鼠标,能够在该位置放置一个含有卡通图标的 JLabel,如果在该 JLabel 内拖动鼠标,则可以将该 JLabel 拖到另一个位置释放。

17.6　处理 WindowEvent

17.6.1　什么情况发出 WindowEvent

在 java. awt. event 包中 WindowEvent 也经常使用。在一般情况下,WindowEvent 适合窗口状态改变(如打开、关闭、激活、停用、图标化或取消图标化)时需要处理事件的场合。WindowEvent 一般用 java. awt. event. WindowListener 接口监听,该接口中有以下函数。

(1) void windowOpened(WindowEvent e): 窗口首次变为可见时调用。

(2) void windowClosing(WindowEvent e): 用户试图从窗口的系统菜单中关闭窗口时调用。

(3) void windowClosed(WindowEvent e)：因对窗口调用 dispose 而将其关闭时调用。

(4) void windowIconified(WindowEvent e)：窗口从正常状态变为最小化状态时调用。

(5) void windowDeiconified(WindowEvent e)：窗口从最小化状态变为正常状态时调用。

(6) void windowActivated(WindowEvent e)：将 Window 设置为活动 Window 时调用。

(7) void windowDeactivated(WindowEvent e)：当 Window 不再是活动 Window 时调用。

17.6.2 使用 WindowEvent 解决实际问题

下面用一个程序进行测试，在一个窗口上单击"关闭"按钮询问用户是否关闭该窗口。代码如下：

WindowEventTest1.java

```
package windowevent;
import java.awt.event.WindowEvent;
import java.awt.event.WindowListener;
import javax.swing.JFrame;
import javax.swing.JOptionPane;
public class WindowEventTest1 extends JFrame implements WindowListener{
    public WindowEventTest1(){
        //设置关闭时不做任何事
        this.setDefaultCloseOperation(JFrame.DO_NOTHING_ON_CLOSE);
        this.addWindowListener(this);
        this.setSize(200,80);
        this.setVisible(true);
    }
    public void windowClosing(WindowEvent arg0) {
        int result = JOptionPane.showConfirmDialog(this, "您确认关闭吗?",
                    "确认",JOptionPane.YES_NO_OPTION);
        if(result == JOptionPane.YES_OPTION){
            System.exit(0);
        }
    }
    public void windowActivated(WindowEvent arg0) {}
    public void windowClosed(WindowEvent arg0) {}
    public void windowDeactivated(WindowEvent arg0) {}
    public void windowDeiconified(WindowEvent arg0) {}
    public void windowIconified(WindowEvent arg0) {}
    public void windowOpened(WindowEvent arg0) {}
    public static void main(String[] args) {
        new WindowEventTest1();
    }
}
```

运行，效果如图 17-15 所示。

单击右上角的"关闭"按钮显示"确认"对话框，如图 17-16 所示。

如果单击"是"按钮则关闭，如果单击"否"按钮则不关闭。

图 17-15　WindowEventTest1. java 的效果

图 17-16　"确认"对话框

注意

在本例中一定要用"setDefaultCloseOperation(JFrame. DO_NOTHING_ON_CLOSE);"设置窗口关闭时不做任何事,否则单击"关闭"按钮界面都会关闭。

17.7　使用 Adapter 简化开发

在前面的例子中,KeyEvent、MouseEvent、WindowEvent 的处理不约而同地遇到了一个问题——Listener 接口中的函数个数较多,但是我们经常只用一两个。由于实现一个接口必须将接口中的函数重写一遍,因此造成大量的空函数,用不着,不写又不行。

能否解决这个问题呢? 我们知道,实现一个接口必须将接口中的函数重写一遍,但是继承一个类并不一定将类中的函数重写一遍,因此,在 Java 中提供了相应的 Adapter 类来帮助用户简化这个操作。

常见的 Adapter 类如下。

(1) KeyAdapter: 内部函数和 KeyListener 基本相同。

(2) MouseAdapter: 内部函数和 MouseListener、MouseMotionListener 基本相同。

(3) WindowAdapter: 内部函数和 WindowListener 基本相同。

注意

在底层,这些 Adapter 已经实现了相应的 Listener 接口。

因此在编程时就可以将事件响应的代码写在 Adapter 内。

例如,17.6 节中 WindowEvent 的例子可以改为:

WindowAdapterTest1. java

```
package windowadapter;
import java.awt.event.WindowAdapter;
import java.awt.event.WindowEvent;
import javax.swing.JFrame;
import javax.swing.JOptionPane;
public class WindowAdapterTest1 extends JFrame {
    public WindowAdapterTest1(){
        //设置关闭时不做任何事
        this.setDefaultCloseOperation(JFrame.DO_NOTHING_ON_CLOSE);
        this.addWindowListener(new WindowOpe());
        this.setSize(200,80);
        this.setVisible(true);
    }
    public static void main(String[] args) {
        new WindowAdapterTest1();
```

```
    }

    class WindowOpe extends WindowAdapter{
        public void windowClosing(WindowEvent arg0) {
            int result = JOptionPane.showConfirmDialog(null, "您确认关闭吗?",
                    "确认",JOptionPane.YES_NO_OPTION);
            if(result == JOptionPane.YES_OPTION){
                System.exit(0);
            }
        }
    }
}
```

运行,效果和 17.6 节相同。

注意

在此代码中由于 Adapter 是一个类,而 Java 不支持多重继承,因此不得不将事件处理代码写在另一个类——WindowOpe 类中。

阶段性作业

将前几节中和 KeyEvent、MouseEvent 有关的程序改为用 Adapter 实现。

本章知识体系

知　识　点	重要等级	难度等级
事件的原理	★★★★	★★★★
事件的开发流程	★★★★	★★★★
处理 ActionEvent	★★★	★★★
处理 FocusEvent	★★	★★
处理 KeyEvent	★★★	★★★
处理 MouseEvent	★★★	★★★
处理 WindowEvent	★★	★★
使用 Adapter 简化开发	★★	★★

第18章

实践指导4

前面学习了Java GUI开发、Java GUI布局和Java事件处理，这些内容在Java界面编程中属于非常重要的内容。本章将利用一个用户管理系统的案例对这些内容进行复习。

本章术语

GUI ____________________

Layout ____________________

Event ____________________

Listener ____________________

JFrame ____________________

JDialog ____________________

ActionEvent ____________________

ActionListener ____________________

Component ____________________

18.1 用户管理系统功能简介

在本章中将制作一个模拟的用户管理系统。用户能够将自己的账号、密码、姓名、部门存入数据库，由于我们还没有学习数据库操作，因此先将内容存入文件。

该系统由4个界面组成。运行，出现登录界面，如图18-1所示。

该界面出现在屏幕中间。在这个界面中：

(1) 单击“登录”按钮，能够根据输入的账号、密码进行登录。如果登录失败，能够给予提示；如果登录成功，则提示登录成功之后能够到达操作界面。

(2) 单击“注册”按钮，登录界面消失，出现注册界面。

(3) 单击“退出”按钮，程序退出。

注册界面如图18-2所示。

在这个界面中：

(1) 单击“注册”按钮，能够根据输入的账号、密码、姓名、部门进行注册。注意，两个密码必须相等，账号不能重复注册，部门选项如图18-3所示。

(2) 单击“登录”按钮，注册界面消失，出现登录界面。

图 18-1　登录界面

图 18-2　注册界面

(3) 单击“退出”按钮，程序退出。

用户登录成功之后出现操作界面，该界面效果如图 18-4 所示。

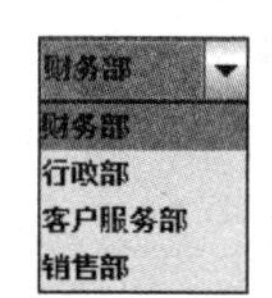

图 18-3　部门选项

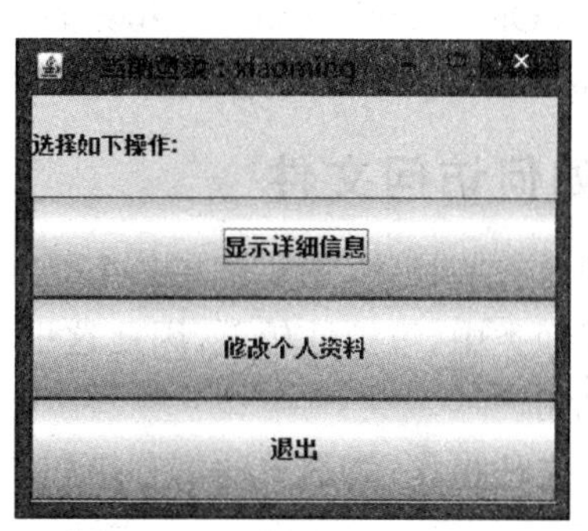

图 18-4　用户登录成功之后出现的界面

在这个界面中：

(1) 标题栏显示当前登录的账号。

(2) 单击“显示详细信息”按钮显示用户的详细信息，如图 18-5 所示。

(3) 单击“退出”按钮，程序退出。

(4) 单击“修改个人资料”按钮显示修改个人资料的对话框，如图 18-6 所示。

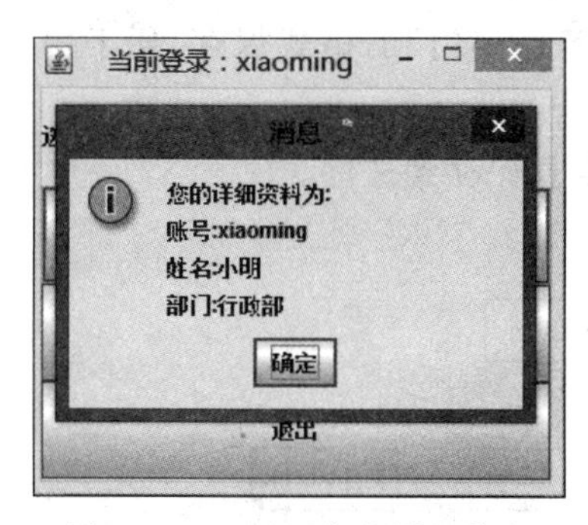

图 18-5　显示用户的详细信息

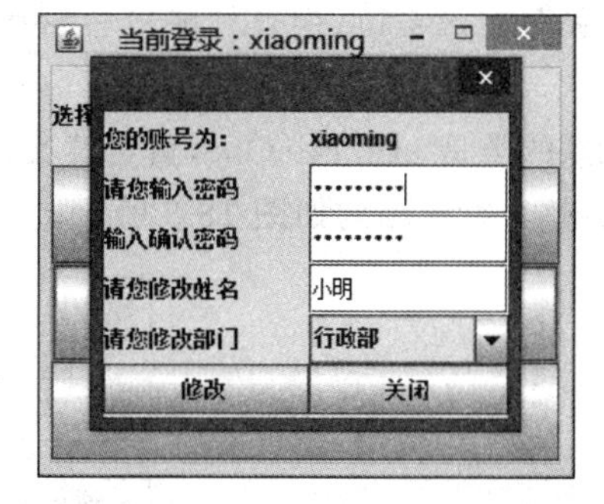

图 18-6　修改个人资料的对话框

所有内容均初始化填入相应的控件。另外，账号不可修改。

在这个界面中：

(1) 单击“修改”按钮能够修改用户信息。

(2) 单击“关闭”按钮能够关掉该界面。

18.2 关键技术

18.2.1 如何组织界面

在这个项目中需要用到登录界面、注册界面、操作界面和修改界面。很明显，这些界面各有自己的控件和事件，4 个界面应该分成 4 个类，在各个类里面负责界面的元素和事件处理，这是比较好的方法。

这里设计的类如下。

(1) frame. LoginFrame：登录界面。

(2) frame. RegisterFrame：注册界面。

(3) frame. OperationFrame：操作界面。

(4) frame. ModifyFrame：修改界面。

18.2.2 如何访问文件

但是该项目有些特殊，主要是在几个界面中都用到了文件操作，如果将文件操作的代码分散在多个界面类中，维护性较差，因此这里有必要将文件操作的代码专门放在一个类中，让各个界面调用。

为了简化文件操作，将用户的信息用如图 18-7 所示的格式存储：

图 18-7 存储用户的信息

数据保存在 cus. inc 中，以"账号＝密码＃姓名＃部门"的格式保存，便于用 Properties 类来读。

读文件的类是 util. FileOpe，负责读文件，将信息保存到文件。

因此，整个系统结构如图 18-8 所示。

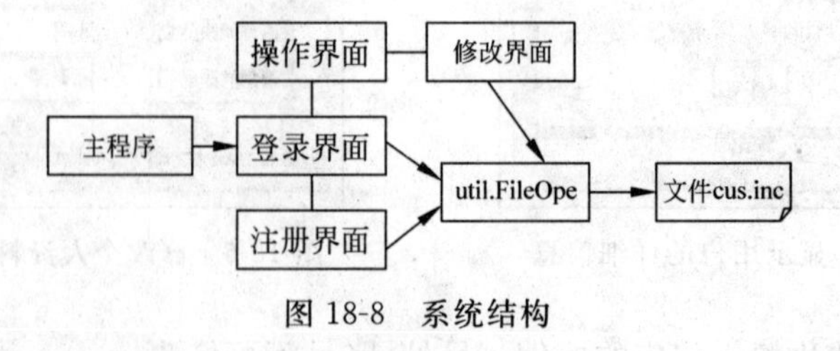

图 18-8 系统结构

18.2.3 如何保持状态

在将项目划分为几个模块之后，模块之间的数据传递难度增大了。比如，在登录界面中登录成功之后，系统应该记住该用户的所有信息，否则到了操作界面无法知道是谁在登录，到了修改界面更无法显示其详细信息。

那么怎样保存其状态呢？有很多种方法，这里可以采用“静态变量法”。该方法就是将各个模块之间需要共享的数据保存在某个类的静态变量中。我们知道，静态变量一旦赋值，在另一个时刻访问仍然是这个值，因此可以用静态变量来传递数据。

我们设计的类 util. Conf 内含 4 个静态成员。

（1）public static String account：保存登录用户的账号。

（2）public static String password：保存登录用户的密码。

（3）public static String name：保存登录用户的姓名。

（4）public static String dept：保存登录用户的部门。

注意

在多线程的情况下，如果多个线程可能访问登录用户的数据，大家在编程时要十分谨慎，以免造成线程 A 将线程 B 的状态改掉的情况，不过本项目中没有这个问题。

18.2.4 还有哪些公共功能

在本项目中界面都要显示在屏幕中间，因此可以编写一段公用代码来完成这个功能，该公用代码放在 util. GUIUtil 类中。

当然还有一些资源文件事先要建好，比如登录界面上的欢迎图片、数据文件 cus. inc 等。

最终设计出来的项目结构如图 18-9 所示。

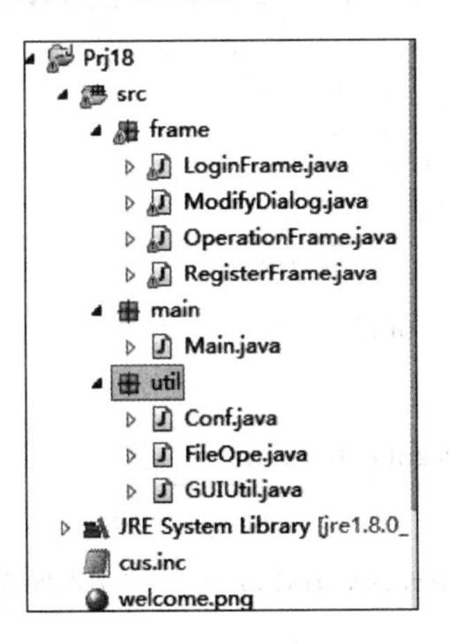

图 18-9 项目结构

18.3 代码的编写

18.3.1 编写 util 包中的类

首先是 Conf 类，比较简单：

Conf. java

```
package util;
public class Conf {
    public static String account;
```

```
    public static String password;
    public static String name;
    public static String dept;
}
```

然后是 FileOpe 类：

FileOpe. java

```
package util;
import java.io.FileReader;
import java.io.PrintStream;
import java.util.Properties;
import javax.swing.JOptionPane;
public class FileOpe {
    private static String fileName = "cus.inc";
    private static Properties pps;
    static {
        pps = new Properties();
        FileReader reader = null;
        try{
            reader = new FileReader(fileName);
            pps.load(reader);
        }catch(Exception ex){
            JOptionPane.showMessageDialog(null, "文件操作异常");
            System.exit(0);
        }finally{
            try{
                reader.close();
            }catch(Exception ex){}
        }
    }
    private static void listInfo(){
        PrintStream ps = null;
        try{
            ps = new PrintStream(fileName);
            pps.list(ps);
        }catch(Exception ex){
            JOptionPane.showMessageDialog(null, "文件操作异常");
            System.exit(0);
        }finally{
            try{
                ps.close();
            }catch(Exception ex){}
        }
    }
    public static void getInfoByAccount(String account) {
        String cusInfo = pps.getProperty(account);
        if(cusInfo!= null){
            String[] infos = cusInfo.split("#");
            Conf.account = account;
            Conf.password = infos[0];
            Conf.name = infos[1];
            Conf.dept = infos[2];
```

```
        }
    }
    public static void updateCustomer(String account,String password,
                            String name,String dept) {
        pps.setProperty(account, password + "#" + name + "#" + dept);
        listInfo();
    }
}
```

注意

在本类中静态代码负责载入 cus.inc 中的数据。

接下来是 FileOpe 类：

GUIUtil.java

```
package util;
import java.awt.Component;
import java.awt.GraphicsEnvironment;
import java.awt.Rectangle;
public class GUIUtil {
    public static void toCenter(Component comp){
        GraphicsEnvironment ge =
            GraphicsEnvironment.getLocalGraphicsEnvironment();
        Rectangle rec =
            ge.getDefaultScreenDevice().getDefaultConfiguration().getBounds();
        comp.setLocation(((int)rec.getWidth() - comp.getWidth())/2,
                        ((int)rec.getHeight() - comp.getHeight())/2);
    }
}
```

注意

(1) 在本类中,toCenter(Component comp)函数传入的参数不是 JFrame,而是其父类“Component”,完全是为了扩大本函数的适用范围,让其适用于所有 Component 的子类。

(2) 在本类中使用了界面居中的坐标计算方法,请读者仔细理解。

18.3.2　编写 frame 包中的类

首先是登录界面类：

LoginFrame.java

```
package frame;
import java.awt.FlowLayout;
import java.awt.event.ActionEvent;
import java.awt.event.ActionListener;
import javax.swing.Icon;
import javax.swing.ImageIcon;
import javax.swing.JButton;
import javax.swing.JFrame;
import javax.swing.JLabel;
import javax.swing.JOptionPane;
import javax.swing.JPasswordField;
```

```
import javax.swing.JTextField;
import util.Conf;
import util.FileOpe;
import util.GUIUtil;
public class LoginFrame extends JFrame implements ActionListener{
    /************************ 定义各控件 ******************************/
    private Icon welcomeIcon = new ImageIcon("welcome.png");
    private JLabel lbWelcome = new JLabel(welcomeIcon);
    private JLabel lbAccount = new JLabel("请您输入账号");
    private JTextField tfAccount = new JTextField(10);
    private JLabel lbPassword = new JLabel("请您输入密码");
    private JPasswordField pfPassword = new JPasswordField(10);
    private JButton btLogin = new JButton("登录");
    private JButton btRegister = new JButton("注册");
    private JButton btExit = new JButton("退出");
    public LoginFrame(){
        /************************ 界面的初始化 **************************/
        super("登录");
        this.setLayout(new FlowLayout());
        this.add(lbWelcome);
        this.add(lbAccount);
        this.add(tfAccount);
        this.add(lbPassword);
        this.add(pfPassword);
        this.add(btLogin);
        this.add(btRegister);
        this.add(btExit);
        this.setSize(240, 180);
        GUIUtil.toCenter(this);
        this.setDefaultCloseOperation(JFrame.EXIT_ON_CLOSE);
        this.setResizable(false);
        this.setVisible(true);
        /************************ 增加监听 *************************/
        btLogin.addActionListener(this);
        btRegister.addActionListener(this);
        btExit.addActionListener(this);
    }
    public void actionPerformed(ActionEvent e) {
        if(e.getSource() == btLogin){
            String account = tfAccount.getText();
            String password = new String(pfPassword.getPassword());
            FileOpe.getInfoByAccount(account);
            if(Conf.account == null||!Conf.password.equals(password)){
                JOptionPane.showMessageDialog(this, "登录失败");
                return;
            }
            JOptionPane.showMessageDialog(this, "登录成功");
            this.dispose();
            new OperationFrame();
        }else if(e.getSource() == btRegister){
            this.dispose();
            new RegisterFrame();
        }else{
            JOptionPane.showMessageDialog(this, "谢谢光临");
```

```
            System.exit(0);
        }
    }
}
```

注意

在本类中，“this.dispose();”表示让本界面消失，释放内存，但是程序并不结束；“System.exit(0);”表示整个程序退出。

然后是注册界面类：

RegisterFrame.java

```
package frame;
import java.awt.FlowLayout;
import java.awt.event.ActionEvent;
import java.awt.event.ActionListener;
import javax.swing.JButton;
import javax.swing.JComboBox;
import javax.swing.JFrame;
import javax.swing.JLabel;
import javax.swing.JOptionPane;
import javax.swing.JPasswordField;
import javax.swing.JTextField;
import util.Conf;
import util.FileOpe;
import util.GUIUtil;
public class RegisterFrame extends JFrame implements ActionListener{
    /************************定义各控件****************************/
    private JLabel lbAccount = new JLabel("请您输入账号");
    private JTextField tfAccount = new JTextField(10);
    private JLabel lbPassword1 = new JLabel("请您输入密码");
    private JPasswordField pfPassword1 = new JPasswordField(10);
    private JLabel lbPassword2 = new JLabel("输入确认密码");
    private JPasswordField pfPassword2 = new JPasswordField(10);
    private JLabel lbName = new JLabel("请您输入姓名");
    private JTextField tfName = new JTextField(10);
    private JLabel lbDept = new JLabel("请您选择部门");
    private JComboBox cbDept = new JComboBox();
    private JButton btRegister = new JButton("注册");
    private JButton btLogin = new JButton("登录");
    private JButton btExit = new JButton("退出");
    public RegisterFrame(){
        /************************界面的初始化*************************/
        super("注册");
        this.setLayout(new FlowLayout());
        this.add(lbAccount);
        this.add(tfAccount);
        this.add(lbPassword1);
        this.add(pfPassword1);
        this.add(lbPassword2);
        this.add(pfPassword2);
        this.add(lbName);
        this.add(tfName);
```

```
        this.add(lbDept);
        this.add(cbDept);
        cbDept.addItem("财务部");
        cbDept.addItem("行政部");
        cbDept.addItem("客户服务部");
        cbDept.addItem("销售部");
        this.add(btRegister);
        this.add(btLogin);
        this.add(btExit);
        this.setSize(240, 220);
        GUIUtil.toCenter(this);
        this.setDefaultCloseOperation(JFrame.EXIT_ON_CLOSE);
        this.setResizable(false);
        this.setVisible(true);
        /*********************** 增加监听 ************************* /
        btLogin.addActionListener(this);
        btRegister.addActionListener(this);
        btExit.addActionListener(this);
    }
    public void actionPerformed(ActionEvent e) {
        if(e.getSource() == btRegister){
            String password1 = new String(pfPassword1.getPassword());
            String password2 = new String(pfPassword2.getPassword());
            if(!password1.equals(password2)){
                JOptionPane.showMessageDialog(this, "两个密码不相同");
                return;
            }
            String account = tfAccount.getText();
            FileOpe.getInfoByAccount(account);
            if(Conf.account!= null){
                JOptionPane.showMessageDialog(this, "用户已经注册");
                return;
            }
            String name = tfName.getText();
            String dept = (String)cbDept.getSelectedItem();
            FileOpe.updateCustomer(account, password1, name , dept);
            JOptionPane.showMessageDialog(this, "注册成功");
        }else if(e.getSource() == btLogin){
            this.dispose();
            new LoginFrame();
        }else{
            JOptionPane.showMessageDialog(this, "谢谢光临");
            System.exit(0);
        }
    }
}
```

接下来是操作界面类：

OperationFrame.java

```
package frame;
import java.awt.GridLayout;
import java.awt.event.ActionEvent;
```

```
import java.awt.event.ActionListener;
import javax.swing.JButton;
import javax.swing.JFrame;
import javax.swing.JLabel;
import javax.swing.JOptionPane;
import util.Conf;
import util.GUIUtil;
public class OperationFrame extends JFrame implements ActionListener{
    /*********************** 定义各控件 ****************************/
    private String welcomeMsg = "选择如下操作:";
    private JLabel lbWelcome = new JLabel(welcomeMsg);
    private JButton btQuery = new JButton("显示详细信息");
    private JButton btModify = new JButton("修改个人资料");
    private JButton btExit = new JButton("退出");
    public OperationFrame(){
        /*********************** 界面的初始化 ************************/
        super("当前登录: " + Conf.account);
        this.setLayout(new GridLayout(4,1));
        this.add(lbWelcome);
        this.add(btQuery);
        this.add(btModify);
        this.add(btExit);
        this.setSize(300, 250);
        GUIUtil.toCenter(this);
        this.setDefaultCloseOperation(JFrame.EXIT_ON_CLOSE);
        this.setResizable(false);
        this.setVisible(true);
        /*********************** 增加监听 ************************/
        btQuery.addActionListener(this);
        btModify.addActionListener(this);
        btExit.addActionListener(this);
    }
    public void actionPerformed(ActionEvent e) {
        if(e.getSource() == btQuery){
            String message = "您的详细资料为:\n";
            message += "账号:" + Conf.account + "\n";
            message += "姓名:" + Conf.name + "\n";
            message += "部门:" + Conf.dept + "\n";
            JOptionPane.showMessageDialog(this, message);
        }else if(e.getSource() == btModify){
            new ModifyDialog(this);
        }else{
            JOptionPane.showMessageDialog(this, "谢谢光临");
            System.exit(0);
        }
    }
}
```

最后是 ModifyDialog 类，注意 ModifyDialog 是个模态对话框。

ModifyDialog.java

```
package frame;
import java.awt.GridLayout;
```

```
import java.awt.event.ActionEvent;
import java.awt.event.ActionListener;
import javax.swing.JButton;
import javax.swing.JComboBox;
import javax.swing.JDialog;
import javax.swing.JFrame;
import javax.swing.JLabel;
import javax.swing.JOptionPane;
import javax.swing.JPasswordField;
import javax.swing.JTextField;
import util.Conf;
import util.FileOpe;
import util.GUIUtil;
public class ModifyDialog extends JDialog implements ActionListener{
    /************************ 定义各控件 ******************************/
    private JLabel lbMsg = new JLabel("您的账号为:");
    private JLabel lbAccount = new JLabel(Conf.account);
    private JLabel lbPassword1 = new JLabel("请您输入密码");
    private JPasswordField pfPassword1 = new JPasswordField(Conf.password,10);
    private JLabel lbPassword2 = new JLabel("输入确认密码");
    private JPasswordField pfPassword2 = new JPasswordField(Conf.password,10);
    private JLabel lbName = new JLabel("请您修改姓名");
    private JTextField tfName = new JTextField(Conf.name,10);
    private JLabel lbDept = new JLabel("请您修改部门");
    private JComboBox cbDept = new JComboBox();
    private JButton btModify = new JButton("修改");
    private JButton btExit = new JButton("关闭");
    public ModifyDialog(JFrame frm){
        /************************ 界面的初始化 **************************/
        super(frm,true);
        this.setLayout(new GridLayout(6,2));
        this.add(lbMsg);
        this.add(lbAccount);
        this.add(lbPassword1);
        this.add(pfPassword1);
        this.add(lbPassword2);
        this.add(pfPassword2);
        this.add(lbName);
        this.add(tfName);
        this.add(lbDept);
        this.add(cbDept);
        cbDept.addItem("财务部");
        cbDept.addItem("行政部");
        cbDept.addItem("客户服务部");
        cbDept.addItem("销售部");
        cbDept.setSelectedItem(Conf.dept);
        this.add(btModify);
        this.add(btExit);
        this.setSize(240, 200);
        GUIUtil.toCenter(this);
        this.setDefaultCloseOperation(JFrame.DISPOSE_ON_CLOSE);
        /************************ 增加监听 **************************/
        btModify.addActionListener(this);
        btExit.addActionListener(this);
```

```java
            this.setResizable(false);
            this.setVisible(true);
        }
        public void actionPerformed(ActionEvent e) {
            if(e.getSource() == btModify){
                String password1 = new String(pfPassword1.getPassword());
                String password2 = new String(pfPassword2.getPassword());
                if(!password1.equals(password2)){
                    JOptionPane.showMessageDialog(this, "两个密码不相同");
                    return;
                }
                String name = tfName.getText();
                String dept = (String)cbDept.getSelectedItem();
                //将新的值存入静态变量
                Conf.password = password1;
                Conf.name = name;
                Conf.dept = dept;
                FileOpe.updateCustomer(Conf.account, password1, name , dept);
                JOptionPane.showMessageDialog(this, "修改成功");
            }else{
                this.dispose();
            }
        }
    }
```

18.3.3　编写主函数所在的类

主函数所在的类调用登录界面类：

Main.java

```java
package main;
import frame.LoginFrame;
public class Main {
    public static void main(String[] args) {
            new LoginFrame();
    }
}
```

运行该类，则可以出现登录界面。

18.4　思　考　题

本程序开发完毕，留下几个思考题请大家思考：

(1) 在该程序中需要用 Properties 类将整个文件读入进行处理，如果遇到文件较大的情况会有什么问题？如何解决？

(2) 将用户的登录信息用静态变量存储，在多线程情况下有什么隐患？你能否举出一个例子？如何解决？

第 19 章

Java 画图之基础知识

Java GUI 的画图属于低级界面开发,可以大大扩充程序的功能。本章将首先讲解画图的原理以及画图的方法,然后讲解画字符串,最后讲解画图片,以及图片的缩放、裁剪和旋转。

本章术语

Graphics ______________________________

paint 函数 ______________________________

repaint 函数 ______________________________

drawString ______________________________

drawImage ______________________________

验证码 ______________________________

19.1 认识 Java 画图

19.1.1 为什么要学习画图

在本书的前面几章介绍的是在窗体上放置一个个控件,这一般称为高级界面,高级界面上的效果都是由控件组成的,与此对应的低级界面效果是通过编程在画布上画出来的,例如图 19-1 所示的效果。

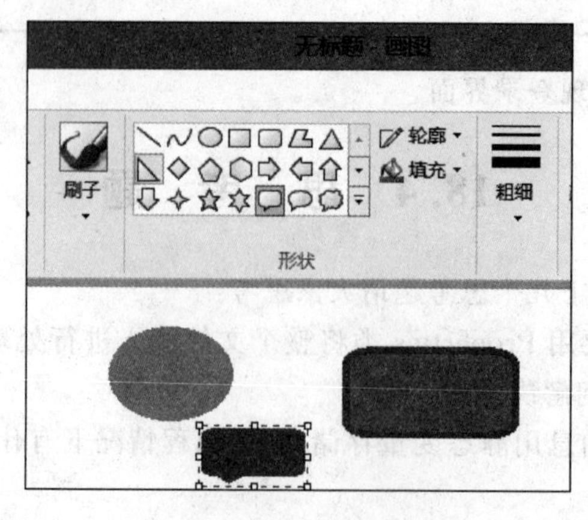

图 19-1　低级界面效果

也就是在界面上画出一些图形。那么该功能如何实现呢？

注意

很多游戏场景都是用了非常高超的画图技巧在界面上画出图形，例如有名的俄罗斯方块，如图 19-2 所示。

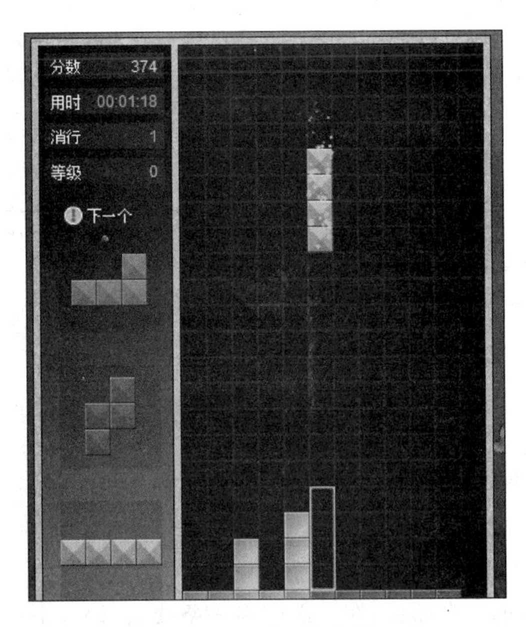

图 19-2　俄罗斯方块

其各个方块就是在界面上画出来的。

19.1.2　如何实现画图

如何实现画图呢？首先要搞清楚图应该画在哪里。

按照日常生活的经验，一般情况下图应该画在画布上，再将画布画在界面上，这种方法可行。实际上，在以前学习的所有控件中有一个是最接近画布的，那就是 JPanel。

注意

实际的画图编程也可以不用 JPanel 充当画布，但是使用 JPanel 充当画布更加直观一些。本章以 JPanel 进行讲解。

如前所述，低级界面上的所有效果都是画出来的，因此本章将重点介绍低级界面，以及在低级界面上的画图。我们以 JPanel 作为画布，JPanel 可以很方便地加到 JFrame 等窗体上。

打开文档，找到 javax. swing. JPanel。首先介绍其构造函数，本章使用最简单的构造函数：

```
public JPanel()
```

画图工作比较丰富，一般方法是对 JPanel 进行扩展。在 JPanel 上画一些内容，最后显示在 JFrame 上。

在 JPanel 类中有以下重要成员函数。

(1) public void paint(Graphics g)：该函数从父类 JComponent 继承，里面可以包含画图的代码。

注意

① 该方法是在 JPanel 出现时自动调用的。

② 该方法传入 java.awt.Graphics 对象，可以进行画图，具体方法将在后面讲解。

(2) public void repaint(Rectangle r)：该函数从父类 JComponent 继承，负责在某个区域内调用 paint 函数。

综上所述，画布开发的基本结构如下：

```
//画布类
public class MyPanel extends JPanel{
    public void paint(Graphics g){
        //在 JPanel 上画图
    }
}

public class Frame类 extends JFrame {
    //将 MyPanel 对象加到界面上
    //其他代码
}
```

本例将在界面上显示一个面板，在上面画出一条线，代码如下：

PanelPaintTest1.java

```
package panelpaint;
import java.awt.Graphics;
import javax.swing.JFrame;
import javax.swing.JPanel;
class MyPanel extends JPanel{
    public void paint(Graphics g) {
        System.out.println("paint");
        g.drawLine(0,0,this.getWidth(),this.getHeight());      //画线
    }
}
public class PanelPaintTest1 extends JFrame{
    private MyPanel mp = new MyPanel();
    public PanelPaintTest1(){
        this.add(mp);
        this.setSize(100,200);
        this.setVisible(true);
    }
    public static void main(String[] args) {
        new PanelPaintTest1();
    }
}
```

运行，效果如图 19-3 所示。

控制台打印效果如图 19-4 所示。

注意

(1) “g. drawLine(0,0,this. getWidth(),this. getHeight());”表示从面板的左上角到面板的右下角进行画线,在后面会详细讲解。

(2) 如果更改界面大小,发现 paint 函数会不断调用,这叫“重画”。通过重画机制能够让界面更加灵活,例如当界面成如图 19-5 所示的状态时,直线仍然从左上角画到右下角。

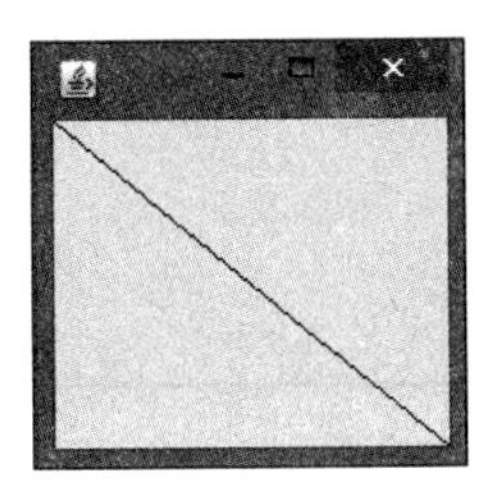

图 19-3　运行效果

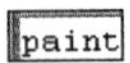

图 19-4　控制台打印效果

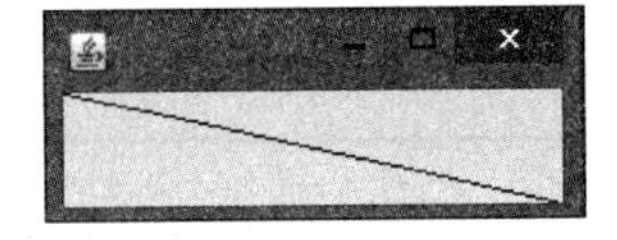

图 19-5　画线

阶段性作业

(1) 在上面的 MyPanel 上增加一个按钮,看情况如何。

(2) 将 MyPanel 的背景设置为黄色,能否实现吗?如果不能实现,在网上搜索,找找原因?

19.2　用 Graphics 画图

19.2.1　什么是 Graphics

前面说过,在 JPanel 类中有一个重要的成员函数:

```
public void paint(Graphics g)
```

该函数需要被重写,在画布出现时会自动调用,也可以被 repaint 方法触发。该函数传入一个 java. awt. Graphics(画笔)对象,能够画各种图形。

Graphics 能画出哪些图形?本节将进行详细讲解。

19.2.2　如何使用 Graphics

打开 java. awt. Graphics 类文档,会发现 Graphics 类定义如下:

```
public abstract class Graphics extends Object
```

它直接继承 java. lang. Object 类,是一个抽象类,不能用构造函数实例化其对象。不过,幸运的是可以通过 paint 函数的参数直接得到画布上的画笔对象,不需要实例化。代码如下:

```
class MyPanel extends JPanel{
    public void paint(Graphics g) {
        //直接使用参数 g 画图,无须再实例化
    }
}
```

注意

java.awt.Graphics 类还有一个子类——java.awt.Graphics2D，它提供了更加丰富的功能。为了更加丰富地画图，用户可以完全使用 Graphics2D 类。其方法是在 paint 函数中将 Graphics 对象强制转换为 Graphics2D 类型：

```
class MyPanel extends JPanel{
    public void paint(Graphics g) {
        Graphics2D g2d = (Graphics2D)g;
        //直接使用参数 g2d 画图
    }
}
```

对于画图形而言，Graphics2D 对象的重要功能如下。

(1) 将此图形上下文的当前颜色设置为指定颜色：

```
public abstract void setColor(Color c)
```

以下代码表示将画笔颜色设置为红色：

```
class MyPanel extends JPanel{
    public void paint(Graphics g){
        g.setColor(Color.red);
    }
}
```

(2) 为 Graphics2D 上下文设置线型：

```
public abstract void setStroke(Stroke s)
```

其中，线型由 java.awt.Stroke 对象封装，但是 Stroke 是个接口，可以通过其实现类 java.awt.BasicStroke 创建各种粗细、风格的线条。

阶段性作业

在文档中找到 java.awt.BasicStroke，花 5 分钟时间阅读其构造函数的意义。

下面将介绍常见的画图函数。

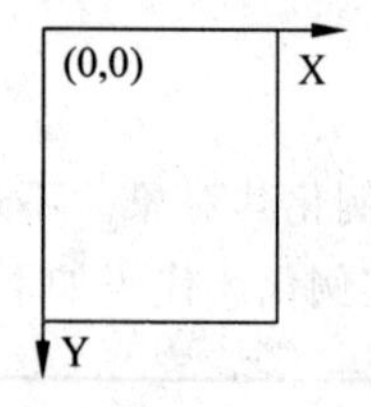

图 19-6 界面上的坐标

(1) 画线：

```
public abstract void drawLine(int x1, int y1, int x2, int y2)
```

该函数从坐标(x1,y1)到(x2,y2)画一条线。界面上的坐标如图 19-6 所示。

界面上左上角的坐标为(0,0)，越往右 X 越大，越往下 Y 越大。如下代码：

```
class MyPanel extends JPanel{
    public void paint(Graphics g){
```

```
            g.drawLine(0,0,this.getWidth(),this.getHeight());
            g.drawLine(this.getWidth(),0,0,this.getHeight());
        }
    }
```

表示从界面左上角到右下角画一条线，然后从右上角到左下角画一条线，效果如图 19-7 所示。

（2）画矩形：

```
public void drawRect(int x, int y, int width, int height)
```

该函数以（x，y）为左上角坐标、width 为宽度、height 为高度画一个矩形，如图 19-8 所示。

图 19-7　画线效果

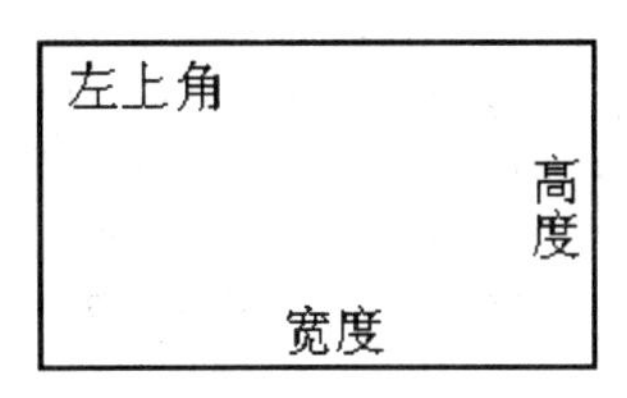

图 19-8　画矩形

如下代码：

```
class MyPanel extends JPanel{
    public void paint(Graphics g){
        int left = this.getWidth()/4;
        int top = this.getHeight()/4;
        int width = this.getWidth()/2;
        int height = this.getHeight()/2;
        g.drawRect(left, top, width, height);
    }
}
```

表示以界面宽度的 1/4 为左上角横坐标、界面高度的 1/4 为左上角纵坐标、界面宽度的 1/2 为宽度、界面高度的 1/2 为高度画一个矩形，实际上这个矩形显示在界面的正中央，效果如图 19-9 所示。

（3）画圆角矩形：

```
public abstract void drawRoundRect(int x, int y, int width, int height,
                                   int arcWidth, int arcHeight)
```

圆角矩形来源于一个普通矩形。该函数画一个圆角矩形，以（x，y）为左上角坐标、width 为宽度、height 为高度、arcWidth 为圆角水平直径、arcHeight 为圆角垂直直径，如图 19-10 所示。

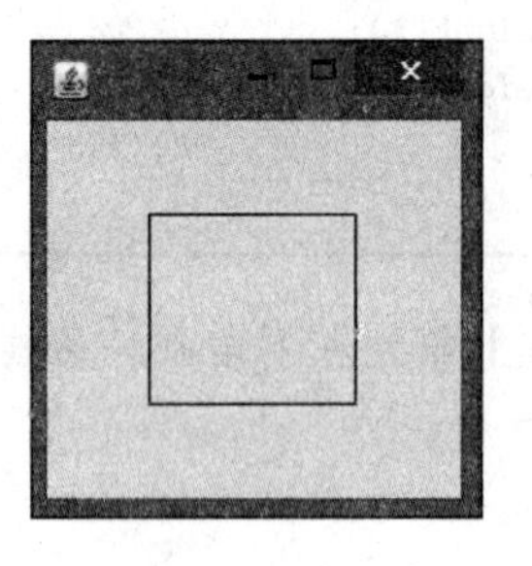

图 19-9　矩形效果

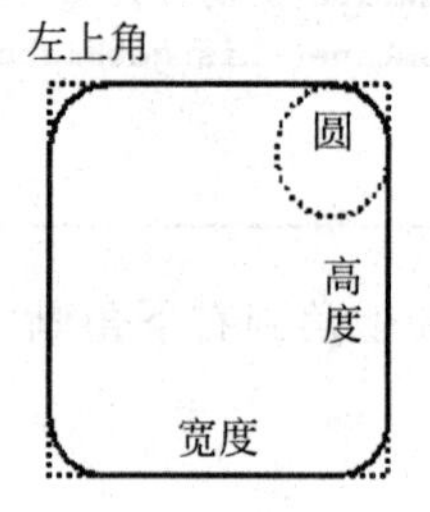

图 19-10　画圆角矩形

如下代码：

```
class MyPanel extends JPanel{
    public void paint(Graphics g){
        int left = this.getWidth()/4;
        int top = this.getHeight()/4;
        int width = this.getWidth()/2;
        int height = this.getHeight()/2;
        g.drawRoundRect(left, top, width, height , width/2, height/2);
    }
}
```

表示以界面宽度的 1/4 为左上角横坐标、界面高度的 1/4 为左上角纵坐标、界面宽度的 1/2 为宽度、界面高度的 1/2 为高度画一个圆角矩形，圆角矩形边上的圆角水平直径为矩形宽度的 1/2，圆角矩形边上的圆角垂直直径为矩形高度的 1/2。实际上，这个矩形也显示在界面的正中央，效果如图 19-11 所示。

(4) 画圆弧(椭圆弧)：

```
public abstract void drawArc(int x, int y, int width, int height,
                             int startAngle, int arcAngle)
```

该函数画一段圆弧。在画图系统中，任何的圆或椭圆都可以包含在一个矩形内，因此确定了矩形就确定了圆弧。在该函数中，圆弧所在的矩形以(x,y)为左上角坐标、width 为宽度、height 为高度，以 startAngle 为开始的角度、arcAngle 为画出的角度。注意，在画图过程中从中心水平向右表示 0°，逆时针为正方向，具体定位方法如图 19-12 所示。

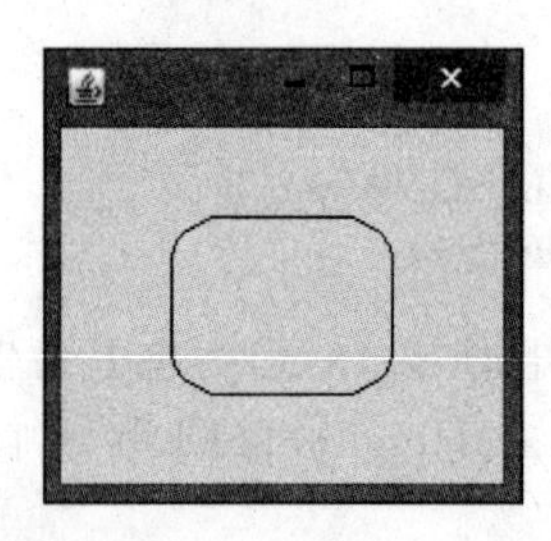

图 19-11　圆角矩形效果

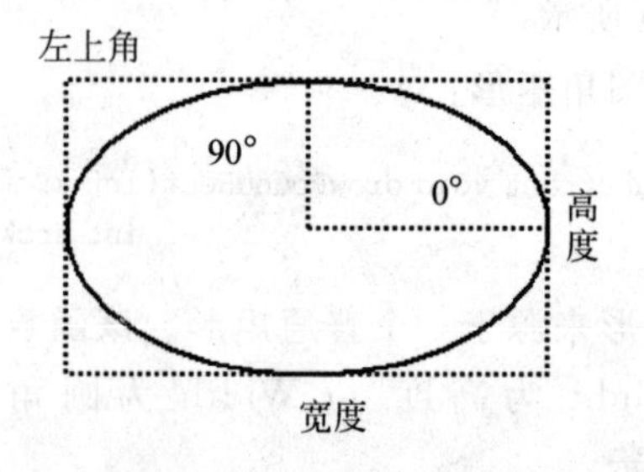

图 19-12　具体定位方法

如下代码：

```
class MyPanel extends JPanel{
    public void paint(Graphics g){
        int left = this.getWidth()/4;
        int top = this.getHeight()/4;
        int width = this.getWidth()/2;
        int height = this.getHeight()/2;
        g.drawArc(left, top, width, height , 90, 180);
    }
}
```

表示以界面宽度的 1/4 为左上角横坐标、界面高度的 1/4 为左上角纵坐标、界面宽度的 1/2 为宽度、界面高度的 1/2 为高度定位一个矩形，画矩形中的圆，从 90°开始画，向后画 180°。实际上，这个圆弧就是左半圆，效果如图 19-13 所示。

提示

如果要画一个整圆，也可以通过 drawOval 函数来实现。

19.2.3　用 Graphics 实现画图

本例开发一个含有各种图形的画布，如图 19-14 所示。

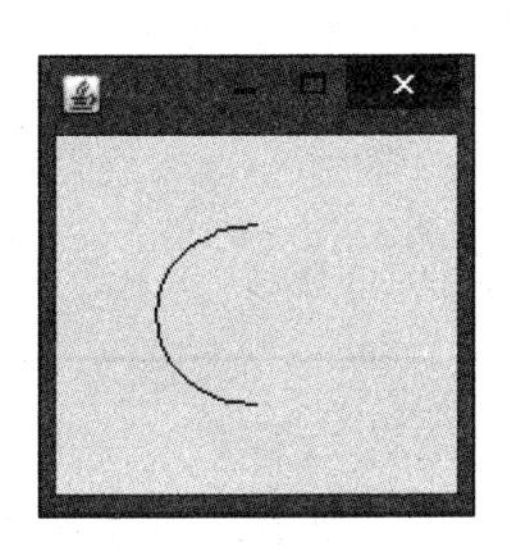

图 19-13　圆弧效果

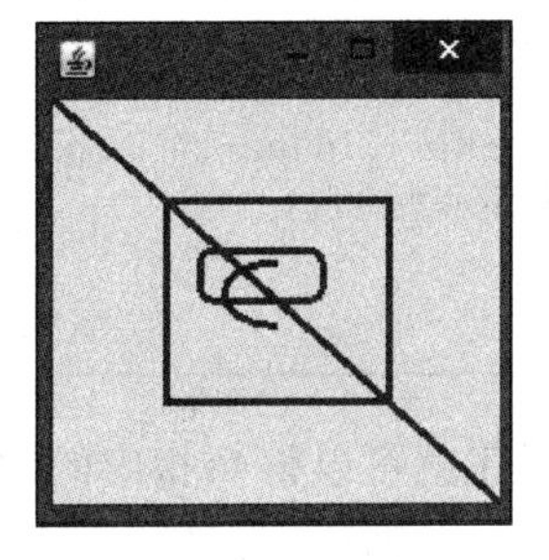

图 19-14　画布效果

界面上出现一个画布，在这个画布上一共有 4 个图形，分别是一条线、一个矩形、一个圆角矩形和一个左半圆。综上所述，建立如下代码：

DrawTest1.java

```
package draw;

import java.awt.BasicStroke;
import java.awt.Color;
import java.awt.Graphics;
import java.awt.Graphics2D;
import javax.swing.JFrame;
import javax.swing.JPanel;
class MyPanel extends JPanel{
    public void paint(Graphics gra) {
        Graphics2D g = (Graphics2D)gra;
        //设置画笔颜色:红色
        g.setColor(Color.red);
```

```
        //线型粗细
        g.setStroke(new BasicStroke(3));
        //背景颜色
        //画线,从(0,0)画到右下角
        g.drawLine(0,0, this.getWidth(),this.getHeight());
        //在界面中间画矩形
        int left = this.getWidth()/4;
        int top = this.getHeight()/4;
        int width = this.getWidth()/2;
        int height = this.getHeight()/2;
        g.drawRect(left, top, width, height);
        //画圆角矩形: 左上角为(60,60)
        //宽度为 50,高度为 20,圆角水平和垂直直径均为 10
        g.drawRoundRect(60,60, 50,20,10,10);
        //画弧线: 所在矩形左上角为(70,65)
        //宽度为 40,高度为 25,从 90 度向后画 180 度
        g.drawArc(70,65, 40,25,90,180);
    }
}
public class DrawTest1 extends JFrame{
    private MyPanel mp = new MyPanel();
    public DrawTest1(){
        this.add(mp);
        this.setSize(200,200);
        this.setVisible(true);
    }
    public static void main(String[] args) {
        new DrawTest1();
    }
}
```

运行这个程序就可以得到相应的效果。

以上画的是空心图形,如果画实心图形,可以用 Graphics 类中的以下函数。

(1) 画实心矩形:

```
public void fillRect(int x, int y, int width, int height)
```

参数的意义和画空心矩形相同。

(2) 画圆角实心矩形:

```
public abstract void fillRoundRect(int x, int y, int width, int height,
                                   int arcWidth, int arcHeight)
```

参数的意义和画空心圆角矩形相同。

(3) 画实心圆弧:

```
public abstract void fillArc(int x, int y, int width, int height,
                             int startAngle, int arcAngle)
```

参数的意义和画空心圆弧相同。

提示

如果要画一个整圆,也可以通过 fillOval 函数来实现。

(4) 画实心多边形：

```
public abstract void fillPolygon(int[] xPoints, int[] yPoints, int nPoints)
```

此方法绘制由 nPoint 个线段定义的多边形，其中前 nPoint－1 个线段是从(xPoints[i－1]，yPoints[i－1])到(xPoints[i]，yPoints[i])的线段。如果最后一个点和第一个点不同，则图形会在这两点之间绘制一条线段自动闭合。参数 xPoints 为 x 坐标数组，yPoints 为 y 坐标数组，nPoints 为点的总数。

阶段性作业

(1) 实现如图 19-15 所示的效果。

(2) 在 Graphics2D 类中还有 draw3DRect、fill3DRect 方法，怎样使用？请查文档并进行实验。

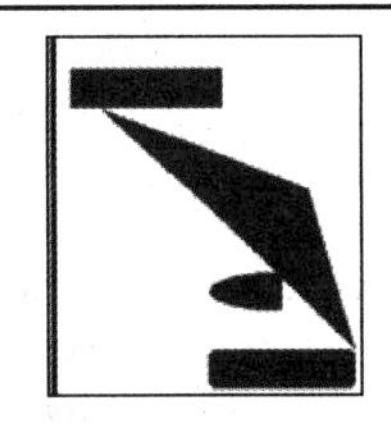

图 19-15　作业效果

19.2.4　一个综合案例

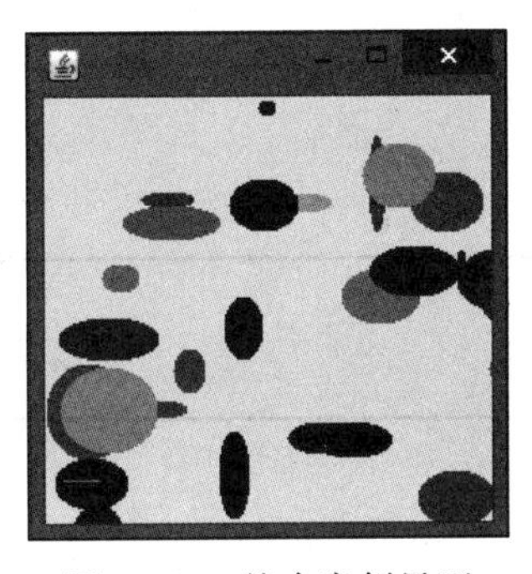

图 19-16　综合案例界面

前面讲解的只是简单的画图，本章将讲解一个综合案例，和多线程、随机数等知识结合起来开发如图 19-16 所示的界面。

在该程序中，界面上每隔 100 毫秒在随机位置以随机颜色画一个随机大小的实心圆。

很显然，画图过程是自动的，并且没有暂停，因此要用到死循环。在这里可以将死循环放入线程类中，比较好的方法是让 JPanel 有线程功能，即实现 Runnable。

建立以下代码：

DrawTest2.java

```
package draw;
import java.awt.Color;
import java.awt.Graphics;
import java.util.Random;
import javax.swing.JFrame;
import javax.swing.JPanel;
class RandomDrawPanel extends JPanel implements Runnable{
    private Random rnd = new Random();
    public void run(){
        while(true){
            this.repaint();
            try{
                Thread.sleep(100);
            }catch(Exception ex){}
        }
    }
    public void paint(Graphics g){
```

```
            //随机颜色
            int red = rnd.nextInt(256);
            int green = rnd.nextInt(256);
            int blue = rnd.nextInt(256);
            g.setColor(new Color(red, green, blue));
            //随机位置
            int left = rnd.nextInt(this.getWidth());
            int top = rnd.nextInt(this.getHeight());
            int width = rnd.nextInt(this.getWidth()/4);
            int height = rnd.nextInt(this.getHeight()/4);
            //画图
            g.fillArc(left, top, width, height, 0, 360);
        }
    }
public class DrawTest2 extends JFrame{
    private RandomDrawPanel rdp = new RandomDrawPanel();
    public DrawTest2(){
        this.add(rdp);
        this.setSize(200,200);
        this.setVisible(true);
        //开始线程
        new Thread(rdp).start();
    }
    public static void main(String[] args) {
        new DrawTest2();
    }
}
```

运行，就可以得到如图 19-16 所示的效果。

阶段性作业

模拟画图系统中画多边形的过程：

(1) 用鼠标单击界面定位第一个点。

(2) 用鼠标在另一个点单击，将前面的那个点和该点连起来。周而复始。

(3) 在最后一个点双击，将最后一个点和第一个点连起来。

19.3 画字符串

19.3.1 为什么需要画字符串

读者可能会问，在界面上显示一个字符串是很容易的事情，只要将该字符串放在 JLabel 中就可以了，为什么还要专门学习画字符串呢？

实际上，在 JLabel 中显示字符串是将画字符串的功能封装了，在底层，字符串还是通过 Graphics 画出来的。有些复杂的功能就不是 JLabel 能做到的，例如要在字符串周围增加一些其他渲染，或者字符串中各字符的风格不一样。

本节讲解如何在面板上画字符串。

19.3.2　如何画字符串

在面板上画字符串并不难，打开 Graphics 类文档，会发现 Graphics 类中有以下重要函数：

```
public abstract void drawString(String str, int x, int y)
```

该函数的参数的意义如下：

第 1 个参数是字符串的内容，例如“中国人”；

第 2 个参数和第 3 个参数是参考点在屏幕上的坐标(x,y)，注意，该参考点是字符串的左下角，如图 19-17 所示。

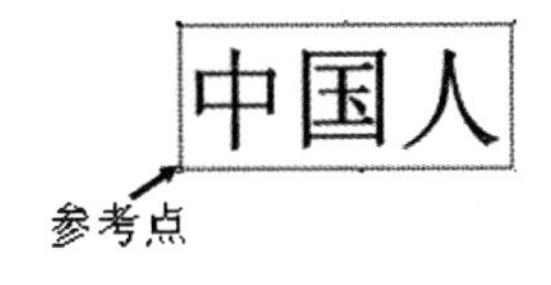

图 19-17　字符串的参考点

在画字符串时，除了可以给画笔设置颜色之外还可以给画笔设置字体，用到 Graphics 的以下函数：

```
public abstract void setFont(Font font)
```

19.3.3　案例：产生验证码

在本例中将画出大家经常使用的验证码的效果。

小知识

所谓验证码，就是由服务器产生一串随机的数字或符号，形成一幅图片，图片应该传给客户端，为了防止客户端用一些程序进行自动识别，在图片中通常要加上一些干扰像素，由用户的肉眼识别其中的验证码信息。客户输入表单提交时验证码也提交给网站服务器，只有验证成功才能执行实际的数据库操作，如图 19-18 所示。

卡(账)号/用户名：
登录密码：
验证码：1197

图 19-18　登录界面

其中就有一个验证码。

本例画出一个由 4 位随机数组成的验证码，代码如下：

DrawStringTest1.java

```
package drawstring;
import java.awt.Color;
import java.awt.Font;
import java.awt.Graphics;
import java.util.Random;
import javax.swing.JFrame;
import javax.swing.JPanel;
class CodePanel extends JPanel {
    public void paint(Graphics g) {
        int width = this.getWidth();
        int height = this.getHeight();
        //设定背景色
        g.setColor(Color.white);
        //填充背景
        g.fillRect(0, 0, width, height);
        //取随机产生的验证码(4 位数字)
        Random rnd = new Random();
```

```
            int randNum = rnd.nextInt(8999) + 1000;
            String randStr = String.valueOf(randNum);
            //将验证码显示到图像中
            g.setColor(Color.blue);
            g.setFont(new Font("", Font.PLAIN, this.getHeight()));
            g.drawString(randStr, 0, this.getHeight());      // 左下角
            //随机产生 100 个干扰点,使图像中的验证码不易被其他程序探测到
            for (int i = 0; i < 100; i++) {
                int x = rnd.nextInt(width);
                int y = rnd.nextInt(height);
                g.drawOval(x, y, 1, 1);
            }
        }
    }
    public class DrawStringTest1 extends JFrame {
        private CodePanel cp = new CodePanel();
        public DrawStringTest1() {
            this.add(cp);
            this.setSize(100, 70);
            this.setVisible(true);
        }
        public static void main(String[] args) {
            new DrawStringTest1();
        }
    }
```

运行,效果如图 19-19 所示。

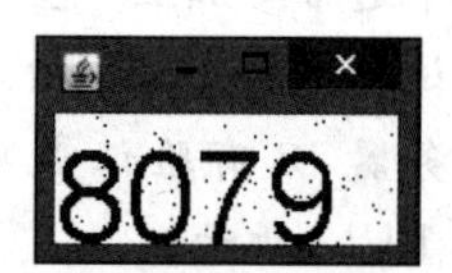

图 19-19 验证码效果

19.4 画 图 片

19.4.1 为什么需要画图片

大家知道,在 Java 中可以用 Image 和 Icon 表示图片,其中 Icon 可以放在 JLabel 等控件中在界面上显示。那么为什么还要专门学习画图片呢?

和画字符串一样,在 JLabel 中显示图标是将画图片的功能封装了,在底层,图片还是通过 Graphics 画出来的。

有些复杂的功能就不是 JLabel 能做到的,例如将图片进行裁剪、缩放甚至旋转。

本节讲解如何在面板上画图片。

19.4.2 如何画图片

在画布上画图片也不难,打开 Graphics 类文档,Graphics 类中最简单的画图函数如下:

```
public abstract boolean drawImage(Image img, int x, int y, ImageObserver observer)
```

该函数的第 1 个参数是 Image 对象,第 2 个参数和第 3 个参数是左上角在界面上的坐标(x,y),第 4 个参数为当图片变化时需要通知的对象,一般可以写图片所在的容器(如面板)对象。

首先将项目根目录下的图片 img. gif 画在界面上,然后编写以下代码:

DrawImageTest1. java

```
package drawimage;
import java.awt.Color;
import java.awt.Font;
import java.awt.Graphics;
import java.awt.Image;
import java.awt.Toolkit;
import javax.swing.JFrame;
import javax.swing.JPanel;
class MyPanel extends JPanel {
    private Image img;
    public MyPanel(String fileName){
        img = Toolkit.getDefaultToolkit().createImage(fileName);
    }
    public void paint(Graphics g) {
        g.drawImage(img, 20,20, this);
    }
}
public class DrawImageTest1 extends JFrame {
    private MyPanel mp = new MyPanel("img.gif");
    public DrawImageTest1() {
        this.add(mp);
        this.setSize(100, 120);
        this.setVisible(true);
    }
    public static void main(String[] args) {
        new DrawImageTest1();
    }
}
```

运行,效果如图 19-20 所示。

图 19-20 画图片效果

19.4.3 如何进行图片的裁剪和缩放

在 Graphics 类中还有一个函数可以在更加复杂的情况下画图片:

```
public abstract boolean drawImage(Image img,
```

```
                    int dx1, int dy1,int dx2,int dy2,
                    int sx1, int sy1,int sx2, int sy2,
                    ImageObserver observer)
```

该方法的参数的意义如下：

第 1 个参数表示图片对象；第 2～5 个参数表示将图片的一部分画到界面的一个矩形中，该矩形的左上角坐标为(dx1,dy1)、右下角坐标为(dx2,dy2)；第 6～9 个参数表示在图片上截取一个矩形，该矩形的左上角坐标为(sx1,sy1)、右下角坐标为(sx2,sy2)。

实际上，通过该函数还可以实现图像的放大和缩小，只需要将目标矩形的大小进行改变即可。

例如有一幅图片 img，我们要将其上面一半切下来画到界面上，左上角在(0,0)位置，代码如下：

```
g.drawImage(img,
            0, 0, img.getWidth(),img.getHeight()/2,
            0, 0, img.getWidth(),img.getHeight()/2,
            this);
```

在本例中将前面例子中图片的左、右各一半分别绘图，代码改为：

DrawImageTest2.java

```
package drawimage;
import java.awt.Graphics;
import java.awt.Image;
import java.awt.Toolkit;
import javax.swing.JFrame;
import javax.swing.JPanel;
class ImagePanel extends JPanel {
    private Image img;
    public ImagePanel(String fileName){
        img = Toolkit.getDefaultToolkit().createImage(fileName);
    }
    public void paint(Graphics g) {
        g.drawImage(img, 10,10,50,80,0,0,
                    img.getWidth(this)/2,img.getHeight(this),this);
        g.drawImage(img, 60,70,100,100,
            img.getWidth(this)/2,0,img.getWidth(this),img.getHeight(this),this);
    }
}
public class DrawImageTest2 extends JFrame {
    private ImagePanel ip = new ImagePanel("img.gif");
    public DrawImageTest2() {
        this.add(ip);
        this.setSize(100, 150);
        this.setVisible(true);
    }
    public static void main(String[] args) {
        new DrawImageTest2();
    }
}
```

运行，效果如图 19-21 所示。

图 19-21　绘制左、右各一半的效果

19.4.4　如何进行图片的旋转

在 Graphics2D 类中有一个函数可以进行坐标的旋转，在旋转坐标之后画出来的图片随之旋转：

```
public abstract void rotate(double theta, double x, double y)
```

第 1 个参数表示顺时针旋转的弧度，第 2 个参数和第 3 个参数表示旋转中心的横、纵坐标。很明显，如果要产生较好的效果，可以让图片绕中心点旋转。

在本例中让图片旋转 90 度显示，代码如下：

DrawImageTest3.java

```
package drawimage;
import java.awt.Graphics;
import java.awt.Graphics2D;
import java.awt.Image;
import java.awt.Toolkit;
import javax.swing.JFrame;
import javax.swing.JPanel;
class RotateImagePanel extends JPanel {
    private Image img;
    public RotateImagePanel(String fileName){
        img = Toolkit.getDefaultToolkit().createImage(fileName);
    }
    public void paint(Graphics g) {
        Graphics2D g2d = (Graphics2D)g;
        g2d.rotate(Math.PI/2, this.getWidth()/2, this.getHeight()/2);
        g2d.drawImage(img, 20,20, this);
    }
}
public class DrawImageTest3 extends JFrame {
    private RotateImagePanel rip = new RotateImagePanel("img.gif");
    public DrawImageTest3() {
        this.add(rip);
        this.setSize(100, 120);
        this.setVisible(true);
    }
    public static void main(String[] args) {
        new DrawImageTest3();
    }
}
```

运行,效果如图19-22所示。

图19-22 旋转90°效果

阶段性作业

结合多线程技术让该图片绕中心点不断旋转。

本章知识体系

知识点	重要等级	难度等级
Java画图的原理	★★★	★★
Java画图的实现	★★★	★★
Graphics	★★★★	★★★
Graphics2D	★★★	★★★
画字符串	★★★	★★★
画图片	★★★	★★★
图片的裁剪、缩放与旋转	★★	★★★★

第20章

Java 画图之高级知识

第 19 章介绍了 Java 画图的基本知识，但是在很多应用中画布上的效果应该可以由用户自己控制，如通过键盘或者指针来控制绘图功能。因此，本章先重点围绕键盘和鼠标操作画图进行讲解，然后讲解动画的原理和实现，以及双缓冲和图像保存的问题。

本 章 术 语

KeyEvent ____________________

KeyListener ____________________

MouseEvent ____________________

MouseListener ____________________

双缓冲 ____________________

BufferedImage ____________________

ImageIO ____________________

20.1　结合键盘事件进行画图

20.1.1　实例需求

在很多游戏中经常需要通过键盘操作来控制界面上的画图。很明显，javax. swing. JPanel 支持键盘事件，本节在界面上画一幅图片，要求可以用上、下、左、右键控制其移动，如果按下回车键，它会顺时针旋转，如果释放回车键，则停止旋转。

图片文件名为 img. gif，效果如图 20-1 所示。

图 20-1　画图效果

20.1.2　复习键盘事件

前面讲过键盘事件用 java. awt. event. KeyEvent 封装，KeyEvent 用 java. awt. event . KeyListener 接口监听，该接口中有以下函数。

(1) void keyTyped(KeyEvent e)：输入某个键时调用此方法。

(2) void keyPressed(KeyEvent e)：按下某个键时调用此方法。

(3) void keyReleased(KeyEvent e)：释放某个键时调用此方法。

此处使用 void keyPressed(KeyEvent e)方法即可。

那么怎样知道按下了哪个键？前面讲过，在 KeyEvent 类中封装了键的信息。用户可以通过“public int getKeyCode()”获取键对应的代码。代码可在文档 java. awt. event. KeyEvent 中查找，用静态变量表示，在本例中用到如下代码。

(1) 向左键：KeyEvent. VK_LEFT。

(2) 向右键：KeyEvent. VK_RIGHT。

(3) 向上键：KeyEvent. VK_UP。

(4) 向下键：KeyEvent. VK_DOWN。

(5) 回车键：KeyEvent. VK_ENTER。

所以只需要在 JPanel 的 paint 函数中进行判断即可。

20.1.3 代码的编写

根据以上内容，结合第 19 章讲解的画图技术，我们首先将 img. gif 复制到项目根目录下，编写以下代码：

KeyImageTest1. java

```
package keyimage;
import java.awt.*;
import java.awt.event.*;
import javax.swing.*;
class KeyImagePanel extends JPanel implements KeyListener {
    private Image img;
    private int x = 0;                    //位置的横坐标
    private int y = 0;                    //位置的纵坐标
    private int angle = 0;                //角度
    public KeyImagePanel(String fileName) {
        img = Toolkit.getDefaultToolkit().createImage(fileName);
        this.addKeyListener(this);
    }
    public void paint(Graphics g) {
        System.out.println("sdf");
        Graphics2D g2d = (Graphics2D) g;
        g2d.setBackground(Color.red);
        g2d.rotate(Math.toRadians(angle), this.getWidth()/2, this.getHeight()/2);
        g2d.drawImage(img, x, y, this);
    }
    public void keyPressed(KeyEvent e) {
        int code = e.getKeyCode();
        switch (code) {
            case KeyEvent.VK_UP:
                y -= 5;
                break;
            case KeyEvent.VK_DOWN:
                y += 5;
                break;
            case KeyEvent.VK_LEFT:
                x -= 5;
                break;
            case KeyEvent.VK_RIGHT:
                x += 5;
```

```
                break;
            case KeyEvent.VK_ENTER:
                angle = (angle + 5) % 360;
                break;
        }
        //调用 paint 函数重画
        repaint();
    }
    public void keyReleased(KeyEvent arg0) {}
    public void keyTyped(KeyEvent arg0) {}
}
public class KeyImageTest1 extends JFrame {
    private KeyImagePanel kip = new KeyImagePanel("img.gif");
    public KeyImageTest1() {
        this.setDefaultCloseOperation(JFrame.EXIT_ON_CLOSE);
        this.add(kip);
        //注意,这句代码表示将面板聚焦,否则将无法捕捉键盘事件
        kip.setFocusable(true);
        this.setSize(150, 150);
        this.setVisible(true);
    }
    public static void main(String[] args) {
        new KeyImageTest1();
    }
}
```

运行该程序,效果如图 20-2 所示。

但是,当按上、下、左、右键移动图片时会发现背景没有刷新,界面上出现如图 20-3 所示的现象。

图 20-2　程序效果

图 20-3　移动图片时背景没有刷新

20.1.4　解决重画问题

出现该现象的原因是当重画时界面背景没有清空,也就是说需要用背景颜色将背景填充之后继续重画。其方法为在画图之前用一个和背景颜色相同的矩形填充整个界面。

将 KeyImagePanel 类中的 paint 函数改为如下:

```
...
public void paint(Graphics g) {
        Graphics2D g2d = (Graphics2D) g;
        //清空界面
        g2d.setColor(this.getBackground());
```

```
        g2d.fillRect(0, 0, this.getWidth(), this.getHeight());
        //画图
        g2d.rotate(Math.toRadians(angle), this.getWidth()/2, this.getHeight()/2);
        g2d.drawImage(img, x, y, this);
    }
    ...
```

运行该程序就可以得到正常效果。图 20-4 所示为经过平移再旋转之后的效果。

图 20-4 经过平移再旋转之后的效果

阶段性作业

旋转之后平移，例如按下“向上”键，图片不会向上移，而是向旋转之后的“上”方向移动，读者可以进行测试。想一下，怎样在旋转之后让图片向界面上方移动呢？

20.2 结合鼠标事件进行画图

20.2.1 实例需求

在很多画图系统中经常需要通过鼠标操作来控制界面上的画图。javax.swing.JPanel 也支持鼠标事件，本节在界面上画一幅图片，要求鼠标进入图片内部能够将图片拖到界面的另一个地方，释放按键图片就被放置在另一个位置。

图片文件名为 img.gif，其效果和 20.1 节相同。

20.2.2 复习鼠标事件

前面讲过鼠标事件用 java.awt.event.MouseEvent 封装，MouseEvent 用两个接口监听：

(1) java.awt.event.MouseListener 接口监听鼠标事件，在该接口中有以下函数。

① void mouseClicked(MouseEvent e)：鼠标按键在组件上单击(按下并释放)时调用。

② void mousePressed(MouseEvent e)：鼠标按键在组件上按下时调用。

③ void mouseReleased(MouseEvent e)：鼠标按键在组件上释放时调用。

④ void mouseEntered(MouseEvent e)：鼠标进入到组件上时调用。

⑤ void mouseExited(MouseEvent e)：鼠标离开组件时调用。

(2) java.awt.event.MouseMotionListener 接口监听鼠标移动事件，在该接口中有以下函数。

① void mouseDragged(MouseEvent e)：鼠标拖动时调用。

② void mouseMoved(MouseEvent e)：鼠标移动时调用。

在此处：

(1) 当鼠标在图片内按下时记住鼠标的当前位置，使用 void mousePressed(MouseEvent e)。

(2) 当鼠标在图片内释放时让拖动失效，使用 void mouseReleased(MouseEvent e)。

(3) 当鼠标拖动时在相应位置画图，使用 void mouseDragged(MouseEvent e)。

20.2.3 代码的编写

根据以上内容，结合第 19 章讲解的画图技术，代码如下：

MouseImageTest1.java

```
package mouseimage;
import java.awt.*;
import java.awt.event.*;
import javax.swing.*;
class MouseImagePanel extends JPanel implements MouseListener,
        MouseMotionListener {
    private Image img;
    private int x = 0;                    //位置的横坐标
    private int y = 0;                    //位置的纵坐标
    private boolean canMove = false;      //是否可以移动
    private int xInImg = 0;               //鼠标按下时在图片中的横坐标
    private int yInImg = 0;               //鼠标按下时在图片中的纵坐标
    public MouseImagePanel(String fileName) {
        img = Toolkit.getDefaultToolkit().createImage(fileName);
        this.addMouseListener(this);
        this.addMouseMotionListener(this);
    }
    public void paint(Graphics g) {
        Graphics2D g2d = (Graphics2D) g;
        //清空界面
        g2d.setColor(this.getBackground());
        g2d.fillRect(0, 0, this.getWidth(), this.getHeight());
        g2d.drawImage(img, x, y, this);
    }
    public void mouseClicked(MouseEvent arg0) {}
    public void mouseEntered(MouseEvent arg0) {}
    public void mouseExited(MouseEvent arg0) {}
    public void mousePressed(MouseEvent e) {
        //判断鼠标是否在图片范围内
        xInImg = e.getX() - x;
        yInImg = e.getY() - y;
        if (xInImg >= 0 && xInImg <= img.getWidth(this) && yInImg >= 0
                && yInImg <= img.getHeight(this)) {
            canMove = true;
        }
    }
    public void mouseReleased(MouseEvent e) {
        canMove = false;
    }
    public void mouseDragged(MouseEvent e) {
        if (canMove) {
```

```
                x = e.getX() - xInImg;
                y = e.getY() - yInImg;
            }
            repaint();
        }
        public void mouseMoved(MouseEvent arg0) {}
}
public class MouseImageTest1 extends JFrame {
    private MouseImagePanel mip = new MouseImagePanel("img.gif");
    public MouseImageTest1() {
        this.setDefaultCloseOperation(JFrame.EXIT_ON_CLOSE);
        this.add(mip);
        this.setSize(200, 200);
        this.setVisible(true);
    }
    public static void main(String[] args) {
        new MouseImageTest1();
    }
}
```

运行该程序,效果如图 20-5 所示。

用户可以在图片上单击鼠标拖动,如图 20-6 所示。

图 20-5　程序效果

图 20-6　拖动图片

阶段性作业

(1) 用鼠标在界面上的空白处单击能够画一个卡通小人。

(2) 扩充上题的功能,用鼠标在某个卡通小人上拖动能够将其拖动到另一个地方。

20.3 动画制作

20.3.1 实例需求

动画是常见的功能,本节实现以下效果:

界面上有一个小球,要求能够慢慢掉下来然后弹起;为了逼真,当球在上方的时候比较大,球落下时慢慢变小;在界面下方有一个"暂停"按钮,可以让动画暂停;动画暂停之后又可以让动画继续运行。

效果如图 20-7 所示。

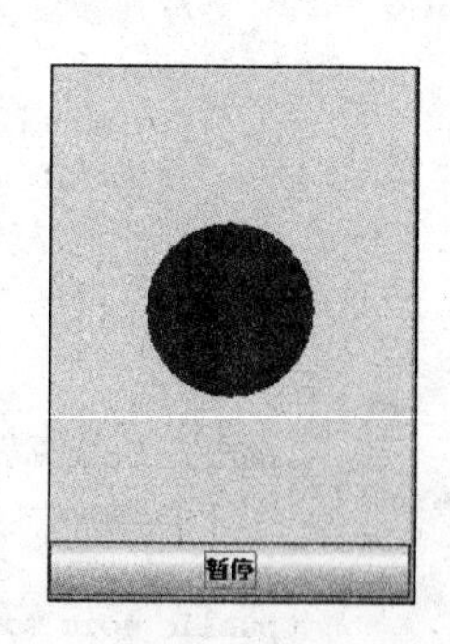

图 20-7　动画效果

20.3.2 关键技术

显而易见，动画的运行是持续性的，本例中效果的实现步骤如下：

(1) 在界面上画一个球。

(2) 隔一段时间清空界面，重新画另一个球。

如果动画不停止，画圆的过程就是一个死循环。这个过程可以用定时器来做，也可以用多线程来实现。本节使用多线程来完成这个程序。在多线程情况下，动画暂停时相当于让线程停止运行，动画继续时相当于新开一个线程。

注意

程序暂停就是让线程终止，下次继续运行时再开一个线程重新运行，这样虽然比较消耗资源，但是可以保证程序的安全性。

当然，在开新的线程时如果要用到原来线程所保存的一些状态，则原来线程终止运行时其状态(如小球的当前位置等)不能丢失，否则暂停解除时系统将无法接着暂停之前的状态运行。所以，基于画布的动画线程的结构一般采用以下方法：

```
class VideoCanvas extends Canvas implements Runnable{
        private Thread th;
        private boolean RUN = true;
        public VideoCanvas(){
            th = new Thread(this);
            th.start();
        }
        public void paint(Graphics g){
            //画图
        }
        public void run(){
            while(RUN){
                //线程控制代码
            }
        }
}
```

在上面的代码中，我们发现在画布中定义了一个变量“RUN”，当这个变量变为 false 时 run 函数中的循环将会终止，线程运行完毕，因此可以通过控制 RUN 变量的状态来控制线程的运行。在暂停之后，用户可以使用以下代码重新开启一个线程：

```
th = new Thread(this);
th.start();
```

另外，小球掉到地上之后需要弹起，在弹起之后，当到达一定高度时还需要能够掉下来。这个过程怎样实现呢？很明显，小球是向上移动还是向下移动和小球的位置有关系。如果是向下移动到界面底部，则马上变为向上移动；反之，如果向上移动到一定高度，则马上变为向下移动。因此可以用一个变量“DIR”来控制方向，具体代码如下：

```
//1: 向下,2: 向上
int DIR = 1;
//… 代码
if(DIR == 1){
    //向下运动
    if(/* 到达最底部 */){
        DIR = 2;
    }
}
if(DIR == 2){
    //向上运动
    if(/* 到达顶部 */){
        DIR = 1;
    }
}
```

20.3.3 代码的编写

根据以上内容,结合第19章讲解的画图技术,代码如下:

VideoImageTest1.java

```
package video;
import java.awt.*;
import java.awt.event.*;
import javax.swing.*;
class VideoImagePanel extends JPanel implements ActionListener, Runnable {
    private int left = 50;
    private int top = 50;
    private int d = 100;
    // 1: 向下,2: 向上
    private int DIR = 1;
    private Thread th;
    private boolean RUN = true;
    public VideoImagePanel() {
        th = new Thread(this);
        th.start();
    }
    public void actionPerformed(ActionEvent e) {
        JButton btOpe = (JButton) e.getSource();
        String label = btOpe.getText();
        //单击"暂停"按钮
        if (label.equals("暂停")) {
            btOpe.setText("继续");
            RUN = false;
            th = null;
        }//单击"继续"按钮
        else if (label.equals("继续")) {
            btOpe.setText("暂停");
            RUN = true;
            th = new Thread(this);
            th.start();
        }
    }
```

```
    public void paint(Graphics g) {
        //清空界面
        g.setColor(this.getBackground());
        g.fillRect(0, 0, this.getWidth(), this.getHeight());
        g.setColor(Color.red);
        g.fillOval(left, top, d, d);
    }
    public void run() {
        while (RUN) {
            if (DIR == 1) {
                top += 3;
                d--;
                if (top >= this.getHeight() - d) {
                    DIR = 2;
                }
            }
            if (DIR == 2) {
                top -= 3;
                d++;
                if (top <= 50) {
                    DIR = 1;
                }
            }
            repaint();                    //重画
            try {
                Thread.currentThread().sleep(10);
            } catch (Exception ex) {
            }
        }
    }
}
public class VideoImageTest1 extends JFrame {
    private VideoImagePanel vip = new VideoImagePanel();
    private JButton btOpe = new JButton("暂停");
    public VideoImageTest1() {
        this.setDefaultCloseOperation(JFrame.EXIT_ON_CLOSE);
        this.add(vip);
        this.add(btOpe, BorderLayout.SOUTH);
        btOpe.addActionListener(vip);
        this.setSize(200, 300);
        this.setVisible(true);
    }
    public static void main(String[] args) {
        new VideoImageTest1();
    }
}
```

编写完毕后运行，就可以得到动画效果。

阶段性作业

(1) 将该动画改为由 java.util.Timer 完成。

(2) 将该动画改为由 javax.swing.Timer 完成。

20.3.4 如何使用双缓冲保存图片到文件

在早期的 JDK 中，上面的动画是会出现闪烁现象的，高版本的 JDK 对此进行了改进，因此可能看不到闪烁现象。如果出现闪烁现象，则是因为界面上进行了反复重画，此时可以使用双缓冲技术。

双缓冲的思想核心是所有绘图工作不在界面上进行，而是在一个内存画布上进行。在画好之后将该画布绘在界面上，每次重画相当于新的画布覆盖了原来的画布。

内存的缓冲画布可以用 java.awt.image 包中的 BufferedImage 实例化。该类有一个常用的构造函数：

```
public BufferedImage(int width, int height, int imageType)
```

第 1 个参数为画布的宽度，第 2 个参数为画布的高度，第 3 个参数为所创建图像的类型，一般可以选择 BufferedImage.TYPE_INT_RGB，表示一个图像。

如果要在画布上画图，还需要得到上面的画笔，可以用 BufferedImage 的以下方法：

```
public Graphics2D createGraphics()
```

利用双缓冲还有一个很有意思的功能，就是能够将 BufferedImage 中的内容保存为图片文件。用户可以通过 javax.imageio 包中的 ImageIO 类保存和读取 BufferedImage 中的图像信息。使用 ImageIO 的以下方法可以输出图片：

```
public static boolean write(RenderedImage im, String formatName, File output)
                        throws IOException
```

其中，第 1 个参数可以为 BufferedImage 对象（BufferedImage 是 RenderedImage 的实现类），第 2 个参数为保存格式名称，例如 jpg、gif 等，最后一个参数即为保存的文件。

以下是一个例子，用双缓冲技术将上面的动画进行开发，界面背景变为蓝色。如果单击“暂停”按钮，图片会保存在“C:\\video.gif”中。代码如下：

VideoImageTest1.java

```
package bufferedimage;
import java.awt.*;
import java.awt.event.*;
import java.awt.image.BufferedImage;
import java.io.File;
import javax.imageio.ImageIO;
import javax.swing.*;
class VideoImagePanel extends JPanel implements ActionListener, Runnable {
    private int left = 50;
    private int top = 50;
    private int d = 100;
    //1: 向下,2: 向上
    private int DIR = 1;
    private Thread th;
    private boolean RUN = true;
    //双缓冲图像及其画笔
    private BufferedImage bi;
```

```
    private Graphics2D gBi;
    public VideoImagePanel() {
        th = new Thread(this);
        th.start();
    }
    public void actionPerformed(ActionEvent e) {
        JButton btOpe = (JButton) e.getSource();
        String label = btOpe.getText();
        //单击"暂停"按钮
        if (label.equals("暂停")) {
            btOpe.setText("继续");
            RUN = false;
            th = null;
            //保存为文件
            try{
                File file = new File("C:/video.gif");
                ImageIO.write(bi,"gif",file);
                JOptionPane.showMessageDialog(this,"文件保存成功");
            }catch(Exception ex){
                ex.printStackTrace();
            }
        }//单击"继续"按钮
        else if (label.equals("继续")) {
            btOpe.setText("暂停");
            RUN = true;
            th = new Thread(this);
            th.start();
        }
    }
    public void paint(Graphics g) {
        if(bi == null){
            //实例化缓冲图像
            bi = new BufferedImage(this.getWidth(),this.getHeight(),
                        BufferedImage.TYPE_INT_RGB);
            gBi = bi.createGraphics();
        }
        //画内容
        gBi.setColor(new Color(120,190,250));    //设置为天蓝色
        gBi.fillRect(0, 0, this.getWidth(), this.getHeight());
        gBi.setColor(Color.red);
        gBi.fillOval(left, top, d, d);
        //将 bi 画在界面上
        g.drawImage(bi, 0, 0, this);
    }
    public void run() {
        while (RUN) {
            if (DIR == 1) {
                top += 3;
                d--;
                if (top >= this.getHeight() - d) {
                    DIR = 2;
                }
            }
            if (DIR == 2) {
```

```
                top -= 3;
                d++;
                if (top <= 50) {
                    DIR = 1;
                }
            }
            repaint();                    //重画
            try {
                Thread.currentThread().sleep(10);
            } catch (Exception ex) {
            }
        }
    }
}
public class VideoImageTest1 extends JFrame {
    private VideoImagePanel vip = new VideoImagePanel();
    private JButton btOpe = new JButton("暂停");
    public VideoImageTest1() {
        this.setDefaultCloseOperation(JFrame.EXIT_ON_CLOSE);
        this.add(vip);
        this.add(btOpe, BorderLayout.SOUTH);
        btOpe.addActionListener(vip);
        this.setSize(200, 300);
        this.setVisible(true);
    }
    public static void main(String[] args) {
        new VideoImageTest1();
    }
}
```

运行该程序,在某个时间单击“暂停”按钮,效果如图20-8所示。

图20-8 单击“暂停”按钮时的效果

打开C盘可以看到video.gif已经创建,如图20-9所示。

其内容如图20-10所示。

图 20-9　video.gif 已经创建

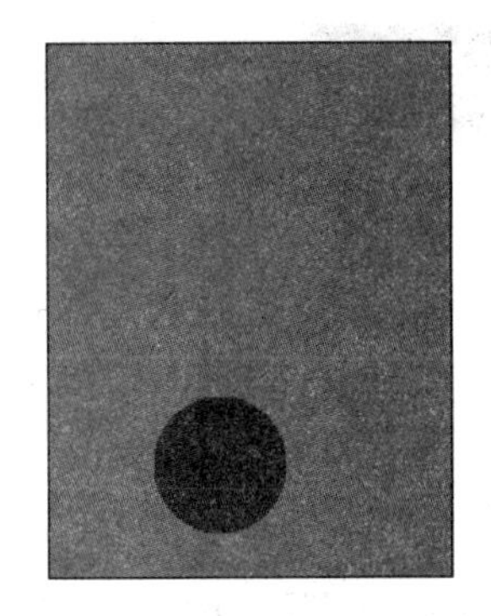

图 20-10　video.gif 的内容

阶段性作业

(1) 在界面上从小到大画 10 个卡通小人，然后保存为一个文件。

(2) 在界面上画两幅小球落下来的动画图，然后保存。

本章知识体系

知　识　点	重要等级	难度等级
用键盘事件画图	★★★	★★★★
解决重画问题	★★	★★★
用鼠标事件画图	★★★	★★★★
动画原理	★★★	★★★
双缓冲	★★	★★★★
图像的保存	★★	★★★

第21章

实践指导5

前面学习了Java GUI上的画图，本章将利用两个小软件的开发对这些内容进行复习。

本章术语

Graphics ______

paint函数 ______

repaint函数 ______

KeyEvent ______

KeyListener ______

双缓冲 ______

BufferedImage ______

ImageIO ______

21.1 卡通时钟

21.1.1 软件功能简介

在本节中将制作一个卡通时钟，系统运行，出现如图21-1所示的界面。

图21-1 卡通时钟的界面

界面上显示了当前时间，用"HOUR:MINUTE:SECOND"的格式表示。每隔1秒钟，系统能够获取当前时间显示在界面上。

21.1.2 重要技术

1. 图片策略

显而易见，该程序也是一个动画，运行也是持续性的，本软件的实现步骤如下：

(1) 在界面上画出当前时间。

(2) 隔1秒钟重新获取当前时间，画到界面上。

该问题可以用多线程实现，也可以用定时器实现，本节用定时器来完成。

很明显，该问题的难度是界面上的卡通数字是怎么组织起来的。

在Java中并没有提供卡通数字，因此卡通数字是图片。大家仔细分析界面会发现卡通时钟里的数字只有可能是0、1、2、3、4、5、6、7、8、9，以及一个分隔符"：(冒号)"。因此可以选取11幅图片，系统根据当前时间获取相应的图片画出来。

但是以上方案并不是最好的方案，会造成文件数量过多，一般采用图片截取的方法。打开java.awt.Graphics文档，里面有一个重要函数：

```
public abstract boolean drawImage(Image img,
                                  int dx1, int dy1, int dx2, int dy2,
                                  int sx1, int sy1, int sx2, int sy2,
                                  ImageObserver observer)
```

该函数可以在源图片上截取一小块，画到界面上。因此，在本系统中可以只用一幅图片，例如number.jpg，如图21-2所示。

该图片上一共有10个字符，即0、1、2、3、4、5、6、7、8、9和冒号。

2. 图片的获取

在图片number.jpg中，所有数字和冒号都从这个图片中获得。给定一个数字，怎样获取相应的图片块呢？

以"5"为例，给定数字"5"，怎样获取图片中的"5"对应的小块？这实际上是一个数学问题。首先可以将number.jpg的宽度平均分为11份，每份的宽度为widthOfNumber、高度为heightOfNumber，数字"5"图片小块的左上角的横坐标实际上是5×widthOfNumber，纵坐标是0，宽度为widthOfNumber，高度为heightOfNumber，依此类推。注意，"："并不是数字，因为它在图片的第10块，可以人为认为它是"10"，给定数字"10"，用上面的方法就可以得到"："对应的图片。

另外，每个数字画到界面中的位置是不同的，如图21-3所示的时钟。

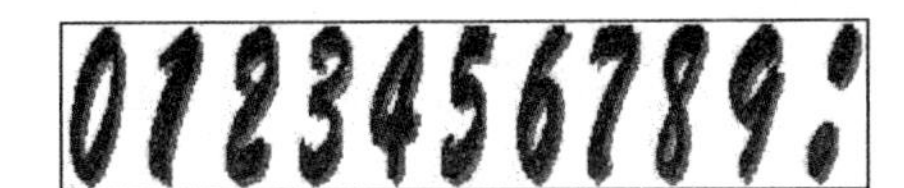

图21-2 只用一幅图片

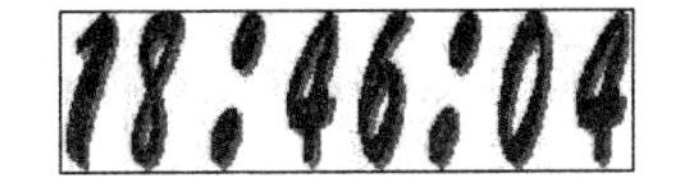

图21-3 数字的位置不同

里面有两个"4"，一个画在第3个位置(位置从0开始算)，另一个画在第7个位置，这怎么定位呢？

可以给时钟里的每个位置编一个号码——location，如图21-3中的"8"，location为1，冒号的location为2和5，等等。给定一个location，怎样确定界面上的位置呢？很简单，以图21-3为例，数字"8"的左上角的横坐标为1×widthOfNumber、纵坐标为0，其他依此类推。

综上所述，在得到当前时间之后画出图片上的内容可以用如下代码：

```
//根据 number 从图片中取一个数字,画在画布上的 location 位置
    public void drawNumber(Graphics2D gbi, int number,int location){
        int x_src = widthOfNumber * number;
        int y_src = 0;
        int x_dest = location * widthOfNumber;
        int y_dest = 0;
        gBi.drawImage(img,
```

```
                x_dest, y_dest, x_dest + widthOfNumber, y_dest + heightOfNumber,
                x_src, y_src, x_src + widthOfNumber, y_src + heightOfNumber, this);
    }
```

21.1.3 代码的编写

新建一个项目，将 number.jpg 复制到项目根目录下。首先编写 ClockPanel，建立一个类“ClockPanel”，编写代码如下：

ClockPanel.java

```
package clock;
import java.awt.*;
import java.awt.event.*;
import java.awt.image.BufferedImage;
import java.util.Calendar;
import javax.swing.*;
public class ClockPanel extends JPanel implements ActionListener{
    private int hour;
    private int minute;
    private int second;
    private Image img = null;
    private Timer timer = new Timer(1000,this);
    private int widthOfNumber;
    private int heightOfNumber;
    //双缓冲图像及其画笔
    private BufferedImage bi;
    private Graphics2D gBi;
    public ClockPanel(){
        img = Toolkit.getDefaultToolkit().createImage("number.jpg");
        timer.start();
    }
    public void paint(Graphics g){
        widthOfNumber = img.getWidth(this)/11;
        heightOfNumber = img.getHeight(this);
        if(bi == null){
            //实例化缓冲图像
            bi = new BufferedImage(this.getWidth(),this.getHeight(),
                    BufferedImage.TYPE_INT_RGB);
            gBi = bi.createGraphics();
        }
        gBi.setColor(Color.white);
        gBi.fillRect(0, 0, this.getWidth(), this.getHeight());
        //画小时的两个数字
        int num1 = hour/10;
        int num2 = hour % 10;
        this.drawNumber(gBi, num1,0);
        this.drawNumber(gBi, num2,1);
        //画冒号
        this.drawNumber(gBi, 10,2);
        //画分钟的两个数字
        int num3 = minute/10;
        int num4 = minute % 10;
```

```
        this.drawNumber(gBi, num3,3);
        this.drawNumber(gBi, num4,4);
        //画冒号
        this.drawNumber(gBi, 10,5);
        //画秒钟的两个数字
        int num5 = second/10;
        int num6 = second % 10;
        this.drawNumber(gBi, num5,6);
        this.drawNumber(gBi, num6,7);
        g.drawImage(bi, 0, 0, this);
    }
    //根据 number 从图片中取一个数字,画在画布上的 location 位置
    public void drawNumber(Graphics2D gbi, int number, int location){
        int x_src = widthOfNumber * number;
        int y_src = 0;
        int x_dest = location * widthOfNumber;
        int y_dest = 0;
        gBi.drawImage(img,
            x_dest, y_dest, x_dest + widthOfNumber, y_dest + heightOfNumber,
            x_src, y_src, x_src + widthOfNumber, y_src + heightOfNumber, this);
    }
    public void actionPerformed(ActionEvent e){
        Calendar calendar = Calendar.getInstance();
        hour = calendar.get(Calendar.HOUR_OF_DAY);
        minute = calendar.get(Calendar.MINUTE);
        second = calendar.get(Calendar.SECOND);
        repaint();                    //重画
    }
}
```

接下来编写 ClockFrame,代码如下:

ClockFrame. java

```
package clock;
import javax.swing.JFrame;
public class ClockFrame extends JFrame {
    private ClockPanel cp = new ClockPanel();
    public ClockFrame() {
        this.setDefaultCloseOperation(JFrame.EXIT_ON_CLOSE);
        this.add(cp);
        this.setSize(250, 100);
        this.setVisible(true);
    }
    public static void main(String[] args) {
        new ClockFrame();
    }
}
```

运行 ClockFrame 即可得到相应的效果。

本项目的结构如图 21-4 所示。

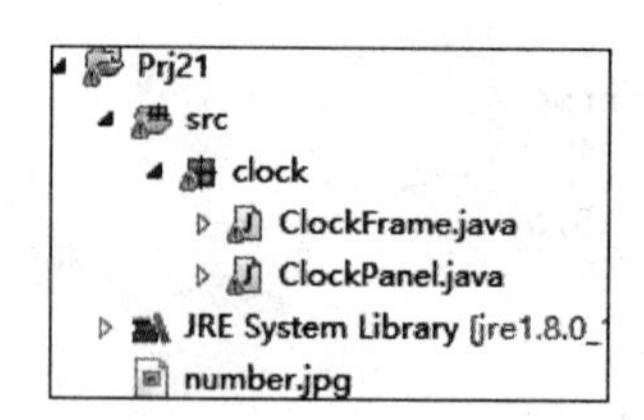

图 21-4 项目的结构

21.1.4 思考题

本程序开发完毕，留下几个思考题请大家思考：

(1) 将 ClockPanel 的 paint 函数中的如下代码能否挪到构造函数内？为什么？

```
widthOfNumber = img.getWidth(this)/11;
heightOfNumber = img.getHeight(this);
```

(2) 在本例中，ClockPanel 充满了 ClockFrame 的整个界面，如何将 ClockPanel 固定在 ClockFrame 的某个位置？

21.2 拼图游戏

21.2.1 软件功能简介

拼图游戏是一种比较常见的游戏，在本节中将制作一个拼图游戏系统，该系统由一个界面组成。

系统运行，出现如图 21-5 所示的界面。

该界面上出现 15 个图片小块，已经被打乱。注意，第 1 行第 4 列的图片小块为空白。源图片如图 21-6 所示(puzzle.jpg)：

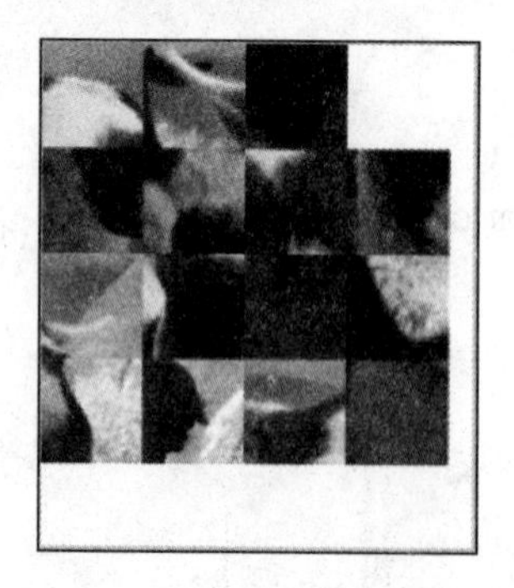

图 21-5 拼图游戏的界面

图 21-6 源图片

在游戏界面中可以通过按键盘上的“上”“下”“左”“右”键来控制小块的移动。如果用户无法确定源图片的样子，还可以长按 F1 键，此时界面变成如图 21-7 所示。

松开 F1 键，界面又恢复到打乱状态。

如果 15 个图片小块被正确排好，系统会提示“顺利完成！回车继续，ESC 退出”，如图 21-8 所示。

图 21-7　长按 F1 键时的界面

图 21-8　图片小块被正确排好

按下回车键重新打乱，按下 ESC 键程序退出。

21.2.2　重要技术

在这个项目中只需要用到一个界面——拼图游戏界面。这个界面比较简单，可以用一个类——PPuzzlePanel 来完成，将该类用一个 JFrame——PPuzzleFrame 组织起来，这是比较好的方法。

但是该项目有些特殊，主要是界面上的图片显示以及图片块的移动。在这里我们利用问题来讲解。

问题 1：界面上的图片块是来自于 16 个小图片还是一幅大图片？

很明显，如果界面上的图片块是来自于 16 个小图片，虽然编程比较简单，可以将 16 个小图片封装成 16 个 Image 对象，用键盘对它们的位置进行控制，但是这对于游戏的功能来说可扩展性不强。如果界面上的图片块是来自于 16 个小图片，则需要手工将图片用图像处理软件分割成 16 个小文件，这个工作是不可想象的；并且，如果游戏难度增加，比如变成 5×5＝25 个小块，就要重新手工分割，这是比较麻烦的。

所以，该问题的答案是系统只载入一个大图片，小图片是通过编写程序用代码进行分割的。

大图片为 puzzle.jpg，如上一节所示。

问题 2：既然系统载入的是一幅大图片？怎样分割？

从游戏的界面上可以看出，在该游戏中大图片首先应该分为 4 行 4 列。怎样分割呢？有很多种方法，在此介绍一种常见的方法，可以给图片的每一个小块一个编号，如图 21-9 所示。

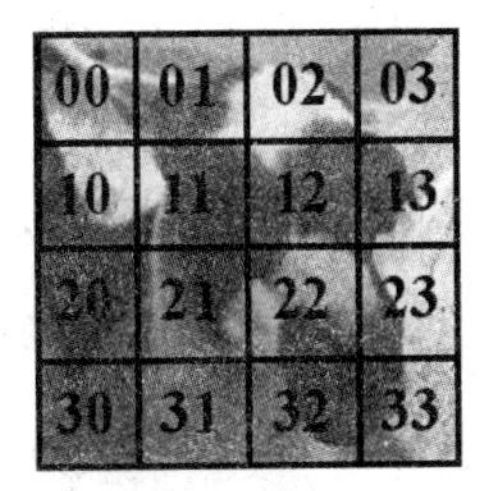

图 21-9　给图片的每一个小块一个编号

这样，源图片上的每个小块就和一个二维数组结合起来了，这个二维数组可以定义为整型：

```
int[][] map = { { 00, 01, 02, 03 },
                { 10, 11, 12, 13 },
                { 20, 21, 22, 23 },
                { 30, 31, 32, 33 } };
```

将这个数组打乱，就相当于将小图片块打乱，因为我们规定数组中的每一个元素对应着图片上的一个固定小块。

比如，将数组 map 变为：

```
{ { 01, 00, 02, 03 },
  { 10, 11, 12, 13 },
  { 20, 21, 22, 23 },
  { 30, 31, 32, 33 } }
```

表示将源图片中的 00 小块和 01 小块调换，其他小块不变，然后将整个图片画到界面上。

现在又出现了一个新的问题：怎样由数组中的整数来获取图片小块在图片中的位置？例如数组 map，在没有打乱的情况下 map[2][2]＝22，怎样在源图片中获取 22 编号对应的那个小块呢？在打乱的情况下，比如 map[2][2]＝13 了，怎样在源图片中获取 13 编号对应的那个小块呢？

其实，大家稍微有一点数学知识就能够解决这个问题！

以 13 为例，很显然，13 对应的那一个图片块的宽度和高度都是源图片的 1/4，接下来就是确定图片块左上角的坐标了。图片块左上角的横坐标是图片块的宽度×1，图片块左上角的纵坐标是图片块的高度×3，其他的小块依此类推(参考图 21-9)。

另外还要注意一个问题：数组 map 中的元素为 16 个，但是图片小块只有 15 个。实际上，编号为 33 的图片小块是不画出来的。

确定了小块的位置，就可以将图片中的那一个小块单独拿出来画在界面上。代码如下：

```
int edge = 图片宽度/4;
//用白色填充背景
g.setColor(Color.white);
g.fillRect(0, 0, this.getWidth(), this.getHeight());
//根据地图数组中的编号选取图片小块画出来
for (int x = 0; x < 4; x++) {
    for (int y = 0; y < 4; y++) {
        if (map[x][y] != 33) {
            //获取编号的第一位数
            int xSegment = map[x][y]/10;
            //获取编号的第二位数
            int ySegment = map[x][y] % 10;
            //获取图片中左上角坐标为(xSegment * edge, ySegment * edge)
            //宽度为 edge、高度为 edge 的小块
            //画到界面上左上角坐标为(x * edge, y * edge)的位置
            g.drawImage(img, x * edge, y * edge,
                    x * edge + edge, y * edge + edge,
```

```
                        xSegment * edge, ySegment * edge,
                        xSegment * edge + edge, ySegment * edge + edge,
                        this);
            }
        }
    }
```

问题3：图片小块怎样打乱？

图片的打乱可以在数组map中任取两个元素交换位置，交换足够多的次数(例如100次)，数组map中的元素就足够乱了，然后根据元素在源图片中取图片小块，画到界面上。代码如下：

```
void initMap() {
        Random rnd = new Random();
        int temp, x1, y1, x2, y2;
        //将地图数组打乱
        for (int i = 0; i < 100; i++) {
            x1 = rnd.nextInt(4);
            x2 = rnd.nextInt(4);
            y1 = rnd.nextInt(4);
            y2 = rnd.nextInt(4);
            temp = map[x1][y1];
            map[x1][y1] = map[x2][y2];
            map[x2][y2] = temp;
        }
    }
```

问题4：分割之后的小图片怎样用键盘来控制？

实际上，在界面上只有15块小图片，有一个位置(如33)是空着的，也就是说可以让编号为33的小图片不画出来。在将数组打乱之后按下键时首先判断33在数组中的位置，键被按下，实际上就是将33和周围的元素进行调换。当然，用户还要考虑33是否在边上的情况。比如，数组map为：

```
{ { 01, 00, 02, 03 },
  { 10, 11, 12, 13 },
  { 33, 21, 22, 23 },
  { 30, 31, 32, 20} }
```

此时33在最左边，这时按下“向右”键，因为33的左边没有任何元素了，没有元素可以向右，所以此时按下“向右”键程序应该没有反应。

代码如下：

```
public void keyPressed(KeyEvent e) {
    int keyCode = e.getKeyCode();
    int xOf33 = -1, yOf33 = -1;
    for (int x = 0; x < 4; x++) {
        for (int y = 0; y < 4; y++) {
```

```
            if (map[x][y] == 33) {
                xOf33 = x;
                yOf33 = y;
                break;
            }
        }
    }
    switch (keyCode) {
        case KeyEvent.VK_UP:
            if (yOf33 != 3) {
                this.swap(xOf33, yOf33, xOf33, yOf33 + 1);
            }
            break;
        case KeyEvent.VK_DOWN:
            if (yOf33 != 0) {
                this.swap(xOf33, yOf33, xOf33, yOf33 - 1);
            }
            break;
        case KeyEvent.VK_LEFT:
            if (xOf33 != 3) {
                this.swap(xOf33, yOf33, xOf33 + 1, yOf33);
            }
            break;
        case KeyEvent.VK_RIGHT:
            if (xOf33 != 0) {
                this.swap(xOf33, yOf33, xOf33 - 1, yOf33);
            }
            break;
        case KeyEvent.VK_ENTER:
                this.initMap();
                break;
        case KeyEvent.VK_F1:
            help = true;
            break;
        case KeyEvent.VK_ESCAPE:
            System.exit(0);
        }
    repaint();
}
//将 map 中的 33 和周围的元素对调
public void swap(int xOf33, int yOf33, int targetX, int targetY){
    int temp = map[targetX][targetY];
    map[targetX][targetY] = 33;
    map[xOf33][yOf33] = temp;
}
```

问题 5：长按 F1 键，怎样出现源图片？释放 F1 键，源图片怎样消失？

很简单，长按 F1 键，将图片重新画在界面上，调用 paint 函数(此时可以用一个变量来保存是否按下了 F1 键)；释放 F1 键，将该变量进行改变重新调用 paint 函数即可。

```
private boolean help = false;
public void paint(Graphics g) {
```

```
    ...
    if(help){
        g.drawImage(img, 0, 0,this);
    }
}
...
public void keyPressed(KeyEvent e) {
        int keyCode = e.getKeyCode();
        switch (keyCode) {
          ...
            case KeyEvent.VK_F1:
                help = true;
                break;
          ...
            }
        repaint();
}
public void keyReleased(KeyEvent e) {
    int keyCode = e.getKeyCode();
    if(keyCode == KeyEvent.VK_F1){
        help = false;
        repaint();
    }
}
```

问题 6：怎样判断游戏成功完成？

可以遍历数组 map，如果它是按照正常的顺序，即可表示游戏成功完成。代码如下：

```
public boolean isSuccess(){
    for (int x = 0; x < 4; x++) {
        for (int y = 0; y < 4; y++) {
            int xSegment = map[x][y]/10;
            int ySegment = map[x][y] % 10;
            if(xSegment!= x||ySegment!= y){
                return false;
            }
        }
    }
    return true;
}
```

21.2.3 代码的编写

将 puzzle.jpg 复制到项目根目录下。首先编写 ClockPanel，建立一个类"ClockPanel"，编写代码如下：

PPuzzlePanel.java

```
package puzzle;
import java.awt.*;
import java.awt.event.*;
import java.util.Random;
```

```
import javax.swing.JPanel;
public class PPuzzlePanel extends JPanel implements KeyListener {
    private Image img;                    //图像
    private int edge;                     //每块的宽度和高度
    //初始地图数组
    int[][] map = { { 00, 01, 02, 03 }, { 10, 11, 12, 13 }, { 20, 21, 22, 23 },
                { 30, 31, 32, 33 } };
    private boolean help = false;         //是否按下 F1 键
    public PPuzzlePanel(Image img) {
        this.img = img;
        this.addKeyListener(this);
        this.initMap();
    }
    void initMap() {
        Random rnd = new Random();
        int temp, x1, y1, x2, y2;
        //将地图数组打乱
        for (int i = 0; i < 100; i++) {
            x1 = rnd.nextInt(4);
            x2 = rnd.nextInt(4);
            y1 = rnd.nextInt(4);
            y2 = rnd.nextInt(4);
            temp = map[x1][y1];
            map[x1][y1] = map[x2][y2];
            map[x2][y2] = temp;
        }
    }
    public void paint(Graphics g) {
        edge = img.getWidth(this)/4;
        //用白色填充背景
        g.setColor(Color.white);
        g.fillRect(0, 0, this.getWidth(), this.getHeight());
        //根据地图数组中的编号选取图片小块画出来
        for (int x = 0; x < 4; x++) {
            for (int y = 0; y < 4; y++) {
                if (map[x][y] != 33) {
                    //获取编号的第一位数
                    int xSegment = map[x][y]/10;
                    //获取编号的第二位数
                    int ySegment = map[x][y] % 10;
                //获取图片中左上角坐标为(xSegment * edge, ySegment * edge)
                //宽度为 edge、高度为 edge 的小块
                //画到界面上左上角坐标为(x * edge, y * edge)的位置
                    g.drawImage(img, x * edge, y * edge,
                            x * edge + edge, y * edge + edge,
                            xSegment * edge, ySegment * edge,
                            xSegment * edge + edge, ySegment * edge + edge,
                            this);
                }
            }
        }
        if (isSuccess()) {
            g.setColor(Color.black);
            g.drawString("顺利完成!回车继续,ESC 退出",
```

```
                    this.getWidth()/4, this.getHeight() - 20);
        }
        if(help){
            g.drawImage(img, 0, 0,this);
        }
    }
    public boolean isSuccess() {
        for (int x = 0; x < 4; x++) {
            for (int y = 0; y < 4; y++) {
                int xSegment = map[x][y]/10;
                int ySegment = map[x][y] % 10;
                if (xSegment != x||ySegment != y) {
                    return false;
                }
            }
        }
        return true;
    }
    //将 map 中的 33 和周围的元素对调
    public void swap(int xOf33, int yOf33, int targetX, int targetY) {
        int temp = map[targetX][targetY];
        map[targetX][targetY] = 33;
        map[xOf33][yOf33] = temp;
    }
    public void keyPressed(KeyEvent e) {
        int keyCode = e.getKeyCode();
        int xOf33 = -1, yOf33 = -1;
        for (int x = 0; x < 4; x++) {
            for (int y = 0; y < 4; y++) {
                if (map[x][y] == 33) {
                    xOf33 = x;
                    yOf33 = y;
                    break;
                }
            }
        }
        switch (keyCode) {
            case KeyEvent.VK_UP:
                if (yOf33 != 3) {
                    this.swap(xOf33, yOf33, xOf33, yOf33 + 1);
                }
                break;
            case KeyEvent.VK_DOWN:
                if (yOf33 != 0) {
                    this.swap(xOf33, yOf33, xOf33, yOf33 - 1);
                }
                break;
            case KeyEvent.VK_LEFT:
                if (xOf33 != 3) {
                    this.swap(xOf33, yOf33, xOf33 + 1, yOf33);
                }
                break;
            case KeyEvent.VK_RIGHT:
                if (xOf33 != 0) {
```

```
                    this.swap(xOf33, yOf33, xOf33 - 1, yOf33);
                }
                break;
            case KeyEvent.VK_ENTER:
                    this.initMap();
                    break;
            case KeyEvent.VK_F1:
                help = true;
                break;
            case KeyEvent.VK_ESCAPE:
                System.exit(0);
            }
        repaint();
    }
    public void keyReleased(KeyEvent e) {
        int keyCode = e.getKeyCode();
        if(keyCode == KeyEvent.VK_F1){
            help = false;
            repaint();
        }
    }
    public void keyTyped(KeyEvent arg0) {}
}
```

接下来编写 ClockFrame,代码如下：

PPuzzleFrame.java

```
package puzzle;
import java.awt.Image;
import java.awt.Toolkit;
import javax.swing.JFrame;
public class PPuzzleFrame extends JFrame {
    private PPuzzlePanel pp;
    public PPuzzleFrame() {
        Image img = Toolkit.getDefaultToolkit().createImage("puzzle.jpg");
        pp = new PPuzzlePanel(img);
        this.setDefaultCloseOperation(JFrame.EXIT_ON_CLOSE);
        this.add(pp);
        //注意,让 PPuzzlePanel 获取焦点
        pp.setFocusable(true);
        this.setSize(250,300);
        this.setVisible(true);
    }
    public static void main(String[] args) {
        new PPuzzleFrame();
    }
}
```

运行 PPuzzleFrame 即可得到相应的效果。

本项目的结构如图 21-10 所示。

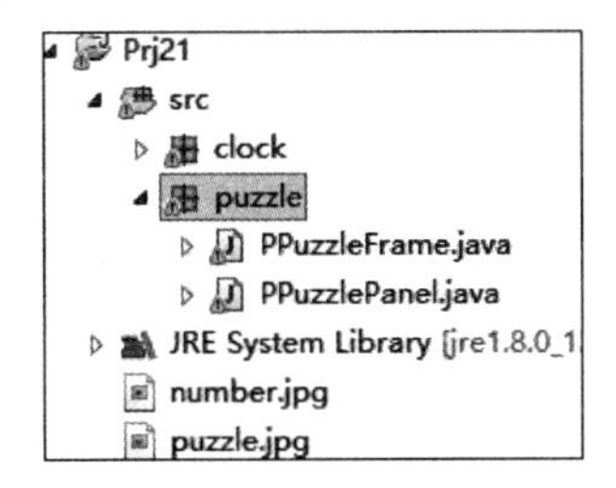

图 21-10　项目的结构

21.2.4　思考题

回顾本章提出的将图片块打乱的方法，是在数组 map 中任取两个元素交换位置，交换足够多的次数(例如 100 次)，数组 map 中的元素就足够乱了，然后根据元素在源图片中取图片小块，画到界面上。

这个方法可靠吗?

如果数组被打乱成如下的样子，也就是说将图片中的 32 小块和 31 小块对调，其他不变。

```
{ { 01, 00, 02, 03 },
  { 10, 11, 12, 13 },
  { 20, 21, 22, 23 },
  { 30, 32, 31, 33 } }
```

在这种情况下，不管怎么移动都得不到正确的结果，不信读者可以试试看。

可见，用以上方法打乱数组可能会造成游戏永远成功不了的局面。怎么办? 读者可以自己思考。

第22章

用TCP开发网络应用程序

从本章开始讲解网络编程，在网络编程框架内主要针对几种比较重要的应用进行讲解，它们是TCP编程和UDP编程。

本章讲解TCP编程。TCP编程是一种应用比较广泛的编程方式，我们将利用TCP编程实现一个简单的聊天室。

本章术语

TCP ______

UDP ______

IP地址 ______

端口 ______

ServerSocket ______

Socket ______

PrintStream ______

BufferedReader ______

22.1 认识网络编程

22.1.1 什么是网络应用程序

在本书的前面几章中，我们的程序都是在一台单独的计算机上运行，这一般称为单机版的软件。单机版软件不具备网络通信的功能，与此对应的是网络应用程序，它能够通过网络和另一台计算机通信。比如图22-1所示的软件。

用户可以将其他计算机上的一个文件通过迅雷下载到自己的计算机上。又如图22-2所示的软件：

图22-1 迅雷

图22-2 QQ

用户使用 QQ 可以将一条聊天信息通过网络发到其他人的计算机上。这些都属于网络应用程序。

本章讲解如何编写网络应用程序。

22.1.2　认识 IP 地址和端口

在编写网络应用程序之前，大家首先必须明白几个概念。

1. 通过什么来找到网络上的计算机

要和其他计算机通信，必须找到另一台计算机在哪里。如何确定对方的计算机呢？很明显，用计算机名称是不现实的，因为名称可能重复。实际上，我们是通过 IP 地址来确定一台计算机在网络上的位置的。

IP 地址被用来给 Internet 上的计算机一个编号。我们可以把一台计算机比作一部手机，那么 IP 地址就相当于手机号码。

IP 地址是一个 32 位的二进制数，通常被分割为 4 个“8 位二进制数”。为了方便起见，IP 地址通常用“点分十进制”表示成“a. b. c. d”的形式，其中 a、b、c、d 都是 0～255 的十进制整数。比如，192. 168. 1. 5 就是一个 IP 地址。

问答

问：如何知道本机的 IP 地址？

答：在 cmd 窗口中输入命令“ipconfig”即可显示 IP 地址，如图 22-3 所示。

图 22-3　显示 IP 地址

或者右击“网上邻居”，选择“属性”，选取相应连接，然后右击，选择“属性”，出现如图 22-4 所示的对话框。

图 22-4　“本地连接属性”对话框

双击“Internet 协议(TCP/IP)”即可显示 IP 地址以及其他配置，如图 22-5 所示。

从图 22-5 可以看出本机的 IP 地址为 192. 168. 1. 14，不过为了简便起见，可以统一用 127. 0. 0. 1 表示本机的 IP 地址，就好像每个人姓名不同，但是都可以自称“我”一样。

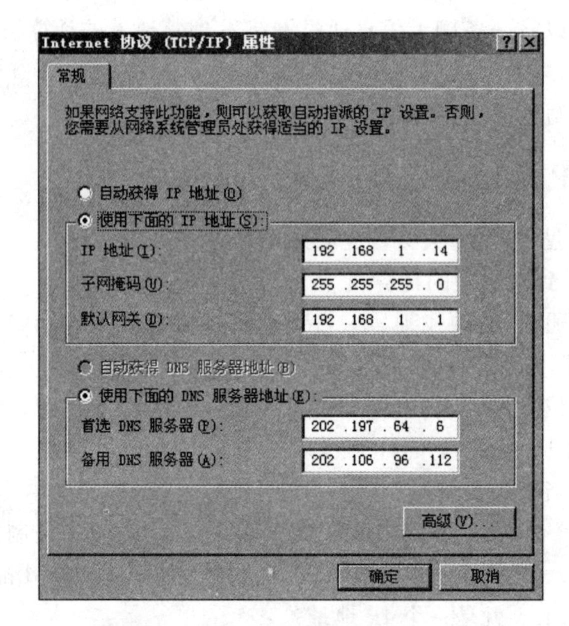

图 22-5　显示 IP 地址以及其他配置

问：对方的计算机用 IP 地址确定，我们如何找到它？

答：某个 IP 地址的计算机在网络的哪个地方一般由路由器来判断，比如要找 220.170.91.146 对应的计算机，路由器会帮我们找到。具体找的过程不是本章的内容，在此不再详述。就好像我们要给对方打手机，不用关心移动公司是怎样找到对方的一样。

2. 通过什么来确定对方的网络通信程序

找到计算机之后就可以通信了吗？不一定。因为网络通信最终是软件之间的通信，还必须定位相应的软件。

首先来思考一个问题：一台联网的计算机，只有一个网卡、一根网线，为什么可以同时用多个程序上网？比如，我们可以用 FTP 下载文件，同时浏览网页，还可以 QQ 聊天，这些数据是通过一根网线传过来的，为什么不会混淆呢？

实际上，我们是通过端口号(port)来确定一台计算机中特定的网络程序的。

我们可以将计算机比作一栋办公楼，IP 就是这栋楼的地址，而端口就是办公楼中各个房间的房间号，虽然很多人都从大楼大门涌入，但是最后都进了不同的房间，每个房间负责完成不同的事情。

一台计算机的端口号可以取 0～65 535 的数。

这样，我们就可以理解 FTP 下载文件、浏览网页、QQ 聊天，这些程序应该对应不同的端口，当信息传输到本机时根据端口来进行分类，用不同的程序来处理数据。

问答

问：如何知道本机使用了哪些端口？

答：在 cmd 窗口中输入命令“netstat -an”即可显示本机使用了哪些端口，如图 22-6 所示。

其中，IP 地址中冒号后面的数字(0.0.0.0:135 中的 135)就是端口号。

问：常用应用程序的端口号有哪些？

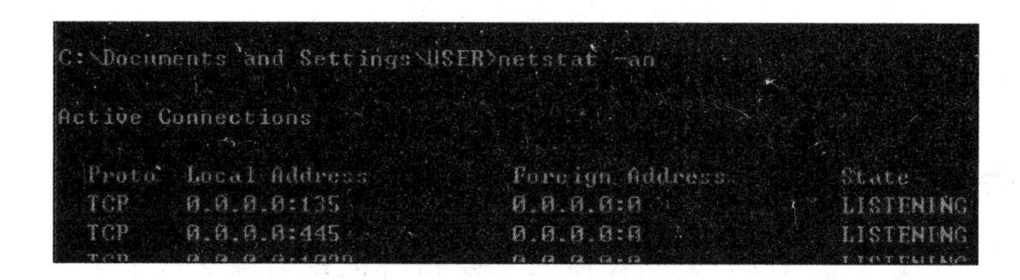

图 22-6　显示本机使用的端口

答：21 表示 FTP 协议；22 表示 SSH 安全登录；23 表示 Telnet；25 表示 SMTP 协议；80 表示 HTTP 协议。对于具体协议的意义，大家可以查看文档。

因此，在编写网络应用程序时要尽量避开这些常用的端口。一般情况下，0～1024 的端口最好不要使用。

3. 什么是 TCP？什么是 UDP

TCP 和 UDP 是两种网络信息传输协议，都能够进行网络通信，用户可以选择其中的一种。

TCP 最重要的特点是面向连接，也就是说必须在服务器端和客户端连接上之后才能通信，它的安全性比较高。UDP 编程是面向非连接的，UDP 是数据报，只负责传输信息，并不能保证信息一定会被收到，虽然安全性不如 TCP，但是性能较好；TCP 基于连接，UDP 基于报文，具体可以参考计算机网络知识。

其实可以将 TCP 比喻成打电话，必须双方都拿起话机才能通话，并且连接要保持通畅；可以将 UDP 比喻成寄信，在寄信的时候对方根本不知道有信要寄过去，信寄到哪里，靠信封上的地址。

我们没有必要讨论哪一种通信方式更好，这就像问打电话和寄信哪个好一样没有意义。

阶段性作业

上网搜索 TCP、UDP、HTTP、FTP 的全称，它们有何区别？

22.1.3　客户端和服务器

客户端(Client)/服务器(Server)是一种最常见的网络应用程序的运行模式，简称 C/S。这里以网络聊天软件为例，在聊天程序中，各个聊天界面叫客户端，客户端之间如果要相互聊天，则可以将信息先发送到服务器端，然后由服务器端转发。因此，客户端要先连接到服务器端。

客户端连接到服务器端需要知道一些什么信息呢？

显然，首先需要知道服务器端的 IP 地址，还要知道服务器端该程序的端口。例如知道服务器的 IP 地址是 127.0.0.1，端口是 9999 等。

因此，服务器必须首先打开这个端口，等待客户端的连接，俗称打开并监听某个端口。

在客户端必须要根据服务器 IP 连接服务器的某个端口。

22.2 用客户端连接到服务器

22.2.1 案例介绍

本节开发一个聊天应用最基本的程序——客户端连接到服务器。首先运行服务器,得到如图 22-7 所示的界面。

服务器运行完毕,界面上的标题为“服务器端,目前未见连接”。然后运行客户端,界面如图 22-8 所示。

图 22-7 运行服务器出现的界面

图 22-8 运行客户端出现的界面

客户端运行完毕,界面上的标题为“客户端”。在上面有一个“连接”按钮,单击连接到服务器端,服务器端界面变为如图 22-9 所示。

该界面上显示客户端的 IP 地址。

同时,客户端变为如图 22-10 所示的界面,界面标题变为“恭喜您,已经连上”。

图 22-9 服务器端界面

图 22-10 成功连接

22.2.2 如何实现客户端连接到服务器

前面说过,客户端连接到服务器端首先需要知道服务器端的 IP 地址,还要知道服务器端该程序的端口。

服务器必须首先打开某个端口并监听,等待客户端的连接,客户端根据服务器 IP 连接服务器的某个端口。

在本例中服务器为本机,打开并监听的端口号是 9999。

1. 服务器端怎样打开并监听端口

端口的监听是由 java.net.ServerSocket 进行管理的,打开 java.net.ServerSocket 的文档,这个类有很多构造函数,最常见的构造函数如下:

```
public ServerSocket(int port) throws IOException
```

其传入一个端口号,实例化 ServerSocket。

注意

实例化 ServerSocket 就已经打开了端口号并进行监听。

例如，以下代码就可以监听服务器上的9999端口，并返回ServerSocket对象ss。

```
ServerSocket ss = new ServerSocket(9999);
```

2. 客户端怎样连接到服务器端的某个端口

客户端连接到服务器端的某个端口是由java.net.Socket进行管理的，打开java.net.Socket的文档，这个类有很多构造函数，最常见的构造函数如下：

```
public Socket(String host, int port) throws UnknownHostException, IOException
```

其传入一个服务器IP地址和端口号，实例化Socket。

注意

实例化Socket就已经请求连接到该IP地址对应的服务器。

例如，以下代码就可以连接服务器218.197.118.80上的9999端口，并返回连接Socket对象socket。

```
Socket socket = new Socket("218.197.118.80",9999);
```

3. 服务器怎么知道客户端连上来了

既然客户端用Socket向服务器请求连接，如果连接上，Socket对象自然成为连接的纽带。对于服务器端来说，就应该得到客户端的这个Socket对象，并以此为基础进行通信。

那么怎样得到客户端的Socket对象？通过前面的学习我们知道，服务器端实例化ServerSocket对象，监听端口。打开ServerSocket文档，大家会发现里面有一个重要函数：

```
public Socket accept() throws IOException
```

该函数返回一个Socket对象，因此在服务器端可以用以下代码得到客户端的Socket对象：

```
Socket socket = ss.accept();
```

注意

值得一提的是，accept函数是一个"死等函数"，如果没有客户端请求连接，它会一直等待并阻塞程序。为了说明这个问题，我们编写以下代码进行测试：

AcceptTest.java

```
package chat1;
import java.net.ServerSocket;
import java.net.Socket;
public class AcceptTest {
    public static void main(String[] args) throws Exception {
        //监听 9999 端口
        ServerSocket ss = new ServerSocket(9999);
```

```
            System.out.println("未连接");
            //等待客户端连接,如果没有客户端连接,程序在这里阻塞
            Socket socket = ss.accept();
            System.out.println("连接");
        }
    }
```

运行这个程序,控制台打印效果如图 22-11 所示。

没有打印"连接",说明程序在 accept 处阻塞。

当然,如果此时有另一个客户端进行连接,阻塞就可以解除:

AcceptTest_Client.java

```
package chat1;
import java.net.Socket;
public class AcceptTest_Client {
    public static void main(String[] args)throws Exception {
        Socket socket = new Socket("127.0.0.1",9999);
    }
}
```

运行客户端,服务器端打印如图 22-12 所示。

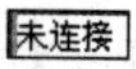

未连接

图 22-11 AcceptTest.java 的效果

未连接
连接

图 22-12 AcceptTest_Client.java 的效果

说明服务器阻塞被解除。

4. 如何从 Socket 得到一些连接的基本信息

了解了客户端怎样连接到服务器端,很显然,客户端和服务器端用 Socket 对象进行通信。那么,从 Socket 能否得到一些连接的基本信息呢?

打开 Socket 文档,大家会发现有以下函数:

```
public InetAddress getInetAddress()
```

其返回 Socket 内连接客户端的地址。

该返回类型是 java.net.InetAddress,查找 java.net.InetAddress 文档,可以用以下方法得到 IP 地址:

```
public String getHostAddress()
```

其返回 IP 地址字符串(以文本形式)。

22.2.3 代码的编写

综上所述,建立以下服务器端代码:

Server.java

```
package chat1;
import java.net.ServerSocket;
```

```
import java.net.Socket;
import javax.swing.JFrame;
public class Server extends JFrame{
    private ServerSocket ss;
    private Socket socket;
    public Server(){
        super("服务器端,目前未见连接");
        this.setDefaultCloseOperation(JFrame.EXIT_ON_CLOSE);
        this.setSize(300,100);
        this.setVisible(true);
        try{
            //监听 9999 端口
            ss = new ServerSocket(9999);
            socket = ss.accept();
            String clientAddress = socket.getInetAddress().getHostAddress();
            this.setTitle("客户" + clientAddress + "连接");
        }catch(Exception ex){
            ex.printStackTrace();
        }
    }
    public static void main(String[ ] args) {
        new Server();
    }
}
```

运行这个程序就可以得到服务器的效果。

接下来是客户端程序,代码如下:

Client.java

```
package chat1;
import java.awt.BorderLayout;
import java.awt.event.ActionEvent;
import java.awt.event.ActionListener;
import java.net.Socket;
import javax.swing.JButton;
import javax.swing.JFrame;
public class Client extends JFrame implements ActionListener{
    private JButton btConnect = new JButton("连接");
    private Socket socket;
    public Client(){
        super("客户端");
        this.setDefaultCloseOperation(JFrame.EXIT_ON_CLOSE);
        this.add(btConnect,BorderLayout.NORTH);
        btConnect.addActionListener(this);
        this.setSize(300,100);
        this.setVisible(true);
    }
    public void actionPerformed(ActionEvent e) {
        try{
            socket = new Socket("127.0.0.1",9999);
            this.setTitle("恭喜您,已经连上");
        }catch(Exception ex){
            ex.printStackTrace();
```

```
        }
    }
    public static void main(String[ ] args) {
        new Client();
    }
}
```

运行，得到客户端界面，单击"连接"按钮，则可以连接到服务器。

注意

必须要先运行服务器端，再运行客户端。

阶段性作业

客户端连接到服务器，连接成功，双方的提示信息用消息框显示。

22.3 利用 TCP 实现双向聊天系统

22.3.1 案例介绍

在 22.2 节中已经讲了客户端和服务器端的连接，接下来就可以让客户端和服务器端进行通信了。在本节中服务器端和客户端界面相同，都可以给对方发送信息，也能够自动收到对方发过来的信息。本节案例的效果如图 22-13 和图 22-14 所示。

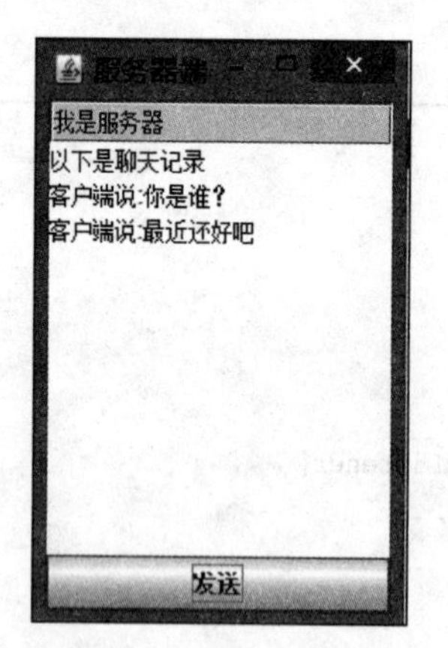

图 22-13 服务器端效果

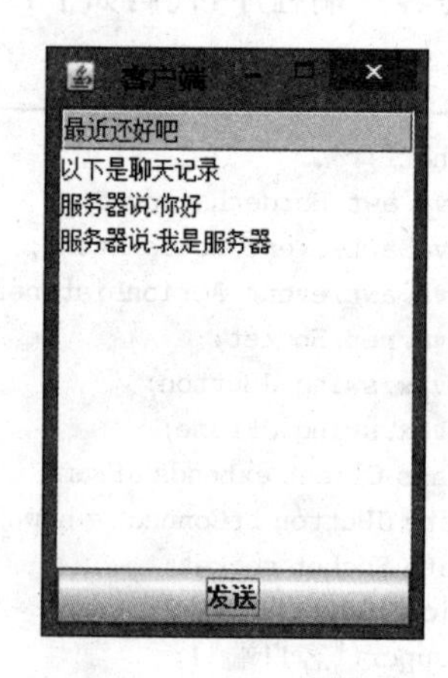

图 22-14 客户端效果

服务器端和客户端都有一个文本框，用于输入聊天信息。输入聊天信息之后单击"发送"按钮，就能够将信息发送给对方，对方也能够在收到之后显示。

22.3.2 如何实现双向聊天

客户端与服务器端的通信过程包括读信息和写信息，对于客户端和服务器端，如果将数据传给对方，就称为写，用到输出流；反之，如果从对方处得到数据，就称为读，用到输入流。

在 TCP 编程中，客户端和服务器端之间的通信是通过 Socket 实现的。

1. 如何向对方发送信息

在java.net.Socket文档中会发现一个重要函数：

```
public OutputStream getOutputStream() throws IOException
```

其打开此Socket的输出流。

其实OutputStream的功能并不强大，但是可以和java.io.PrintStream类配合使用，使之能够输出一行。如下代码：

```
Socket socket = new Socket("127.0.0.1",9999);
OutputStream os = socket.getOutputStream();
PrintStream ps = new PrintStream(os);
ps.println("消息内容");
```

就是用Socket向对方发出一个字符串。

2. 如何从对方处接收信息

打开java.net.Socket文档，大家会发现其中有一个重要函数：

```
public InputStream getInputStream() throws IOException
```

其打开此Socket的输入流。

InputStream的功能并不强大，但是可以和BufferedReader函数配合使用，使之能够读取一行。如下代码：

```
Socket socket = new Socket("127.0.0.1",9999);
InputStream is = socket.getInputStream();      //得到输入流,InputStream的功能并不强大
BufferedReader br = new BufferedReader(new InputStreamReader(is));
String str = br.readLine();                     //读
System.out.println(str);
```

就是从Socket的输入流中读入字符串，并打印。

很明显，在本例中客户端和服务器端的通信既要用到读操作，又要用到写操作。

为了对这个功能进行测试，在项目中建立一个服务器端程序和客户端程序，让客户端发送给服务器端一个"服务器，你好"，服务器端收到之后打印。服务器端代码如下：

Server.java

```
package chat2;
import java.net.ServerSocket;
import java.net.Socket;
import java.io.InputStream;
import java.io.BufferedReader;
import java.io.InputStreamReader;
public class Server{
    public static void main(String[] args) throws Exception{
        ServerSocket ss = new ServerSocket(9999);
        Socket s = ss.accept();
        //获取对方传过来的信息并打印
        InputStream is = s.getInputStream();
```

```
        BufferedReader br = new BufferedReader(new InputStreamReader(is));
        String str = br.readLine();      //读
        System.out.println(str);
    }
}
```

然后编写客户端程序,代码如下:

Client. java

```
package chat2;
import java.net.Socket;
import java.io.OutputStream;
import java.io.PrintStream;
public class Client{
    public static void main(String[] args) throws Exception{
        Socket s = new Socket("127.0.0.1",9999);    //连接到服务器
        OutputStream os = s.getOutputStream();      //os 只能发字节数组
        PrintStream ps = new PrintStream(os);       //ps 的功能更强大
        ps.println("服务器,你好!");                  //将信息发送出去
    }
}
```

服务器,你好!

图 22-15 服务器端的控制台打印效果

首先运行服务器端,然后运行客户端,在服务器端的控制台上会打印如图 22-15 所示的效果。

说明信息由客户端传输到了服务器端,并被服务器端收取。

注意

值得一提的是,在客户端与服务器端之间传递信息时 BufferedReader 的 readLine 函数也是一个"死等函数",如果客户端连接上了,但是没有发送信息,readLine 函数会一直等待。为了说明这个问题,编写以下代码进行测试,服务器端代码如下:

ReadLineTest. java

```
package chat2;
import java.net.ServerSocket;
import java.net.Socket;
import java.io.InputStream;
import java.io.BufferedReader;
import java.io.InputStreamReader;
public class ReadLineTest{
    public static void main(String[] args) throws Exception{
        ServerSocket ss = new ServerSocket(9999);
        Socket s = ss.accept();
        InputStream is = s.getInputStream();
        BufferedReader br = new BufferedReader(new InputStreamReader(is));
        System.out.println("未收到信息");
        String str = br.readLine();                 //读
        System.out.println("收到信息");
        System.out.println(str);
    }
}
```

客户端代码如下：

ReadLineTest_Client.java

```
package chat2;
import java.net.Socket;
public class ReadLineTest_Client {
    public static void main(String[] args)throws Exception {
        Socket socket = new Socket("127.0.0.1",9999);
    }
}
```

运行服务器端，再运行客户端，服务器端的控制台上打印如图 22-16 所示的效果。

未收到信息

图 22-16　打印“未收到信息”

没有打印“收到信息”，说明程序在 readLine 处阻塞。

当然，如果客户端给服务器端发送一条信息，阻塞就可以解除：

由以上情况可以看出，客户端和服务器端如果需要自动读取对方传来的信息就不能将 readLine 函数放在主线程内，因为在不知道对方会在什么时候发出信息的情况下 readLine 函数的死等可能会造成程序的阻塞，所以最好的方法是将读取信息的代码写在线程内。

22.3.3　代码的编写

综上所述，建立以下服务器端代码：

Server.java

```
package chat3;
import java.awt.*;
import java.awt.event.*;
import java.io.*;
import java.net.*;
import javax.swing.*;
public class Server extends JFrame implements ActionListener, Runnable {
    private JTextArea taMsg = new JTextArea("以下是聊天记录\n");
    private JTextField tfMsg = new JTextField("请您输入信息");
    private JButton btSend = new JButton("发送");
    private Socket s = null;
    public Server() {
        this.setTitle("服务器端");
        this.setDefaultCloseOperation(JFrame.EXIT_ON_CLOSE);
        this.add(taMsg,BorderLayout.CENTER);
        tfMsg.setBackground(Color.yellow);
        this.add(tfMsg,BorderLayout.NORTH);
        this.add(btSend,BorderLayout.SOUTH);
        btSend.addActionListener(this);
        this.setSize(200, 300);
        this.setVisible(true);
        try {
            ServerSocket ss = new ServerSocket(9999);
            s = ss.accept();
            new Thread(this).start();
        } catch (Exception ex) {
```

```
            }
        }
        public void run() {
            try {
                while (true) {
                    InputStream is = s.getInputStream();
                    BufferedReader br = new BufferedReader(
                            new InputStreamReader(is));
                    String str = br.readLine();            //读
                    taMsg.append(str + "\n");              //添加内容
                }
            } catch (Exception ex) {
            }
        }
        public void actionPerformed(ActionEvent e) {
            try {
                OutputStream os = s.getOutputStream();
                PrintStream ps = new PrintStream(os);
                ps.println("服务器说:" + tfMsg.getText());
            } catch (Exception ex) {
            }
        }
        public static void main(String[ ] args) throws Exception {
            Server server5 = new Server();
        }
    }
```

运行这个程序就可以得到服务器端的效果。

接下来是客户端程序,代码如下:

Client.java

```
package chat3;
import java.awt.*;
import java.awt.event.*;
import java.io.*;
import java.net.*;
import javax.swing.*;
public class Client extends JFrame implements ActionListener,Runnable{
    private JTextArea taMsg = new JTextArea("以下是聊天记录\n");
    private JTextField tfMsg = new JTextField("请您输入信息");
    private JButton btSend = new JButton("发送");
    private Socket s = null;
    public Client(){
        this.setTitle("客户端");
        this.setDefaultCloseOperation(JFrame.EXIT_ON_CLOSE);
        this.add(taMsg,BorderLayout.CENTER);
        tfMsg.setBackground(Color.yellow);
        this.add(tfMsg,BorderLayout.NORTH);
        this.add(btSend,BorderLayout.SOUTH);
        btSend.addActionListener(this);
        this.setSize(200, 300);
        this.setVisible(true);
        try{
```

```
            s = new Socket("127.0.0.1",9999);
            new Thread(this).start();
        }catch(Exception ex){}
    }
    public void run(){
        try{
            while(true){
                InputStream is = s.getInputStream();
                BufferedReader br = new BufferedReader(
                        new InputStreamReader(is));
                String str = br.readLine();            //读
                taMsg.append(str + "\n");              //添加内容
            }
        }catch(Exception ex){}
    }
    public void actionPerformed(ActionEvent e){
        try{
            OutputStream os = s.getOutputStream();
            PrintStream ps = new PrintStream(os);
            ps.println("客户端说:" + tfMsg.getText());
        }catch(Exception ex){}
    }
    public static void main(String[] args) throws Exception{
        Client client5 = new Client();
    }
}
```

运行得到客户端界面，两者即可进行聊天。

注意

必须要先运行服务器端，再运行客户端。

阶段性作业

(1) 将本例中的按钮去掉，改为在文本框中回车，信息自动发出，文本框清空。

(2) 完成一个网络远程控制系统，如果服务器端给客户端发送的信息为“关闭”二字，客户端能够自动关闭。

(3) 完成一个简单的隐私窃取软件，如果客户端连到服务器，能够自动将其 C 盘下的所有文件名称传到服务器端显示。

22.4　利用 TCP 实现多客户聊天系统

22.4.1　案例介绍

在 22.3 节中已经讲了客户端和服务器端的互相通信，但是在实际应用中应该是客户端和客户端聊天，而不是客户端和服务器端聊天。客户端和客户端聊天的本质是信息由服务器端转发，因此本节开发一个支持多个客户端的程序。服务器端界面如图 22-17 所示。

以下是客户端界面，当客户端出现时需要输入昵称，如图 22-18 所示。

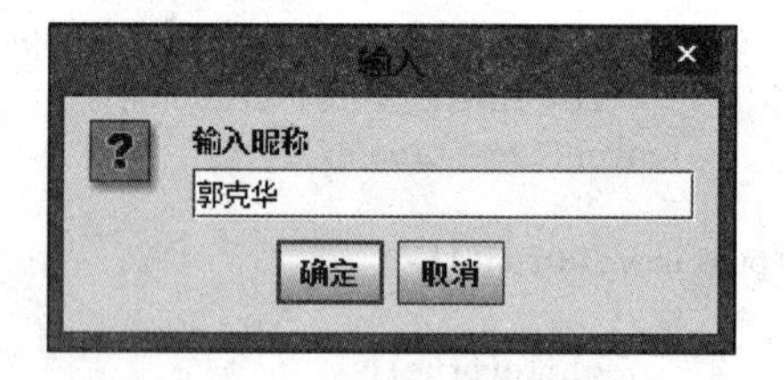

图 22-17　服务器端界面　　图 22-18　客户端界面

单击“确定”按钮连接到服务器，如果连接成功服务器回送一个信息，如图 22-19 所示。单击“确定”按钮即可进行聊天。

为了体现多客户端效果，这里打开了 3 个客户端，如图 22-20～图 22-22 所示。

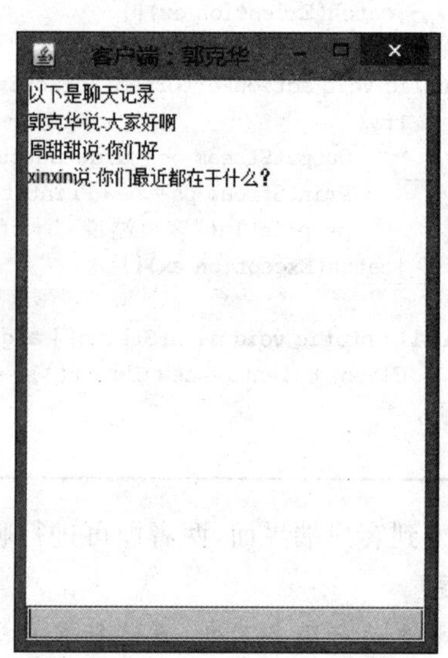

图 22-19　连接成功　　图 22-20　客户端 1

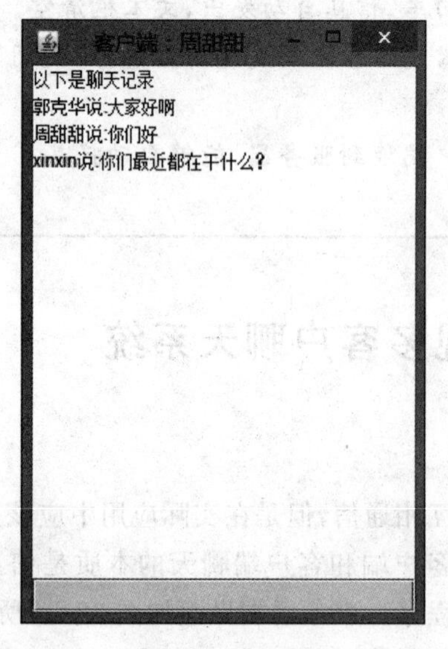

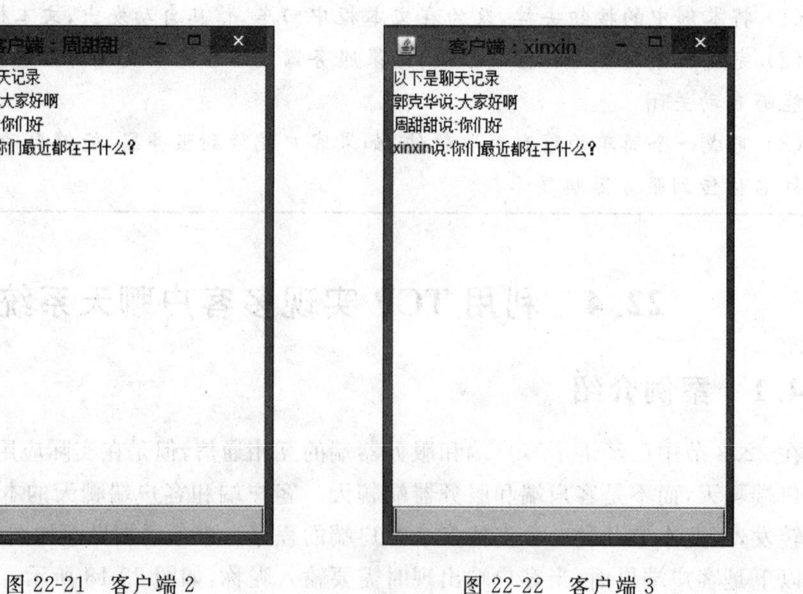

图 22-21　客户端 2　　图 22-22　客户端 3

在界面下方可以输入消息，回车后消息发出，在消息发出之后文本框自动清空。在消息发送之后能够让各客户端都收到聊天信息，聊天信息打印在界面上的多行文本框内，在打印聊天信息的同时还能够打印这条聊天信息是谁说的。

22.4.2　编写服务器程序

在本例中要让服务器端能够接受多个客户端的连接，需要注意以下几个问题：

(1) 由于事先不知道客户端什么时候连过来，因此服务器端必须首先有一个线程负责接受多个客户端连接。结构如下：

```
public class Server extends JFrame implements Runnable{
    public Server(){
        //服务器端打开端口
        //服务端开启线程,接受客户端连接
    }
    public void run(){
        //不断接受客户端连接
        while(true){
                //接受客户端连接
                //开一个聊天线程给这个客户端
                //将该聊天线程对象添加进集合
                //聊天线程启动
        }
    }
}
```

(2) 当客户端连接上之后，服务器端要等待这些客户端传送信息过来，而事先并不知道客户端在什么时候会发信息过来。所以，在每一个客户端连上之后必须为这个客户端单独开一个线程来读取它发过来的信息。因此需要再编写一个线程类。

(3) 服务器收到某个客户端信息之后需要将其转发给各个客户端，这就需要在服务器端保存各客户端的输入与输出流的引用(实际上，这些引用可以保存在为客户端服务的线程中)。

因此，整个服务器端程序的基本结构如下：

```
public class Server extends JFrame implements Runnable{
    public Server(){
        //服务器端打开端口
        //服务器端开启线程,接受客户端连接
    }
    public void run(){
        //不断接受客户端连接
        while(true){
                //接受客户端连接
                //开一个聊天线程给这个客户端
                //将该聊天线程对象添加进集合
                //聊天线程启动
        }
    }
    /* 聊天线程类,每连接上一个客户端就为它开一个聊天线程 */
    class ChatThread extends Thread{
```

```
        //负责读取相应 SocketConnection 的信息
        public void run(){
            while(true){
                //读取客户端发来的信息
                //将该信息发送给其他所有客户端
            }
        }
    }
}
```

服务器端的详细代码如下：

Server.java

```
package chat4;
import java.awt.*;
import java.io.*;
import java.net.*;
import java.util.ArrayList;
import javax.swing.JFrame;
public class Server extends JFrame implements Runnable{
    private Socket s = null;
    private ServerSocket ss = null;
    private ArrayList clients = new ArrayList();        //保存客户端的线程
    public Server() throws Exception{
        this.setTitle("服务器端");
        this.setDefaultCloseOperation(JFrame.EXIT_ON_CLOSE);
        this.setBackground(Color.yellow);
        this.setSize(200,100);
        this.setVisible(true);
        ss = new ServerSocket(9999);                    //服务器端开辟端口,接收连接
        new Thread(this).start();                       //接收客户连接的死循环开始运行
    }
    public void run(){
        try{
            while(true){
                s = ss.accept();
                //s 就是当前连接对应的 Socket,对应一个客户端
                //该客户端随时可能发信息过来,必须要接收
                //另外开辟一个线程,专门为这个 s 服务,负责接收信息
                ChatThread ct = new ChatThread(s);
                clients.add(ct);
                ct.start();
            }
        }catch(Exception ex){}
    }
    class ChatThread extends Thread{//为某个 Socket 负责接受信息
        private Socket s = null;
        private BufferedReader br = null;
        public PrintStream ps = null;
        public ChatThread(Socket s) throws Exception{
            this.s = s;
            br = new BufferedReader(
                    new InputStreamReader(s.getInputStream()));
```

```
            ps = new PrintStream(s.getOutputStream());
        }
        public void run(){
            try{
                while(true){
                    String str = br.readLine();        //读取该 Socket 传来的信息
                    sendMessage(str);                  //将 str 转发给所有客户端
                }
            }catch(Exception ex){}
        }
    }
    public void sendMessage(String msg){               //将信息发给所有客户端
        for(int i = 0;i < clients.size();i++){
            ChatThread ct = (ChatThread)clients.get(i);
            //向 ct 的 Socket 中写 msg
            ct.ps.println(msg);
        }
    }
    public static void main(String[] args) throws Exception{
        Server server = new Server();
    }
}
```

22.4.3　编写客户端程序

客户端的编程相对简单,只需要编写发送信息、连接服务器、接收服务器端传输的信息即可。代码如下:

Client.java

```
package chat4;
import java.awt.*;
import java.awt.event.*;
import java.io.*;
import java.net.Socket;
import javax.swing.*;
public class Client extends JFrame implements ActionListener, Runnable {
    private JTextArea taMsg = new JTextArea("以下是聊天记录\n");
    private JTextField tfMsg = new JTextField();
    private Socket s = null;
    private String nickName = null;
    public Client() {
        this.setTitle("客户端");
        this.setDefaultCloseOperation(JFrame.EXIT_ON_CLOSE);
        this.add(taMsg,BorderLayout.CENTER);
        tfMsg.setBackground(Color.yellow);
        this.add(tfMsg,BorderLayout.SOUTH);
        tfMsg.addActionListener(this);
        this.setSize(280, 400);
        this.setVisible(true);
        nickName = JOptionPane.showInputDialog("输入昵称");
        try {
            s = new Socket("127.0.0.1", 9999);
            JOptionPane.showMessageDialog(this,"连接成功");
            this.setTitle("客户端:" + nickName);
```

```
            new Thread(this).start();
        } catch (Exception ex) {}
    }
    public void run() {
        try {
            while (true) {
                InputStream is = s.getInputStream();
                BufferedReader br = new BufferedReader(
                        new InputStreamReader(is));
                String str = br.readLine();            //读
                taMsg.append(str + "\n");              //添加内容
            }
        } catch (Exception ex) {
        }
    }
    public void actionPerformed(ActionEvent e) {
        try {
            OutputStream os = s.getOutputStream();
            PrintStream ps = new PrintStream(os);
            ps.println(nickName + "说:" + tfMsg.getText());
            tfMsg.setText("");
        } catch (Exception ex) {
        }
    }
    public static void main(String[] args) throws Exception {
        Client client = new Client();
    }
}
```

运行服务器端和客户端就可以得到本案例需求中的效果。

阶段性作业

(1) 在客户端增加一个下拉列表框，显示每个在线客户的昵称，如果某个客户下线，可以通知其他客户进行刷新，如何实现？

(2) 客户可以在下拉列表框中选择自己要发送信息的人进行私聊，如何实现？

本章知识体系

知　识　点	重要等级	难度等级
网络编程的若干概念	★★★★	★★
ServerSocket	★★★	★★
Socket	★★★★	★★★
客户端连到服务器	★★★	★★
客户端和服务器通信	★★★★	★★★
基于线程的双向通信	★★★	★★★★
多客户端	★★★	★★★★★

第 23 章

用 UDP 开发网络应用程序

第 22 章讲解了 TCP 编程，TCP 最重要的特点是面向连接，也就是说必须在服务器端和客户端连接上之后才能通信，并且由 Socket 来进行通信，它的安全性比较高。本章讲解 UDP 编程，UDP 编程是面向非连接的，UDP 传输的是数据包，只负责传输信息，并不能保证信息一定会被收到，虽然安全性不如 TCP，但是性能较好。

本章主要介绍基于 UDP 协议的客户端和服务器端之间的通信，读者需要注意 TCP 和 UDP 之间的区别。

本章术语

UDP ____________________

DatagramSocket ____________________

InetAddress ____________________

DatagramPacket ____________________

SocketAddress ____________________

23.1　利用 UDP 实现双向聊天系统

23.1.1　案例介绍

UDP 是面向无连接的，但并不是没有客户端和服务器端的区别。只是说，服务器端运行之后并不一定要等待客户端的连接才能通信，客户端可以直接和服务器端通信，发送信息。

本节开发一个聊天应用最基本的程序——客户端和服务器通信。服务器和客户端界面相同，都可以给对方发送信息，也能够自动收到对方发过来的信息。本节案例的效果如图 23-1 和图 23-2 所示。

服务器端和客户端都有一个文本框，用于输入聊天信息。在输入聊天信息之后单击“发送”按钮就能够将信息发送给对方，对方也能够在收到之后显示。

很显然，这个程序在 TCP 编程中也讲解过，看完本节之后请读者比较两者之间的区别。

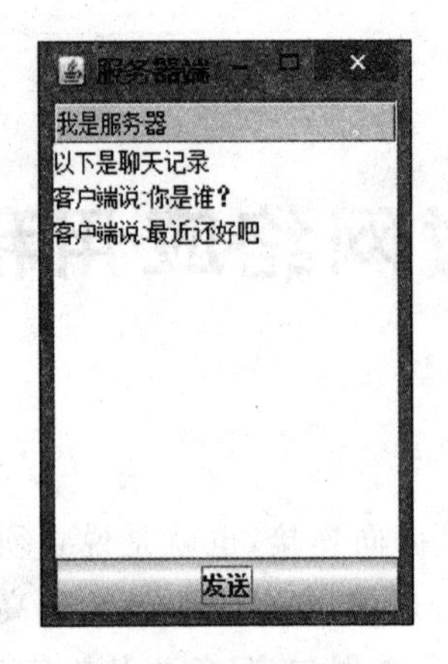

图 23-1　服务器端效果

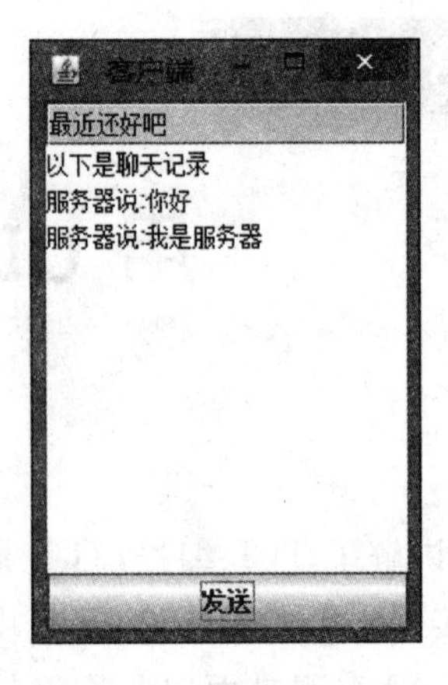

图 23-2　客户端效果

23.1.2　服务器和客户端是如何交互的

在本例聊天程序中,各个聊天的界面叫客户端,客户端之间如果要相互聊天,则可以将信息先发送到服务器端,然后由服务器端转发。因此,客户端先要连接到服务器。客户端连接到服务器的 IP 地址和端口。在服务器端必须要监听某个端口,在客户端必须要连接服务器的某个端口,这一点没有太大的区别。

1. 服务器端怎样打开并监听端口

在 UDP 编程中,端口的监听是由 java.net.DatagramSocket 进行管理的,打开 java.net.DatagramSocket 的文档,这个类有很多构造函数,最常见的构造函数如下:

```
public DatagramSocket(int port) throws SocketException
```

其传入一个端口号,实例化 DatagramSocket。

注意

实例化 DatagramSocket 就已经打开了端口号并进行监听。

例如,以下代码就可以监听服务器上的 9999 端口,并返回连接对象 ds。

```
DatagramSocket ds = new DatagramSocket(9999);
```

2. 客户端怎样连接到服务器端的某个端口

客户端连接到服务器端的某个端口也是由 java.net.DatagramSocket 进行管理的,打开 java.net.DatagramSocket 的文档,里面有一个重要函数:

```
public void connect(InetAddress address, int port)
```

其传入一个封装了服务器 IP 地址的 InetAddress 对象和端口号。

注意

java.net.InetAddress 有一个函数:

```
public static InetAddress getByName(String host) throws UnknownHostException
```

这是一个静态函数，可以传入一个IP地址，返回InetAddress对象。

例如，以下代码就可以连接服务器218.197.118.80上的9999端口。

```
DatagramSocket ds = new DatagramSocket();
InetAddress add = InetAddress.getByName("218.197.118.80");
ds.connect(add,9999);
```

特别提醒

读者看到这里会发现，这岂不是和TCP编程一样？是的，看起来一样，但是本质却不一样。在TCP编程中，接下来的工作就是服务器要获得客户端的连接，然后通过这个连接进行通信。但是，在UDP编程中这个工作不要了！可以直接通信了！也就是说，服务器端不需要获得客户端的连接，它们直接通过地址来收发信息。因此，服务器端不需要知道客户端是否连上来了。或者说客户端的以下代码实际上并没有连接到服务器，只是将服务器的IP地址和端口保存起来，以后在客户端给服务器端发送信息的时候用这个IP地址和端口来寻找到服务器。

```
InetAddress add = InetAddress.getByName("218.197.118.80");
ds.connect(add,9999);
```

当然，从表面上可以理解成连接到服务器。

其实可以将TCP比喻成打电话，必须双方都拿起话机才能通话，并且连接要保持通畅；可以将UDP比喻成寄信，在寄信的时候对方根本不知道有信要寄过去，信寄到哪里，靠信封上的地址。

23.1.3 如何收发信息

以上所述只是客户端连接到服务器端，接下来应该是客户端与服务器端的通信。通信包括读和写，对于客户端和服务器端，如果将数据传给对方称为发送；反之，如果从对方处得到数据称为接收。

注意，在前面讲解的TCP编程中，编程过程要用到输入与输出流；在UDP情况下不使用输入与输出流，而采用数据包(DatagramPacket)的形式进行通信。对于一方来说，发送数据包称为输出，反之，接收数据包称为输入。

打开java.net.DatagramSocket文档，大家会发现里面有以下两个重要函数。

(1) 接收数据包：

```
public void receive(DatagramPacket p) throws IOException
```

(2) 发送数据包：

```
public void send(DatagramPacket p) throws IOException
```

这两个函数都传入一个对象——java.net.DatagramPacket，即数据包。

在文档中找到java.net.DatagramPacket，它具有以下几个重要的构造函数。

(1) 创建于一个 DatagramPacket 对象，指定内容和大小：

```
public DatagramPacket(byte[ ] buf, int length)
```

(2) 创建于一个 DatagramPacket 对象，指定内容和大小，以及要发送的目标地址和端口号：

```
public DatagramPacket(byte[ ] buf, int length, InetAddress address, int port)
```

很显然，第 2 个构造函数相当于给信封上写了寄信地址。

在这几个函数的参数中，我们发现，如果要发送或接收一个数据包，需要确定以下几个信息。

(1) 数据包所含数据：一般是一个字节数组。

(2) 数据包大小：用户可以确定为数据所占字节数。

(3) 数据包的发送地址：通过地址才能知道数据包发到哪里去。

如果要给对方发送数据包，数据包的发送地址是必须指定的，就如同寄信要指定收信人地址一样。怎样为数据包指定发送地址呢？规律如下：

(1) 客户端在确定服务器端 IP 地址的情况下，所创建的 DatagramPacket 对象不需要设置发送地址，数据包可以直接发送给服务器端。

(2) 服务器端事先不知道客户端的地址，因此服务器端必须手工指定发送地址，可以用前面讲解的第 2 个构造函数，也可以用 DatagramPacket 的以下函数。

① 将 DatagramPacket 的发送地址设定为发送地址：

```
public void setAddress(InetAddress iaddr)
```

② 将 DatagramPacket 的发送端口设定为指定端口：

```
public void setPort(int iport)
```

这也从侧面说明，如果服务器要向客户端发送信息，但是又不知道客户端的地址，怎么办呢？一般来说，在通信时必须客户端首先给服务器端发送一个 DatagramPacket，让服务器端利用这个数据包作为参考来知道客户端的地址，然后和该客户端通信，否则服务器端就无法给客户端发送信息。

打开 java. net. DatagramPacket 文档，大家会发现里面还有以下函数。

(1) 设定长度：

```
public void setLength(int length)
```

(2) 设定数据：

```
public void setData(byte[ ] buf)
```

(3) 得到数据包中对方的地址：

```
public InetAddress getAddress()
```

(4) 得到数据包中对方的端口：

```
public int getPort()
```

(5) 得到对方地址和端口的封装：

```
public SocketAddress getSocketAddress()
```

(6) 得到数据：

```
public byte[] getData()
```

(7) 得到长度：

```
public int getLength()
```

以下代码表示客户端向服务器端发送一个数据包：

```
DatagramSocket ds = new DatagramSocket();
InetAddress add = InetAddress.getByName("127.0.0.1");
ds.connect(add,9999);
String msg = "服务器,你好";
byte[] data = msg.getBytes();
DatagramPacket dp = new DatagramPacket(data,data.length);
ds.send(dp);
```

以下代码表示服务器获得客户端发送过来的数据包，并打印其内容：

```
DatagramSocket ds = new DatagramSocket(9999);
byte[] data = new byte[255];
DatagramPacket dp = new DatagramPacket(data,data.length);
ds.receive(dp);
String msg = new String(dp.getData(),0,dp.getLength());
System.out.println("已经收到: " + msg);
```

从这里可以总结出 UDP 数据通信的过程：

(1) 服务器端监听端口。

(2) 客户端"连接"服务器端。

(3) 一端创建一个 DatagramPacket 对象，设定其大小、数据和发送地址，然后用 DatagramSocket 的 send 函数发出。

(4) 另一端用 DatagramSocket 的 receive 函数读取 DatagramPacket 对象。

(5) 获取 DatagramPacket 中的数据。

为了对这个功能进行测试，在项目中建立一个服务器端程序和客户端程序，让客户端发送给服务器端一个"服务器，你好"，服务器端收到之后打印。

服务器端程序的代码如下：

Server.java

```
package chat1;
import java.net.DatagramPacket;
import java.net.DatagramSocket;
public class Server{
    public static void main(String[] args) throws Exception{
        DatagramSocket ds = new DatagramSocket(9999);
```

```
            byte[ ] data = new byte[255];
            DatagramPacket dp = new DatagramPacket(data,data.length);
            ds.receive(dp);
            String msg = new String(dp.getData(),0,dp.getLength());
            System.out.println("已经收到: " + msg);
        }
}
```

然后编写客户端程序,代码如下:

Client. java

```
package chat1;
import java.net.DatagramPacket;
import java.net.DatagramSocket;
import java.net.InetAddress;
public class Client{
    public static void main(String[ ] args) throws Exception{
        DatagramSocket ds = new DatagramSocket();
        InetAddress add = InetAddress.getByName("127.0.0.1");
        ds.connect(add,9999);
        String msg = "服务器,你好";
        byte[ ] data = msg.getBytes();
        DatagramPacket dp = new DatagramPacket(data,data.length);
        ds.send(dp);

    }
}
```

已经收到:服务器,你好

图 23-3 服务器端的控制台打印效果

首先运行服务器端,然后运行客户端,在服务器端的控制台上会打印如图 23-3 所示的效果。

说明信息由客户端传输到了服务器端,并被服务器端收取。

注意

值得一提的是,在客户端与服务器端之间传递信息时 DatagramSocket 的 receive 函数是一个“死等函数”,如果客户端连接上了,但是没有发送信息,它会一直等待。为了说明这个问题,编写以下代码进行测试。

在项目中建立一个 ReceiveTest,将代码改为:

ReceiveTest. java

```
package chat1;
import java.net.DatagramPacket;
import java.net.DatagramSocket;
import java.net.ServerSocket;
import java.net.Socket;
import java.io.InputStream;
import java.io.BufferedReader;
import java.io.InputStreamReader;
public class ReceiveTest{
    public static void main(String[ ] args) throws Exception{
```

```
            DatagramSocket ds = new DatagramSocket(9999);
            byte[] data = new byte[255];
            DatagramPacket dp = new DatagramPacket(data,data.length);
            System.out.println("未收到信息");
            ds.receive(dp);
            System.out.println("收到信息");
            String msg = new String(dp.getData(),0,dp.getLength());
            System.out.println("已经收到: " + msg);
        }
    }
```

首先运行服务器端，控制台上打印如图 23-4 所示的效果。

说明程序在 receive 处阻塞。

接下来运行客户端(可以直接运行前面编写的 chat1.Client)，在服务器端的控制台上打印如图 23-5 所示的效果。

```
未收到信息
```

图 23-4　打印“未收到信息”

```
未收到信息
收到信息
已经收到：服务器，你好
```

图 23-5　服务器端的控制台打印效果

说明阻塞被解除。

由以上情况可以看出，客户端和服务器端如果需要自动读取对方传来的信息，就不能将 receive 函数放在主线程内，因为在不知道对方会在什么时候发出信息的情况下 receive 函数的死等可能会造成程序的阻塞，所以最好的方法是将读取信息的代码写在线程内。

23.1.4　代码的编写

综上所述，建立以下服务器端代码：

Server.java

```
package chat2;
import java.awt.*;
import java.awt.event.*;
import java.io.*;
import java.net.*;
import javax.swing.*;
public class Server extends JFrame implements ActionListener, Runnable {
    private JTextArea taMsg = new JTextArea("以下是聊天记录\n");
    private JTextField tfMsg = new JTextField("请您输入信息");
    private JButton btSend = new JButton("发送");
    private DatagramSocket ds = null;
    //保存客户端的地址和端口
    private SocketAddress cAddress = null;
    public Server() {
        this.setTitle("服务器端");
        this.setDefaultCloseOperation(JFrame.EXIT_ON_CLOSE);
        this.add(taMsg,BorderLayout.CENTER);
        tfMsg.setBackground(Color.yellow);
        this.add(tfMsg,BorderLayout.NORTH);
```

```
        this.add(btSend,BorderLayout.SOUTH);
        btSend.addActionListener(this);
        this.setSize(200, 300);
        this.setVisible(true);
        try {
            ds = new DatagramSocket(9999);
            new Thread(this).start();
        } catch (Exception ex) {
            ex.printStackTrace();
        }
    }
    public void run() {
        try {
            while (true) {
                byte[] data = new byte[255];
                DatagramPacket dp = new DatagramPacket(data,data.length);ds.receive(dp);
                //保存客户端地址
                cAddress = dp.getSocketAddress();
                String msg = new String(dp.getData(),0,dp.getLength());
                taMsg.append(msg + "\n");            //添加内容
            }
        } catch (Exception ex) {
        }
    }
    public void actionPerformed(ActionEvent e) {
        try {
            String msg = "服务器说:" + tfMsg.getText();
            byte[] data = msg.getBytes();
            DatagramPacket dp = new DatagramPacket(data,data.length,cAddress);
            ds.send(dp);
        } catch (Exception ex) {}
    }
    public static void main(String[] args) throws Exception {
        Server server = new Server();
    }
}
```

运行这个程序就可以得到服务器端的效果。

接下来是客户端程序,代码如下:

Client.java

```
package chat2;
import java.awt.*;
import java.awt.event.*;
import java.io.*;
import java.net.*;
import javax.swing.*;
public class Client extends JFrame implements ActionListener,Runnable{
    private JTextArea taMsg = new JTextArea("以下是聊天记录\n");
    private JTextField tfMsg = new JTextField("请您输入信息");
    private JButton btSend = new JButton("发送");
    private DatagramSocket ds = null;
```

```
    public Client(){
        this.setTitle("客户端");
        this.setDefaultCloseOperation(JFrame.EXIT_ON_CLOSE);
        this.add(taMsg,BorderLayout.CENTER);
        tfMsg.setBackground(Color.yellow);
        this.add(tfMsg,BorderLayout.NORTH);
        this.add(btSend,BorderLayout.SOUTH);
        btSend.addActionListener(this);
        this.setSize(200, 300);
        this.setVisible(true);
        try{
            ds = new DatagramSocket();
            InetAddress add = InetAddress.getByName("127.0.0.1");
            ds.connect(add,9999);
            //特意给服务器发送一个包,告诉客户端其地址
            String msg = "客户端连接";
            byte[] data = msg.getBytes();
            DatagramPacket dp = new DatagramPacket(data,data.length);
            ds.send(dp);
            new Thread(this).start();
        }catch(Exception ex){}
    }
    public void run(){
        try{
            while(true){
                byte[] data = new byte[255];
                DatagramPacket dp = new DatagramPacket(data,data.length);
                ds.receive(dp);
                String msg = new String(dp.getData(),0,dp.getLength());
                taMsg.append(msg + "\n");              //添加内容
            }
        }catch(Exception ex){}
    }
    public void actionPerformed(ActionEvent e){
        try{
            String msg = "客户端说:" + tfMsg.getText();
            byte[] data = msg.getBytes();
            DatagramPacket dp = new DatagramPacket(data,data.length);
            ds.send(dp);
        } catch (Exception ex) {}
    }
    public static void main(String[] args) throws Exception{
        Client client = new Client();
    }
}
```

运行得到客户端界面,两者即可进行聊天。

注意

(1) 必须要先运行服务器端,再运行客户端。

(2) 很有意思的是,如果客户端关掉之后重新开启,也可以继续聊天。在 TCP 的双向聊天中这是办不到的,想想其中的原因?

阶段性作业

用 UDP 完成以下题目：

(1) 将本例中的按钮去掉，改为在文本框中回车，信息自动发出，文本框清空。

(2) 完成一个网络远程控制系统，如果服务器端给客户端发送的信息为“关闭”二字，客户端能够自动关闭。

(3) 完成一个简单的隐私窃取软件，如果客户端连到服务器，能够自动将其 C 盘下的所有文件名称传到服务器端显示。

23.2 利用 UDP 实现多客户聊天系统

23.2.1 案例介绍

图 23-6 服务器端界面

23.1 节中已经讲了客户端和服务器端的互相通信，但是在实际应用中应该是客户端和客户端聊天，而不是客户端和服务器端聊天。客户端和客户端聊天的本质是信息由服务器端转发，因此本节开发一个支持多个客户端的程序。服务器端界面如图 23-6 所示。

图 23-7 所示为客户端界面，当客户端出现时需要输入昵称。

单击“确定”按钮连接到服务器，如果连接成功服务器回送一个信息，如图 23-8 所示。

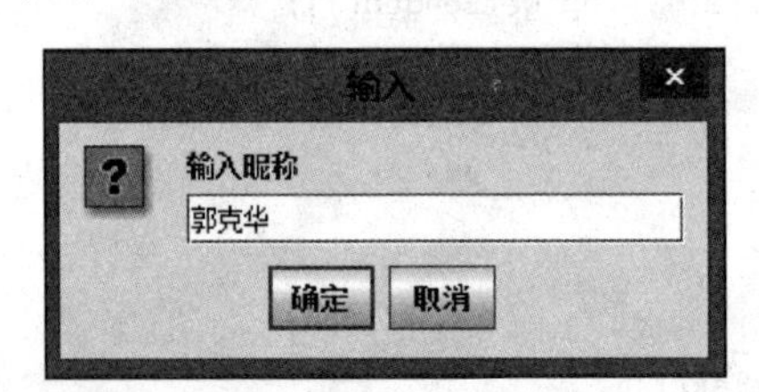

图 23-7 客户端界面

图 23-8 连接成功

单击“确定”按钮即可进行聊天。

为了体现多客户端效果，这里打开了 3 个客户端，如图 23-9～图 23-11 所示。

在界面下方可以输入消息，回车后消息发出，在消息发出之后文本框自动清空。在消息发送之后能够让各客户端都收到聊天信息，聊天信息打印在界面上的多行文本框内，在打印聊天信息的同时还能够打印这条聊天信息是谁说的。

23.2.2 编写服务器程序

在本例中需要让服务器端能够接受多个客户端的连接，但是，由于和以前的 TCP 编程有着较大的区别，大家需要注意以下几个问题：

(1) 由于服务器端不需要知道客户端的连接，服务器端就不需要有线程负责接受多个客户端连接。

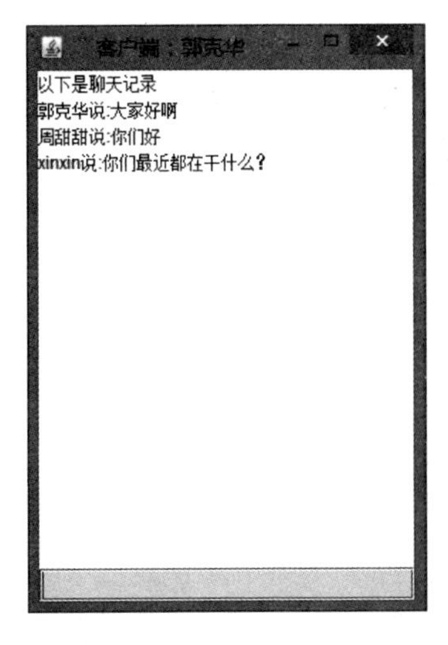

图 23-9 客户端 1

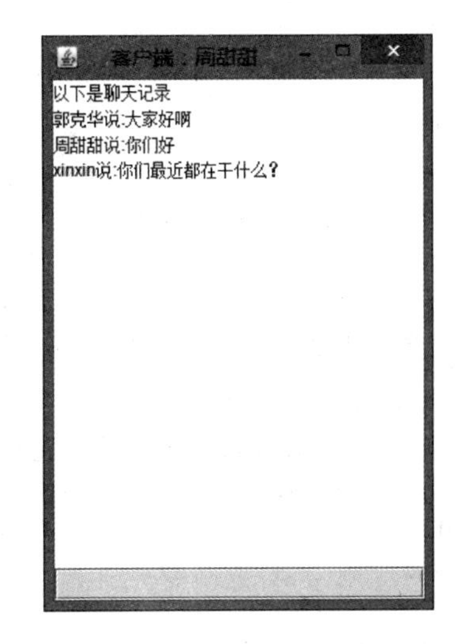

图 23-10 客户端 2

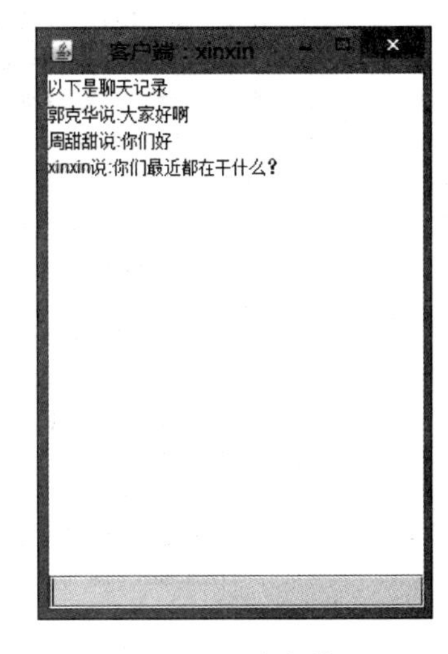

图 23-11 客户端 3

(2) 当客户端连接过来之后，服务器端要等待这些客户端传送信息过来，而事先并不知道客户端在什么时候会发信息过来，所以必须开一个线程来读取客户端发过来的信息，注意不需要为每个客户端开一个线程。

(3) 服务器收到某个客户端信息之后需要将其转发给各个客户端，这就需要在服务器端保存各客户端的地址。但是，地址只能通过 DatagramPacket 获得，因此服务器端必须有一个集合来保存所有客户端的地址。当每个客户端启动时，可以发给服务器端一个 DatagramPacket 告诉服务器它的地址。

因此，整个服务器端程序的基本结构如下：

```
public class Server extends JFrame implements Runnable {
    public Server() throws Exception {
        //监听端口
        //开启接受信息的线程
    }
    public void run(){
        while(true){
            //获取客户端的数据包
            //从这个数据包获取客户端的地址
            //如果在地址集合中不存在,则添加进地址集合
            //将数据包的信息发送给地址集合中的所有客户端
        }
    }
}
```

这比 TCP 下的编程简单很多。

了解了上面的基本结构，编写服务器端的代码如下：

Server.java

```
package chat3;
import java.awt.Color;
```

```
import java.net.DatagramPacket;
import java.net.DatagramSocket;
import java.net.SocketAddress;
import java.util.ArrayList;
import javax.swing.JFrame;
public class Server extends JFrame implements Runnable{
    private DatagramSocket ds = null;
    //保存客户端的地址
    private ArrayList<SocketAddress> clients = new ArrayList<SocketAddress>();
    public Server() throws Exception{
        this.setTitle("服务器端");
        this.setDefaultCloseOperation(JFrame.EXIT_ON_CLOSE);
        this.setBackground(Color.yellow);
        this.setSize(200,100);
        this.setVisible(true);
        try {
            ds = new DatagramSocket(9999);
            new Thread(this).start();
        } catch (Exception ex) {
            ex.printStackTrace();
        }
    }
    public void run(){
        try{
            while(true){
                byte[] data = new byte[255];
                DatagramPacket dp = new DatagramPacket(data,data.length);ds.receive(dp);
                //维护地址集合
                SocketAddress cAddress = dp.getSocketAddress();
                if(!clients.contains(cAddress)){
                    clients.add(cAddress);
                }
                //发送给所有客户端
                this.sendToAll(dp);
            }
        }
        catch(Exception ex){
            ex.printStackTrace();
        }
    }
    public void sendToAll(DatagramPacket dp) throws Exception{
        for(SocketAddress sa:clients){
            DatagramPacket datagram =
                new DatagramPacket(dp.getData(),dp.getLength(),sa);
            ds.send(datagram);
        }
    }
    public static void main(String[] args) throws Exception{
        Server server = new Server();
    }
}
```

23.2.3 编写客户端程序

客户端编程相对简单，只需要编写发送信息、连接服务器、接收服务器端传输的信息即可。代码如下：

Client.java

```
package chat3;
import java.awt.*;
import java.awt.event.*;
import java.net.*;
import javax.swing.*;
public class Client extends JFrame implements ActionListener, Runnable {
    private JTextArea taMsg = new JTextArea("以下是聊天记录\n");
    private JTextField tfMsg = new JTextField();
    private DatagramSocket ds = null;
    private String nickName = null;
    public Client() {
        this.setTitle("客户端");
        this.setDefaultCloseOperation(JFrame.EXIT_ON_CLOSE);
        this.add(taMsg,BorderLayout.CENTER);
        tfMsg.setBackground(Color.yellow);
        this.add(tfMsg,BorderLayout.SOUTH);
        tfMsg.addActionListener(this);
        this.setSize(280, 400);
        this.setVisible(true);
        nickName = JOptionPane.showInputDialog("输入昵称");
        try{
            ds = new DatagramSocket();
            InetAddress add = InetAddress.getByName("127.0.0.1");
            ds.connect(add,9999);
            //特意给服务器发送一个包,告诉客户端其地址
            String msg = nickName + "登录!";
            byte[] data = msg.getBytes();
            DatagramPacket dp = new DatagramPacket(data,data.length);
            ds.send(dp);
            new Thread(this).start();
        }catch(Exception ex){}
    }
    public void run() {
        try {
            while (true) {
                byte[] data = new byte[255];
                DatagramPacket dp = new DatagramPacket(data,data.length);ds.receive(dp);
                String msg = new String(dp.getData(),0,dp.getLength());
                taMsg.append(msg + "\n");            //添加内容
            }
        } catch (Exception ex) {
        }
    }
    public void actionPerformed(ActionEvent e) {
        try {
            String msg = nickName + "说:" + tfMsg.getText();
```

```
            byte[] data = msg.getBytes();
            DatagramPacket dp = new DatagramPacket(data,data.length);
            ds.send(dp);
        } catch (Exception ex) {
        }
    }
    public static void main(String[] args) throws Exception {
        Client client = new Client();
    }
}
```

运行服务器端和客户端就可以得到本案例需求中的效果。

阶段性作业

用 UDP 完成以下题目：

(1) 在客户端增加一个下拉列表框，显示每个在线客户的昵称，如果某个客户下线，可以通知其他客户进行刷新，如何实现？

(2) 客户可以在下拉列表框中选择自己要发送信息的人进行私聊，如何实现？

本章知识体系

知　识　点	重要等级	难度等级
UDP 和 TCP 的区别	★★★★	★★
DatagramSocket	★★★	★★★
InetAddress	★★★	★★
DatagramPacket	★★★★	★★★★
SocketAddress	★★	★★
基于线程的双向通信	★★★	★★★★
多客户端	★★★	★★★★★

第24章

URL编程和Applet开发

本章将针对网络编程中另外两个比较常见的内容——URL 编程和 Applet 开发进行讲解。

和前面的内容相比,这部分使用较少,一般了解即可。

本章术语

URL ______

URLConnection ______

主机 ______

协议 ______

Applet ______

JApplet ______

init 函数 ______

start 函数 ______

stop 函数 ______

destroy 函数 ______

24.1 认识 URL 编程

24.1.1 什么是 URL

URL 是 Uniform Resource Location 的缩写,译为"统一资源定位符",就是我们通常所说的网址,URL 是唯一能够识别 Internet 上具体计算机、目录或文件位置的命名约定。例如访问某个网页:

```
http://www.chinasei.com/article
```

"http://www.chinasei.com/article"就是一个 URL 地址。在 Java 语言中用 java.net.URL 类封装一个 URL 的信息。

以上面的例子为例,URL 的格式由以下 3 个部分组成。

第一部分是协议,如 http。

第二部分是主机,如 www.chinasei.com。

第三部分是主机资源的具体地址,如目录和文件名等,例如"article"。

第一部分和第二部分之间用“://”符号隔开，第二部分和第三部分用“/”符号隔开。其中，第一部分和第二部分是不可缺少的，第三部分有时可以省略。

24.1.2 认识 URL 类

打开 java.net.URL 的文档，这个类有很多构造函数，最常见的构造函数如下：

```
public URL(String spec) throws MalformedURLException
```

其传入一个 URL 字符串，实例化 URL 对象。

URL 类还有以下重要函数。

(1) public String getFile()：取得资源的文件名。

(2) public String getHost()：取得主机名。

(3) public int getPort()：取得端口号。

(4) public String getProtocol()：取得传输协议名称。

下面用一个例子来使用 URL 类：

URLTest1.java

```
package url;
import java.net.URL;
public class URLTest1{
    public static void main(String[] args) throws Exception{
        String str = " http://www.chinasei.com/article";
        URL url = new URL(str);
        System.out.println("协议为: " + url.getProtocol());
        System.out.println("主机为: " + url.getHost());
        System.out.println("文件为: " + url.getFile());
        System.out.println("路径为: " + url.getPath());
    }
}
```

运行，控制台打印效果如图 24-1 所示。

```
协议为: http
主机为: www.chinasei.com
文件为: /article
路径为: /article
```

图 24-1 URLTest1.java 的效果

注意

关于 URL 的详细知识在 Web 开发中会有更加详细的讲解。

24.1.3 如何获取网页的内容

用户可以使用 java.net.URLConnection 获取网页内容。URLConnection 对象一般通过 URL 类的以下函数获得：

```
public URLConnection openConnection() throws IOException
```

在创建 URLConnection 对象后，用户可以使用 URLConnection 的以下方法。

(1) public int getContentLength()：获得文件的长度。

(2) public String getContentType()：获得文件的类型。

(3) public long getDate()：获得文件创建的时间。

(4) public InputStream getInputStream():获得输入流,以便读取文件的数据。

这里用一个例子将“http://java.sun.com”网页的源代码显示在一个多行文本框中:

URLConnectionTest1.java

```
package urlconnection;
import java.io.*;
import java.net.*;
import javax.swing.*;
public class URLConnectionTest1 extends JFrame {
    private URL url = null;
    private URLConnection uc = null;
    private JTextArea taInfo = new JTextArea();
    private JScrollPane sp = new JScrollPane(taInfo);
    public URLConnectionTest1(String address) throws Exception{
        this.setTitle(address);
        this.setDefaultCloseOperation(JFrame.EXIT_ON_CLOSE);
        this.add(sp);
        this.setSize(200,200);
        this.setVisible(true);
        try {
            url = new URL(address);
            uc = url.openConnection();
            InputStream is = uc.getInputStream();
            BufferedReader br = new BufferedReader(new InputStreamReader(is));
            String str;
            while((str = br.readLine())!= null){
                taInfo.append(str + "\n");
            }
        } catch (Exception ex) {
            ex.printStackTrace();
        }
    }
    public static void main(String[] args) throws Exception{
        String address = "http://java.sun.com";
        URLConnectionTest1 uctest = new URLConnectionTest1(address);
    }
}
```

运行,效果如图 24-2 所示。

阶段性作业

(1) 在界面上输入一个网址,单击按钮,将该网址所对应网页的源代码显示在界面的多行文本框中。

(2) javax.swing.JEditorPane 类能够在一个面板中显示网页的效果,查询文档,学会这个类的使用。

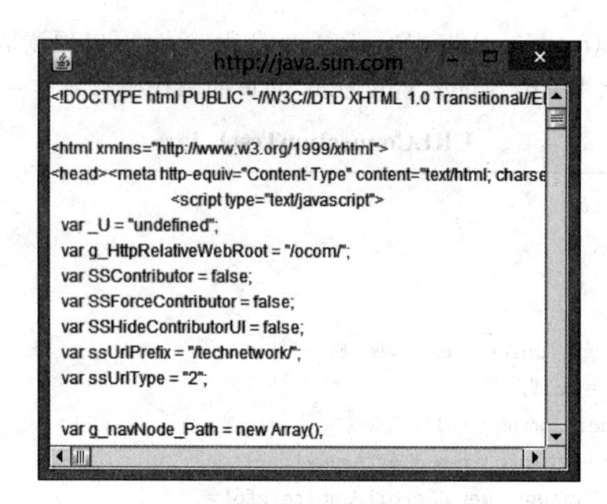

图 24-2 URLConnectionTest1. java 的效果

24. 2 认识 Applet

24. 2. 1 什么是 Applet

在前面用 Java 语言开发了各种各样的界面、动画、游戏，这说明使用 Java 语言可以开发出丰富多彩的程序。

但是，以前那些程序是使用命令行命令，从 main()方法开始运行的，一般称之为 Application 或桌面应用程序；而 Applet 能够让用户将丰富的 Java 界面展现在网页中。

注意

Applet 的作用不仅仅是将 Java 界面显示在网页中，实际上也是降低服务器负担的需要，后面大家学习了网站开发自然会有所体会。

24. 2. 2 如何开发 Applet

一个普通的类不可能成为 Applet，要想成为 Applet，还需要进行以下步骤。

(1) 让这个类继承 javax. swing. JApplet。

```
import javax.swing.JApplet;
public class MyApplet1 extends JApplet{

}
```

注意

① 早期也可以继承 java. awt. Applet，只是因为我们主要讲解 Swing，所以继承 JApplet，其功能也更加强大。

② 查看文档可知 JApplet 是 Applet 的子类，Applet 又是 java. awt. Panel 的子类，说明 JApplet 具有类似面板的功能。例如，用户可以重写其 paint 函数进行绘图。

(2) 重写其 init 函数,在该函数内添加控件。

整个代码如下:

MyApplet1. java

```
package applet;
import java.awt.FlowLayout;
import javax.swing.JApplet;
import javax.swing.JButton;
public class MyApplet1 extends JApplet{
    private JButton jbt = new JButton("按钮");
    public void init() {
        this.getContentPane().setBackground(Color.pink);
        this.setLayout(new FlowLayout());
        this.add(jbt);
    }
}
```

至此已经建好一个 Applet 程序了。

24.2.3　如何使用 Applet

编写 Applet 的目的是将其放在网页中,因此现在需要编写一个网页。该网页文件名为 testMyApplet1. html,放在能够访问 MyApplet1. class 的目录下,如图 24-3 所示。

图 24-3　编写网页

其中,applet 目录内存放的是 MyApplet1. class。

该网页的源代码如下:

testMyApplet1. html

```
<html>
<applet
  code = "applet.MyApplet1"
  width = "300"
  height = "300">
</applet>
</html>
```

用浏览器打开这个网页,显示效果如图 24-4 所示。

注意

(1) <applet code="applet. MyApplet1" width="300" height="300">表示在网页所在目录中装载一个名为 applet. MyApplet1 的 Java 类,在浏览器中宽度为 300、高度为 300。

(2) "this. getContentPane(). setBackground(Color. pink);"表示设置背景颜色,注意不能写成"this. setBackground(Color. pink);"。

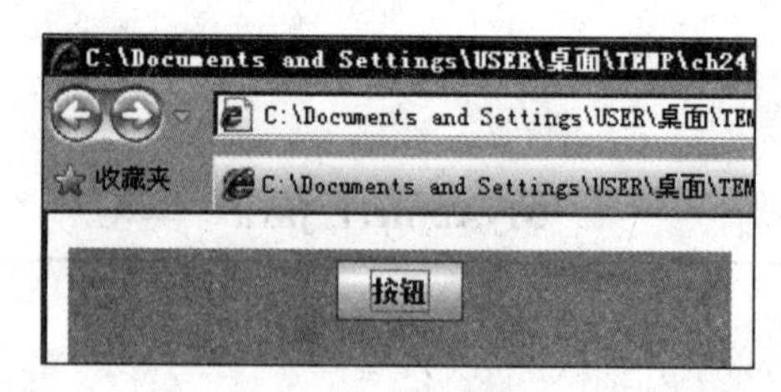

图 24-4　网页效果

从前面的例子可以看出，Applet 程序是一个 GUI 程序，其执行不是从 main()开始的。

24.3　深入理解 Applet

24.3.1　Applet 是如何运行的

Applet 由浏览器解释运行，在其运行过程中有以下生命周期方法：

1. init()方法

Applet 对象实例化后系统会自动调用该对象的 init()方法，因此可以在该方法中对其进行初始化。该方法在 Applet 对象的生命周期中只会被调用一次。

注意

虽然可以用构造函数来替代 init()方法，但是习惯上仍然将初始化工作写在 init 方法中。

2. start()方法

Applet 在调用了 init 方法后会接着调用 start 方法。如果浏览器离开创建此 Applet 对象的页面又回到该页面，start 方法又会调用。

注意

对于某些功能，例如播放音乐，只有网页被显示时才要保持运行，而浏览器离开此网页时应停止运行。为了节省浏览器的资源开销，音乐播放工作适合写在 start 方法中。该方法通常和 stop 方法配合使用。

3. stop()方法

如果浏览器离开创建此 Applet 对象的页面，stop 方法会被调用。

4. destroy()方法

当产生该 Applet 对象的浏览器关闭时，Applet 对象会被销毁，在此之前 destroy 方法会被调用。

注意

一般情况下，该方法用于释放 init 方法中初始化的资源。

5. paint(Graphics g)方法

由于 JApplet 继承了 java.awt.Panel，因此可以在上面画图，画图的功能写在该方法中。

24.3.2　Applet 功能的限制

Applet 运行在网页中，一般作为一个网站的一部分被客户使用，在默认情况下 Applet 执行时受以下限制：

（1）不能进行文件 IO 操作。

（2）不能与 Applet 所在的主机之外的其他计算机进行网络连接。

（3）不能调用本机代码。

（4）不能调用其他的应用程序执行。

24.3.3 如何向 Applet 内传参数

有时候需要通过网页向 Applet 内输送一些参数，从而让 Applet 更加灵活，比如前面的例子，如图 24-5 所示。

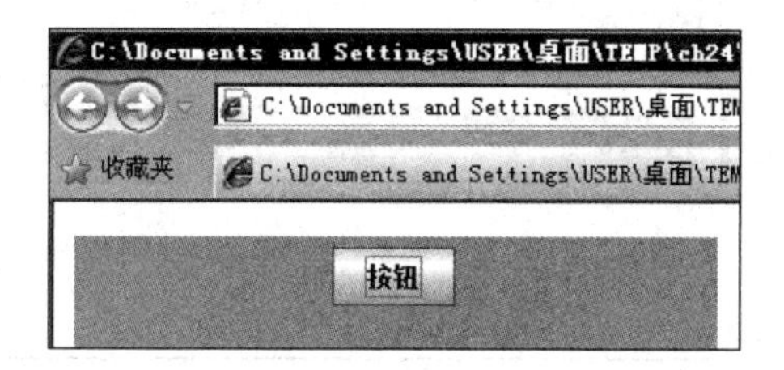

图 24-5 向 Applet 内输送参数示例

按钮的标题是直接写在 Applet 的源代码内的，那么能否在网页中进行配置呢？当然可以，只需要以下步骤：

（1）在网页中增加< param >标签。

testMyApplet2. html

```
<html>
<applet
  code = "applet.MyApplet2"
  width = "300"
  height = "300">
  <param name = "label" value = "这是按钮">
</applet>
</html>
```

此处，在网页内增加了一个名为 label、值为“这是按钮”的参数。

（2）在 Applet 中获取这些参数。

MyApplet2. html

```
package applet;
import java.awt.Color;
import java.awt.FlowLayout;
import javax.swing.JApplet;
import javax.swing.JButton;
public class MyApplet2 extends JApplet{
    private JButton jbt = null;
    public void init() {
        String label = this.getParameter("label");
        jbt = new JButton(label);
        this.getContentPane().setBackground(Color.pink);
```

```
        this.setLayout(new FlowLayout());
        this.add(jbt);
    }
}
```

此处,“this.getParameter("label");”表示获取 label 参数的值。

打开 testMyApplet2.html,效果如图 24-6 所示。

图 24-6 打开 testMyApplet2.html 的效果

阶段性作业

(1) 用鼠标在 Applet 上单击,能在相应位置画一个红色的圆。

(2) 在 Applet 上实现动画——一个小球掉下来。

(3) 在 Applet 上画一幅图片,使用鼠标能够将图片拖动到另一个位置。注意,在读取文件时可能会遇到一些权限问题,请根据提示在网上寻找相应方法解决。

本章知识体系

知 识 点	重要等级	难度等级
URL 类	★★	★★
URLConnection 类	★★	★★
Applet 编程	★★	★★
Applet 生命周期	★★★	★★
Applet 传参数	★★	★★

第 25 章 实践指导 6

前面学习了 TCP 网络编程、UDP 网络编程、URL 编程和 Applet 开发，本章将利用一个网络对战的打字游戏对网络编程内容进行复习。

本 章 术 语

IP 地址 ____________________

端口 ____________________

TCP ____________________

ServerSocket ____________________

Socket ____________________

UDP ____________________

DatagramSocket ____________________

DatagramPacket ____________________

URL ____________________

Applet ____________________

25.1 网络打字游戏功能简介

在本章中将制作一个网络对战的打字游戏，首先运行服务器，界面如图 25-1 所示。

图 25-1 服务器界面

在服务器运行之后，客户可以加入到打字游戏中。

运行客户端，显示如图 25-2 所示的界面。

用户能够输入昵称，单击"确定"按钮则连接到服务器。本章服务器运行在本机，端口为 9999。

连接成功，显示如图 25-3 所示的消息。

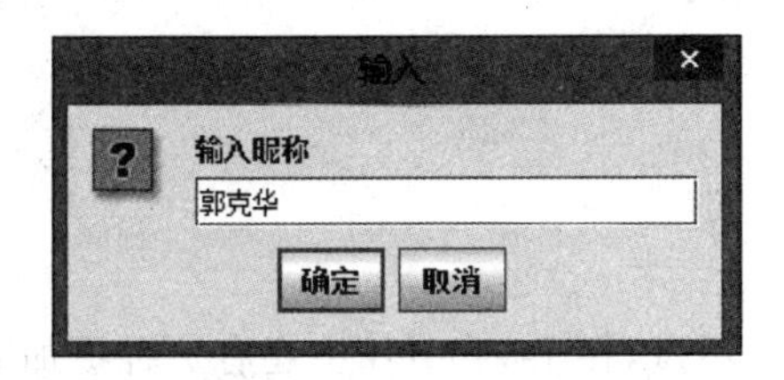

图 25-2 输入界面

图 25-3 连接成功

单击“确定”按钮，即可出现打字游戏界面。

实际上，多人可以加入打字对战，界面如图 25-4 和图 25-5 所示。

图 25-4　打字对战人员 1

图 25-5　打字对战人员 2

规则如下：

(1) 初始生命值为 10 分，字母随机落下。

(2) 用户按下按键，如果输入的字符正确，则加 1 分，如果错误，则减 1 分。

图 25-6　游戏失败

(3) 如果用户加 1 分，则将其他所有用户的分数减 1 分。

(4) 字母掉到用户界面底部，用户减 1 分，重新出现新字母。

(5) 如果生命值变为 0 分，则退出游戏，如图 25-6 所示。

注意

此案例是很多网络对战游戏的基础，例如网络打牌、网络赛车、网络五子棋等。

25.2 关键技术

25.2.1 如何组织界面

在这个项目中服务器端界面比较简单，客户端也只有一个界面，但是最好将游戏的工作写在一个面板内，然后将面板加到一个 JFrame 中。

设计出来的类如下。

(1) client.GamePanel：客户端游戏所在的面板。

(2) client.GameFrame：客户端游戏面板所在的界面。

(3) server.Server：服务器界面。

25.2.2 客户端如何掉下字母

用户可以通过画图技术在界面上画出字母。不过，在 Java GUI 中还有一种更加简单的方法，那就是将面板设置为空布局之后将字母放在一个 JLabel 中。

字母的掉下实际上相当于调整 JLabel 的位置。

代码如下：

```
...
public class GamePanel extends JPanel ... {
    ...
    //掉下来的字母 Label
    private JLabel lbMoveChar = new JLabel();
    public GamePanel(){
        this.setLayout(null);
        ...
        this.add(lbMoveChar);
        lbMoveChar.setFont(new Font("黑体",Font.BOLD,20));
        lbMoveChar.setForeground(Color.yellow);
        this.init();
        ...
    }
    public void init(){                                    //字母的属性设置
        ...
        //出现随机字母
        String str = String.valueOf((char)('A' + rnd.nextInt(26)));
        lbMoveChar.setText(str);
        lbMoveChar.setBounds(rnd.nextInt(this.getWidth()), 0, 20,20);
    }
    ...
    // Timer 事件对应的行为：实现掉下一个字母
    public void actionPerformed(ActionEvent e){
        ...
        lbMoveChar.setLocation(lbMoveChar.getX(),lbMoveChar.getY() + 10);
    }
}
```

25.2.3 客户端如何实现加减分数

由于本项目属于网络通信应用，因此分数的加减可以通过服务器转发，方法如下：

(1) 客户端输入正确，为自己加 2 分，然后将一个字符串"－1"发给服务器。

(2) 服务器将"－1"发给所有在线客户端。

(3) 所有客户端(包括自己)获取"－1"之后将相应的生命值减去 1 分。

代码如下：

```
...
public class GamePanel extends JPanel ... {
    //生命值
    private int life = 10;
    //按键按下的字母
    private char keyChar;
    //掉下来的字母 Label
    private JLabel lbMoveChar = new JLabel();
    //当前生命值状态显示 Label
    private JLabel lbLife = new JLabel();
```

```
    private Socket s = null;
    private Timer timer = new Timer(100,this);
    private Random rnd = new Random();
    private BufferedReader br = null;
    private PrintStream ps = null;
    private boolean canRun = true;
    …
    //线程读取网络信息
    public void run() {
        try {
            while (canRun) {
                String str = br.readLine();          //读
                int score = Integer.parseInt(str);
                life += score;
                checkFail();
            }
        } catch (Exception ex) {
            ex.printStackTrace();
            javax.swing.JOptionPane.showMessageDialog(this,"游戏异常退出!");
            System.exit(0);
        }
    }
    …
    //键盘事件
    public void keyPressed(KeyEvent e){
        keyChar = e.getKeyChar();
        String keyStr = String.valueOf(keyChar).toUpperCase();
        try{
            if(keyStr.equals(lbMoveChar.getText())){
                //注意,这里加 2 分,然后发送"-1"给所有客户端
                //本客户端又会收到,结果为加 1 分
                life += 2;
                ps.println("-1");
            }else{
                life--;
            }
            checkFail();
        }catch(Exception ex){
            canRun = false;
            javax.swing.JOptionPane.showMessageDialog(this,"游戏异常退出!");
            System.exit(0);
        }
    }
…
}
```

25.2.4 客户端如何判断输了

判断是否输了很简单,只需要判断生命值是否小于等于 0 即可:

```
…
public class GamePanel extends JPanel… {
  …
  public void checkFail(){
```

```
            init();
            if(life<=0){
                  timer.stop();
                  javax.swing.JOptionPane.showMessageDialog(this,
                        "生命值耗尽,游戏失败!");
                  System.exit(0);
            }
      }
      ...
}
```

最终设计出来的项目结构如图 25-7 所示。

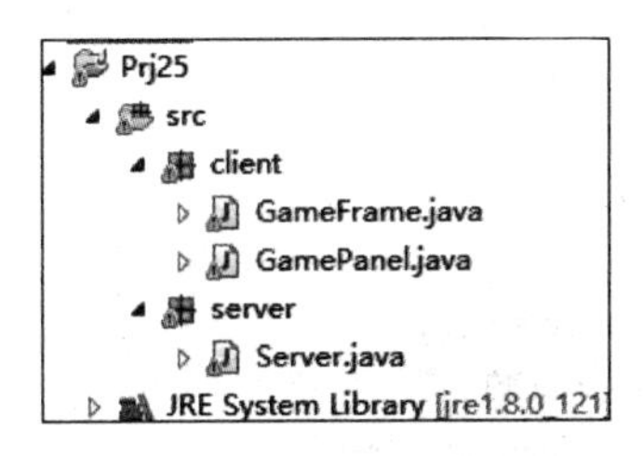

图 25-7　项目结构

25.3　代码的编写

25.3.1　服务器端

服务器类和前面讲解的比较类似:

Server.java

```
package server;
import java.awt.Color;
import java.io.*;
import java.net.*;
import java.util.ArrayList;
import javax.swing.JFrame;
public class Server extends JFrame implements Runnable{
      private Socket s = null;
      private ServerSocket ss = null;
      //保存客户端的线程
      private ArrayList<ChatThread> clients = new ArrayList<ChatThread>();
      public Server() throws Exception{
            this.setTitle("服务器端");
            this.setDefaultCloseOperation(JFrame.EXIT_ON_CLOSE);
            this.setBackground(Color.yellow);
            this.setSize(200,100);
            this.setVisible(true);
            ss = new ServerSocket(9999);                //服务器端开辟端口,接收连接
            new Thread(this).start();                   //接收客户连接的死循环开始运行
      }
```

```
public void run(){
    try{
        while(true){
            s = ss.accept();
            ChatThread ct = new ChatThread(s);
            clients.add(ct);
            ct.start();
        }
    }catch(Exception ex){
        ex.printStackTrace();
        javax.swing.JOptionPane.showMessageDialog(this,"游戏异常退出!");
        System.exit(0);
    }
}
class ChatThread extends Thread{                    //为某个 Socket 负责接受信息
    private Socket s = null;
    private BufferedReader br = null;
    private PrintStream ps = null;
    private boolean canRun = true;
    public ChatThread(Socket s) throws Exception{
        this.s = s;
        br = new BufferedReader(new InputStreamReader(s.getInputStream()));
        ps = new PrintStream(s.getOutputStream());
    }
    public void run(){
        try{
            while(canRun){
                String str = br.readLine();       //读取该 Socket 传来的信息
                sendMessage(str);                 //将 str 转发给所有客户端
            }
        }catch(Exception ex){
            //此处可以解决客户异常下线的问题
            canRun = false;
            clients.remove(this);
        }
    }
}
//将信息发给所有其他客户端
public void sendMessage(String msg){
    for(ChatThread ct:clients){
        ct.ps.println(msg);
    }
}
public static void main(String[] args) throws Exception{
    Server server = new Server();
}
}
```

25.3.2　客户端

首先是游戏面板类：

GamePanel.java

```
package client;
import java.awt.*;
import java.awt.event.*;
import java.io.*;
import java.net.Socket;
import java.util.Random;
import javax.swing.*;
public class GamePanel extends JPanel
        implements ActionListener,KeyListener,Runnable {
    //生命值
    private int life = 10;
    //按键按下的字母
    private char keyChar;
    //掉下来的字母 Label
    private JLabel lbMoveChar = new JLabel();
    //当前生命值状态显示 Label
    private JLabel lbLife = new JLabel();
    private Socket s = null;
    private Timer timer = new Timer(100,this);
    private Random rnd = new Random();
    private BufferedReader br = null;
    private PrintStream ps = null;
    private boolean canRun = true;
    public GamePanel(){                                     //构造器
        this.setLayout(null);
        this.setBackground(Color.DARK_GRAY);
        this.setSize(240,320);

        this.add(lbLife);
        lbLife.setFont(new Font("黑体",Font.BOLD,20));
        lbLife.setBackground(Color.yellow);
        lbLife.setForeground(Color.PINK);
        lbLife.setBounds(0,0,this.getWidth(),20);

        this.add(lbMoveChar);
        lbMoveChar.setFont(new Font("黑体",Font.BOLD,20));
        lbMoveChar.setForeground(Color.yellow);
        this.init();
        this.addKeyListener(this);
        try {
            s = new Socket("127.0.0.1", 9999);
            JOptionPane.showMessageDialog(this,"连接成功");
            InputStream is = s.getInputStream();
            br = new BufferedReader(new InputStreamReader(is));
            OutputStream os = s.getOutputStream();
            ps = new PrintStream(os);
            new Thread(this).start();
        } catch (Exception ex) {
```

```
            javax.swing.JOptionPane.showMessageDialog(this,"游戏异常退出!");
            System.exit(0);
        }
        timer.start();
    }
    public void init(){                                      //字母的属性设置
        lbLife.setText("当前生命值:" + life);
        //出现随机字母
        String str = String.valueOf((char)('A' + rnd.nextInt(26)));
        lbMoveChar.setText(str);
        lbMoveChar.setBounds(rnd.nextInt(this.getWidth()), 0, 20,20);
    }
    public void run() {
        try {
            while (canRun) {
                String str = br.readLine();              // 读
                int score = Integer.parseInt(str);
                life += score;
                checkFail();
            }
        } catch (Exception ex) {
            canRun = false;
            javax.swing.JOptionPane.showMessageDialog(this,"游戏异常退出!");
            System.exit(0);
        }
    }
    // Timer事件对应的行为:实现掉下一个字母
    public void actionPerformed(ActionEvent e){
        if(lbMoveChar.getY()>= this.getHeight()){
            life--;
            checkFail();
        }
        lbMoveChar.setLocation(lbMoveChar.getX(),lbMoveChar.getY() + 10);
}
    public void checkFail(){
        init();
        if(life <= 0){
            timer.stop();
            javax.swing.JOptionPane.showMessageDialog(this,
                        "生命值耗尽,游戏失败!");
            System.exit(0);
        }
    }
    //键盘操作事件对应的行为
    public void keyPressed(KeyEvent e){
        keyChar = e.getKeyChar();
        String keyStr = String.valueOf(keyChar).toUpperCase();
        try{
            if(keyStr.equals(lbMoveChar.getText())){
                //注意,这里加2分,然后发送"-1"给所有客户端
                //本客户端又会收到,结果为加1分
                life += 2;
                ps.println("-1");
            }else{
```

```
                life--;
            }
            checkFail();
        }catch(Exception ex){
            ex.printStackTrace();
            javax.swing.JOptionPane.showMessageDialog(this,"游戏异常退出!");
            System.exit(0);
        }
    }
    public void keyTyped(KeyEvent e){}
    public void keyReleased(KeyEvent e){}
}
```

接下来是面板所在的界面类：

GameFrame.java

```
package client;
import javax.swing.JFrame;
import javax.swing.JOptionPane;
public class GameFrame extends JFrame{
    private GamePanel gp;
    public GameFrame(){                                    //构造器
        this.setDefaultCloseOperation(JFrame.EXIT_ON_CLOSE);
        String nickName = JOptionPane.showInputDialog("输入昵称");
        this.setTitle(nickName);
        gp = new GamePanel();
        this.add(gp);
        //获取焦点
        gp.setFocusable(true);
        this.setSize(gp.getWidth(), gp.getHeight());
        this.setResizable(false);
        this.setVisible(true);
    }
    //主函数入口
    public static void main(String[] args){
        new GameFrame();
    }
}
```

运行该服务器，再运行客户端类，则可以进行网络游戏对战。

第 26 章

Java 加密和解密

对于保存在计算机上的某些数据，我们希望其信息不被人所知；对于在网络上传输的重要数据，我们希望即使被敌方窃听之后也不会泄密。此时，将信息进行加密就成了保障数据安全的首要方法。本章以 Java 语言为例实现一些常见的加密和解密算法。

本 章 术 语

加密 ____________________

解密 ____________________

密钥 ____________________

对称加密 ____________________

非对称加密 ____________________

单向加密 ____________________

Cipher ____________________

MessageDigest ____________________

26.1 认 识 加 密

26.1.1 为什么需要加密

在现代社会，信息的传递非常普遍，在传递信息时有很多内容是必须保密的，例如密码、军事指令等。那么怎样让信息在传输时不被他人知道呢？加密就可以完成这个功能。

加密是以某种特殊的算法将原有的信息数据进行改变，在这种情况下未授权的用户即使获得了已加密的信息，但是因为无法知道解密的方法，仍然无法了解信息的内容。

在讲加密之前，大家必须了解以下重要概念。

(1) 明文(plaintext)：需要被保护的消息。

(2) 密文(ciphertext)：将明文利用一定算法进行改变后的消息。

(3) 加密(encryption)：将明文利用一定算法转换成密文的过程。

(4) 解密(decryption)：由密文恢复出明文的过程。

(5) 被动攻击(passive attack)：获取密文，经过分析得到明文，这是一类攻击的总称。

(6) 主动攻击(active attack)：非法入侵者采用篡改、伪造等手段向系统注入假消息等，这也是一类攻击的总称。

26.1.2 认识加密算法和密钥

在密码系统(加密系统和解密系统,为了方便讲解,后面也将密码系统称为加密系统)中有两大主要要素:

(1) 密码算法(加密算法和解密算法)。

(2) 密钥。

这里特别需要强调的一个概念是密钥(key)。由于加密算法和解密算法的操作通常是在一组输入数据的控制下进行的,这组输入数据称为密钥,在加密时使用的密钥为加密密钥,在解密时使用的密钥为解密密钥。

这里以最简单的"恺撒加密法"为例:《高卢战记》描述,恺撒大帝曾经使用密码来传递信息,即所谓的"恺撒密码"。它是一种替代密码,通过将字母按顺序推后 3 位起到加密作用。例如将字母 A 换作字母 D,将字母 B 换作字母 E,X、Y、Z 字母分别又变为 A、B、C 字母。如"China"可以变为"Fklqd"。解密过程相反。

在这个简单的加密方法中,"向右移位"可以理解为加密算法;"3"可以理解为加密密钥。对于解密过程,"向左移位"可以理解为解密算法;"3"可以理解为解密密钥。显然,密钥是一种参数,它是在将明文转换为密文或将密文转换为明文的算法中输入的数据。

恺撒加密法的安全性来源于以下两个方面:

(1) 对密码算法本身的保密。

(2) 对密钥的保密。

只对密码算法进行保密,以保护信息,在学界和业界已有讨论,但一般认为是不够安全的。目前在业界中广泛认为加密之所以安全是因为其密钥的保密,并非加密算法本身的保密。因此密码算法一般公开,而将密钥进行保密。如果攻击者要通过密文得到明文,除非对每一个可能的密钥进行穷举性测试。从后面的篇幅可以看出,一些流行的加密和解密算法一般是完全公开的。敌方如果取得已加密的数据,即使得知密码算法,若没有密钥,也不能进行解密。

加密技术从本质上说是对信息进行编码和解码的技术。加密是将可读信息(明文)变为代码形式(密文);解密是加密的逆过程,相当于将密文变为明文。

加密算法有很多种,这些算法一般可以分为下面 3 类:

(1) 对称加密。

(2) 非对称加密。

(3) 单向加密。

本章将对这些问题进行讲解。

注意

(1) 大多数语言体系(例如.net、Java)都具有相关的 API 支持各种加密算法。本章以 Java 语言为例来阐述加密和解密过程,对于这些算法在其他语言中的实现,读者可以参考相关资料。

(2) 本书中对加密算法的实现实际上利用了高级语言中包装的 API。也就是说并不对算法本身进行讲述,只对算法的实现进行介绍。如果要进行底层加密算法的实现,读者可以参考相关文献。

(3) 实际上，在真实应用的场合可以使用系统提供的加密和解密函数进行加密和解密，因为这些函数的发布经过了严密的测试，从理论上讲是安全的。

26.2 实现对称加密

26.2.1 什么是对称加密

对称加密算法的应用较早，技术较成熟，其过程如下：

(1) 发送方将明文用加密密钥和加密算法进行加密处理，变成密文，发送给接收方。

(2) 接收方收到密文后使用发送方的加密密钥及相同算法的逆算法对密文解密，恢复为明文。

其算法有以下特点：

(1) 加密时使用什么密钥，在解密时必须使用相同的密钥，否则将无法对密文进行解密。

(2) 对于同样的信息，从理论上讲，不同的密钥加密结果不相同；同样的密文用不同的密钥解密，结果也应该不同。

在对称加密算法中双方使用的密钥相同，要求解密方事先必须知道对方使用的加密密钥。其优点是计算量较小、加密速度较快、效率较高，不足之处是通信双方使用同样的密钥，密钥在传送过程中可能被敌方获取，安全性得不到保证。当然，为了安全起见，用户每次使用该算法时可以更换密钥，这样对于双方来说密钥的管理较为困难。

在对称加密算法中，目前流行的算法有 DES、3DES、IDEA、AES 等。

DES 是数据加密标准(Data Encryption Standard)的简称，来源于 IBM 的研究工作，目前在金融数据安全保护等领域发挥了巨大的作用。

3DES 即三重 DES，它是 DES 的加强版。

AES 在密码学中是高级加密标准(Advanced Encryption Standard)的缩写，该标准已被多方分析且广泛使用，在对称加密系统中成为最流行的算法之一。

26.2.2 用 Java 实现对称加密

用 Java 实现对称加密的步骤如下：

(1) 定义一个加密解密器，并指定算法名称。

```
import javax.crypto.Cipher;
…
Cipher cipher = Cipher.getInstance("DES");
```

注意

指定的算法名称必须是系统支持的，常见的算法名称如下。

① DES 算法：DES。

② 3DES 算法：DESede。

③ AES 算法：AES。

(2) 指定算法名称,生成密钥。

```
import javax.crypto.KeyGenerator;
import javax.crypto.SecretKey;
…
//KeyGenerator 提供对称密钥生成器的功能
KeyGenerator keygen = KeyGenerator.getInstance("DES");
//SecretKey 负责保存对称密钥
SecretKey deskey = keygen.generateKey();
```

(3) 将密钥传入 Cipher 对象。

```
//根据密钥对 Cipher 对象进行初始化
//ENCRYPT_MODE 表示加密模式
cipher.init(Cipher.ENCRYPT_MODE, deskey);
```

注意

如果是解密,只需要将 Cipher.ENCRYPT_MODE 改为 Cipher.DECRYPT_MODE 即可。

(4) 用 Cipher 对象对字节数组进行加密。

此处使用的是 Cipher 对象的 doFinal 方法,传入一个字节数组,返回加密后得到的字节数组。

注意

如果是解密,将 Cipher.ENCRYPT_MODE 改为 Cipher.DECRYPT_MODE 后传入的是密文数组,返回的是明文数组。

在本例中输入一个字符串,用 DES 算法进行加密,将其密文打印出来,然后将其解密,打印解密后的结果。

DESTest.java

```
package encrypt;
import javax.crypto.Cipher;
import javax.crypto.KeyGenerator;
import javax.crypto.SecretKey;
import javax.swing.JOptionPane;
public class DESTest {
    public static void main(String[] args) throws Exception {
        //Cipher 负责完成加密或解密工作
        Cipher cipher = Cipher.getInstance("DES");
        //KeyGenerator 提供对称密钥生成器的功能,支持各种算法
        KeyGenerator keygen = KeyGenerator.getInstance("DES");
        //SecretKey 负责保存对称密钥
        SecretKey deskey = keygen.generateKey();

        String msg = JOptionPane.showInputDialog("请您输入明文");
        //根据密钥对 Cipher 对象进行初始化,ENCRYPT_MODE 表示加密模式
        cipher.init(Cipher.ENCRYPT_MODE, deskey);
        byte[] src = msg.getBytes();
        //加密,将结果保存到 enc
        byte[] enc = cipher.doFinal(src);
```

```
        JOptionPane.showMessageDialog(null,"密文是: " + new String(enc));

        //根据密钥对 Cipher 对象进行初始化,ENCRYPT_MODE 表示加密模式
        cipher.init(Cipher.DECRYPT_MODE, deskey);
        //解密,将结果保存到 dec
        byte[ ] dec = cipher.doFinal(enc);
        JOptionPane.showMessageDialog(null,"解密后的结果是: " + new String(dec));
    }
}
```

运行,界面效果如图 26-1 所示。

图 26-1　输入界面

输入明文,单击"确定"按钮,显示密文,如图 26-2 所示。

单击"确定"按钮,解密后的明文如图 26-3 所示。

图 26-2　显示密文

图 26-3　解密后的明文

注意

(1) 在读者的计算机上运行,密文的内容会不一样。因为 KeyGenerator 每次生成的密钥是随机的,加密的结果肯定也不一样。这很容易理解,否则 DES 算法就没有安全性可言了。

(2) 在本例中加密和解密一定要是同一个密钥。

(3) 如果使用其他算法,只需要在 Cipher 和 KeyGenerator 初始化时修改算法名称即可。

阶段性作业

选择一个图片文件,用 DES 算法将其加密,看能否打开。然后将其解密,打开。

26.3　实现非对称加密

26.3.1　什么是非对称加密

对称加密过程中的问题是通信双方的密钥必须相同,这样为密钥的管理带来了难度,为了解决这个问题发明了非对称加密方法。

与对称加密算法不同，非对称加密算法需要两个密钥——公开密钥（publickey）和私有密钥（privatekey）。每个人都可以产生这两个密钥，其中公开密钥对外公开（可以通过网上发布，也可以传输给通信的对方），私有密钥不公开。对于同一数据，利用非对称加密算法具有以下性质：

（1）如果用公开密钥对数据进行加密，那么只有用对应的私有密钥才能对其解密。

（2）如果用私有密钥对数据进行加密，那么只有用对应的公开密钥才能对其解密。

非对称加密算法的基本过程如下：

（1）在通信前接收方随机生成一对公开密钥和私有密钥，将公开密钥公开给发送方，自己保留私有密钥。

（2）发送方利用接收方的公开密钥加密明文，使其变为密文。

（3）接收方收到密文后使用自己的私有密钥解密密文，获得明文。

该通信过程中有以下几个特点：

（1）加密时使用的公开密钥，在解密时必须使用对应的私有密钥，否则无法将密文解密。

（2）对同样的信息可以用公开密钥加密，用私有密钥解密；也可以用私有密钥加密，用公开密钥解密。在应付窃听上前者用得较多，但是在应付信息篡改和抵赖上后者用得较多。

提示

和对称加密算法相比，非对称加密算法的保密性比较好。但是在该加密体系中加密和解密花费的时间比较长、速度比较慢，一般情况下它不适用于对大量数据的文件进行加密，而只适用于对少量数据进行加密。

目前，在非对称密码体系中使用比较广泛的是非对称加密算法，有 RSA、DSA 等。

RSA 算法出现于 20 世纪 70 年代，它既能用于数据加密，也能用于数字签名。由于其易于理解和容易操作，流行程度较广。该算法由 Ron Rivest、Adi Shamir 和 Leonard Adleman 发明，也就以三人的名字命名。针对 RSA 的研究比较广泛，在使用过程中经历了各种攻击的考验，逐渐被普遍认为是目前最优秀的公钥方案之一。

数字签名算法（Digital Signature Algorithm，DSA）也是一种非对称加密算法，被美国 NIST 作为数字签名标准（Digital Signature Standard，DSS）。DSA 一般应用于数字签名中，在后面的章节将会讲解。

26.3.2 用 Java 实现非对称加密

用 Java 实现非对称加密的步骤如下：

（1）定义一个加密解密器，并指定算法名称。

```
import javax.crypto.Cipher;
…
Cipher cipher = Cipher.getInstance("RSA");
```

（2）指定算法名称，生成一对密钥。

```
import java.security.KeyPair;
import java.security.KeyPairGenerator;
import java.security.PrivateKey;
```

```
import java.security.PublicKey; …
//KeyPairGenerator 类用于生成公钥和私钥对,基于 RSA 算法生成对象
KeyPairGenerator keyPairGen = KeyPairGenerator.getInstance("RSA");
//生成一个密钥对,保存在 keyPair 中
KeyPair keyPair = keyPairGen.generateKeyPair();
PrivateKey privateKey = keyPair.getPrivate();           //得到私钥
PublicKey publicKey = keyPair.getPublic();              //得到公钥
```

(3) 将密钥传入 Cipher 对象。

```
//根据密钥对 Cipher 对象进行初始化
//ENCRYPT_MODE 表示加密模式
cipher.init(Cipher.ENCRYPT_MODE, publicKey);
```

注意

如果是解密,只需要将 Cipher.ENCRYPT_MODE 改为 Cipher.DECRYPT_MODE 即可。

此处传入的是 publicKey,在解密时必须使用相应的 privateKey。当然,也可以传入 privateKey,在解密时必须使用相应的 publicKey。

(4) 用 Cipher 对象对字节数组进行加密。

此处使用的是 Cipher 对象的 doFinal 方法,传入一个字节数组,返回加密后得到的字节数组。

注意

如果是解密,将 Cipher.ENCRYPT_MODE 改为 Cipher.DECRYPT_MODE 后传入的是密文数组,返回的是明文数组。

在本例中输入一个字符串,用 RSA 算法进行加密,将其密文打印出来,然后将其解密,打印解密后的结果。

RSATest.java

```
package encrypt;
import java.security.KeyPair;
import java.security.KeyPairGenerator;
import java.security.PrivateKey;
import java.security.PublicKey;
import javax.crypto.Cipher;
import javax.swing.JOptionPane;

public class RSATest {
    public static void main(String[] args) throws Exception {
        Cipher cipher = Cipher.getInstance("RSA");
        //KeyPairGenerator 类用于生成公钥和私钥对,基于 RSA 算法生成对象
        KeyPairGenerator keyPairGen = KeyPairGenerator.getInstance("RSA");
        //生成一个密钥对,保存在 keyPair 中
        KeyPair keyPair = keyPairGen.generateKeyPair();
        PrivateKey privateKey = keyPair.getPrivate();           //得到私钥
        PublicKey publicKey = keyPair.getPublic();              //得到公钥

        String msg = JOptionPane.showInputDialog("请您输入明文");
```

```
        //对 Cipher 对象进行初始化,ENCRYPT_MODE 表示加密模式
          cipher.init(Cipher.ENCRYPT_MODE, publicKey);          //传入公钥
        byte[] src = msg.getBytes();
        //加密,将结果保存到 enc
        byte[] enc = cipher.doFinal(src);
        JOptionPane.showMessageDialog(null,"密文是: " + new String(enc));

        //对 Cipher 对象进行初始化,ENCRYPT_MODE 表示加密模式
        cipher.init(Cipher.DECRYPT_MODE, privateKey);           //传入私钥
        //解密,将结果保存到 dec
        byte[] dec = cipher.doFinal(enc);
        JOptionPane.showMessageDialog(null,
              "解密后的结果是: " + new String(dec));
    }
}
```

运行,界面如图 26-4 所示。

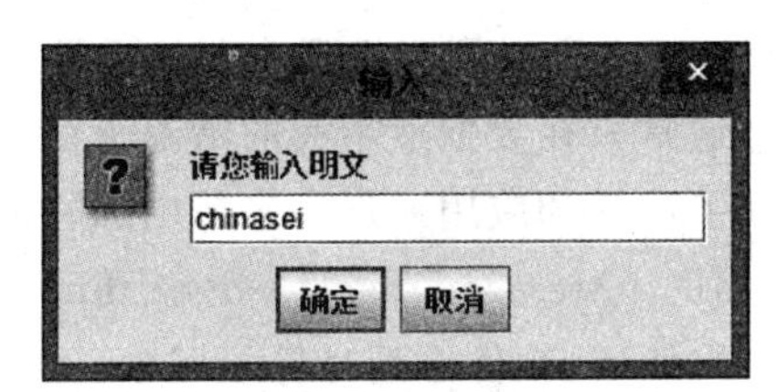

图 26-4　输入界面

输入明文,单击“确定”按钮,显示密文,如图 26-5 所示。

图 26-5　显示密文

单击“确定”按钮,解密后的明文如图 26-6 所示。

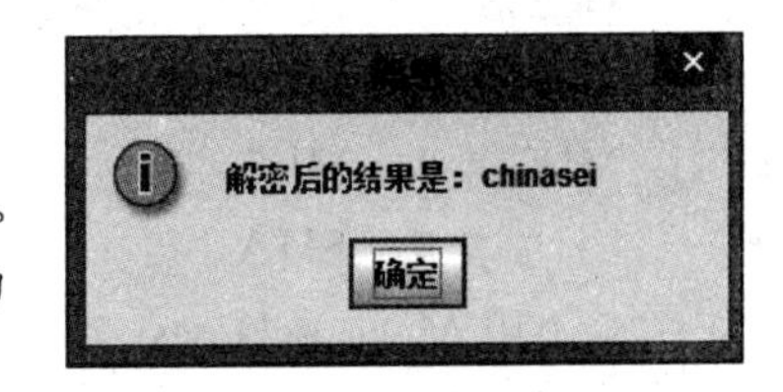

图 26-6　解密后的明文

注意

(1) 在读者的计算机上运行,密文的内容会不一样。因为 KeyPairGenerator 每次生成的密钥是随机的,加密的结果肯定也不一样。

(2) 在本例中加密和解密的密钥必须是 KeyPairGenerator 产生的一对密钥。

阶段性作业

选择一个图片文件,用 RSA 的公钥加密,用私钥解密；然后用私钥加密,用公钥解密。

26.4 实现单向加密

26.4.1 什么是单向加密

单向加密，顾名思义，该算法在加密过程中输入明文后由系统直接经过加密算法处理，得到密文，不需要使用密钥。既然没有密钥，那么就无法通过密文恢复为明文。

这种方法有什么应用呢？主要是可以用于进行某些信息的鉴别。在鉴别时重新输入明文，并经过同样的加密算法进行加密处理，得到密文，然后看这个密文是否和以前得到的密文相同，从而判断输入的明文是否和以前的明文相同。这在某种程度上讲也是一种解密。

该算法有以下特点：

(1) 加密算法对同一消息反复执行该函数总得到相同的密文。

(2) 加密算法生成的密文是不可预见的，密文看起来和明文没有任何关系。

(3) 明文的任何微小变化都会对生成的密文产生很大的影响。

(4) 具有不可逆性，即通过密文要得到明文理论上是不可行的。

单向加密方法计算复杂，通常只在数据量不大的情况下使用，例如计算机系统口令保护措施中，这种加密算法就得到了广泛的应用。近年来单向加密的应用领域正在逐渐增大，应用较多的单向加密算法有 MD5(Message-digest Algorithm 5)算法、SHA(Secure Hash Algorithm)等，广泛应用于密码认证、软件序列号等领域中。

26.4.2 用 Java 实现 MD5

用 Java 实现非对称加密的步骤如下：

(1) 定义一个加密器，并指定算法名称。

```
import java.security.MessageDigest;
…
MessageDigest md5 = MessageDigest.getInstance("MD5");
```

注意

指定的算法名称必须是系统支持的，常见的算法名称如下。

MD5 算法：MD5。

SHA 算法：SHA。

(2) 用 MessageDigest 对象对字节数组进行加密。

此处使用的是 MessageDigest 对象的 digest 方法，传入一个字节数组，返回加密后得到的字节数组。

在本例中输入一个字符串，用 MD5 算法进行加密，将其密文打印出来；然后将其解密，打印解密后的结果。

MD5Test.java

```
package encrypt;
import java.security.MessageDigest;
```

```
import javax.swing.JOptionPane;
public class MD5Test {
    public static void main(String[] args) throws Exception {
        MessageDigest md5 = MessageDigest.getInstance("MD5");
        String msg = JOptionPane.showInputDialog("请您输入明文");
        byte[] srcBytes = msg.getBytes();
        //完成哈希计算,得到 result
        byte[] resultBytes = md5.digest(srcBytes);
        JOptionPane.showMessageDialog(null,"
              密文是: " + new String(resultBytes));
    }
}
```

运行,界面如图 26-7 所示。

输入明文,单击"确定"按钮,显示密文,如图 26-8 所示。

图 26-7　输入界面

图 26-8　显示密文

注意

在读者的计算机上运行,密文的内容是一样的。

阶段性作业

(1) 任选一个文本文件,将其内容用 MD5 算法进行加密,然后修改这个文本文件,再加密,比较两次的密文。

(2) 制作一个注册界面,输入用户账号、密码、姓名,将这些内容保存到文件,但是密码用 MD5 加密之后保存。

然后制作一个登录界面,输入账号、密码,进行验证,如果通过,显示包含其姓名的欢迎信息。

(3) 编写一个"软件加密器":打开一个 Java 界面,必须首先选择一个破解文件,如果能够找到正确的破解文件,该 Java 界面才能打开,否则提示软件没有破解,无法使用某些功能。

本章知识体系

知　识　点	重要等级	难度等级
加密原理	★★	★★
对称加密算法	★★★★★	★★★
非对称加密算法	★★★★	★★★★
单向加密算法	★★★	★★

第27章

Java 数字签名

除了加密和解密以外，还需要对信息来源的鉴别、保证信息的完整和不可否认等功能进行保障，而这些功能通常都可以通过数字签名来实现。

本章讲解了数字签名的原理，不同的语言对于数字签名的实现原理基本相同，本章以Java语言为例实现了数字签名算法。对于用其他语言实现数字签名，读者可以参考其他文献。

本 章 术 语

篡改 ______

抵赖 ______

Signature ______

27.1 认识数字签名

27.1.1 为什么需要数字签名

数字签名主要应用于数据安全。通过前面的学习，我们首先对几种常见的信息安全问题做一些描述。

(1) 窃听：特指交易内容被敌方截获，使敌方得知一些不应该传播出去的秘密，属于被动攻击。

由于网络环境的特殊性，敌方的窃听一般不能防止，唯一的方法就是让敌方窃听之后无法得知原来的内容，一般的解决方法是加密。关于加密和解密算法，在前面章节中已经介绍。

(2) 篡改：指内容被人恶意修改或者删除之后用恶意内容伪装，使得收方得到的内容不是来自发方的初衷。

(3) 抵赖：指以下两种情况，一是收方收到信息，然后否认收到发过来的信息；另一种是发方发送有害信息，然后否认发送过该信息。

后面说的第2种和第3种攻击属于主动攻击。篡改和抵赖问题主要用数字签名来解决。

数字签名是指使用密码算法对待发的数据(报文或票证等)进行加密处理，生成一段数据摘要信息附在原文上一起发送。这种信息类似于现实中的签名或印章，接收方对其进行验证，判断原文的真伪。

数字签名可以提供完整性保护和不可否认服务。其中，完整性保护主要针对解决篡改问题，不可否认服务主要针对解决抵赖性问题。

27.1.2　数字签名的过程

在数字签名方面，传统情况下应用比较广泛的是以下两种方法：

(1) 利用 RSA 算法进行签名。

(2) 数字签名标准 DSS。

两种方法的实现原理类似，其中利用 RSA 方法进行数字签名得到了广泛的应用。该方法的过程如下：

(1) 利用单向加密算法(如 MD5)将要签名的消息产生一个消息摘要(即加密密文)。

(2) 使用发送方的私有密钥对这个消息摘要进行加密，形成签名。

(3) 将报文和签名传送出去。

(4) 接收方接收报文，并根据报文产生一个消息摘要，同时使用发方的公开密钥对签名进行解密。

(5) 如果接收方计算得出的消息摘要和它解密后的签名互相匹配，那么签名就是有效的。

(6) 因为只有发送方知道私有密钥，并对签名进行了加密，因此只有发方才能产生有效的签名。

具体过程如图 27-1 所示。

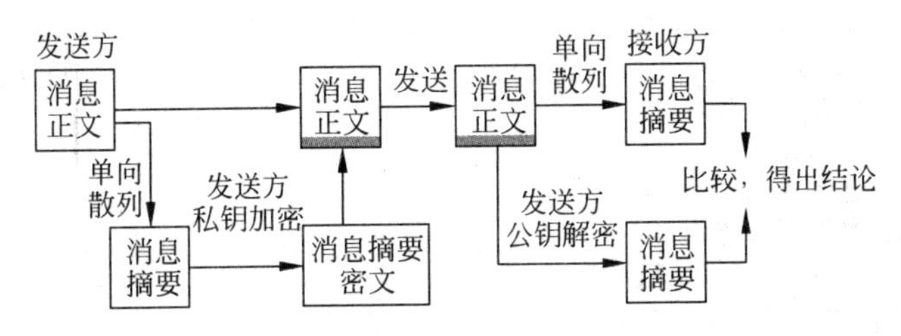

图 27-1　数字签名的过程

如前所述，数字签名算法一般分为以下两个步骤：

(1) 产生消息摘要。

(2) 生成数字签名。

在 Java 中，这一系列工作由专门的 API 来实现，大大简化了我们的操作。

27.2　实现数字签名

27.2.1　发送方生成签名

在发送方用 Java 生成数字签名的步骤如下：

(1) 指定算法名称，生成一对私钥和公钥。

```
import java.security.KeyPair;
import java.security.KeyPairGenerator;
import java.security.PrivateKey;
```

```
import java.security.PublicKey;
…
//形成 RSA 密钥对
KeyPairGenerator keyGen = KeyPairGenerator.getInstance("RSA");
//生成公钥和私钥对
KeyPair key = keyGen.generateKeyPair();
```

注意

此处使用 RSA 算法生成密钥对。如果是 DSA,则算法名称为“DSA”。

(2) 指定算法名称,生成 Signature 对象。

Signature 类的对象负责生成签名。

```
import java.security.Signature;
…
//实例化 Signature,用于产生数字签名,指定用 RSA 和 SHA 算法
Signature sig = Signature.getInstance("SHA1WithRSA");
```

注意

此处使用 RSA 和 SHA 算法联合进行数字签名。如果是使用 DSA,则算法名称直接写“DSA”即可。

(3) 将发送方私钥和原始数据传入 Signature 对象,并生成签名。

```
PrivateKey privateKey = key.getPrivate();                    //得到私钥
//用私钥来初始化数字签名对象
sig.initSign(privateKey);
//对 msgBytes 实施签名
sig.update(原始数据的字节数组);
//完成签名,将结果放入字节数组 signatureBytes
byte[] signatureBytes = sig.sign();
```

在本例中将字符串"郭克华_CHINASEI"进行签名生成,并打印签名的内容。

Sign1.java

```
package sign;
import java.security.KeyPair;
import java.security.KeyPairGenerator;
import java.security.PrivateKey;
import java.security.Signature;
public class Sign1 {
    public static void main(String[] args) throws Exception {
        String msg = "郭克华_CHINASEI";
        System.out.println("原文是:" + msg);
        byte[] msgBytes = msg.getBytes();

        //形成 RSA 密钥对
        KeyPairGenerator keyGen = KeyPairGenerator.getInstance("RSA");
        //生成公钥和私钥对
        KeyPair key = keyGen.generateKeyPair();
```

```
            //实例化 Signature,用于产生数字签名,指定用 RSA 和 SHA 算法
            Signature sig = Signature.getInstance("SHA1WithRSA");
            PrivateKey privateKey = key.getPrivate();                //得到私钥
            //用私钥来初始化数字签名对象
            sig.initSign(privateKey);
            //对 msgBytes 实施签名
            sig.update(msgBytes);
            //完成签名,将结果放入字节数组 signatureBytes
            byte[] signatureBytes = sig.sign();

            String signature = new String(signatureBytes);
            System.out.println("签名是:" + signature);
        }
    }
```

运行,控制台打印效果如图 27-2 所示。

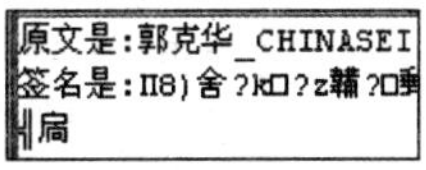

原文是:郭克华_CHINASEI

图 27-2　Sign1.java 的效果

注意

在读者的计算机上运行,签名的内容会不一样。因为 KeyPairGenerator 每次生成的密钥是随机的,加密的结果肯定也不一样。

27.2.2　接收方验证签名

在接收方用 Java 验证数字签名的步骤如下:

(1) 将发送方公钥和原始数据传入 Signature 对象。

```
//使用公钥验证
PublicKey publicKey = key.getPublic();
sig.initVerify(publicKey);
sig.update(原始数据的字节数组);
```

(2) 利用 Signature 对象验证签名,结果以 boolean 变量返回。

```
if(sig.verify(signatureBytes)){
    System.out.println("签名验证成功");
}else {
    System.out.println("签名验证失败");
}
```

以下是将字符串"郭克华_CHINASEI"进行签名生成,并进行签名验证的过程。

Sign2.java

```
package sign;
import java.security.KeyPair;
import java.security.KeyPairGenerator;
import java.security.PrivateKey;
import java.security.PublicKey;
import java.security.Signature;
```

```
public class Sign2 {
    public static void main(String[ ] args) throws Exception {
        String msg = "郭克华_CHINASEI";
        System.out.println("原文是:" + msg);
        byte[ ] msgBytes = msg.getBytes();

        //形成 RSA 密钥对
        KeyPairGenerator keyGen = KeyPairGenerator.getInstance("RSA");
        //生成公钥和私钥对
        KeyPair key = keyGen.generateKeyPair();

        //实例化 Signature,用于产生数字签名,指定用 RSA 和 SHA 算法
        Signature sig = Signature.getInstance("SHA1WithRSA");
        PrivateKey privateKey = key.getPrivate();                //得到私钥
        //用私钥来初始化数字签名对象
        sig.initSign(privateKey);
        //对 msgBytes 实施签名
        sig.update(msgBytes);
        //完成签名,将结果放入字节数组 signatureBytes
        byte[ ] signatureBytes = sig.sign();

        String signature = new String(signatureBytes);
        System.out.println("签名是:" + signature);

        //使用公钥验证
        PublicKey publicKey = key.getPublic();
        sig.initVerify(publicKey);
        sig.update(msgBytes);

        if(sig.verify(signatureBytes)){
            System.out.println("签名验证成功");
        }else {
            System.out.println("签名验证失败");
        }
    }
}
```

运行,控制台打印效果如图 27-3 所示。

```
原文是:郭克华_CHINASEI
签名是:-□5y尴錄?□□?q
签名验证成功
```

图 27-3　Sign2.java 的效果

注意

在读者的计算机上运行,结果也会打印"签名验证成功"。在什么情况下会不成功呢?除非在验证签名时被验证的原始数据的字节数组已经和生成签名时不一样了(被篡改了),将在下一个案例中讲解。

阶段性作业

本节内容是使用 RSA 算法进行数字签名和验签,请使用 DSA 算法进行数字签名和验签。

27.3　利用数字签名解决实际问题

本节用一些简单的案例来阐述数字签名的作用,在该案例中用到了数据加密和数字签名。值得一提的是,本节为了描述方便已经将问题进行了简化,在实际操作的过程中比较复杂。

27.3.1　解决篡改问题

篡改是指内容被敌方人恶意修改或者删除之后用恶意内容伪装,使得收方得到的内容不是来自发方的原有内容。信息篡改属于主动攻击的一种。在用户发出信息的过程中,敌方可能会对用户发出的信息进行修改或者删除,让对方得到的不是原有的信息。比如在发送方给接收方发出某个命令的时候敌方可能会将命令进行修改,改成其他的命令,让接收方做出一些对双方交易有害的事情。

篡改无法完全避免,但为了安全起见,我们必须能够判断一段消息是否被篡改。当得知信息被篡改时能够做出丢弃的决定。

可以通过数字签名方法来避免篡改,一般思路如下:

(1) 将信息生成数字签名,并将数字签名用接收方的公钥加密。

(2) 接收方用自己的私钥解密数字签名,然后将消息再生成一次签名,将两个签名做比较,得出结论。

本节利用 Java 语言模拟这个过程。首先发送方生成一个公钥、一个私钥,分别保存为文件 public. key 和 private. key;任意给一个信息文件 info. txt,发送方用自己的 private. key 生成数字签名(已加密),将签名存放于 signature. sgn,接收方用发送方的 public. key 验证数字签名。

在项目初始情况下,在根目录下放置 info. txt,如图 27-4 所示。

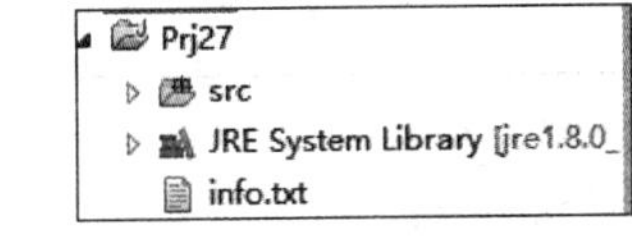

图 27-4　在根目录下放置 info. txt

本例使用 DSA 算法。首先发送方生成一个公钥、一个私钥,分别保存为文件 public. key 和 private. key。代码如下:

Sender_KeyGen. java

```
package sign;
import java.io.FileOutputStream;
import java.io.ObjectOutputStream;
import java.security.KeyPair;
import java.security.KeyPairGenerator;
import java.security.PrivateKey;
import java.security.PublicKey;
public class Sender_KeyGen {
    public static void main(String[] args) throws Exception {
        FileOutputStream fos_public = new FileOutputStream("public.key");
        ObjectOutputStream oos_public = new ObjectOutputStream(fos_public);
        FileOutputStream fos_private = new FileOutputStream("private.key");
        ObjectOutputStream oos_private = new ObjectOutputStream(fos_private);
        //形成 DSA 公钥对
```

```
            KeyPairGenerator keyGen = KeyPairGenerator.getInstance("DSA");
            //生成公钥和私钥对
            KeyPair key = keyGen.generateKeyPair();
            PublicKey publicKey = key.getPublic();
            PrivateKey privateKey = key.getPrivate();
            //写入文件
            oos_public.writeObject(publicKey);
            oos_private.writeObject(privateKey);
            fos_public.close();
            oos_public.close();
            fos_private.close();
            oos_private.close();
        }
    }
```

运行，生成两个文件 private.key 和 public.key，如图 27-5 所示。

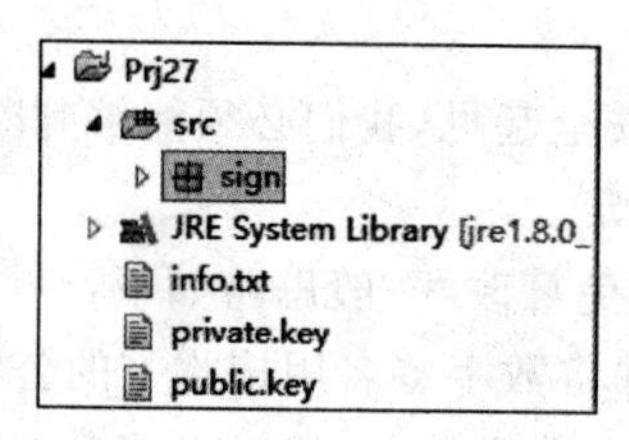

图 27-5　生成两个文件

然后，对于信息文件 info.txt，发送方用自己的 private.key 生成数字签名，将签名存放到 signature.sgn，代码如下：

Sender_SgnGen.java

```
package sign;
import java.io.File;
import java.io.FileInputStream;
import java.io.FileOutputStream;
import java.io.ObjectInputStream;
import java.security.PrivateKey;
import java.security.Signature;
public class Sender_SgnGen {
    public static void main(String[] args) throws Exception {
        //读入文件
        File file_info = new File("info.txt");
        FileInputStream fis_info = new FileInputStream(file_info);
        int fileInfoLength = (int)file_info.length();
        byte[] infoBytes = new byte[fileInfoLength];
        fis_info.read(infoBytes);
        fis_info.close();

        //发送方读入私钥
        FileInputStream fis_private = new FileInputStream("private.key");
        ObjectInputStream ois_private = new ObjectInputStream(fis_private);
        PrivateKey privateKey = (PrivateKey)ois_private.readObject();
        fis_private.close();
        ois_private.close();
```

```
        //生成签名
        Signature sig = Signature.getInstance("DSA");
        //用私钥来初始化数字签名对象
        sig.initSign(privateKey);
        //对 msgBytes 实施签名
        sig.update(infoBytes);
        //完成签名,将结果放入字节数组 signatureBytes
        byte[] signatureBytes = sig.sign();

        //将签名写入文件 signature.sgn
        FileOutputStream fos_signature = new FileOutputStream("signature.sgn");
        fos_signature.write(signatureBytes);
        fos_signature.close();
    }
}
```

运行,生成签名文件 signature.sgn,如图 27-6 所示。

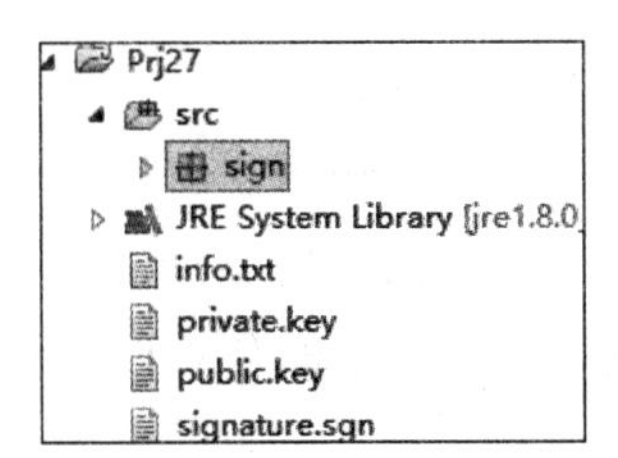

图 27-6 生成签名文件

最后接收方用发送方的 public.key 验证数字签名,代码如下:

Receiver_Verify.java

```
package sign;
import java.io.File;
import java.io.FileInputStream;
import java.io.ObjectInputStream;
import java.security.PublicKey;
import java.security.Signature;
public class Receiver_Verify {
    public static void main(String[] args) throws Exception{
        //读入文件
        File file_info = new File("info.txt");
        FileInputStream fis_info = new FileInputStream(file_info);
        int fileInfoLength = (int)file_info.length();
        byte[] infoBytes = new byte[fileInfoLength];
        fis_info.read(infoBytes);
        fis_info.close();

        //读入发送方公钥
        FileInputStream fis_public = new FileInputStream("public.key");
        ObjectInputStream ois_public = new ObjectInputStream(fis_public);
        PublicKey publicKey = (PublicKey)ois_public.readObject();
        fis_public.close();
        ois_public.close();
```

```
            //读入签名文件
            File file_signature = new File("signature.sgn");
            FileInputStream fis_signature = new FileInputStream(file_signature);
            int fileSignatureLength = (int)file_signature.length();
            byte[] signatureBytes = new byte[fileSignatureLength];
            fis_signature.read(signatureBytes);
            fis_signature.close();

            //使用公钥验证
            Signature sig = Signature.getInstance("DSA");
            sig.initVerify(publicKey);
            sig.update(infoBytes);
            if(sig.verify(signatureBytes)){
                System.out.println("文件没有被篡改");
            }
            else{
                System.out.println("文件被篡改");
            }
        }
    }
```

如果 info.txt 没有被篡改,运行,显示如图 27-7 所示。

如果将 info.txt 稍加改动(例如增加一个回车),再运行,则显示如图 27-8 所示。

文件没有被篡改

图 27-7 文件没有被篡改

文件被篡改

图 27-8 文件被篡改

27.3.2 解决抵赖问题

抵赖指以下两种情况:

(1) 收方收到信息,然后否认收到发过来的信息。

(2) 发方发送有害信息,然后否认发送过该信息。

抵赖问题也是网络安全中的一个重要问题,此活动属于主动攻击的一种,它的特点主要体现在发送方和接收方中有一方充当敌方的角色。这个活动和篡改活动的区别就在于焦点集中在知道敌方身份的情况下怎样用证据证明它曾经对网络安全进行过攻击。抵赖问题主要表现在以下方面:

(1) 当发送方充当敌方时,发送方传输给接收方一个信息,然后否认传送过此信息,如某恶意发送方向另一方传输一个消息,该消息中包含了一些重大举措,当接收方执行这些举措之后对自己造成了巨大的伤害,追究发送方的责任,但发送方否认发过此信息。

(2) 当接收方充当敌方的时候收到了发送方发送过来的信息,但否认此消息来自于发送方,如发送方向接收方发送了网上银行的一些转账手续,接收方接受了转账之后却声称自己从来没有收到这个信息,使得发送方的利益受到损害。

传统网络安全协议中的抵赖问题一般是通过数字签名解决的,下面阐述其解决方法:

1. 发送方为敌方的情况

当发送方给接收方发送了消息,造成接收方的利益受到损害,发送方对发送消息的事实进行抵赖的时候，接收方可以通过以下手段进行利益保护：

(1) 接收方向公证机构提交发送方发送过的消息和附加的数字签名。

(2) 公证机构用消息的内容生成单向的消息摘要，然后将数字签名用发送方的公开密钥进行解密，与其进行核对。

(3) 如果消息果真是发送方发送的，两者应该一样。

(4) 由于数字签名是利用发送方的私有密钥对消息摘要进行加密之后得到的结果，而私有密钥值在理论上讲只有发送方自己知道，发送方就不能对此问题进行抵赖了。

提示

如果此时发送方还要抵赖，他就必须证明：

对于同一条消息，他人用其他密钥加密之后的值为什么和用他自己的密钥加密之后的值一样。即对于同一段内容，用不同的密钥加密之后的密文是相同的。

或者证明：

他人用其他密钥加密的内容，用自己的密钥解密为什么会一样。即相同的一段加密消息，用不同的密钥解密之后的内容会一样。

以上两件事情的证明本身就和密码体制的初衷相违背，因此也是无法证明的，发送方根本无法抵赖曾经发送过有害的内容。

2. 接收方为敌方的情况

当接收方收到了发送方发送的消息，这个消息对接收方有利，接收方用这个消息进行一些有利活动之后声称此消息不是来自于发送方，继续要求发送方发送消息给他，目的是为了自己的利益，造成发送方的利益受到损害。当接收方对接受消息的事实进行抵赖的时候，发送方可以用以下方法保护自己的利益：

(1) 向公证机构提交接收方接收到的消息和附加的数字签名。

(2) 和第一种情况一样，公证机构用消息的内容生成单向的消息摘要，然后将数字签名用发送方的公开密钥进行解密，与其进行核对。

(3) 如果消息果真是发送方发送的，两者应该一样。

提示

同样，数字签名是利用发送方的私有密钥对消息摘要进行加密之后得到的结果，而私有密钥值只有发送方自己知道。如果公证机构算出来的消息摘要和将数字签名解密之后的消息摘要相等，接收方就不能对此问题进行抵赖了。如果他要抵赖，必须证明上一种情况中提到的两个问题，和密码体制的初衷相违背，实际上也是不可能的。

3. 发送方陷害第三方的情况

如果接收方属于敌方还有一种情况，当接收方为了陷害某个特定的发送方伪造一个有害的消息，造成一定的危害之后，声称这个消息来自于这个特定的发送方，造成发送方的利益受到损害，此时发送方可以通过以下方法维护自己的利益。

(1) 向公证机构提交接收方接收到的消息和附加的数字签名。

(2) 和第一种情况一样，公证机构用消息的内容生成单向的消息摘要，然后将数字签名用发送方的公开密钥进行解密，与其进行核对。

(3) 如果消息果真不是发送方发送的，那么二者应该不一样。

提示

这样，接收方就无法陷害发送方了，否则他就必须证明：

一段消息用某个人的私有密钥加密，然后用他的公开密钥解密得到的数据无法还原成明文。这个问题当然也是不可能得到证明的。

其具体实现和上一节类似，此处略。

阶段性作业

在真实网络上如果发生纠纷，数字签名必须由公证机构进行仲裁。在网上搜索：

(1) 数字签名由谁来仲裁？

(2) 仲裁的过程是怎样的？

本章知识体系

知 识 点	重要等级	难度等级
数字签名的原理	★★★★	★★★★
生成数字签名	★★★	★★★
验证数字签名	★★★	★★★
用数字签名解决篡改问题	★★★★	★★★★
用数字签名解决抵赖问题	★★★★	★★★★

第 28 章

Java 反射技术

反射(Reflection)是 Java 语言的特征之一,能够让程序更加灵活。反射机制允许运行中的 Java 程序动态地进行载入、实例化对象和访问对象。Java 反射技术大量用于 Java 设计模式和框架技术中,本章将对反射技术进行讲解。

本 章 术 语

Reflection ____________________

Class 类 ____________________

配置文件 ____________________

Field ____________________

Constructor ____________________

Method ____________________

newInstance ____________________

invoke ____________________

28.1 为什么要学习反射

28.1.1 引入配置文件

请看下面的代码:

FrameTest1.java

```
package frm;
public class FrameTest1 {
    public static void main(String[] args) {
        javax.swing.JFrame frm = new javax.swing.JFrame();
        frm.setSize(200,200);
        frm.setVisible(true);
    }
}
```

这是一段很简单的代码,运行,显示如图 28-1 所示的界面。

这似乎没有什么问题。

但是,如果在软件使用一段时间之后客户的需求改变了,他需要将 JFrame 改为

图 28-1 运行 FrameTest1.java 出现的界面

JDialog,怎么办呢?

一般的情况是修改 FrameTest1 的源代码。

但是,修改源代码具有以下缺陷:

(1) 如果类 FrameTest1 的源代码很长,在很长的一段源代码中修改一小部分是很不安全的。另外,可以想象,如果该源代码的编写者跳槽了,一个新的程序员去修改别人的源代码是多么麻烦的一件事情。

(2) 修改了源代码,整个程序需要重新编译、打包,比较麻烦。

那么如何解决这个问题?我们想到了使用配置文件。

既然在 FrameTest1 中实例化的是 javax.swing.JFrame,以后可能改为其他,那么能不能将需要使用的类的名称保存在配置文件中呢?

例如,配置文件如图 28-2 所示。

如果要修改,只需改成如图 28-3 所示即可。

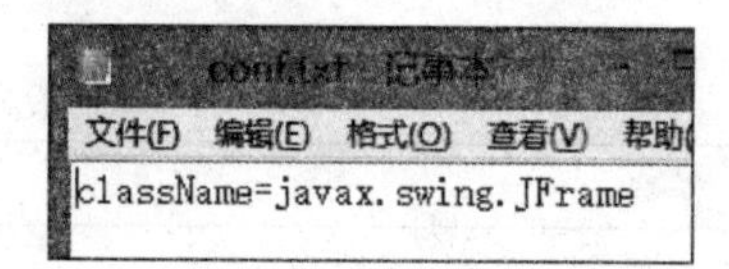

图 28-2 配置文件

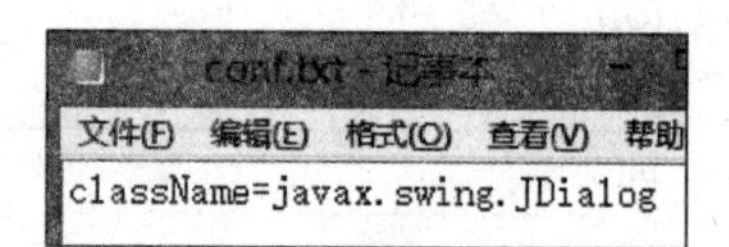

图 28-3 修改配置文件

看起来这是一个好主意,因为修改配置文件,源代码不需要重新编译,而且配置文件一般一目了然,比修改源代码要简单得多。

28.1.2 配置文件遇到的问题

但是这里会遇到一个问题——FrameTest1 必须读配置文件,实际上,读配置文件很容易实现,问题的关键是读取获得的内容一般是一个字符串。

这里用一个程序来描述该问题,首先在项目根目录下建立 conf.txt,编写代码如下:

FrameTest2.java

```
package frm;
import java.io.FileReader;
import java.util.Properties;
public class FrameTest2 {
    public static void main(String[] args) throws Exception{
        Properties pps = new Properties();
        pps.load(new FileReader("conf.txt"));
        String className = pps.getProperty("className");
        System.out.println("获取的类名:" + className);
        //实例化 className 对应的类
    }
}
```

运行，控制台打印效果如图 28-4 所示。

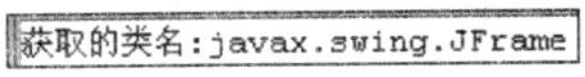

获取的类名:javax.swing.JFrame

图 28-4 FrameTest2.java 的效果

从上面可以看出获取的类名是一个字符串，那么怎样通过字符串来实例化对象呢？例如代码：

```
String className = "javax.swing.JFrame";
```

如何通过变量 className 实例化 javax.swing.JFrame 对象？

反射可以帮用户解决这个问题。

注意

(1) 千万不能用以下代码：

```
String className = "javax.swing.JFrame";
className frm = new className();
```

这是在实例化 className 类，不是实例化 javax.swing.JFrame，如果这样做是一个低级错误。

(2) 配置文件虽然好，但并不是什么东西都要用配置文件，只有一些变化可能较大的和系统特征有关的东西适合写成配置文件，例如界面大小、颜色、标题、用什么样的界面类等。

(3) 反射机制是后面学习框架技术的基础，掌握 Java 反射技术对以后学习框架具有很大的帮助，甚至可以帮助用户编写框架。笔者认为，多态和反射是框架技术的核心所在。

28.2 认识 Class 类

28.2.1 什么是 Class 类

根据 28.1 节的叙述，显然不能通过一个类名字符串直接实例化对象。

要想实例化对象，首先需要将一个类名字符串封装在 Class 类对象内。

对 Class 类的学习是学习 Java 反射机制的起点，当一个类(注意不是对象)被加载以后 Java 虚拟机会自动产生一个 Class 对象，该对象内封装了这个类的信息。通过这个 Class 对象，用户可以进行一系列操作，例如对类进行实例化、调用方法等。

注意

Java 中的 Class 类在 java.lang 包中，可以封装一个正在运行的类或接口的信息。大家一定要区分 Class 类和 Object 类，后者是所有类的父类，和 Class 类没有非常直接的关系。

28.2.2 如何获取一个类对应的 Class 对象

获取一个类对应的 Class 对象有以下几种情况：

1. 基本数据类型对应的 Class 对象

可以使用“类型名.class”方式获得，例如：

```
Class cls1 = int.class;
```

也可以通过其包装类获得，例如：

```
Class cls2 = Integer.TYPE;
```

2. 某个类对应的 Class 对象

可以使用“类型名.class”方式获得，例如：

```
Class cls3 = Integer.class;
Class cls4 = javax.swing.JFrame.class;
```

也可以通过 Class.forName 方法获得，例如：

```
Class cls5 = null;
try {
    cls5 = Class.forName("javax.swing.JFrame");
} catch (ClassNotFoundException e) {
    e.printStackTrace();
}
```

当然，如果存在某个类的对象，也可以用对象的 getClass 方法获得，例如：

```
javax.swing.JFrame frm = new javax.swing.JFrame();
Class cls6 = frm.getClass();
```

下面用一个例子测试以上各种情况：

ClassTest1.java

```
package pclass;
public class ClassTest1 {
    public static void main(String[] args) {
        Class cls1 = int.class;
        Class cls2 = Integer.TYPE;
        Class cls3 = Integer.class;
        Class cls4 = javax.swing.JFrame.class;
        Class cls5 = null;
        try {
            cls5 = Class.forName("javax.swing.JFrame");
        } catch (ClassNotFoundException e) {
            e.printStackTrace();
        }
        javax.swing.JFrame frm = new javax.swing.JFrame();
        Class cls6 = frm.getClass();
        System.out.println("cls1 = " + cls1);
        System.out.println("cls2 = " + cls2);
        System.out.println("cls3 = " + cls3);
        System.out.println("cls4 = " + cls4);
        System.out.println("cls5 = " + cls5);
        System.out.println("cls6 = " + cls6);
    }
}
```

运行，控制台打印效果如图 28-5 所示。

```
cls1=int
cls2=int
cls3=class java.lang.Integer
cls4=class javax.swing.JFrame
cls5=class javax.swing.JFrame
cls6=class javax.swing.JFrame
```

图 28-5　ClassTest1.java 的效果

注意

(1) Integer.TYPE 和 Integer.class 是不一样的，请大家注意区分，前者指 int 对应的 Class 对象，后者指 Integer 对应的 Class 对象。

(2) 从上面的例子可以看出最有用的可能还是 cls5：

```
Class cls5 = null;
try {
    cls5 = Class.forName("javax.swing.JFrame");
} catch (ClassNotFoundException e) {
    e.printStackTrace();
}
```

因为它可以通过一个字符串载入一个类。

28.2.3　如何获取类中的成员信息

在获得 Class 对象之后可以通过该对象获取类中的基本信息，例如获取类中的成员变量、成员函数等。

获取类中的基本信息有什么作用呢？例如在 Eclipse 中编程时我们经常可以看到一些提示，如图 28-6 所示。

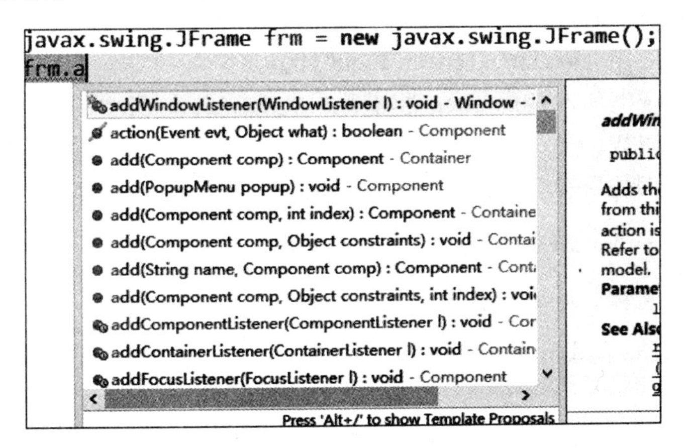

图 28-6　编程时的提示

这些提示显示了该类中的成员函数，那么如何知道该类中的成员函数？可以通过 Class 来实现。

这里以如下的类为例：

Customer.java

```
package cus;
public class Customer {
    private String account;
    private String password;
```

```
    public Customer(String account,String password){
        this.account = account;
        this.password = password;
    }
    public void display(){
        System.out.println("account = " + account);
        System.out.println("password = " + password);
    }
    public String getAccount() {
        return account;
    }
    public void setAccount(String account) {
        this.account = account;
    }
    public String getPassword() {
        return password;
    }
    public void setPassword(String password) {
        this.password = password;
    }
}
```

在该类中有两个成员变量 account 和 password，一个构造函数，5 个普通的成员函数。

1. 获取类中的成员变量

在 Java 反射机制中，成员变量一般叫域或字段(Field)，获取类中的成员变量实际上是获取其 Field。Field 用 java. lang. reflect. Field 封装。

首先要用 Class 类载入 Customer 类，获取一个 Customer 类中的成员变量，使用的方法是 Class 类的以下函数。

(1) 获得类声明的所有字段：

```
public Field[] getDeclaredFields() throws SecurityException
```

(2) 根据字段名称获得某个字段：

```
public Field getDeclaredField(String name)
        throws NoSuchFieldException, SecurityException
```

用户可以通过 Field 的 getName 和 getType 方法得到字段名称和类型。

如果某个字段是 public 的，还可以通过以下方法获得。

(1) 获得类声明的所有 public 字段：

```
public Field[] getFields() throws SecurityException
```

(2) 根据字段名称获得某个 public 字段：

```
public Field getField(String name)
    throws NoSuchFieldException, SecurityException
```

在本例中将 Customer 类中的所有字段打印出来：

FieldTest1.java

```
package field;
import java.lang.reflect.Field;
public class FieldTest1 {
    public static void main(String[] args)throws Exception {
        Class clsCustomer = Class.forName("cus.Customer");
        Field[] fields = clsCustomer.getDeclaredFields();
        for(Field field:fields){
            System.out.print("字段名称:" + field.getName() + "\t");
            System.out.println("类型:" + field.getType());
        }
        Field accField = clsCustomer.getDeclaredField("account");
        System.out.println("字段 account 的类型为:" + accField.getType());
        Field aaaField = clsCustomer.getDeclaredField("aaa");
    }
}
```

运行,控制台打印效果如图 28-7 所示。

```
字段名称:account  类型:class java.lang.String
字段名称:password 类型:class java.lang.String
字段account的类型为:class java.lang.String
```

图 28-7　FieldTest1.java 的效果

阶段性作业

查看文档 java.lang.reflect.Field 如何显示各个字段的访问权限?例如 private、protected、public 等。

2. 获取类中的构造函数

在 Java 反射机制中,构造函数一般叫 Constructor,获取类中的构造函数实际上是获取其 Constructor。Constructor 用 java.lang.reflect.Constructor 封装。

首先要用 Class 类载入 Customer 类,获取一个 Customer 类中的构造函数,使用的方法是 Class 类的以下函数。

(1) 获得类声明的所有构造函数:

```
public Constructor[] getDeclaredConstructors() throws SecurityException
```

(2) 根据参数类型列表获得某个构造函数:

```
public Constructor getDeclaredConstructor(Class... parameterTypes)
                        throws NoSuchMethodException, SecurityException
```

用户可以通过 Constructor 的以下函数得到参数类型列表:

```
public Class[] getParameterTypes()
```

如果是对于 public 的构造函数,还可以通过以下方法获得。

(1) 获得类声明的所有 public 构造函数:

```
public Constructor[] getConstructors() throws SecurityException
```

(2) 根据参数类型列表获得某个 public 构造函数：

```
public Constructor getConstructor(Class... parameterTypes)
                    throws NoSuchFieldException, SecurityException
```

在本例中将 Customer 类中的所有构造函数及其参数打印出来：

ConstructorTest1.java

```
package constructor;
import java.lang.reflect.Constructor;
public class ConstructorTest1 {
    public static void main(String[] args)throws Exception {
        Class clsCustomer = Class.forName("cus.Customer");
        Constructor[] constructors = clsCustomer.getDeclaredConstructors();
        for(Constructor constructor:constructors){
            System.out.print("参数列表为:");
            Class[] types = constructor.getParameterTypes();
            for(Class cls:types){
                System.out.print(cls + "\t");
            }
            System.out.println();
        }
        //获取带两个字符串参数的构造函数
        Constructor constructor =
            clsCustomer.getDeclaredConstructor(
                    new Class[]{String.class,String.class});
        System.out.println("访问权限为: " + constructor.getModifiers());
    }
}
```

运行,控制台打印效果如图 28-8 所示。

```
参数列表为:class java.lang.String class java.lang.String
访问权限为: 1
```

图 28-8 ConstructorTest1.java 的效果

注意

使用 getModifiers 方法可以得到访问权限,为 1 表示 public,实际上是静态变量 java.lang.reflect.Modifier.PUBLIC,对于其他情况读者可以查看 java.lang.reflect.Modifier 文档。

阶段性作业

显示 javax.swing.JFrame 类所有的构造函数及其参数。

3. 获取类中的成员函数

在 Java 反射机制中,成员函数一般叫方法(Method),获取类中的成员函数实际上是获取其 Method。Method 用 java.lang.reflect.Method 封装。

首先要用 Class 类载入 Customer 类,获取一个 Customer 类中的成员函数,使用的方法是 Class 类的以下函数。

(1) 获得类声明的所有成员函数：

```
publicMethod[ ] getDeclaredMethods() throws SecurityException
```

(2) 根据函数名称和参数类型列表获得某个成员函数：

```
public Method getDeclaredMethod(String name, Class... parameterTypes)
                    throws NoSuchMethodException, SecurityException
```

用户可以通过 Method 的 getName 函数得到其名称，通过以下函数得到参数类型列表：

```
public Class[ ] getParameterTypes()
```

通过以下函数得到其返回类型：

```
publicClass getReturnType()
```

如果是对于 public 的成员函数，还可以通过以下方法获得。

(1) 获得类声明的所有 public 成员函数：

```
public Method[ ] getMethods() throws SecurityException
```

(2) 根据参数类型列表获得某个 public 构造函数：

```
public Method getMethod(String name,Class... parameterTypes)
                 throws NoSuchFieldException, SecurityException
```

在本例中将 Customer 类中的所有成员函数、参数及其返回类型打印出来：

MethodTest1.java

```
package method;
import java.lang.reflect.Method;
public class MethodTest1 {
    public static void main(String[ ] args)throws Exception {
        Class clsCustomer = Class.forName("cus.Customer");
        Method[ ] methods = clsCustomer.getDeclaredMethods();
        for(Method method:methods){
            System.out.println("函数名称:" + method.getName());
            System.out.println("返回类型:" + method.getReturnType());
            System.out.print("参数列表为:");
            Class[ ] types = method.getParameterTypes();
            for(Class cls:types){
                System.out.print(cls + "\t");
            }
            System.out.println("\n------------------------");
        }
        //获取带两个字符串参数的构造函数
        Method method =
            clsCustomer.getDeclaredMethod("getAccount",null);
        System.out.println("getAccount 的返回类型为: " +
                        method.getReturnType());
    }
}
```

运行，控制台打印效果如图 28-9 所示。

```
函数名称:getAccount
返回类型:class java.lang.String
参数列表为:
------------------------
函数名称:display
返回类型:void
参数列表为:
------------------------
函数名称:setAccount
返回类型:void
参数列表为:class java.lang.String
------------------------
函数名称:setPassword
返回类型:void
参数列表为:class java.lang.String
------------------------
函数名称:getPassword
返回类型:class java.lang.String
参数列表为:
------------------------
getAccount的返回类型为: class java.lang.String
```

图 28-9 MethodTest1.java 的效果

阶段性作业

显示 javax.swing.JFrame 类所有的成员函数及其参数和返回类型。

28.3 通过反射机制访问对象

前面仅仅讲解了通过反射机制得到类中的信息，似乎还没有解决本章开头的内容，本节讲解通过反射机制访问对象。

28.3.1 如何实例化对象

在用 Class 类载入一个类(如 Customer 类)之后，可以通过 Class 对象实例化载入的类的对象，然后通过调用 Class 的以下方法实例化对象。

1. 调用其不带参数的构造函数实例化对象

此时使用 Class 的以下函数：

```
public Object newInstance() throws InstantiationException, IllegalAccessException
```

例如：

```
Class clsJFrame = Class.forName("javax.swing.JFrame");
Object obj = clsJFrame.newInstance();
```

相当于：

```
javax.swing.JFrame obj = new javax.swing.JFrame();
```

注意

第 2 种方法有一个优势，那就是 obj 的类型已经是 JFrame 类型了，而第 1 种方法中需要强制转换才能使用。

2. 调用带参数的构造函数实例化对象

如果需要调用带参数的构造函数，情况复杂一些。

首先需要根据 28.2 节的方法得到某一个构造函数，返回一个 Constructor 对象，然后通过 Constructor 对象的以下函数实例化对象：

```
public Object newInstance(Object... initargs)
    throws InstantiationException, IllegalAccessException,
    IllegalArgumentException, InvocationTargetException
```

其中，参数就是实际传入的参数值。

例如：

```
Class clsCustomer = Class.forName("cus.Customer");
Constructor constructor =
        clsCustomer.getDeclaredConstructor(String.class,String.class);
Object obj = constructor.newInstance("1111","1111");
```

相当于：

```
cus.Customer obj = new cus.Customer("1111","1111");
```

在下面的例子中实例化一个 Customer 对象，打印其信息：

ObjCreateTest1.java

```
package objcreate;
import java.lang.reflect.Constructor;
import cus.Customer;
public class ObjCreateTest1 {
    public static void main(String[] args)throws Exception {
        Class clsCustomer = Class.forName("cus.Customer");
        Constructor constructor =
            clsCustomer.getDeclaredConstructor(String.class,String.class);
        Object obj = constructor.newInstance("1111","1111");
        Customer cus = (Customer)obj;
        cus.display();
    }
}
```

运行，控制台打印效果如图 28-10 所示。

```
account=1111
password=1111
```

图 28-10 ObjCreateTest1.java 的效果

实际上和以下代码等价：

```
…
cus.Customer cus = new cus.Customer("1111","1111");
cus.display();
…
```

虽然利用反射机制比较复杂，但是毕竟可以通过一个类名字符串来实例化对象。

阶段性作业

通过类名字符串 javax.swing.JFrame 来实例化一个 JFrame 对象，要求有标题，最后显示。

28.3.2 如何给成员变量赋值

在用 Class 类载入一个类（如 Customer 类）之后，可以通过 Class 对象来实例化 Customer 对象，在不知道该对象类型的情况下也可以给其成员变量赋值。

注意

在一般情况下只对 public 的成员变量赋值。

首先需要根据 28.2 节的方法得到某一个字段，返回一个 Field 对象，然后通过 Field 对象的以下函数调用：

```
public void set(Object obj, Object value)
  throws IllegalArgumentException,IllegalAccessException
```

其中，第 1 个参数是要调用赋值的对象，第 2 个参数是所赋的值。

例如以下代码：

```
Class clsCustomer = Class.forName("cus.Customer");
Constructor constructor =
        clsCustomer.getDeclaredConstructor(String.class,String.class);
Object obj = constructor.newInstance("1111","1111");
Field field = clsCustomer.getField("abc");
field.set(obj, "123");
```

相当于：

```
cus.Customer obj = new cus.Customer("1111","1111");
obj. abc = "123";
```

当然，字段 abc 必须是 public 类型的。读者可以自行验证、测试。

28.3.3 如何调用成员函数

在用 Class 类载入一个类（如 Customer 类）之后，可以通过 Class 对象来实例化 Customer 对象，在不知道该对象类型的情况下也可以调用其成员函数。

首先需要根据 28.2 节的方法得到某一个成员函数，返回一个 Method 对象，然后通过 Method 对象的以下函数调用：

```
public Object invoke(Object obj, Object... args)
              throws IllegalAccessException,
                     IllegalArgumentException,
                     InvocationTargetException
```

其中，第 1 个参数是要调用该函数的对象，第 2 个参数及其以后是给函数传入的参数值，返回的 Object 是函数的返回值。

例如以下代码：

```
Class clsCustomer = Class.forName("cus.Customer");
Constructor constructor =
        clsCustomer.getDeclaredConstructor(String.class,String.class);
Object obj = constructor.newInstance("1111","1111");
Method method = clsCustomer.getMethod("display");
method.invoke(obj);
```

相当于：

```
cus.Customer obj = new cus.Customer("1111","1111");
obj.display();
```

在下面的例子中完全用反射的方法来实例化一个 JFrame 并显示：

CallMethodTest2.java

```
package callmethod;
import java.lang.reflect.Method;
public class CallMethodTest2 {
    public static void main(String[] args)throws Exception {
        //相当于"JFrame frm = new JFrame();"
        Class clsJFrame = Class.forName("javax.swing.JFrame");
        Object obj = clsJFrame.newInstance();
        //相当于"frm.setTitle("这是一个窗口");"
        Method setTitle = clsJFrame.getMethod("setTitle",String.class);
        setTitle.invoke(obj,"这是一个窗口");
        //相当于"frm.setSize(200,100);"
        Method setSize = clsJFrame.getMethod("setSize",int.class,int.class);
        setSize.invoke(obj,200,100);
        //相当于"frm.setVisible(true);"
        Method setVisible = clsJFrame.getMethod("setVisible",boolean.class);
        setVisible.invoke(obj,true);
    }
}
```

运行，显示窗口如图 28-11 所示。

图 28-11　显示的窗口

阶段性作业

(1) 完成本章开头讲述的例子，将需要实例化的界面类型，如 javax.swing.JFrame，写在配置文件中。

(2) 能否用配置文件完全配置界面的标题和大小？例如将配置文件写成如图 28-12 所示。

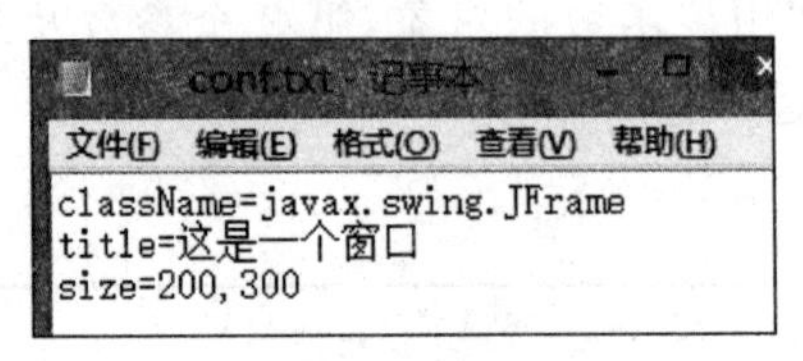

图 28-12 配置文件

说明：如果你能完成，那么你几乎具备了编写一个简单框架的基本思想。

28.4 何时使用反射

从上面可以看出，反射具有以下优势：

(1) 编码时，在不知道具体类的情况下可以实例化该对象。

(2) 在不知道对象类型的情况下可以访问该对象的成员。

反射的这些特点让程序更加灵活。

反射带来的代价有以下几个方面：

(1) 代码更难懂了。

(2) 性能更低，使用反射基本上是一种解释操作，这类操作总是慢于直接执行相同的操作。

所以，什么时候使用反射就要靠业务的需求、大小，以及我们经验的积累来决定。

反射是框架开发的原理和核心，通过反射可以动态地改变配置文件来加载类、调用对象的方法和使用对象的属性，给维护带来很大的便利。我们将在第 29 章用几个框架来诠释反射技术的作用。

本章知识体系

知识点	重要等级	难度等级
反射的原理	★★★★	★★★
Class 类	★★★★★	★★★★
Constructor 类	★★★	★★★
Field 类	★★	★★
Method 类	★★★	★★★
用反射访问对象	★★★★	★★★★

第29章

用反射技术编写简单的框架

前面学习了 Java 反射,Java 反射是框架技术的核心,本章将通过两个小框架进行讲解。

本 章 术 语

反射________________

框架________________

Framework________________

Class 类________________

异常处理________________

配置文件________________

耦合性________________

IoC________________

Spring 框架________________

工厂类________________

29.1 什么是框架

框架在 Java 系列技术中占有很重要的地位,在 Java 的后续课程中将详细学习框架技术。对于什么是框架,其实一直没有准确的定义,但是相信学完本章,读者能够对框架有一个简单的了解。

29.2 动态异常处理框架

29.2.1 框架功能简介

大家知道,传统的异常处理结构如下:

```
try{
    /*可能出现异常的代码*/
}
catch(可预见的 Exception1 ex1){
    /*处理1*/
}
```

```
catch(可预见的 Exception2 ex2){
    /*处理 2*/
}
...
finally{
    //可选
}
```

该结构有什么问题呢?

很显然,如果事先无法预计 try 内的代码会出现什么样的异常,但是出于安全考虑,不同的异常需要用不同的方式来处理,例如数据库异常需要检查数据库、文件异常需要检查文件,在这种情况下,我们的代码在 try 的后面可以接很多个 catch。

例如下面的代码处理了一种异常:

```
try{
    /*可能出现异常的代码*/
}
catch(NumberFormatException ex){
    /*处理 NumberFormatException*/
}
finally{
    //可选
}
```

但是,该代码交给客户使用之后,如果有一天客户需要处理另一种新的、事先没有考虑到的异常,例如 NullPointerException,怎么办呢?

此时就不得不修改上面代码的源代码,在 catch 中增加一个:

```
...
catch(NullPointerException ex){
    /*处理 NullPointerException*/
}
...
```

修改源代码,首先意味着读懂源代码,然后意味着重新编译,这些都是非常麻烦的。更何况,异常处理分布在项目的很多地方,万一漏改了某个地方呢?

因此考虑能否用下面的结构:

(1) 异常处理用最简单的方式:

```
try{
    /*可能出现异常的代码*/
}
catch(Exception ex){
    ExceptionHandler.handle(ex);                    //这是所编写的框架类
}
finally{
    //可选
}
```

在代码中只有一个 catch，捕获所有的异常。在该 catch 内调用一个类——ExceptionHandler 的静态方法 handle 函数来处理 ex。

(2) 在 ExceptionHandler 的 handle 函数中判断 ex 的类型，根据类型确定该异常由谁去处理。这个“谁”可以是另一个异常处理类的对象。

(3) 某个异常由哪个类的对象去处理由配置文件指定，例如图 29-1 所示。

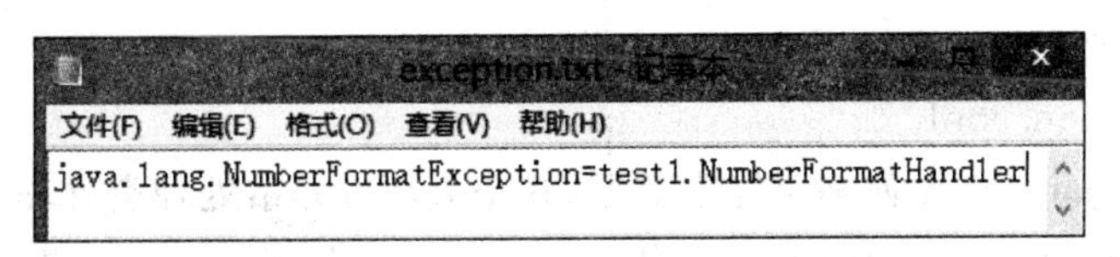

图 29-1　配置文件

表示当出现 java. lang. NumberFormatException 时交给 test1. NumberFormatHandler 去处理。如果以后要处理新的异常，只需要自己编写一个新的异常处理类，然后在配置文件中配置即可。例如，需要处理 java. lang. NullPointerException 时只需要编写一个异常处理类，如 test1. NullPointerHandler，然后将配置文件改为如图 29-2 所示。

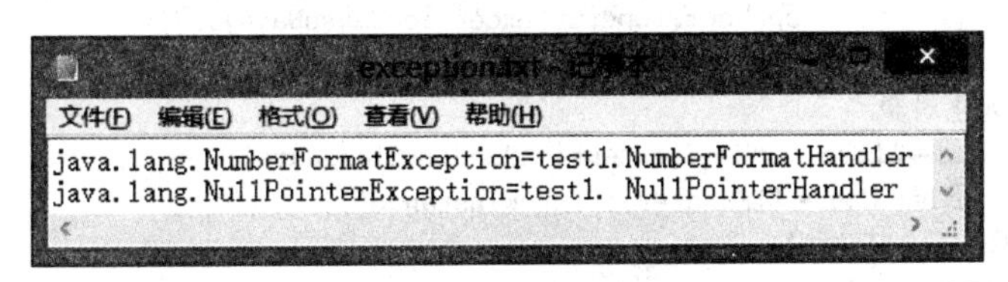

图 29-2　修改配置文件

这样，异常如何处理，由谁来处理，就变成动态的了。

29.2.2　重要技术

1. 在框架中需要编写哪些类

在框架中只需要编写 ExceptionHandler 类，路径为 exceptionframework. ExceptionHandler。

另外，为了保证各异常处理类格式的一致性，最好再编写一个接口，路径为 exceptionframework. IHandler。源代码如下：

```
public interface IHandler {
    public void handle(Exception ex);
}
```

所有客户编写的异常处理类（如 test1. NullPointerHandler 等）都需要实现这个接口，这样就保证了格式的一致性。

2. ExceptionHandler 如何载入配置文件

很简单，配置文件用 key=value 的形式存储，可以用 Properties 载入：

```
private static Properties pps;
//载入配置文件
private static void loadFile() throws Exception{
```

```
        pps = new Properties();
        pps.load(new FileReader("exception.conf"));
    }
```

注意

在该代码中,配置文件名“写死”在源代码内,说明配置文件只能用 exception.conf,如果需要更灵活,那么可以在 loadFile 方法中传入文件路径。此处为了简单起见,规定配置文件名只能用 exception.conf。

3. ExceptionHandler 如何确定异常类型,并交给相应异常处理类处理

该工作在 ExceptionHandler 的 handle 函数中实现,在该函数中首先接受一个异常,然后得到其对应的类名,根据类名找异常处理类的类名,然后实例化该异常处理类,进行异常处理:

```
public static void handle(Exception ex){
    String exceptionClassName = ex.getClass().getName();
    String exceptionHandlerClassName =
                    pps.getProperty(exceptionClassName);
    try{
        //实例化对象
        Class cls = Class.forName(exceptionHandlerClassName);
        IHandler handler = (IHandler)cls.newInstance();
        handler.handle(ex);
    }catch(Exception e){
        ex.printStackTrace();
    }
}
```

29.2.3 框架代码的编写

首先建立一个 Java 项目——ExceptionFramework。

编写所有异常处理类的接口,代码如下:

IHandler.java

```
package exceptionframework;
public interface IHandler {
    public void handle(Exception ex);
}
```

然后编写 ExceptionHandler,代码如下:

ExceptionHandler.java

```
package exceptionframework;
import java.io.FileReader;
import java.util.Properties;
public class ExceptionHandler {
    private static Properties pps;
    static{
```

```
        try{
            loadFile();
        }catch(Exception ex){
            ex.printStackTrace();
        }
    }
    //载入配置文件
    private static void loadFile() throws Exception{
        pps = new Properties();
        pps.load(new FileReader("exception.conf"));
    }
    public static void handle(Exception ex){
        String exceptionClassName = ex.getClass().getName();
        String exceptionHandlerClassName =
                    pps.getProperty(exceptionClassName);
        try{
            //实例化对象
            Class cls = Class.forName(exceptionHandlerClassName);
            IHandler handler = (IHandler)cls.newInstance();
            handler.handle(ex);
        }catch(Exception e){
            ex.printStackTrace();
        }
    }
}
```

本项目的结构如图 29-3 所示。

该项目是编写的框架，无法运行，是给别人使用的。

接下来要进行打包，右击项目，选择 Export 命令，如图 29-4 所示。

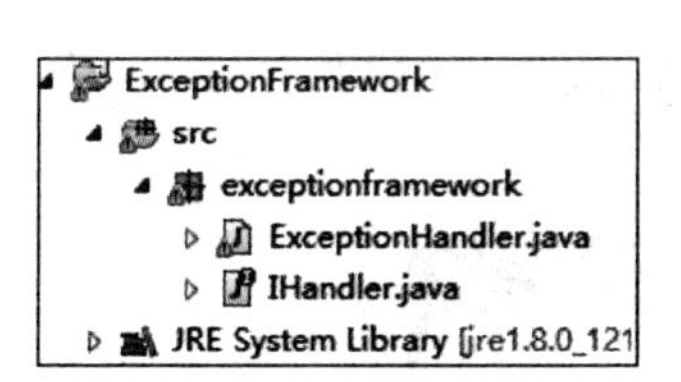

图 29-3　项目的结构

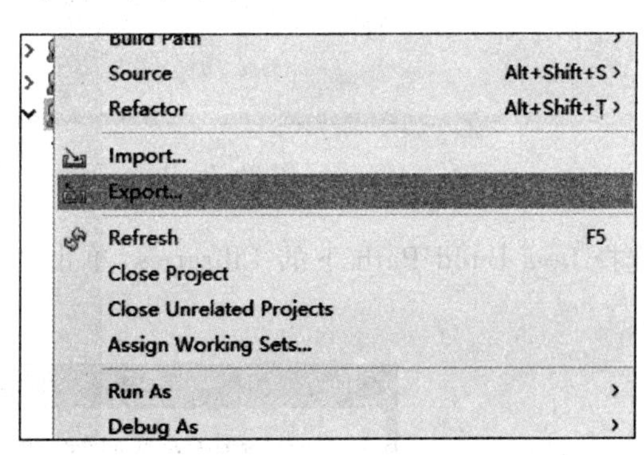

图 29-4　选择 Export 命令

后面根据提示进行打包即可，将生成的 jar 包命名为 exceptionframework.jar，如图 29-5 所示。

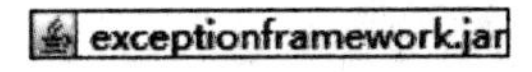

图 29-5　命名生成的 jar 包

29.2.4 使用该框架

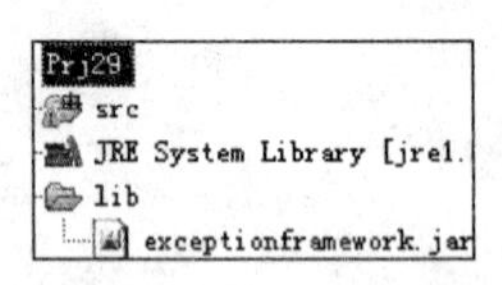

图 29-6 复制 jar 包

下面使用这个框架。

1. 准备工作

另外编写一个项目，例如 Prj29，在项目根目录下新建一个名为 lib 的文件夹，将该 jar 包复制到该文件夹下，如图 29-6 所示。

右击项目，选择 Properties 命令，弹出如图 29-7 所示的对话框。

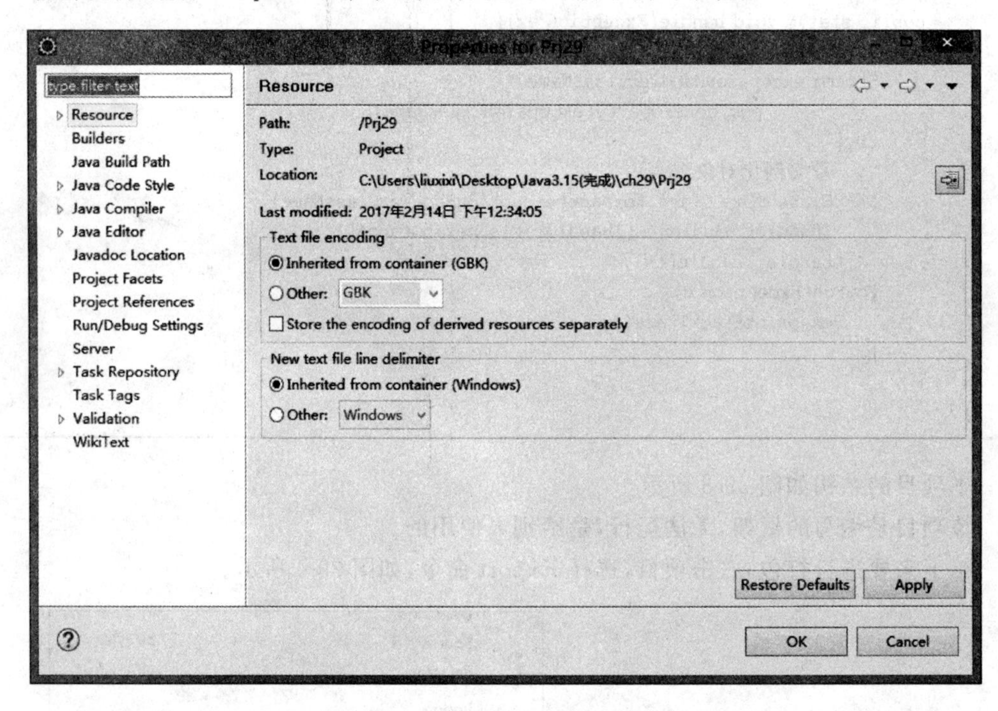

图 29-7 Properties for Prj29 对话框

选择 Java Build Path 下的 Libraries，单击 Add JARs 按钮，弹出如图 29-8 所示的对话框。

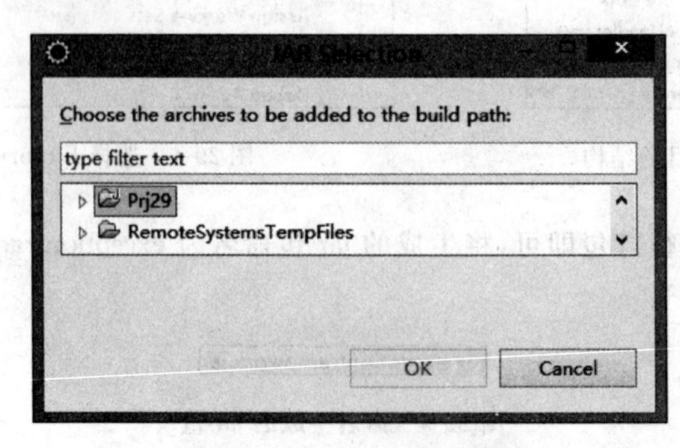

图 29-8 JAR Selection 对话框

将 lib 下的 exceptionframework. jar 加入到项目中即可。

2. 编写配置文件

假如要处理 java. lang. NumberFormatException，在项目根目录下建立配置文件 exception. conf，如图 29-9 所示。

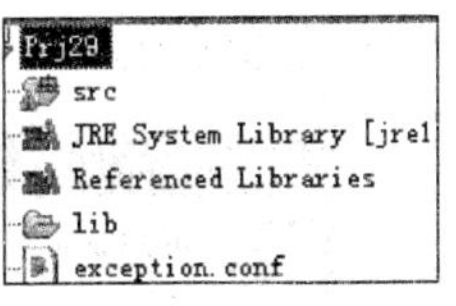

图 29-9　建立配置文件

编写如下：

exception. conf

```
java.lang.NumberFormatException = test1.NumberFormatHandler
```

3. 编写 test1. NumberFormatHandler

模拟该异常处理类的代码如下：

NumberFormatHandler. java

```
package test1;
import exceptionframework.IHandler;
public class NumberFormatHandler implements IHandler{
    public void handle(Exception ex) {
        NumberFormatException nfe = (NumberFormatException)ex;
        System.out.println("出现并处理 NumberFormatException");
    }
}
```

4. 编写测试类

用一个“输入圆的半径，打印面积”的案例进行测试。测试类如下：

Calc1. java

```
package test1;
import javax.swing.JOptionPane;
import exceptionframework.ExceptionHandler;
public class Calc1 {
    public static void main(String[] args) {
        try{
            //半径输入框,返回字符串
            String str = JOptionPane.showInputDialog(null,"请您输入半径");
            /* 转换成 double */
            double r = Double.parseDouble(str);
            //计算
            double area = Math.PI * r * r;
            /* 打印结果 */
            System.out.println("该圆面积是: " + area);
            System.out.println("程序运行完毕");
        }catch(Exception ex){
            ExceptionHandler.handle(ex);
        }
    }
}
```

运行，效果如图 29-10 所示。

如果随便输入，单击“确定”按钮，控制台打印效果如图 29-11 所示。

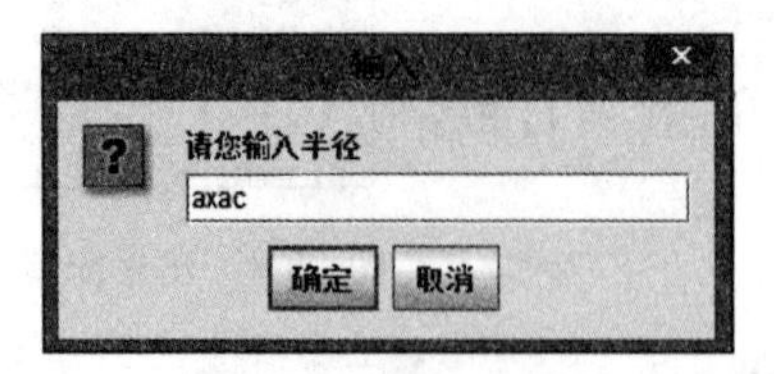

图 29-10　输入界面

```
NumberFormatException
```

图 29-11　随便输入时的控制台打印效果

说明异常处理框架起到了作用。

5. 处理新的异常

如果要处理新的异常——NullPointerException 呢？

此时只需要修改配置文件：

exception. conf

```
java.lang.NumberFormatException = test1.NumberFormatHandler
java.lang.NullPointerException = test1.NullPointerHandler
```

然后编写 test1. NullPointerHandler：

NullPointerHandler. java

```java
package test1;
import exceptionframework.IHandler;
public class NullPointerHandler implements IHandler{
    public void handle(Exception ex) {
        NullPointerException npe = (NullPointerException)ex;
        System.out.println("出现并处理 NullPointerException");
    }
}
```

运行 Calc1. java，效果如图 29-12 所示。

单击“取消”按钮，抛出 NullPointerException，控制台打印效果如图 29-13 所示。

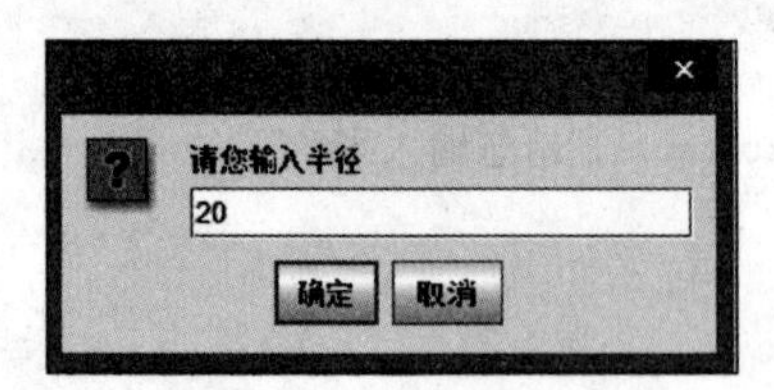

图 29-12　输入界面

```
NullPointerException
```

图 29-13　单击“取消”按钮时的控制台打印效果

说明异常处理框架能够动态地处理异常，不需要修改 Calc1. java 的源代码。

阶段性作业

(1) 如果 Calc1. java 代码中有可能出现 java. io. IOException，需要处理，如何在不修改其代码的情况下让系统处理 java. io. IOException?

(2) 能否对该框架做一些改进，例如使配置文件的名称和路径可以自行确定。

29.3　动态对象组装框架

29.3.1　框架功能简介

耦合性是软件工程中的一个重要概念，对象之间的耦合性就是对象之间的依赖性。对象之间的耦合越高，维护成本越高，因此对象的设计应使类和构件之间的耦合最小。

这里以一个简单的案例引入。例如在某软件中，在 MainFrame 中单击一个按钮能够出现一个字体对话框 FontDialog，使用传统方法的伪代码如下：

```
public class MainFrame extends JFrame{
    public void showDialog() {
        FontDialog fd = new FontDialog();
        fd.setVisible(true);
    }
}
public class FontDialog extends JDialog{
    ...
}
```

该结构有什么问题呢？

很显然，如果将该软件卖给客户，客户使用一段时间之后觉得 FontDialog 不好看，还不如自己编写一个新的字体对话框，例如 NewFontDialog：

```
public class NewFontDialog extends JDialog{
    ...
}
```

但是问题来了，这个 NewFontDialog 如何去替换原来的 FontDialog 呢？

此时就不得不修改 MainFrame 的源代码，改为：

```
public class MainFrame extends JFrame{
    public void showDialog() {
        NewFontDialog fd = new NewFontDialog ();
        fd.setVisible(true);
    }
}
```

同样，修改源代码首先意味着读懂源代码，然后意味着重新编译，这些都是非常麻烦的。那么如何在不改变 MainFrame 源代码的情况下让其出现的 FontDialog 可以随意替换呢？

此时反射可以帮用户解决这个问题。

注意

在不改变 MainFrame 源代码的情况下让其出现的 FontDialog 可以随意替换，这在软件开发中非常常见，例如：

(1) 某软件使用老算法进行媒体播放，但是随着科技的发展，希望使用新方法进行媒体播放。

(2) 某软件用一个类访问 SQL Server 数据库，但是随着数据库的改变，又希望用一个新类访问 Oracle 数据库。

29.3.2 引入工厂

实际上，使用反射可以将需要实例化的类放在配置文件中。但是，反射对程序的可读性有些影响，为了减轻反射对程序可读性的影响，可以结合一些其他手段，多态性就是一种重要方法。

注意

29.2 节中的 IHandler 也是多态性的一种应用。

实际上在 29.2 节中，在 MainFrame 中的 showDialog 内直接实例化了 FontDialog 对象，此时相当于让 MainFrame 的使用依赖了 FontDialog。换句话说，如果没有 FontDialog 类，MainFrame 将无法被编译、测试。另外，如果将 FontDialog 类换成另一版本，例如改为 NewFontDialog，那么需要将 MainFrame 内所有出现 FontDialog 的地方改为 NewFontDialog，非常麻烦。这就是耦合性高的代价。

那么如何降低耦合性呢？很简单，首先可以让 MainFrame 访问的不是一个变化机会较大的 FontDialog 类，而是一个变化机会较小的接口或父类，通过一个工厂类负责返回相应对象。因此代码可以改为：

```
public class FontDialog extends JDialog{
    …
}

public class DialogFactory {
    public static JDialog getDialog() {
        return new FontDialog();
    }
}

public class MainFrame extends JFrame{
    public void showDialog() {
        JDialog dlg = DialogFactory.getDialog();
        dlg.setVisible(true);
    }
}
```

注意

DialogFactory 中的 getDialog 方法返回的是所有 JDialog，即所有自定义 JDialog 的共同父类，这是多态性的一种体现。

在上面的程序中，如果需要做 FontDialog 的切换，例如从 FontDialog 改为 NewFontDialog，则只需修改工厂的方法，而不用修改 MainFrame 内的代码，不过必须保证 NewFontDialog 也是 JDialog 的子类。

MainFrame 只需要认识 JDialog 类，不需要认识具体的子类，而接口修改的概率比实现类要低得多。因此，这样编写就降低了程序的耦合性，是一个比较好的方法。

29.3.3　引入配置文件

以上方法也不是没有修改的余地。当 Dialog 进行切换时还是需要修改 DialogFactory 的源代码，能否避免这个问题？可以对 DialogFactory 进行改进，使它能为所有类服务。代码如下：

```
public class FontDialog extends JDialog{
    …
}

public class DialogFactory {
    public static Object getDialog(String className) {
        Object obj = Class.forName(className).newInstance();
        return obj;
    }
}

public class MainFrame extends JFrame{
    public void showDialog() {
        JDialog dlg = (JDialog)DialogFactory.getDialog("FontDialog");
        dlg.setVisible(true);
    }
}
```

在 DialogFactory 中使用了反射机制。

在修改后，当需要切换的时候只需在 MainFrame 内改变类名，工厂内就会自动生成对象返回给 MainFrame。在 MainFrame 中，由于类名是字符串，因此可以将该字符串写在一个配置文件内，让 MainFrame 读入，这样当 MainFrame 类名需要切换时直接修改配置文件就行了，不用修改源代码，模块之间的耦合完全由配置文件决定。

例如，配置文件如图 29-14 所示。

说明实例化 test2. FontDialog。如果改为图 29-15 所示，说明实例化 test2. NewFontDialog。

图 29-14　配置文件

图 29-15　修改配置文件

这种设计方法有一个好处是 DialogFactory 类的通用性很强，可以将其框架化。实际上，由于 DialogFactory 的 getDialog 方法返回的是 Object 类型，可以将其定义得更加通用，将 DialogFactory 改名为 BeanFactory，将 getDialog 方法改名为 getBean，“Bean”就表示一个 Object。

注意

在框架化之后，对象的生成由框架参考配置文件进行，和具体实现类的源代码无关，将对象生成的控制权由修改不方便的源代码转变为修改相对方便的配置文件与几乎不修改的框架进行，这也是控制反转(Inverse of Control，IoC)的原理。

这也是目前非常流行的框架——Spring 框架的核心思想所在。

29.3.4 重要技术

1. 在框架中需要编写哪些类

在框架中只需要编写一个类，即负责读取配置文件和获取对象的工厂类 iocframework.BeanFactory。

2. BeanFactory 如何载入配置文件

很简单，配置文件用 key=value 的形式存储，可以用 Properties 载入，和 29.2 节相同。

注意

在该项目中，配置文件名可以不用“写死”在源代码内，提高了通用性。

29.3.5 框架代码的编写

首先建立一个 Java 项目——IOCFramework。

负责读取配置文件的类为 iocframework.BeanFactory，代码如下：

BeanFactory.java

```
package iocframework;
import java.io.FileReader;
import java.util.Properties;
public class BeanFactory {
    private static Properties pps;
    public BeanFactory(String fileName) throws Exception {
        this.loadFile(fileName);
    }
    //载入配置文件
    private void loadFile(String fileName) throws Exception{
        pps = new Properties();
        pps.load(new FileReader(fileName));
    }
    public Object getBean(String beanName)throws Exception{
        String className = pps.getProperty(beanName);
        //实例化对象
        Class cls = Class.forName(className);
        Object obj = cls.newInstance();
        return obj;
    }
}
```

本项目的结构如图 29-16 所示。

该项目是编写的框架，无法运行，是给别人使用的。

接下来要进行打包，右击项目，选择 Export 命令，和 29.2 节相同，后面根据提示进行打包即可，将生成的 jar 包命名为 iocframework.jar，如图 29-17 所示。

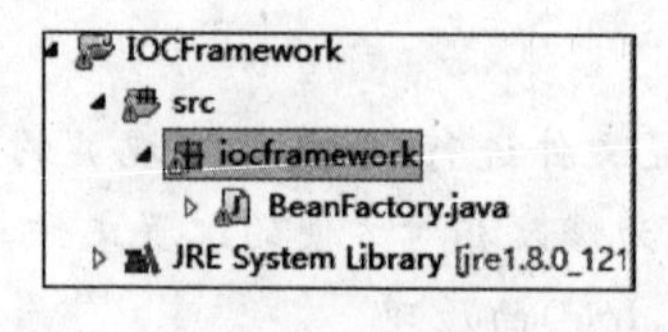

图 29-16 项目的结构

iocframework.jar

图 29-17 命名生成的 jar 包

29.3.6 使用该框架

下面使用这个框架。

1. 准备工作

在项目 Prj29 中将 iocframework.jar 复制到先前建立的 lib 文件夹中，然后右击项目，选择 Properties 命令，用类似 29.2 节的方法进行导入。

2. 编写配置文件

在项目根目录下建立配置文件 ioc.conf，如图 29-18 所示。

图 29-18 建立配置文件

编写代码如下：

ioc.conf

```
dlg = test2.FontDialog
```

3. 编写 test2.FontDialog

模拟该 FontDialog 的代码如下：

FontDialog.java

```
package test2;
import javax.swing.JDialog;
public class FontDialog extends JDialog {
    public FontDialog(){
        this.setSize(200,200);
    }
}
```

4. 编写 MainFrame

这里用一个简单的界面进行测试，测试类如下：

MainFrame.java

```
package test2;
import iocframework.BeanFactory;
import java.awt.*;
import java.awt.event.*;
import javax.swing.*;
public class MainFrame extends JFrame {
    private JButton jbt = new JButton("显示对话框");
    public MainFrame(){
        this.add(jbt,BorderLayout.NORTH);
        jbt.addActionListener(new ActionListener(){
            public void actionPerformed(ActionEvent e){
                showDialog();
            }
        });
        this.setLocation(200,300);
        this.setSize(200,200);
        this.setVisible(true);
```

```
    }
    public void showDialog(){
        try{
            BeanFactory bf = new BeanFactory("ioc.conf");
            JDialog dlg = (JDialog)bf.getBean("dlg");
            dlg.setVisible(true);
        }catch(Exception ex){
            ex.printStackTrace();
        }
    }
    public static void main(String[] args){
        new MainFrame();
    }
}
```

运行,效果如图 29-19 所示。

单击"显示对话框"按钮时出现如图 29-20 所示的对话框。

图 29-19　运行效果

图 29-20　单击按钮时出现的对话框

说明框架起到了作用。

5. 改为新的对话框

如果改为新的对话框——test2.NewFontDialog 呢?

此时只需要修改配置文件:

ioc.conf

```
dlg = test2.NewFontDialog
```

然后编写 test2.NewFontDialog:

NewFontDialog.java

```
package test2;
import java.awt.Color;
import javax.swing.JDialog;
public class NewFontDialog extends JDialog {
    public NewFontDialog(){
        this.getContentPane().setBackground(Color.pink);
        this.setSize(300,150);
    }
}
```

运行 MainFrame. java,效果如图 29-21 所示。

单击“显示对话框”按钮时出现新的对话框,如图 29-22 所示。

图 29-21　运行效果

图 29-22　单击按钮时出现新的对话框

说明该框架能够动态地进行模块接入,不需要修改 MainFrame. java 的源代码。

阶段性作业

(1) 如果 MainFrame. java 代码中需要改为另一个 Dialog,如何在不修改其代码的情况下单击按钮出现新的 Dialog?

(2) 上网搜索 Spring 框架是做什么的。

第30章

综合案例：用TCP技术开发即时通信软件

本章将用一个即时通信软件案例对本书的大部分内容进行复习。

值得一提的是，限于篇幅，本章案例去除了一些非核心代码，将即时通信软件最核心的技术展现出来，因此可以说其内容是即时通信软件的精华版，短小精悍。

本章术语

Exception ____________________

IO ____________________

TCP网络编程 ____________________

Socket ____________________

GUI ____________________

30.1 即时通信软件功能简介

30.1.1 服务器界面

在本章中将制作一个比较完整的即时通信软件（聊天软件）——GoodChat，该软件基于C/S结构进行开发。

图30-1 服务器端界面

运行服务器，界面如图30-1所示。

在服务器运行之后，客户可以登录聊天室。

用户也可以单击“关闭服务器”按钮关闭服务器。

服务器端保存了所有客户的注册信息。客户注册时能够将自己的账号、密码、姓名、部门存入服务器端所在的计算机，由于没有学习数据库操作，因此我们将内容存入文件。

30.1.2 客户的登录和注册

客户端系统运行，出现如图30-2所示的登录界面。

该界面出现在屏幕中间。

(1) 单击“登录”按钮能够连接到服务器，根据输入的账号、密码登录。如果登录失败，能够提示；如果登录成功，提示登录成功之后能够到达聊天界面。

(2) 单击“注册”按钮，登录界面消失，出现注册界面。

(3) 单击“退出”按钮，程序退出。

注册界面如图 30-3 所示。

(1) 单击“注册”按钮能够连接到服务器，根据输入的账号、密码、姓名、部门进行注册。注意，两个密码必须相等，账号不能重复注册，部门选项如图 30-4 所示。

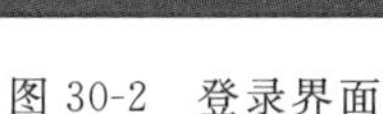

图 30-2 登录界面

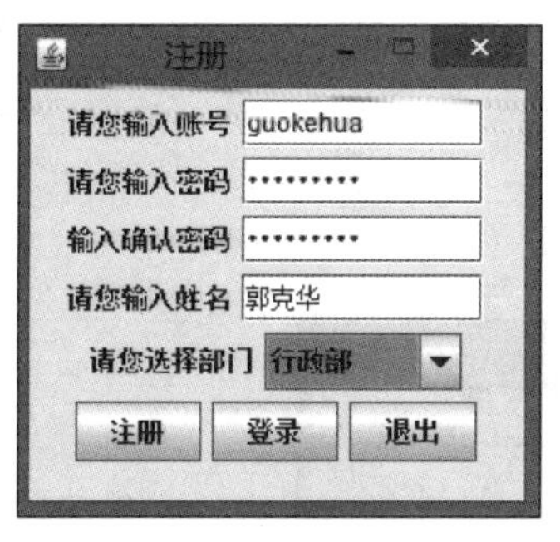

图 30-3 注册界面

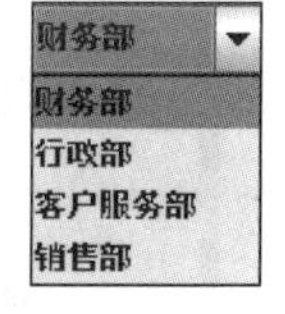

图 30-4 部门选项

(2) 单击“登录”按钮，注册界面消失，出现登录界面。

(3) 单击“退出”按钮，程序退出。

注意

登录和注册的工作都需要连接到远程服务器。

30.1.3 消息收发界面

客户登录成功之后的提示如图 30-5 所示。

单击“确定”按钮出现聊天界面，该界面的效果如图 30-6 所示。

(1) 在这个界面中标题栏显示当前登录的账号。

(2) 左边显示在线用户名单，右边显示聊天记录。

(3) 客户可以选择一个在线账号和其进行私聊，也可以选择 ALL，表示将信息发给所有用户。

图 30-5 登录成功

当消息发送之后在聊天记录框中显示，如图 30-7 所示。

图 30-6 聊天界面

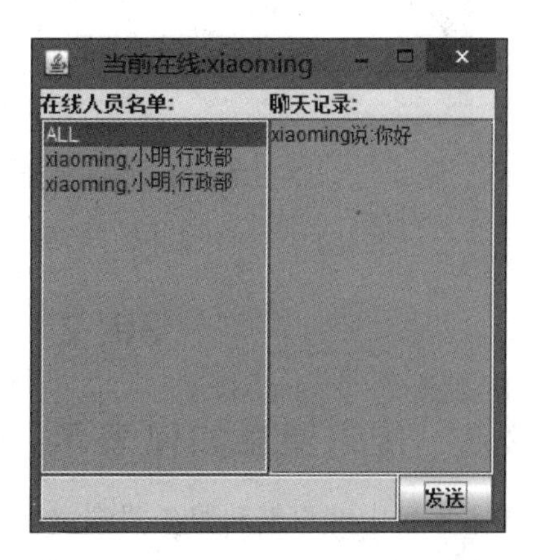

图 30-7 消息显示在聊天记录框中

在客户登录成功之后,服务器端界面的标题栏上的人数发生变化,如图 30-8 所示。

如果关闭服务器,客户端显示如图 30-9 所示。

图 30-8　人数发生变化

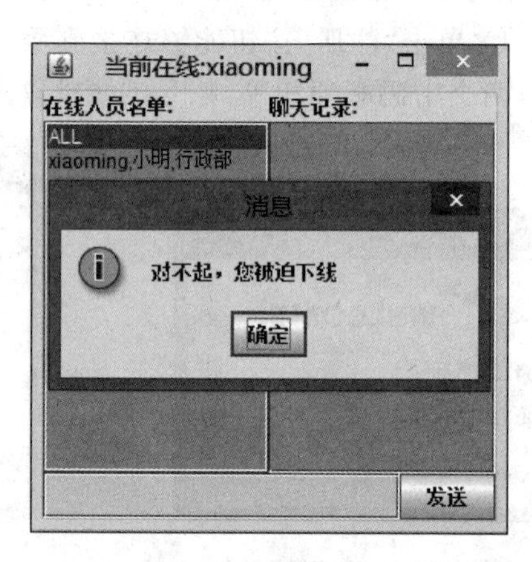

图 30-9　关闭服务器时客户端的显示

30.1.4　在线名单的刷新

在本系统中在线名单可以自动刷新。

例如,如果只登录一个用户 xiaoming,然后登录了另一个用户 xiaohong,xiaoming 用户的界面变为图 30-10 所示。

如果 xiaohong 关闭聊天界面,则该界面中的在线人员名单会将其去除,如图 30-11 所示。

图 30-10　登录其他用户时的界面

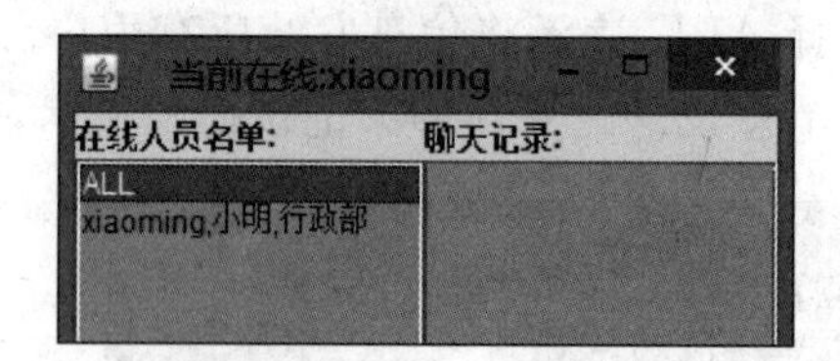

图 30-11　去除下线人员

30.2　项目关键技术

30.2.1　传输消息如何表示

在本项目中客户端和服务器端之间通信,消息有各种类型。例如,登录时要告诉服务器端进行登录,注册时也要告诉服务器端进行注册,服务器端根据消息类型的不同进行不同的动作。

另外，消息内部保存的数据也可能不一样，例如，聊天时保存的是一个字符串，传输在线用户名单时保存的可能是一个对象。因此，需要将数据进行封装。

设计消息的封装类——vo. Message，负责封装消息内容。

Message. java

```
package vo;
import java.io.Serializable;
public class Message implements Serializable{
    private String type;
    /*消息内容*/
    private Object content;
    /*接收方,如果是所有人,定义为"ALL" */
    private String to;
    /*发送方*/
    private String from;
    public void setType(String type) {
        this.type = type;
    }
    public void setContent(Object content) {
        this.content = content;
    }
    public void setTo(String to) {
        this.to = to;
    }
    public void setFrom(String from) {
        this.from = from;
    }
    public String getType() {
        return (this.type);
    }
    public Object getContent() {
        return (this.content);
    }
    public String getTo() {
        return (this.to);
    }
    public String getFrom() {
        return (this.from);
    }
}
```

其中，type 属性表示消息类型，规定 LOGIN 表示登录，REGISTER 表示注册，LOGINFAIL 表示登录失败，USERLIST 表示用户名单（登录成功），REGISTERSUCCESS 表示注册成功，REGISTERFAIL 表示注册失败，MESSAGE 表示普通聊天信息，LOGOUT 表示退出。

from 属性表示消息发送的源方账号，to 表示目标账号，如果是 ALL，表示将消息发送给所有人。

这些内容保存在 Conf 类中，用静态变量表示。

Conf. java

```
package util;
public class Conf {
    public static final String LOGIN = "LOGIN";                          //登录
    public static final String REGISTER = "REGISTER";                    //注册
    public static final String LOGINFAIL = "LOGINFAIL";                  //登录失败
    public static final String USERLIST = "USERLIST";                    //用户名单(登录成功)
    public static final String REGISTERSUCCESS = "REGISTERSUCCESS";      //注册成功
    public static final String REGISTERFAIL = "REGISTERFAIL";            //注册失败
    public static final String MESSAGE = "MESSAGE";                      //普通聊天信息
    public static final String LOGOUT = "LOGOUT";                        //退出
    public static final String ALL = "ALL";                              //所有人
}
```

30.2.2 客户信息如何表示

在本项目中将客户信息保存在类 Customer 中,代码如下:

Customer. java

```
package vo;
import java.io.Serializable;
public class Customer implements Serializable{
    private String account;
    private String password;
    private String name;
    private String dept;
    public String getAccount() {
        return account;
    }
    public void setAccount(String account) {
        this.account = account;
    }
    public String getPassword() {
        return password;
    }
    public void setPassword(String password) {
        this.password = password;
    }
    public String getName() {
        return name;
    }
    public void setName(String name) {
        this.name = name;
    }
    public String getDept() {
        return dept;
    }
    public void setDept(String dept) {
        this.dept = dept;
    }
}
```

注意

(1) Message 和 Customer 类由于需要在网上进行输入与输出，因此需要实现 Serializable 接口。

(2) 在用 Message 对象进行输入与输出时可以用 ObjectInputStream 负责输入，用 ObjectOutputStream 负责输出。在得到一个 socket 之后，可以用以下代码得到它们的 ObjectInputStream 和 ObjectOutputStream：

```
ObjectInputStream ois = new ObjectOutputStream(socket.getOutputStream());
ObjectOutputStream oos = new ObjectInputStream(socket.getInputStream());
```

不过这两句不能颠倒，否则程序会在此处阻塞。

30.2.3　客户文件如何保存在服务器端

由于没有学习数据库，为了简单起见，将客户文件保存为文本文件。

我们将客户的信息用如图 30-12 所示的格式存储：

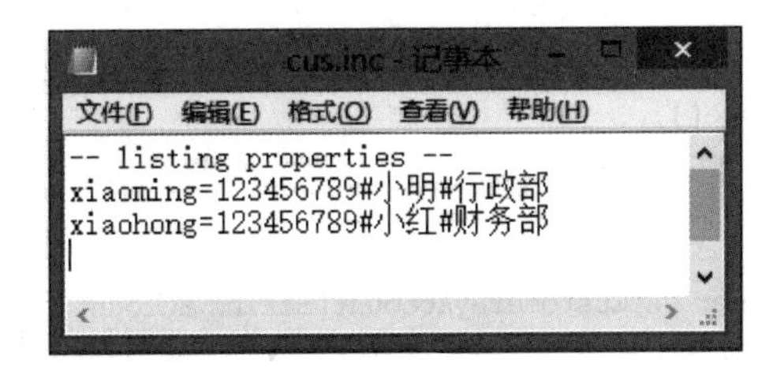

图 30-12　保存客户的信息

将数据保存在 cus.inc 内，以“账号＝密码＃姓名＃部门”的格式保存，便于用 Properties 类来读。

30.2.4　如何读写客户文件

在本系统中，登录时需要读取客户文件，注册时需要写信息到文件，因此需要有一个专门的类来读写该文件，这里设计的类为 util.FileOpe。代码如下：

FileOpe.java

```
package util;

import java.io.FileReader;
import java.io.PrintStream;
import java.util.Properties;
import javax.swing.JOptionPane;
import vo.Customer;
public class FileOpe {
    private static String fileName = "cus.inc";
    private static Properties pps;
    static {
        pps = new Properties();
        FileReader reader = null;
```

```
        try{
            reader = new FileReader(fileName);
            pps.load(reader);
        }catch(Exception ex){
            JOptionPane.showMessageDialog(null, "文件操作异常");
            System.exit(0);
        }finally{
            try{
                reader.close();
            }catch(Exception ex){}
        }
    }
    private static void listInfo(){
        PrintStream ps = null;
        try{
            ps = new PrintStream(fileName);
            pps.list(ps);
        }catch(Exception ex){
            JOptionPane.showMessageDialog(null, "文件操作异常");
            System.exit(0);
        }finally{
            try{
                ps.close();
            }catch(Exception ex){}
        }
    }
    public static Customer getCustomerByAccount(String account) {
        Customer cus = null;
        String cusInfo = pps.getProperty(account);
        if(cusInfo!= null){
            String[] infos = cusInfo.split("#");
            cus = new Customer();
            cus.setAccount(account);
            cus.setPassword(infos[0]);
            cus.setName(infos[1]);
            cus.setDept(infos[2]);
        }
        return cus;
    }
    public static void insertCustomer(String account,String password,
                                      String name,String dept) {
        pps.setProperty(account, password + "#" + name + "#" + dept);
        listInfo();
    }
}
```

30.2.5 基本模块结构

经过设计，服务器端的基本项目结构如图 30-13 所示。

其基本功能如下。

(1) cus.inc：保存顾客信息的文件。

(2) vo.Customer：封装顾客信息的类。

(3) vo. Message：封装消息的类。

(4) util. Conf：保存系统配置的各个常量的类。

(5) util. FileOpe：访问文件 cus. inc 的类。

(6) app. Server：接受客户连接请求的类。

(7) app. ChatThread：和客户进行消息通信的类。

(8) main. Main：程序入口，调用 app. Server 类。

客户端的基本项目结构如图 30-14 所示。

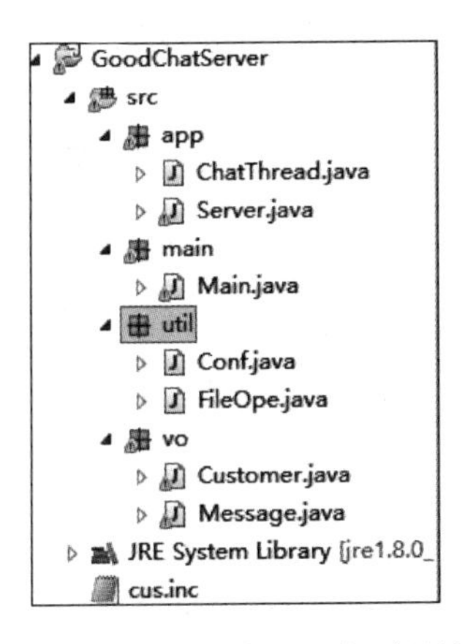

图 30-13　服务器端的基本项目结构

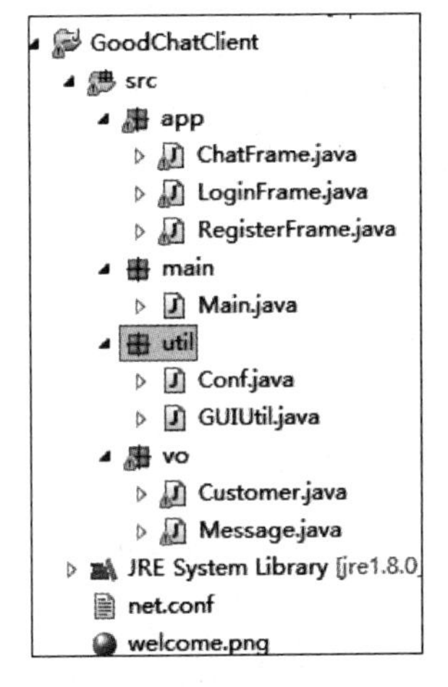

图 30-14　客户端的基本项目结构

其基本功能如下。

(1) net. conf：保存服务器端信息的文件，如图 30-15 所示。

(2) vo. Customer：封装顾客信息的类。

(3) vo. Message：封装消息的类。

(4) util. Conf：保存系统配置的各个常量的类。

(5) util. GUIUtil：将界面显示在屏幕中央。

(6) app. LoginFrame：登录界面。

(7) app. RegisterFrame：注册界面。

(8) app. ChatFrame：聊天界面。

(9) main. Main：程序入口，调用 app. LoginFrame 类。

(10) welcome. png：欢迎图片文件，效果如图 30-16 所示。

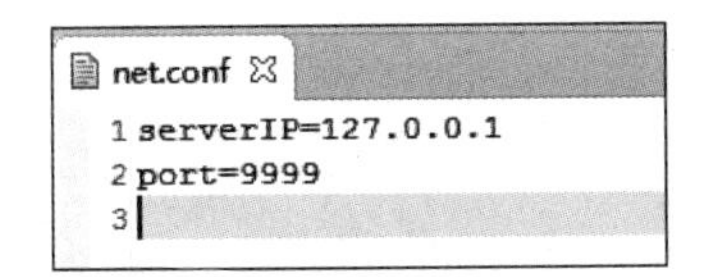

图 30-15　保存服务器端信息

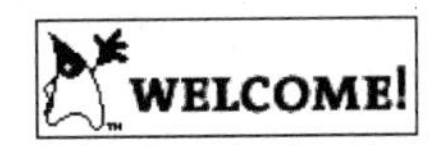

图 30-16　欢迎图片

30.3 编写服务器端

30.3.1 准备工作

首先建立项目 GoodChatServer，在项目根目录下建立空文件 cus.inc。

然后编写 vo.Customer、vo.Message、util.Conf、util.FileOpe，代码如前所示。

30.3.2 编写 app.Server 类

该类负责接受客户连接，接受一个连接，实例化一个 ChatThread 线程。

Server.java

```
package app;
import java.awt.*;
import java.awt.event.*;
import java.net.*;
import java.util.Vector;
import javax.swing.*;
import vo.Customer;
public class Server extends JFrame implements Runnable{
    /*客户端连接*/
    private Socket socket = null;
    /*服务器端接受连接*/
    private ServerSocket serverSocket = null;
    /*保存客户端的线程*/
    private Vector<ChatThread> clients = new Vector<ChatThread>();
    /*保存在线用户*/
    private Vector<Customer> userList = new Vector<Customer>();
    private JButton jbt = new JButton("关闭服务器");
    private boolean canRun = true;
    public Server() throws Exception{
        this.setTitle("服务器端");
        this.setDefaultCloseOperation(JFrame.EXIT_ON_CLOSE);
        this.add(jbt,BorderLayout.NORTH);
        jbt.addActionListener(new ActionListener(){
            public void actionPerformed(ActionEvent e){
                System.exit(0);
            }
        });
        this.setBackground(Color.yellow);
        this.setSize(300,100);
        this.setVisible(true);
        /*服务器端开辟端口,接受连接*/
        serverSocket = new ServerSocket(9999);
        /*接受客户连接的循环开始运行*/
        new Thread(this).start();
    }
    public void run(){
        try{
            while(canRun){
                socket = serverSocket.accept();
```

```
                ChatThread ct = new ChatThread(socket,this);
                /* 线程开始运行 */
                ct.start();
            }
        }catch(Exception ex){
            canRun = false;
            try{
                serverSocket.close();
            }catch(Exception e){}
        }
    }
    public Vector<ChatThread> getClients() {
        return clients;
    }
    public Vector<Customer> getUserList() {
        return userList;
    }
}
```

注意

(1) 在本类中成员 clients 负责保存所有的聊天线程，成员 userList 负责保存所有的在线用户。

(2) "ChatThread ct=new ChatThread(socket,this);"的第 2 个参数将当前界面对象传入，完全是因为 ChatThread 可能要访问当前界面中的 clients 和 userList，因此同时在 Server 类中编写 getClients 和 getUserList 函数。

30.3.3 编写 app.ChatThread 类

在 Server 接受一个连接之后，通信的工作由 ChatThread 类负责。代码如下：

ChatThread.java

```
package app;
import java.io.ObjectInputStream;
import java.io.ObjectOutputStream;
import java.net.Socket;
import util.Conf;
import util.FileOpe;
import vo.Customer;
import vo.Message;
/* 为某个客户端服务，负责接受、发送信息 */
public class ChatThread extends Thread {
    private Socket socket = null;
    private ObjectInputStream ois = null;
    private ObjectOutputStream oos = null;
    private Customer customer = null;
    private Server server;
    private boolean canRun = true;
    public ChatThread(Socket socket,Server server) throws Exception {
        this.socket = socket;
        this.server = server;
        oos = new ObjectOutputStream(socket.getOutputStream());
```

```
        ois = new ObjectInputStream(socket.getInputStream());
    }
    public void run() {
        try {
            while (canRun) {
                Message msg = (Message) ois.readObject();
                /* 分析之后转发 */
                String type = msg.getType();
                if (type.equals(Conf.LOGIN)) {
                    this.handleLogin(msg);
                } else if (type.equals(Conf.REGISTER)) {
                    this.handleRegister(msg);
                }else if (type.equals(Conf.MESSAGE)) {
                    this.handleMessage(msg);
                }
            }
        } catch (Exception ex) {
            this.handleLogout();
        }
    }
    /* 处理登录信息 */
    public void handleLogin(Message msg) throws Exception {
        Customer loginCustomer = (Customer)msg.getContent();
        String account = loginCustomer.getAccount();
        String password = loginCustomer.getPassword();
        Customer cus = FileOpe.getCustomerByAccount(account);
        Message newMsg = new Message();
        if(cus == null||!cus.getPassword().equals(password)){
            newMsg.setType(Conf.LOGINFAIL);
            oos.writeObject(newMsg);        //发给登录用户
            canRun = false;
            socket.close();
            return;
        }
        this.customer = cus;
        /* 将该线程放入 clients 集合 */
        server.getClients().add(this);
        /* 将 customer 加入到 userList 中 */
        server.getUserList().add(this.customer);
        /* 注意,应该是将所有的在线用户都要转发给客户端 */
        newMsg.setType(Conf.USERLIST);
        newMsg.setContent(server.getUserList().clone());
        //将该用户登录的信息发给所有用户
        this.sendMessage(newMsg,Conf.ALL);
        server.setTitle("当前在线:" + server.getClients().size() + "人");
    }
    /* 将 msg 里面的内容以聊天信息形式转发 */
    public void handleRegister(Message msg) throws Exception {
        Customer registerCustomer = (Customer)msg.getContent();
        String account = registerCustomer.getAccount();
        Customer cus = FileOpe.getCustomerByAccount(account);
        Message newMsg = new Message();
        if(cus!= null){
            newMsg.setType(Conf.REGISTERFAIL);
```

```
        }else{
            String password = registerCustomer.getPassword();
            String name = registerCustomer.getName();
            String dept = registerCustomer.getDept();
            FileOpe.insertCustomer(account, password, name, dept);
            newMsg.setType(Conf.REGISTERSUCCESS);
            oos.writeObject(newMsg);        //发给注册用户
        }
        oos.writeObject(newMsg);            //发给注册用户
        canRun = false;
        socket.close();
    }
    /* 将 msg 里面的内容以聊天信息形式转发 */
    public void handleMessage(Message msg) throws Exception {
        String to = msg.getTo();
        sendMessage(msg, to);
    }
    /* 向所有其他客户端发送一个该客户端下线的信息 */
    public void handleLogout() {
        Message logoutMessage = new Message();
        logoutMessage.setType(Conf.LOGOUT);
        logoutMessage.setContent(this.customer);
        server.getClients().remove(this);//将它自己从 clients 中去掉
        server.getUserList().remove(this.customer);
        try {
            sendMessage(logoutMessage, Conf.ALL);
            canRun = false;
            socket.close();
        } catch (Exception ex) {
            ex.printStackTrace();
        }
        server.setTitle("当前在线:" + server.getClients().size() + "人");
    }
    /* 将信息发给某个客户端 */
    public void sendMessage(Message msg, String to) throws Exception {
        for (ChatThread ct:server.getClients()) {
            if (ct.customer.getAccount().equals(to)||to.equals(Conf.ALL)) {
                ct.oos.writeObject(msg);
            }
        }
    }
}
```

注意

(1) 在本类中如何知道一个成员退出登录？其方法是当 run 函数中出现异常时认为该线程对应的客户退出了登录。

(2) 在 handleRegister 函数中不管注册是否成功，注册之后并没有将该线程加入到 server 的 clients 成员中，这是因为注册只是个瞬态连接，并不进行聊天，因此注册工作被处理之后该线程自动消亡即可。

(3) 在 handleLogin 函数中，登录不成功并没有将该线程加入到 server 的 clients 成员中，这是因为不成功的登录也只是个瞬态连接，被处理之后该线程自动消亡即可。但是，如果登录成功，就需要将该线程加入到 server 的 clients 成员中，并将在线用户名单发送给所有的客户端。注意，不能只发登录用户名单，否则当前登录的用户无法得知以前有谁在线。

(4) 在 handleLogout 函数中，当某个线程接收到用户退出的消息之后将该线程消亡，并将该线程对应的用户退出登录的消息发给所有其他客户端。

30.3.4 编写 main. Main 类

main. Main 类负责调用 app. Server 类。代码如下：

Main. java

```
package main;
import app.Server;
public class Main{
    public static void main(String[] args) throws Exception{
        Server server = new Server();
    }
}
```

运行该类即可运行服务器。

30.4 编写客户端

30.4.1 准备工作

首先建立项目 GoodChatClient，将 welcome. png 复制到项目根目录下，在项目根目录下建立文件 net. conf，配置 serverIP 和 port。

然后从服务器端复制编写好的 vo. Customer、vo. Message、util. Conf，代码如前所示。

编写 util. GUIUtil，代码如下：

GUIUtil. java

```
package util;
import java.awt.Component;
import java.awt.GraphicsEnvironment;
import java.awt.Rectangle;
public class GUIUtil {
    public static void toCenter(Component comp){
        GraphicsEnvironment ge =
                GraphicsEnvironment.getLocalGraphicsEnvironment();
        Rectangle rec =
                ge.getDefaultScreenDevice().getDefaultConfiguration().getBounds();
        comp.setLocation(((int)rec.getWidth() - comp.getWidth())/2,
                        ((int)rec.getHeight() - comp.getHeight())/2);
    }
}
```

30.4.2 编写 app. LoginFrame 类

该类负责显示登录界面，单击“登录”按钮发出登录请求。

LoginFrame. java

```
package app;
import java.awt.FlowLayout;
import java.awt.event.ActionEvent;
import java.awt.event.ActionListener;
import java.io.ObjectInputStream;
import java.io.ObjectOutputStream;
import java.net.Socket;
import javax.swing.*;
import main.Main;
import util.Conf;
import util.GUIUtil;
import vo.Customer;
import vo.Message;
public class LoginFrame extends JFrame implements ActionListener{
    /*********************** 定义各控件 *****************************/
    private Icon welcomeIcon = new ImageIcon("welcome.png");
    private JLabel lbWelcome = new JLabel(welcomeIcon);
    private JLabel lbAccount = new JLabel("请您输入账号");
    private JTextField tfAccount = new JTextField(10);
    private JLabel lbPassword = new JLabel("请您输入密码");
    private JPasswordField pfPassword = new JPasswordField(10);
    private JButton btLogin = new JButton("登录");
    private JButton btRegister = new JButton("注册");
    private JButton btExit = new JButton("退出");
    private Socket socket = null;
    private ObjectOutputStream oos = null;
    private ObjectInputStream ois = null;
    public LoginFrame(){
        /*********************** 界面的初始化 *************************/
        super("登录");
        this.setLayout(new FlowLayout());
        this.add(lbWelcome);
        this.add(lbAccount);
        this.add(tfAccount);
        this.add(lbPassword);
        this.add(pfPassword);
        this.add(btLogin);
        this.add(btRegister);
        this.add(btExit);
        this.setSize(240, 180);
        GUIUtil.toCenter(this);
        this.setDefaultCloseOperation(JFrame.EXIT_ON_CLOSE);
        this.setResizable(false);
        this.setVisible(true);
        /*********************** 增加监听 *************************/
        btLogin.addActionListener(this);
        btRegister.addActionListener(this);
        btExit.addActionListener(this);
    }
```

```
    public void login(){
        String account = tfAccount.getText();
        Customer cus = new Customer();
        cus.setAccount(account);
        cus.setPassword(new String(pfPassword.getPassword()));
        Message msg = new Message();
        msg.setType(Conf.LOGIN);
        msg.setContent(cus);
        try{
            socket = new Socket(Main.serverIP,Main.port);
            //以下两句有顺序要求
            oos = new ObjectOutputStream(socket.getOutputStream());
            ois = new ObjectInputStream(socket.getInputStream());
            oos.writeObject(msg);
            Message receiveMsg = (Message) ois.readObject();
            String type = receiveMsg.getType();
            if(type.equals(Conf.LOGINFAIL)){
                JOptionPane.showMessageDialog(this, "登录失败");
                socket.close();
                return;
            }
            JOptionPane.showMessageDialog(this, "登录成功");
            new ChatFrame(ois,oos,receiveMsg,account);
            this.dispose();
        }catch(Exception ex){
            JOptionPane.showMessageDialog(this, "网络连接异常");
            System.exit(-1);
        }
    }
    public void actionPerformed(ActionEvent e) {
        if(e.getSource() == btLogin){
            this.login();
        }else if(e.getSource() == btRegister){
            this.dispose();
            new RegisterFrame();
        }else{
            JOptionPane.showMessageDialog(this, "谢谢光临");
            System.exit(0);
        }
    }
}
```

注意

(1) 在本类中每单击一次“登录”按钮即发出一次连接请求,请求完毕,连接关闭,而不是界面出现就连接服务器。

(2) 服务器的 IP 和端口由 Main 函数中的静态变量决定。

(3) 登录成功之后,“new ChatFrame(ois,oos,receiveMsg,account);”表示将对象输入流、输出流、接收到的用户在线名单、本用户的账号传给 ChatFrame,也就是说 ChatFrame 将使用 LoginFrame 中的 Socket 输入输出流,而不是另外再连接服务器。

30.4.3　编写 app.ChatFrame 类

在登录成功之后，通信的工作由 ChatFrame 类负责。代码如下：

ChatFrame.java

```
package app;
import java.awt.BorderLayout;
import java.awt.Color;
import java.awt.GridLayout;
import java.awt.List;
import java.awt.event.ActionEvent;
import java.awt.event.ActionListener;
import java.io.ObjectInputStream;
import java.io.ObjectOutputStream;
import java.net.Socket;
import java.util.Vector;
import javax.swing.JButton;
import javax.swing.JFrame;
import javax.swing.JLabel;
import javax.swing.JOptionPane;
import javax.swing.JPanel;
import javax.swing.JScrollPane;
import javax.swing.JTextArea;
import javax.swing.JTextField;
import util.Conf;
import vo.Customer;
import vo.Message;

public class ChatFrame extends JFrame implements ActionListener,Runnable{
    private Socket socket = null;
    private ObjectInputStream ois = null;
    private ObjectOutputStream oos = null;
    private boolean canRun = true;
    private String account;
    private JLabel lbUser = new JLabel("在线人员名单:");
    private List lstUser = new List();
    private JLabel lbMsg = new JLabel("聊天记录:");
    private JTextArea taMsg = new JTextArea();
    private JScrollPane spMsg = new JScrollPane(taMsg);
    private JTextField tfMsg = new JTextField();
    private JButton btSend = new JButton("发送");
    private JPanel plUser = new JPanel(new BorderLayout());
    private JPanel plMsg = new JPanel(new BorderLayout());
    private JPanel plUser_Msg = new JPanel(new GridLayout(1,2));
    private JPanel plSend = new JPanel(new BorderLayout());
    public ChatFrame(ObjectInputStream ois,ObjectOutputStream oos,
                    Message receiveMessage,String account){
        this.ois = ois;
        this.oos = oos;
        this.account = account;
        this.initFrame();
        this.initUserList(receiveMessage);
        new Thread(this).start();
```

```
}
public void initFrame(){
    this.setTitle("当前在线:" + account);
    this.setBackground(Color.magenta);
    plUser.add(lbUser,BorderLayout.NORTH);
    plUser.add(lstUser,BorderLayout.CENTER);
    plUser_Msg.add(plUser);
    lstUser.setBackground(Color.pink);

    plMsg.add(lbMsg,BorderLayout.NORTH);
    plMsg.add(spMsg,BorderLayout.CENTER);
    plUser_Msg.add(plMsg);
    taMsg.setBackground(Color.pink);

    plSend.add(tfMsg,BorderLayout.CENTER);
    plSend.add(btSend,BorderLayout.EAST);
    tfMsg.setBackground(Color.yellow);

    this.add(plUser_Msg,BorderLayout.CENTER);
    this.add(plSend,BorderLayout.SOUTH);

    btSend.addActionListener(this);
    this.setDefaultCloseOperation(JFrame.EXIT_ON_CLOSE);
    this.setSize(300,300);
    this.setVisible(true);
}
public void initUserList(Message message){
    lstUser.removeAll();
    lstUser.add(Conf.ALL);
    lstUser.select(0);                //选定"ALL"
    Vector<Customer> userListVector =
            (Vector<Customer>)message.getContent();
    for(Customer cus:userListVector){
        lstUser.add(cus.getAccount() + ","
                + cus.getName() + "," + cus.getDept());
    }
}
public void run(){
    try{
        while(canRun){
            Message msg = (Message)ois.readObject();
            if(msg.getType().equals(Conf.MESSAGE)){
                //在 ChatFrame 的 ta 内添加内容
                taMsg.append(msg.getContent() + "\n");
            }
            else if(msg.getType().equals(Conf.USERLIST)){
                this.initUserList(msg);
            }
            else if(msg.getType().equals(Conf.LOGOUT)){
                Customer cus = (Customer)msg.getContent();
                lstUser.remove(cus.getAccount() + "," +
                    cus.getName() + "," + cus.getDept());
            }
        }
```

```
        }catch(Exception ex){
            ex.printStackTrace();
            canRun = false;
            javax.swing.JOptionPane.showMessageDialog(this,
                    "对不起,您被迫下线");
            System.exit(-1);            //程序结束
        }
    }
    public void actionPerformed(ActionEvent e){
        try {
            Message msg = new Message();
            msg.setType(Conf.MESSAGE);
            msg.setContent(account + "说:" + tfMsg.getText());
            msg.setFrom(account);
            String toInfo = lstUser.getSelectedItem();
            msg.setTo(toInfo.split(",")[0]);
            oos.writeObject(msg);
            tfMsg.setText("");
        } catch (Exception ex) {
            JOptionPane.showMessageDialog(this, "消息发送异常");
        }
    }
}
```

注意

(1) 在本类中并没有用到 Socket，也没有连接服务器，使用的是登录界面 LoginFrame 中的 Socket 连接。

(2) 在构造函数中，receiveMessage 参数实际上就是一个在线名单消息。

(3) 在 initUserList 函数中应该首先将用户名单列表框清空，然后将在线用户一个个加进去。

(4) 如果线程的 run 方法中出现了异常，我们认为系统流的读写有问题，可以让用户下线。不过，这也是比较苛刻的控制方法，因为 run 方法中的异常也可能不是因为下线引起的，限于篇幅，我们对此仅做相对简单的处理。

30.4.4 编写 app.RegisterFrame 类

该类负责显示注册界面，单击“注册”按钮发出注册请求。

RegisterFrame.java

```
package app;
import java.awt.FlowLayout;
import java.awt.event.ActionEvent;
import java.awt.event.ActionListener;
import java.io.ObjectInputStream;
import java.io.ObjectOutputStream;
import java.net.Socket;
import javax.swing.*;
import main.Main;
import util.Conf;
import util.GUIUtil;
```

```
import vo.Customer;
import vo.Message;
public class RegisterFrame extends JFrame implements ActionListener{
    /************************ 定义各控件 ******************************/
    private JLabel lbAccount = new JLabel("请您输入账号");
    private JTextField tfAccount = new JTextField(10);
    private JLabel lbPassword1 = new JLabel("请您输入密码");
    private JPasswordField pfPassword1 = new JPasswordField(10);
    private JLabel lbPassword2 = new JLabel("输入确认密码");
    private JPasswordField pfPassword2 = new JPasswordField(10);
    private JLabel lbName = new JLabel("请您输入姓名");
    private JTextField tfName = new JTextField(10);
    private JLabel lbDept = new JLabel("请您选择部门");
    private JComboBox cbDept = new JComboBox();
    private JButton btRegister = new JButton("注册");
    private JButton btLogin = new JButton("登录");
    private JButton btExit = new JButton("退出");
    private Socket socket = null;
    private ObjectOutputStream oos = null;
    private ObjectInputStream ois = null;
    public RegisterFrame(){
        /*********************** 界面的初始化 *************************/
        super("注册");
        this.setLayout(new FlowLayout());
        this.add(lbAccount);
        this.add(tfAccount);
        this.add(lbPassword1);
        this.add(pfPassword1);
        this.add(lbPassword2);
        this.add(pfPassword2);
        this.add(lbName);
        this.add(tfName);
        this.add(lbDept);
        this.add(cbDept);
        cbDept.addItem("财务部");
        cbDept.addItem("行政部");
        cbDept.addItem("客户服务部");
        cbDept.addItem("销售部");
        this.add(btRegister);
        this.add(btLogin);
        this.add(btExit);
        this.setSize(240, 220);
        GUIUtil.toCenter(this);
        this.setDefaultCloseOperation(JFrame.EXIT_ON_CLOSE);
        this.setResizable(false);
        this.setVisible(true);
        /*********************** 增加监听 *************************/
        btLogin.addActionListener(this);
        btRegister.addActionListener(this);
        btExit.addActionListener(this);
    }
    public void register(){
        Customer cus = new Customer();
        cus.setAccount(tfAccount.getText());
```

```
            cus.setPassword(new String(pfPassword1.getPassword()));
            cus.setName(tfName.getText());
            cus.setDept((String)cbDept.getSelectedItem());
            Message msg = new Message();
            msg.setType(Conf.REGISTER);
            msg.setContent(cus);
            try{
                socket = new Socket(Main.serverIP,Main.port);
                //以下两句有顺序要求
                oos = new ObjectOutputStream(socket.getOutputStream());
                ois = new ObjectInputStream(socket.getInputStream());
                Message receiveMsg = null;
                oos.writeObject(msg);
                receiveMsg = (Message) ois.readObject();
                String type = receiveMsg.getType();
                if(type.equals(Conf.REGISTERFAIL)){
                    JOptionPane.showMessageDialog(this, "注册失败");
                }else{
                    JOptionPane.showMessageDialog(this, "注册成功");
                }
                socket.close();
            }catch(Exception ex){
                JOptionPane.showMessageDialog(this, "网络连接异常");
                System.exit(-1);
            }
        }
        public void actionPerformed(ActionEvent e) {
            if(e.getSource() == btRegister){
                String password1 = new String(pfPassword1.getPassword());
                String password2 = new String(pfPassword2.getPassword());
                if(!password1.equals(password2)){
                    JOptionPane.showMessageDialog(this, "两个密码不相同");
                    return;
                }
                //连接到服务器并发送注册信息
                this.register();
            }else if(e.getSource() == btLogin){
                this.dispose();
                new LoginFrame();
            }else{
                JOptionPane.showMessageDialog(this, "谢谢光临");
                System.exit(0);
            }
        }
    }
```

注意

(1) 在本类中每单击一次按钮即发出一次注册请求，请求完毕，连接关闭，而不是界面出现就连接服务器。

(2) 服务器的 IP 和端口由 Main 函数中的静态变量决定。

30.4.5 编写 main.Main 类

main.Main 类负责调用 app.LoginFrame 类并读配置文件。代码如下：

Main.java

```
package main;
import java.io.FileReader;
import java.util.Properties;
import app.LoginFrame;
public class Main {
    public static String serverIP;
    public static int port;
    private static void loadConf() throws Exception{
        Properties pps = new Properties();
        pps.load(new FileReader("net.conf"));
        serverIP = pps.getProperty("serverIP");
        port = Integer.parseInt(pps.getProperty("port"));
    }
    public static void main(String[] args) throws Exception{
        loadConf();
        new LoginFrame();
    }
}
```

运行该类即可运行客户端。

30.5 思 考 题

本程序开发完毕，留下几个思考题请大家思考：

(1) 如何传送文件，特别是大文件？

(2) 如何像 QQ 那样将用户界面和聊天界面分开？如图 30-17 所示。

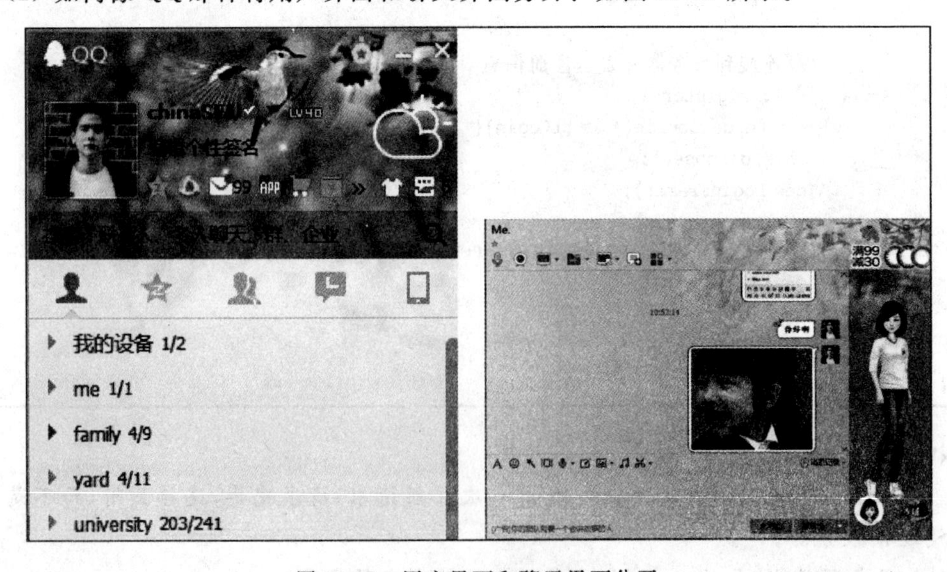

图 30-17 用户界面和聊天界面分开

（3）如何将软件在任务栏右下角显示为一个图标？如同 QQ 一样，如图 30-18 所示。

图 30-18　将软件在任务栏右下角显示为一个图标

（4）能否用 UDP 编程来实现本章案例？

图书资源支持

感谢您一直以来对清华版图书的支持和爱护。为了配合本书的使用，本书提供配套的资源，有需求的读者请扫描下方的“书圈”微信公众号二维码，在图书专区下载，也可以拨打电话或发送电子邮件咨询。

如果您在使用本书的过程中遇到了什么问题，或者有相关图书出版计划，也请您发邮件告诉我们，以便我们更好地为您服务。

我们的联系方式：

地　　址：北京海淀区双清路学研大厦 A 座 707

邮　　编：100084

电　　话：010－62770175－4604

资源下载：http://www.tup.com.cn

电子邮件：weijj@tup.tsinghua.edu.cn

QQ：883604(请写明您的单位和姓名)

资源下载、样书申请

书圈

用微信扫一扫右边的二维码，即可关注清华大学出版社公众号“书圈”。